面向新工科高等院校大数据专业系列教材

信息技术新工科产学研联盟数据科学与大数据技术工作委员会 推荐教材

Big Data Visualization

大数据可视化

第2版

杨武剑 周苏 / 主编

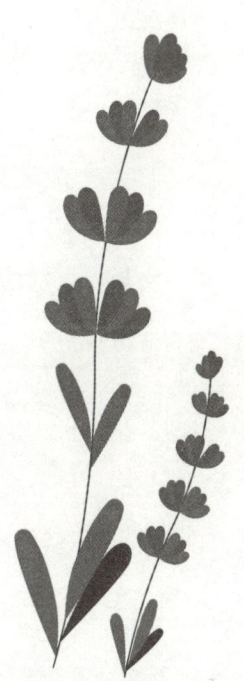

机械工业出版社

CHINA MACHINE PRESS

大数据可视化是一门理论性和实践性都很强的课程。本书针对高等院校、职业院校相关各专业学生的发展需求，系统、全面地介绍大数据可视化的基本知识和应用技能，详细介绍了数据可视化基础、数据可视化之美、工具与数据资源、数据引导可视化设计、数据可视化过程、面向用户的交互设计、Excel 数据可视化方法、Excel 数据可视化应用、Tableau 可视化基础、Tableau 可视化设计、Tableau 可视化组织、Python 可视化基础、PyEcharts 可视化分析、数据可视化评测等内容，共 14 章。各章均设计了导读案例、习题、实验与思考等环节，具有较强的系统性、可读性和实用性，读者可扫描书中二维码，观看对应的知识点视频。

本书为高等院校相关专业"大数据可视化"等课程全新设计编写，是具有丰富实践特色的主教材。还可供有一定实践经验的软件开发人员、管理人员参考或作为继续教育的教材。

本书配有授课电子课件，需要的教师可登录 www.cmpedu.com 免费注册，审核通过后下载，或联系编辑索取（微信：13146070618，电话：010-88379739）。

图书在版编目（CIP）数据

大数据可视化 / 杨武剑，周苏主编. --2 版.
北京：机械工业出版社，2025.2. --（面向新工科高等院校大数据专业系列教材）. -- ISBN 978-7-111-77926-1

I. TP31
中国国家版本馆 CIP 数据核字第 2025QQ3224 号

机械工业出版社（北京市百万庄大街 22 号　邮政编码 100037）
策划编辑：郝建伟　　　　　责任编辑：郝建伟　于伟蓉
责任校对：樊钟英　刘雅娜　责任印制：刘　媛
三河市国英印务有限公司印刷
2025 年 6 月第 2 版第 1 次印刷
184mm×260mm・19 印张・1 插页・470 千字
标准书号：ISBN 978-7-111-77926-1
定价：79.00 元

电话服务　　　　　　　　　网络服务
客服电话：010-88361066　　机 工 官 网：www.cmpbook.com
　　　　　010-88379833　　机 工 官 博：weibo.com/cmp1952
　　　　　010-68326294　　金 书 网：www.golden-book.com
封底无防伪标均为盗版　　　机工教育服务网：www.cmpedu.com

前　言

大数据（Big Data）的力量，正广泛地影响着人类社会的方方面面，它带动各行各业的发展，同时也正在彻底改变着我们的学习和日常生活，如改变教育方式、生活方式和工作方式。如今，通过简单、易用的移动应用和基于云端的数据服务，我们能够追踪自己的行为以及饮食习惯，还能改善个人的健康状况。我们有必要真正理解大数据这个极其重要的议题。

作为一种数据分析的工具，可视化已经成为大数据技术理论框架和应用分析中的必备要素，并成为科学计算、商业智能、安全管理等多个领域中的普惠技术，中国科技创新 2030 "新一代人工智能"和"大数据"专项指南中，都将可视化和可视化分析列为大数据智能急需突破的关键共性技术。身处大数据与人工智能时代，企业成功的关键在于找出大数据所隐含的真知灼见。"以前，人们总说信息就是力量，但如今，对数据进行分析、利用和挖掘才是力量之所在。"

大数据可视化这种新的视觉表达形式是应信息社会蓬勃发展而出现的——因为我们不仅要呈现世界，更重要的是通过呈现来处理庞大的数据，理解各种各样的数据集合，表现多维数据之间的关联。换句话说，就是归纳数据内在的模式、关联和结构。复杂数据可视化既涉及科学也与设计有关，它的艺术性体现在使用独特手法展示万千世界的某个局部，从而提出问题。大数据可视化属于科学、设计和艺术等学科的交叉领域，准确地说应该属于三个不同维度的人类活动的交叉领域，蕴藏着无限可能性。

本书第 1 版自 2019 年出版至今，多次重印，受到许多院校师生的欢迎。此次改版，充分体现了多年来大数据可视化领域技术与应用的进步，教学内容设计更为紧凑精炼，加强了大数据可视化程序设计方法的内容与实践，具有先进性和实用性。

对于在校大学生来说，大数据可视化的理念、技术与应用是一门理论性和实践性都很强的"必修"课程。本书的主要特色是：理论联系实际，结合一系列了解和熟悉大数据可视化理念、技术与应用的学习和实践活动，把大数据可视化的相关概念、基础知识和技术技巧融入实践当中，使学生保持浓厚的学习热情，加深对大数据可视化技术的兴趣、认识、理解和掌握。

本书是为高等院校、职业院校相关专业开设"大数据可视化"相关课程而设计编写，具有丰富实践特色的教材，也可供有一定实践经验的软件开发人员、管理人员参考或作为继续教育的教材。

本书系统、全面地介绍了大数据可视化的基本知识和应用技能，内容包括数据可视化基础、数据可视化之美、工具与数据资源、数据引导可视化设计、数据可视化过程、面向用户的交互设计、Excel 数据可视化方法、Excel 数据可视化应用、Tableau 可视化基础、Tableau 可视化设计、Tableau 可视化组织、Python 可视化基础、PyEcharts 可视化分析、数据可视化评测，共 14 章。各章均设计了导读案例，并有针对性地设计了习题、实验与思考等环节。读者可扫描书中二维码,观看知识点视频。

  教师在课堂教学设计中,要求并指导学生在课前阅读各章的导读案例,课后重视阅读课文加深理解并完成相应的作业,在网络搜索浏览中延伸阅读,深入理解知识内涵。

  本书设计的习题(标准选择题)并不难,学生只要认真阅读课文,所有题目都能准确回答,在书后的附录中提供了习题参考答案,供阅读者对比思考。

  本课程的教学进度设计请参见下面的课程教学进度表。本课程的教学评测可以从这几个方面入手:

(1) 每章的导读案例与思考(14 次)。

(2) 结合各理论知识章节与教学内容安排的习题(标准选择题,共 7 组)。

(3) 各技术实践章节安排的实验与思考内容(共 7 组)。

(4) 课程学习与实验总结(大作业,1 次)。

(5) 结合平时考勤。

(6) 教师认为必要的其他考核方法。

  与本书配套的教学 PPT 课件等文档可从机械工业出版社教育服务网(www.cmpedu.com)下载,欢迎教师与作者交流并索取与本书教学配套的相关资料。联系方式:zhousu@qq.com, QQ:81505050。

  本书是 2021 年教育部首批"新文科"研究与改革实践项目"'城市数字治理'人才培养的探索与实践"的研究成果之一。本书得到浙大城市学院"城市数字治理科教创新综合体"、浙大城市学院超大规模时序图数据高性能智能计算中心的支持。谢红霞、王文也参与了本书的部分编写工作,在此一并表示感谢!

作 者
2025 年春于杭州

课程教学进度表

（20 —20 学年 第 学期）

课程号：_____   课程名称：____大数据可视化____   学分：__2__   周学时：__2__

总学时：__32__   其中理论学时（课内）：__32__   实践学时（课外）：__16__

主讲教师：_____

序号	校历周次	章节（或实验、习题课等）名称与内容	学时	教学方法	课后作业布置
1	1	引言 第1章 数据可视化基础	2	导读案例 课堂教学	习题及实验与思考
2	2	第2章 数据可视化之美	2		习题及实验与思考
3	3	第3章 工具与数据资源	2		习题及实验与思考
4	4	第4章 数据引导可视化设计	2		习题及实验与思考
5	5	第5章 数据可视化过程	2		习题及实验与思考
6	6	第6章 面向用户的交互设计	2		
7	7	第6章 面向用户的交互设计	2		习题及实验与思考
8	8	第7章 Excel 数据可视化方法	2		习题及实验与思考
9	9	第8章 Excel 数据可视化应用	2		习题及实验与思考
10	10	第9章 Tableau 可视化基础	2		实验与思考
11	11	第10章 Tableau 可视化设计	2		实验与思考
12	12	第11章 Tableau 可视化组织	2		实验与思考
13	13	第12章 Python 可视化基础	2		实验与思考
14	14	第13章 PyEcharts 可视化分析	2		
15	15	第13章 PyEcharts 可视化分析	2		实验与思考
16	16	第14章 数据可视化评测	2		习题 课程学习与实验总结

填表人（签字）：   日期：

分院（系、教研室）主任（签字）：   日期：

目 录

前言
课程教学进度表
第1章 数据可视化基础 ………………… 1
　【导读案例】南丁格尔"极区图" ……… 1
　1.1 数据再认识 ………………………… 3
　　1.1.1 数据分类 ……………………… 3
　　1.1.2 数据集 ………………………… 3
　　1.1.3 相似度与密度 ………………… 4
　　1.1.4 数据的可变性 ………………… 5
　　1.1.5 数据的不确定性 ……………… 7
　1.2 数据的背景信息 …………………… 7
　1.3 数据预处理 ………………………… 8
　　1.3.1 数据获取 ……………………… 8
　　1.3.2 数据清洗 ……………………… 9
　　1.3.3 数据规约 ……………………… 9
　　1.3.4 数据整合与集成 ……………… 11
　　1.3.5 数据可视化 …………………… 11
　1.4 数据组织与管理 …………………… 12
　　1.4.1 数据的价值 …………………… 12
　　1.4.2 数据管理 ……………………… 13
　　1.4.3 数据库与数据仓库 …………… 14
　1.5 数据分析与挖掘 …………………… 14
　　1.5.1 数据分析方法 ………………… 14
　　1.5.2 探索式分析 …………………… 15
　　1.5.3 联机分析处理 ………………… 15
　　1.5.4 数据挖掘 ……………………… 16
　　1.5.5 数据工作流 …………………… 17
　【习题】………………………………… 17

　【实验与思考】大数据知识宝藏——可视化
　　　　　工具 Gapminder ……… 19
第2章 数据可视化之美 ………………… 22
　【导读案例】关于泰坦尼克号的
　　　　　"镶嵌图" ……… 22
　2.1 数据与图形 ………………………… 24
　　2.1.1 数据与走势 …………………… 24
　　2.1.2 地图传递信息 ………………… 25
　2.2 视觉信息的科学解释 ……………… 26
　　2.2.1 人类视觉的接受能力 ………… 26
　　2.2.2 图片和分享的力量 …………… 26
　　2.2.3 实时可视化 …………………… 27
　2.3 数据可视化方法 …………………… 28
　　2.3.1 数据可视化场景 ……………… 29
　　2.3.2 数据可视化的挑战 …………… 29
　　2.3.3 数据分析图表 ………………… 30
　　2.3.4 数据研究方法 ………………… 32
　　2.3.5 信息图形和展示 ……………… 33
　2.4 数据艺术世界 ……………………… 34
　2.5 数据视觉分析 ……………………… 35
　　2.5.1 热点图 ………………………… 35
　　2.5.2 时间序列图 …………………… 36
　　2.5.3 网络图 ………………………… 36
　　2.5.4 空间数据制图 ………………… 37
　【习题】………………………………… 38
　【实验与思考】绘制新的泰坦尼克号
　　　　　镶嵌图 ……… 40

第3章 工具与数据资源 ………… 41
【导读案例】塔夫特的数据墨水比 …… 41
3.1 数据与信息的可视化 ………… 43
3.2 可视化软件系统 …………… 44
   3.2.1 医学可视化软件 ………… 44
   3.2.2 科学可视化软件 ………… 47
   3.2.3 信息可视化软件 ………… 50
3.3 应用程序开发工具 ………… 51
   3.3.1 面向科学可视化 ………… 51
   3.3.2 面向信息可视化 ………… 53
3.4 Web 应用开发工具 ………… 53
   3.4.1 D3.js ………………… 53
   3.4.2 DataV 可视化组件库 …… 54
   3.4.3 ECharts ……………… 55
3.5 数据分析与挖掘工具 ……… 55
   3.5.1 R 语言 ………………… 55
   3.5.2 SAS 语言 ……………… 57
3.6 可视化数据资源 …………… 57
   3.6.1 数据集资源 …………… 57
   3.6.2 可视化信息资源 ……… 58
【习题】 ………………………… 58
【实验与思考】熟悉可视化的平台、
          工具与数据资源 ……… 60

第4章 数据引导可视化设计 ……… 62
【导读案例】拿破仑东征莫斯科及
        撤退 …………………… 62
4.1 可视化理论的发展 ………… 64
   4.1.1 图形符号学 …………… 64
   4.1.2 图形语法 ……………… 65
   4.1.3 数据状态模型 ………… 66
4.2 按任务区分的数据类型 …… 67
4.3 可视化设计原则 …………… 68
   4.3.1 数据到可视化的直观映射 … 69
   4.3.2 视图选择与交互设计 …… 70
   4.3.3 信息密度——数据的筛选 … 71
   4.3.4 美学因素 ……………… 71
   4.3.5 动画与过渡 …………… 72
4.4 可视化基本框架 …………… 73
   4.4.1 数据可视化流程 ……… 73
   4.4.2 数据可视化设计 ……… 75
   4.4.3 可视化基本图表 ……… 76
【习题】 ………………………… 78
【实验与思考】大数据可视化的领军
        企业 Tableau ………… 80

第5章 数据可视化过程 …………… 82
【导读案例】新媒体艺术迎来爆发
        时刻 …………………… 82
5.1 可视化组件 ………………… 84
   5.1.1 颜色与透明度 ………… 84
   5.1.2 可视化隐喻 …………… 85
   5.1.3 坐标系 ………………… 88
   5.1.4 标尺 …………………… 89
   5.1.5 背景信息 ……………… 90
   5.1.6 整合可视化组件 ……… 91
5.2 用数据指导视觉探索 ……… 91
   5.2.1 你拥有什么数据 ……… 92
   5.2.2 关于数据,你想了解什么 … 92
   5.2.3 应该使用哪种可视化方式 … 93
   5.2.4 你看到了什么,有意义吗 … 93
5.3 分类数据的可视化 ………… 94
   5.3.1 整体中的部分 ………… 94
   5.3.2 子分类 ………………… 95
   5.3.3 看清数据的结构和模式 … 96
5.4 时序数据的可视化 ………… 96
   5.4.1 周期 …………………… 96
   5.4.2 循环 …………………… 98
5.5 空间数据的可视化 ………… 99
5.6 让可视化设计更清晰 ……… 99
   5.6.1 建立视觉层次 ………… 100
   5.6.2 增强图表的可读性 …… 101

5.6.3　允许数据点之间进行比较……101
【习题】……………………………102
【实验与思考】搜索和了解大数据
　　　　　　　可视化网站…………104

第6章　面向用户的交互设计……106
【导读案例】研究人员需要
　　　　　　走进雨中……………106
6.1　交互准则………………………108
　　6.1.1　交互的作用………………109
　　6.1.2　交互延时……………………109
　　6.1.3　交互成本……………………110
　　6.1.4　交互场景变化………………111
6.2　交互分类………………………111
　　6.2.1　基本交互操作………………111
　　6.2.2　按交互操作符与空间分类…113
　　6.2.3　按交互任务分类……………113
6.3　交互的硬件设备………………113
　　6.3.1　交互环境……………………113
　　6.3.2　交互设备……………………114
6.4　可视化组织的快速发展………115
　　6.4.1　数据驱动的组织……………115
　　6.4.2　新的互联网环境……………115
　　6.4.3　更透明的组织………………116
　　6.4.4　典型的可视化组织——奈飞…116
6.5　建立可视化组织………………118
　　6.5.1　组织架构……………………118
　　6.5.2　数据提示……………………119
　　6.5.3　设计提示……………………119
　　6.5.4　技术提示……………………121
　　6.5.5　管理提示……………………121
【习题】……………………………121
【实验与思考】建立数据可视化
　　　　　　　组织………………123

第7章　Excel数据可视化方法……125
【导读案例】亚马孙丛林的变迁……125

7.1　Excel的函数与图表……………127
　　7.1.1　Excel函数……………………127
　　7.1.2　Excel图表……………………129
　　7.1.3　选择图表类型………………130
7.2　整理数据源……………………132
　　7.2.1　数据提炼……………………132
　　7.2.2　抽样产生随机数据…………135
7.3　数理统计中的常见统计量……136
　　7.3.1　比平均值更稳定的中位数和
　　　　　众数…………………………137
　　7.3.2　概率统计中的正态分布和偏态
　　　　　分布…………………………138
　　7.3.3　应用在财务预算中的分析工具…139
7.4　改变数据形式引起的图表
　　　变化……………………………141
　　7.4.1　用负数突出数据的增长情况…141
　　7.4.2　重排关键字顺序使图表更合适…142
【习题】……………………………142
【实验与思考】体验Excel数据
　　　　　　　可视化方法…………144

第8章　Excel数据可视化应用……145
【导读案例】包罗一切的数字
　　　　　　图书馆………………145
8.1　直方图：对比关系……………148
　　8.1.1　以零基线为起点……………148
　　8.1.2　垂直直条的宽度要大于条间距…149
　　8.1.3　慎用三维效果的柱形图……150
　　8.1.4　用堆积图表示百分数………151
8.2　折线图：按时间或类别显示
　　　趋势……………………………152
　　8.2.1　减小Y轴刻度单位增强数据
　　　　　波动情况……………………152
　　8.2.2　突出显示折线图中的数据点…153
　　8.2.3　通过面积图显示数据总额…154
8.3　饼图：部分占总体的比例……155

8.3.1 重视饼图扇区的位置排序 ········· 155
8.3.2 分离饼图扇区强调特殊数据 ····· 156
8.3.3 用半个饼图刻画半期内的数据 ···· 157
8.3.4 让多个饼图对象重叠展示对比
关系 ························· 158
8.4 散点图：表示分布状态 ············· 159
8.4.1 用平滑线联系散点图增强图形
效果 ························· 159
8.4.2 将直角坐标改为象限坐标凸显
分布效果 ····················· 160
8.5 侧重点不同的特殊图表 ············· 161
8.5.1 用子弹图显示数据的优劣 ········ 161
8.5.2 用温度计展示工作进度 ·········· 162
【习题】 ······························· 163
【实验与思考】熟悉 Excel 数据图表的
分析作用 ··············· 165

第 9 章 Tableau 可视化基础 ········· 169
【导读案例】Tableau 案例分析：
世界指标——
人口（2012 年）········· 169
9.1 Tableau 概述 ······················· 170
9.1.1 Tableau 可视化技术 ············ 170
9.1.2 Tableau 主要特性 ·············· 171
9.1.3 Tableau 产品线 ················ 172
9.1.4 下载、安装与注册 ············· 173
9.2 Tableau 工作区 ···················· 174
9.2.1 工作表工作区 ················· 175
9.2.2 仪表板工作区 ················· 176
9.2.3 故事工作区 ··················· 177
9.2.4 菜单栏和工具栏 ··············· 178
9.3 Tableau 数据 ······················ 180
9.3.1 数据角色 ····················· 181
9.3.2 字段类型 ····················· 182
9.3.3 文件类型 ····················· 182
9.4 数据架构与连接 ···················· 183

9.4.1 数据连接层 ··················· 184
9.4.2 数据模型层 ··················· 184
9.4.3 数据连接 ····················· 184
9.4.4 组织数据 ····················· 186
9.4.5 实现多表联接 ················· 187
9.5 数据维护 ·························· 187
9.6 创建视图 ·························· 188
9.6.1 "行""列"功能区 ············ 188
9.6.2 "标记"卡 ··················· 190
9.6.3 "筛选器"功能区 ············· 192
9.6.4 "页面"功能区 ··············· 192
9.6.5 智能显示 ····················· 193
9.6.6 度量名称和度量值 ············· 194
9.6.7 组织视图 ····················· 195
【实验与思考】熟悉 Tableau 数据
管理与可视化设计 ···· 196

第 10 章 Tableau 可视化设计 ········· 198
【导读案例】Tableau 案例分析：世界
指标——医疗支出 ······· 198
10.1 条形图与直方图 ··················· 199
10.1.1 条形图与直方图的区别 ········ 199
10.1.2 条形图 ······················ 199
10.1.3 直方图 ······················ 201
10.2 饼图 ······························ 203
10.3 折线图 ···························· 204
10.4 压力图与突显表 ··················· 205
10.4.1 压力图 ······················ 205
10.4.2 突显表 ······················ 206
10.5 树地图 ···························· 208
10.6 气泡图与圆视图 ··················· 208
10.6.1 气泡图 ······················ 209
10.6.2 圆视图 ······················ 210
10.7 标靶图 ···························· 211
10.8 甘特图 ···························· 212
10.9 盒须（箱线）图 ··················· 213

10.9.1	创建盒须图	214
10.9.2	图形延伸	215

【实验与思考】熟悉 Tableau 数据
　　　　　　可视化分析 216

第 11 章　Tableau 可视化组织 217

【导读案例】Tableau 案例分析：世界
　　　　　　指标——旅游业 217

11.1　创建仪表板 218
　11.1.1　新建仪表板 218
　11.1.2　添加仪表板对象 221
　11.1.3　从仪表板中移除视图和对象 223
　11.1.4　仪表板 Web 视图安全选项 223

11.2　布局容器 224

11.3　组织仪表板 224
　11.3.1　平铺和浮动布局 225
　11.3.2　显示和隐藏工作表的组成部分 225
　11.3.3　重新排列仪表板视图和对象 226
　11.3.4　设置仪表板大小 226
　11.3.5　了解仪表板和工作表 226

11.4　故事工作区 227
　11.4.1　故事工作表 227
　11.4.2　创建故事 229
　11.4.3　调整标题大小 230
　11.4.4　"设置故事格式"窗格 230
　11.4.5　更新与演示故事 231

11.5　地理角色与地图 231
　11.5.1　定义地理角色 231
　11.5.2　创建符号地图 232
　11.5.3　设置地理信息 232

11.6　导出和发布数据（源） 233
　11.6.1　通过剪贴板导出数据 233
　11.6.2　导出数据源 234
　11.6.3　发布数据源 235

11.7　导出图像和 PDF 文件 235
　11.7.1　复制图像 236
　11.7.2　导出图像 236
　11.7.3　打印为 PDF 236

11.8　保存和发布工作簿 236
　11.8.1　保存工作簿 237
　11.8.2　保存打包工作簿 237
　11.8.3　发布到服务器 237
　11.8.4　保存在 Tableau Public 238

【实验与思考】熟悉 Tableau 仪表板
　　　　　　与发布 238

第 12 章　Python 可视化基础 240

【导读案例】数据分析和机器学习的
　　　　　　可视化图表 11 例 240

12.1　Python 编程语言 245
　12.1.1　Python 语言的特色 245
　12.1.2　Python 语言的版本 246

12.2　Python 开发环境 246
　12.2.1　安装 Python 开发环境 246
　12.2.2　执行 Python 程序 248

12.3　Python 可视化工具——
　　　PyEcharts 251
　12.3.1　安装 252
　12.3.2　应用实例 253

【实验与思考】Python 数据可视化
　　　　　　初步 254

第 13 章　PyEcharts 可视化分析 255

【导读案例】信息图表设计的 10 个
　　　　　　简单步骤 255

13.1　柱状图 258
　13.1.1　简单柱状图 258
　13.1.2　柱状-堆叠图 259

13.2　折线图 261
　13.2.1　折线图与平滑折线图 261
　13.2.2　标注形状和样式 263
　13.2.3　折线-面积图 264

13.3　饼图 265

13.4 盒须图 ································· 268	14.2.3 指标评估 ······················· 277
13.5 雷达图 ································· 269	14.2.4 众包 ······························ 277
13.6 散点图 ································· 270	14.2.5 数据标注 ······················· 278
13.7 词云图 ································· 271	14.3 用户实验 ································ 279
【实验与思考】PyEcharts 数据可视化	14.3.1 确定实验目标 ················ 279
实践 ························· 273	14.3.2 准备实验 ······················· 281
第 14 章　数据可视化评测 ················ 274	14.3.3 开展实验 ······················· 283
【导读案例】2021 年的中国人口	14.3.4 分析结果 ······················· 283
分析 ························· 274	【习题】 ·· 284
14.1 评测流程 ································ 276	【课程学习与实验总结】 ····················· 286
14.2 评测方法 ································ 277	附录　习题参考答案 ························· 290
14.2.1 专家评估 ······················· 277	参考文献 ··· 292
14.2.2 案例研究 ······················· 277	

第 1 章 数据可视化基础

【导读案例】南丁格尔"极区图"

弗洛伦斯·南丁格尔(1820—1910 年)是世界上第一个真正意义上的女护士,被誉为现代护理业之母,每年 5 月 12 日的国际护士节就是南丁格尔的生日。

除了在医学和护理界的辉煌成就,南丁格尔更是一名优秀的统计学家——她是英国皇家统计学会的第一位女性会员,也是美国统计学会的会员。

南丁格尔生活的时代各个医院的统计资料非常不精确,也不一致,她认为医学统计资料有助于改进医疗护理的方法和措施。于是,在她编著的各类书籍、报告等材料中使用了大量的统计图表,其中最为著名的就是极区图(见图 1-1),也叫南丁格尔玫瑰图。南丁格尔发现,战斗中阵亡的士兵数量少于因为受伤却缺乏治疗的士兵。为了挽救更多士兵的生命,她画了这张《东部军队(战士)死亡原因示意图》(1858 年)。

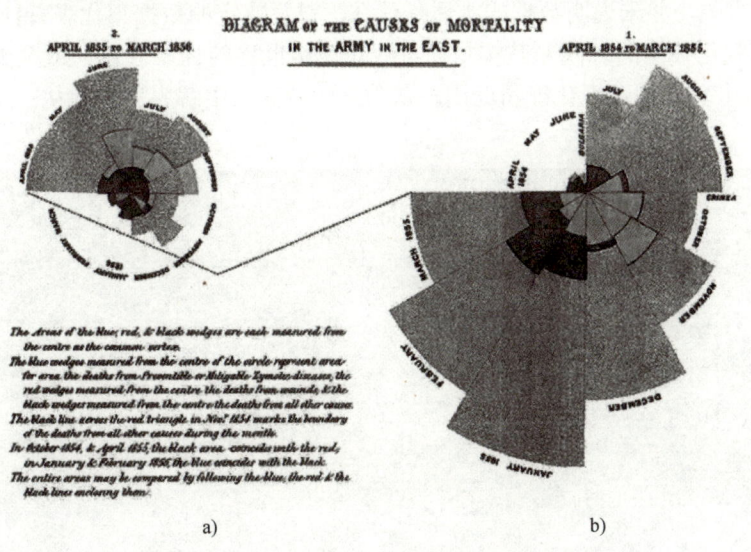

图 1-1 南丁格尔"极区图"示例

图 1-1 描述了 1854 年 4 月—1856 年 3 月期间士兵的死亡情况,图 1-1b 是 1854 年 4 月—1855 年 3 月,图 1-1a 是 1855 年 4 月—1856 年 3 月,图中用蓝、红、黑三种颜色表示不同情况,蓝色代表可预防和可缓解的疾病因治疗不及时造成死亡,红色代表战场阵亡,黑色代表其他原因死亡。图表各个扇区角度相同,用半径及扇区面积表示死亡人数,可以清晰地展示出每

个月因各种原因死亡的人数。显然，1854—1855 年，因医疗条件不足而造成的死亡人数远远大于战死沙场的人数，这种情况直到 1856 年初才得到缓解。南丁格尔的这张图表以及其他图表"生动有力地说明了在战地开展医疗救护和促进伤兵医疗工作的必要性，打动了当局者，增加了战地医院，改善了军队医院的条件，为挽救士兵生命做出了巨大贡献。"

南丁格尔"极区图"是统计学家利用图形来展示数据所进行的早期探索，充分说明了数据可视化的价值，特别是在公共领域的价值。

阅读上文，请思考、分析并简单记录：

（1）试简述你看到过且印象深刻的数据可视化的案例。

答：＿＿＿＿＿＿＿＿＿＿＿＿＿＿＿＿＿＿＿＿＿＿＿＿＿＿＿＿＿＿＿＿＿＿＿＿＿＿

（2）你此前知道南丁格尔吗？身在战场救护，又身为统计学家，南丁格尔是如何打动当局者，创造了一个伟大的社会职业？

答：＿＿＿＿＿＿＿＿＿＿＿＿＿＿＿＿＿＿＿＿＿＿＿＿＿＿＿＿＿＿＿＿＿＿＿＿＿＿

（3）你认为统计学家的身份对南丁格尔成为数据可视化的先驱有什么样的特殊意义？

答：＿＿＿＿＿＿＿＿＿＿＿＿＿＿＿＿＿＿＿＿＿＿＿＿＿＿＿＿＿＿＿＿＿＿＿＿＿＿

数据是什么？大部分人会含糊地回答说，数据是一种类似电子表格的东西或者一大堆数字。有些技术背景的人会提及数据库或者数据仓库。然而，这些回答只说明了获取数据的格式和存储数据的方式，并未说明数据的本质是什么，以及特定的数据集代表着什么。

当用户可视化数据的时候，其实是在可视化现实世界的抽象表达，或至少是将其细微方面可视化（见图 1-2）。可视化能帮助用户从独立的数据点中解脱出来，从一个不同的角度去探索它们。

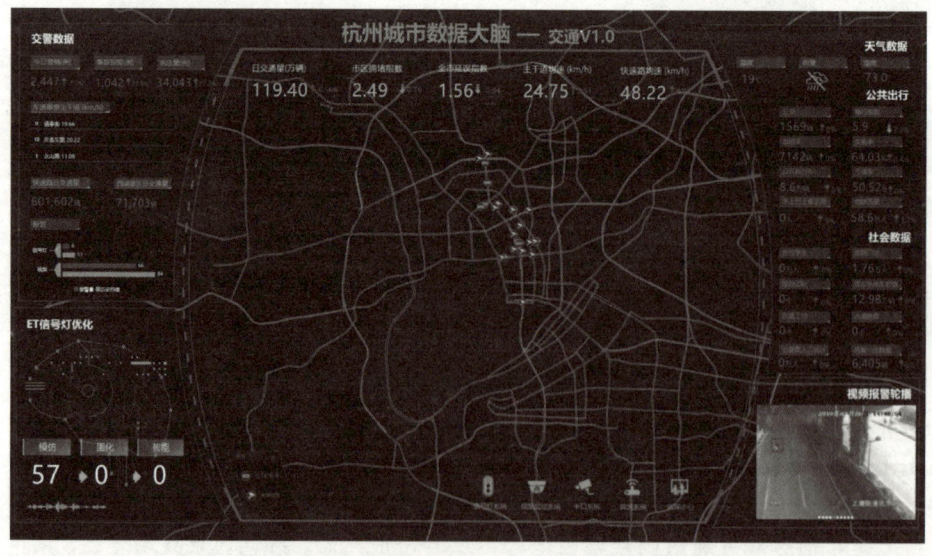

图 1-2　杭州城市数据大脑 20 秒（s）发现路面交通事件

1.1 数据再认识

要想把数据可视化,就必须知道它表达的是什么。

数据是符号的集合,是表达客观事物的未经加工的原始素材,如图形、符号、数字、字母等都是数据的不同形式。数据模型是用来描述数据表达的底层描述模型,它包含数据的定义和类型,以及不同类型数据的操作功能,如浮点数类型可以配备加、减、乘、除操作等。与数据模型对应的是概念模型,它对目标事物的状态和行为进行抽象的语义描述,并提供构建、推理支持等操作。例如,一维浮点数可以描述温度,三维浮点数向量可以描述空间的风向等。

扫码看视频

数据是数据对象及其属性的集合,属性可以是变量、值域、特征或特性,如人类头发的颜色、体温等。单个数据对象可以由一组属性描述,称为记录、点、实例、采样、实体等。属性值可以是表达属性的任意数值或符号,同一类属性可以具有不同的属性值,例如,长度的度量单位可以是英尺或米。不同的属性也可能具有相同的取值和不同的含义,例如,年份和年龄都是整数型数值,而年龄通常有取值区间。

数据是现实世界的一个快照,会传递给我们大量的信息。一个数据点可以包含时间、地点、人物、事件、起因等因素,从一个数据点中提取信息并不像一张照片那么简单。你需要观察数据产生的来龙去脉,并把数据集作为一个整体来理解。关注全貌,比只注意局部更容易做出准确的判断。

通常在实施记录时,由于成本太高或者缺少人力,人们只能获取零碎的信息,然后寻找其中的模式和关联,凭经验猜测数据所表达的含义。数据和它所代表的事物之间的关联既是数据可视化的关键,也是全面分析数据的关键,同样还是深层次理解数据的关键。计算机可以把数字批量转换成不同的形状和颜色,但是必须建立起数据和现实世界的联系,以便使用图表的人能够从中得到有价值的信息。

1.1.1 数据分类

数据的分类与信息和知识的分类相关。从关系模型的角度讲,数据可被分为实体和关系两部分。实体是被可视化的对象,关系定义了实体与其他实体之间关系的结构和模式。关系可被显式地定义,也可在可视化过程中逐步挖掘。实体或关系可以配备属性,实体、关系和属性在数据库设计中被广泛使用,共同形成关系数据库的基础。

实体关系模型能描述数据之间的结构,但不考虑基于实体、关系和属性的操作。常规的数据操作包括:数值计算,数据列表的插入、融合与删除,取反,生成新的实体或关系,实体的变换,从其他对象中形成新对象,单个实体拆分成组件。

数据属性分为离散属性和连续属性。离散属性的取值来自有限或可数的集合,如邮政编码、等级、文档单词等;连续属性则对应于实数域,如温度、高度和湿度等。在测量和计算机表示时,实数精度受限于所采用的数值精度。针对这些基本数据类型的交互方法有概括、缩放、过滤、查看细节、关联、查看历史和提取等,这些构成了可视化设计的基础。

1.1.2 数据集

数据集是数据的实例。常见的数据集的表达形式有三类。

（1）数据记录集。由一组包含固定属性值的数据元素组成。数据记录主要有三种形式：数据矩阵、文档向量表示和事务处理数据。

如果数据对象具有一组固定的数值属性，则数据对象可视为高维空间的点集，每个维度对应单个属性，这种数据集可以表达为一个 $m×n$ 的矩阵，其中矩阵的每行代表一个对象，每列代表单个属性在数据集中的分布。这种表示方法称为数据矩阵，它通常呈现为表格形式（见图1-3）。

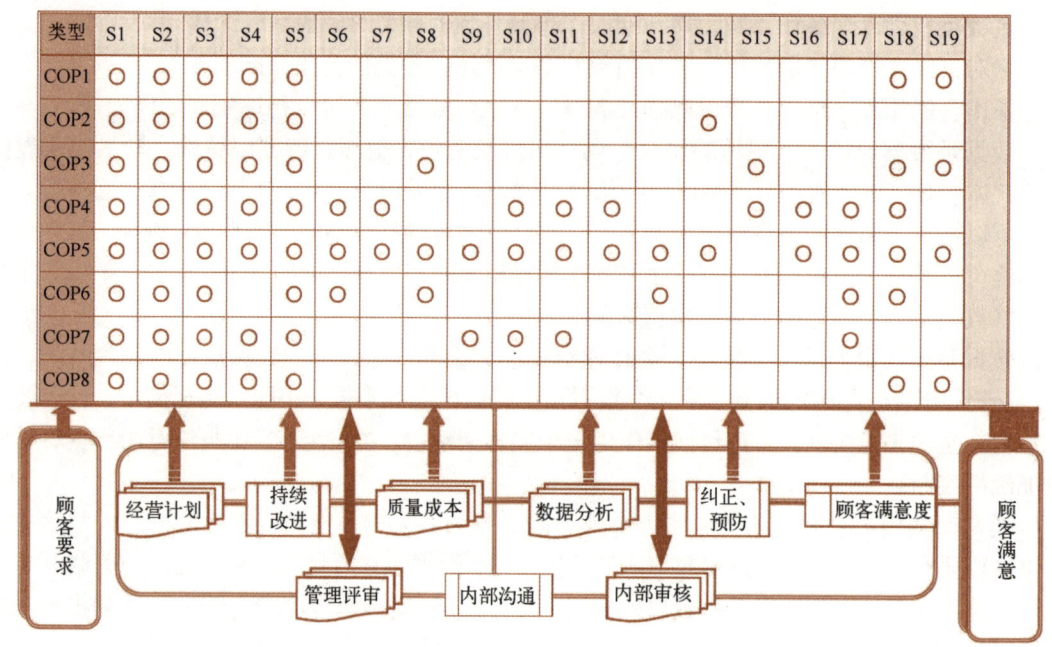

图1-3　各过程之间顺序及相互关系矩阵图

文档是单词的集合。如果统计文档中所有单词出现的频率，则一个文档可以被表示为一个向量，其长度是单词集的个数，每个分量记录单词集中每个单词在该文档中的频率。

事务处理数据是一类特殊的数据记录，每条记录都包含一组数据项。例如，一组超市购物的事务处理数据是{西瓜，梨子，苹果}{洗发水，苹果，核桃，香蕉}{香烟，西瓜，口香糖，笔记本，脸盆}。事务处理数据与数据矩阵的差别在于，事务处理数据的每条记录包含的个数和属性不固定，因此无法用矩阵方式来表达。

（2）图数据集。这是一种非结构化的数据结构，由一组节点和一组连接两个节点之间的加权边组成。常见的图数据有表达城市之间航空路线的世界航线图、万维网链接图、化学分子式等。树是一种没有回路的连通图，是任意两个顶点间有且只有一条路径的图。

（3）有序数据集。这是具有某种顺序的数据集，常见的有空间数据、时间数据、时空数据、顺序数据和基因测序数据等。某些场合中，数据可以根据其维度进行分类，如标量（一维）、向量（多维）、张量（矩阵）等。

1.1.3　相似度与密度

相似度是衡量多个数据对象之间相似的数值，通常位于0和1之间。与之对应的测度是相异度，其下限是0，上限与数据集有关，可能超过1。邻近度是相似度和相异度的统一描述。

计算相似度有很多种方法，常用的距离和相似度定义有欧几里得距离、明科夫斯基距离（欧几里得距离的推广）、余弦距离和 Jaccard（杰卡德）相似度。

如果数据对象的属性具有多种类型，则可为每个属性计算相似度，再进行加权平均。

在基于密度的数据聚类时，需要衡量数据的密度，通常定义为如下三类。

（1）欧几里得密度（单位区域内点的数目）。其中最简单方法是将区域等分，统计每个部分包含的点的数目。另一种基于中心的欧几里得密度定义为该点固定尺寸邻域内的点的数目。

（2）基于图结构的密度。

（3）概率密度（示例见图 1-4）。

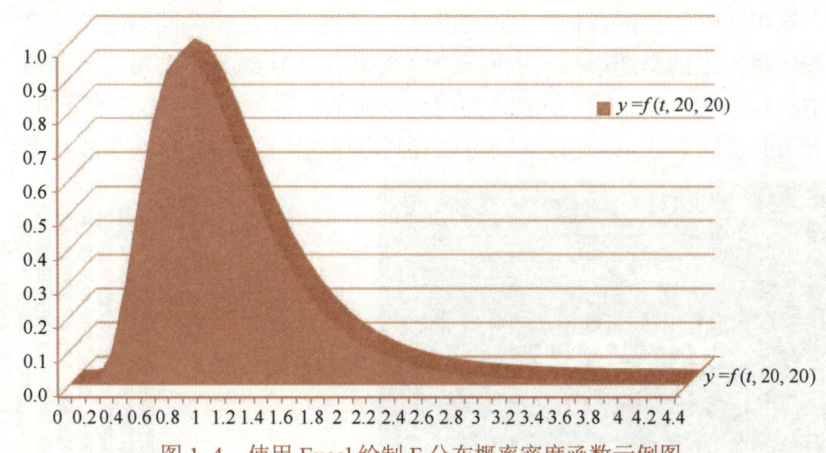

图 1-4　使用 Excel 绘制 F 分布概率密度函数示例图

1.1.4　数据的可变性

德国物理学家兼业余摄影师克里斯蒂安·克维塞克经常晚上带着相机到小镇的森林里，用长时间曝光摄影，抓拍萤火虫在树丛中飞舞的情景。萤火虫特别小，在白天几乎看不见，但是在晚上，除了树林里，又很难在别的地方看到。虽然对观察者来说，萤火虫飞行中的每个时刻都像是空间中随机的点，但在克维塞克的照片中还是出现了一个模式。如图 1-5 所示，看上去萤火虫们好像沿着小径，环绕着大树，朝既定的方向飞舞。然而，这些依然是随机的。

一只萤火虫随时上下左右地飞窜，它的每次飞行都是独一无二的。也正因如此，观察萤火虫才那么有趣，拍出来的照片才那么漂亮。观察者关心的是萤火虫飞行的路径，而它的起点、终点和平均位置并没有那么重要。

图 1-5　萤火虫之路

从这些数据中，我们可以发现一些模式、趋势和周期，但从一个点到另一个点往往都不是一条平滑的线路。总数、平均值和聚合测量可能很有趣，但它们都只揭示了冰山一角而已。数据中的波动才是最有趣、最重要的部分。

以美国国家公路交通安全管理局发布的公路交通事故数据为例,我们来了解数据的可变性。

从2001年到2010年,根据美国国家公路交通安全管理局发布的数据,全美共发生了363 839起致命的公路交通事故。这个总数(见图1-6)代表着那部分逝去的生命,把所有注意力放在这个数字上,你能了解到什么呢?

美国国家公路交通安全管理局提供的数据具体到每一起事故及其发生的时间和地点,我们可以从中了解到更多的信息。如果在地图中画出2001年到2010年间全美国发生的每一起致命的交通事故,用一个点代表一起事故,就可以看到事故多集中发生在大城市和高速公路主干道上。这样,这幅图除了提醒我们重视交通安全,还展示了美国公路网络的情况。

观察这些年里发生的交通事故,人们会把关注焦点切换到具体的事故上。图1-7显示了美国每年发生的致命交通事故数,所表达的内容与简单告诉你一个总数完全不同。虽然每年仍会发生成千上万起交通事故,但通过观察可以看到,2006年到2010年间事故显著呈下降趋势。

图1-6 2001—2010年全美公路致命交通事故总数

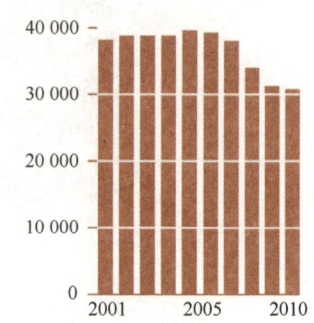

图1-7 美国每年发生的致命交通事故数

从图1-8中可以看出,交通事故发生的季节性周期很明显。夏季是事故多发期,因为此时外出旅游的人较多。而在冬季,开车出门旅行的人相对较少,事故就会少很多。同样,也可以看到2006年到2010年呈下降趋势。

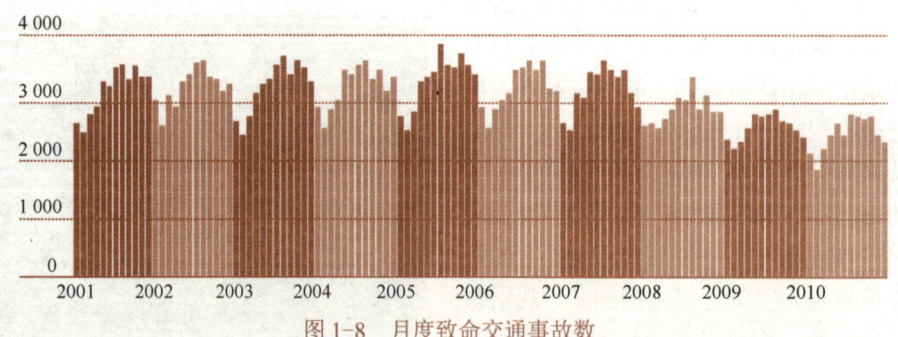

图1-8 月度致命交通事故数

如果比较那些年的具体月份,还有一些变化。例如,在2001年,8月的事故最多,9月相对回落。从2002年到2004年每年都是这样。从2005年到2007年,每年7月的事故最多。从2008年到2010年又变成了8月。另一方面,因为每年2月的天数最少,事故数也就最少,只有2008年例外。因此,这里存在着不同季节的变化和季节内的变化。

我们还可以更加详细地观察每日的交通事故数。例如高峰和低谷模式,可以看出周循环周期,就是周末比周中事故多,每周的高峰日在周五、周六和周日间波动。可以继续增加数据的粒度，即观察每小时的数据。重要的是，查看这些数据比查看平均数、中位数和总数更有价值。大多数时候总数或中值只告诉了你分布的中间在哪里，而未能显示出应该关注的细节。

一个独立的离群值可能需要修正或特别注意，也许在你的体系中随着时间推移其变化预示有好事（或坏事）将要发生。周期性或规律性的事件可以帮助你为将来做好准备，但面对那么多的变化，它往往就失效了，这时应该退回到整体和分布的粒度来进行观察。

人们可以轻松地识别可视物体，这种轻松正是计算机识别的难处。主要挑战就是图像的多变性，如物体的位置、大小、方位、姿势、亮度等，任何一个物体都可以在视网膜上投射下无数个不同的图像。图像变化多端，因此很难分辨不同的图片是否包含了相同的人或物。而且，图案识别也更加困难。要在一个句子中找出"总统"这个单词很容易，在上百万个句子中找出它来也相对简单，但要在图片中找出拥有"总统"这个头衔的人却困难重重。

1.1.5 数据的不确定性

通常大部分数据都是估算的，并不精确。分析师会研究一个样本，并据此猜测整体的情况。人们会基于自己的知识和见闻来猜测，即使大多数时候猜测是正确的，但仍然存在着不确定性。

如果你的数据是一系列平均数和中位数，或者是基于某个样本群体的一些估算，就应该同时考虑它所存在的不确定性。当人们基于类似全国人口或世界人口的预测数做影响广泛的重大决定时，这一点尤为重要，因为一个很小的误差就可能导致巨大的差异。

换个角度，想象一下你有一罐彩虹糖，你想猜猜罐子里每种颜色的彩虹糖各有多少颗。如果把一罐彩虹糖统统倒在桌子上，一颗颗数过去，就不用估算了，你已经得到了总数。但是如果你只能抓一把，然后基于手里的彩虹糖推测整罐的情况。这一把越大，估计值就越接近整罐的情况，也就越容易猜测。相反，如果只能拿一颗彩虹糖，那你几乎就无法推测罐子里的情况。

只拿一颗彩虹糖，误差会很大。而拿一大把彩虹糖，误差会小很多。如果把整罐都数一遍，误差就是零。当有数百万颗彩虹糖装在上千个大小不同的罐子里时，分布各不相同，每一把的大小也不一样，估算就会变得更复杂了。接下来，把彩虹糖换成人，把罐子换成城、镇和县，把抓取一把彩虹糖换成随机分布的调查，误差的含义就有分量多了。

1.2 数据的背景信息

虽然数据会因其可变性和不确定性而变得复杂，但将其放入一个合适的背景信息中，就会变得容易理解了。仰望夜空，满天繁星看上去就像平面上的一个个点。你感觉不到视觉深度，会觉得星星都离你一样远。把星空直接搬到纸面上，于是星座也就不难想象了，把一个个点连接起来即可。然而，实际上不同的星星与你之间的距离可能相差许多光年。假如你能飞得比星星还远，星座看起来又会是什么样子呢？

如果切换到显示实际距离的模式，星星的位置转移了，原先容易辨别的星座就几乎认不出来了。从新的视角出发，数据看起来就会不同，这就是背景信息的作用。背景信息可以完全改变你对某一个数据集的看法，它能帮助你确定数据代表着什么以及如何解释。在确切了解了数据的含义之后，你的理解会帮你找出有趣的信息，从而带来有价值的可视化效果。

使用数据而不了解除数值本身之外的任何信息，就好比引用理解文章片段时断章取义。这样做或许没有问题，但也可能完全误解说话人的意思。你必须首先了解何人、如何、何事、何时、何地以及为何，即元数据，或者说关于数据的数据，然后才能了解数据的本质是什么。

何人（who）："谁收集了数据"和"数据是关于谁的"同样重要。

如何（how）：大致了解怎样获取你感兴趣的数据。如果数据是从网上获取的，你不需要知道每种数据集背后精确的统计模型，但要小心小样本，因为样本小，误差率就高；也要小心不合适的假设，比如包含不一致或不相关信息的指数或排名等。

何事（what）：还要知道自己数据的背景，知道围绕在数字周围的信息是什么。

何时（when）：数据大都以某种方式与时间关联。数据可能是一个时间序列，或者是特定时期的一组快照，不论是哪一种，你都必须清楚地知道数据是什么时候采集的。由于只能得到旧数据，于是很多人便把旧数据当成现在的用来应付，这是一种常见的错误。事在变，人在变，地点也在变，数据自然也会变。

何地（where）：事情也会随着城市、地区和国家的不同而变化。例如，不要将来自少数几个国家的数据推及整个世界。同样的道理也适用于数字定位。来自微信之类网站的数据能够概括网站用户的行为，但未必适用于物理世界。

为何（why）：最后，你必须了解收集数据的原因，通常这是为了检查数据是否存在偏颇。有时人们收集，甚至捏造数据只是为了应付某项议程。

1.3 数据预处理

通常，与处理数据相关的工作时间会占据整个分析项目的 70%以上。数据的质量直接决定了模型的预测和泛化能力的好坏，它涉及很多因素，包括准确性、完整性、一致性、时效性、可信性和解释性。实际情况下，人们拿到的数据可能包含大量的缺失值，可能包含大量的噪声，也可能因为人工录入错误导致有异常点存在，不利于算法模型的训练。

数据预处理的主要步骤分为数据获取、数据清洗、数据规约、数据整合与集成等方面。

1.3.1 数据获取

大数据时代收集数据的途径多种多样，通常有实验测量、计算机仿真与网络数据传输等。传统的数据获取方式以文件输入/输出为主。在移动互联网时代，基于网络的多源数据交换占据主流。数据获取的挑战主要有数据格式变换和异构异质数据的获取协议两部分。数据的多样性导致不同的数据语义表述，这些差异来自不同的安全要求、不同的用户类型、不同的数据格式、不同的数据来源。

在科研领域应用，作为一种通用的数据获取标准，数据获取协议通过定义基于网络的数据获取句法，以完善数据交换机制，维护、发展和提升数据获取效率。理论上，数据获取协议是一个中立的、不受限于任何规则的协议，它提供跨越规则的句法的互操作性，允许规则内的语义互操作性。数据获取协议以文件为基础，提供数据格式、位置和数据组织的透明度，并以纯 Web 化的方式与网格 FTP / FTP、HTTP、SRB（源路由网桥）、开放地理空间联盟（如 WCS、

WMS、WFS)、天文学(如 SIAP、SSAP、STAP)等协议兼容。

此外,互联网上存在大量免费的数据资源,这些资源通常由网站进行维护,并开放专门的 API 使用户得以访问。例如,谷歌提供了许多用于免费数据获取的 API,用于获取高级定制搜索结果的谷歌自定义搜索,以及用于获取地理坐标信息的谷歌地理编码 API 等。一些社交网站也开放了数据获取 API,用于获取社交网络相关信息。

1.3.2 数据清洗

数据清洗的结果是处理各种"脏"数据,得到标准、干净、连续的数据,以供数据统计和数据挖掘等使用。对于海量数据来说,未经处理的原始数据中包含大量的无效数据,这些数据在到达存储过程之前就应该被过滤掉。在原始数据中,常见的数据质量问题包括:噪声和离群值、数值缺失、数值重复等。解决这些问题的方法称为数据清洗。

(1) 噪声是指对真实数据的修改;离群值是指与大多数数据偏离较大的数据。

(2) 非结构化数据通常存在低质量数据项(如从网页和传感器网络获取的数据)。数值缺失的主要原因包括:信息未被记录;某些属性不适用于所有实例。处理数据缺失的方法有:删除数据对象、插值计算缺失值、分析时忽略缺失值、用概率模型估略补充该缺失值等。

(3) 数值重复的主要来源是异构数据源的合并。

数据清洗的其他操作还包括:运用汇总统计删除、分辨或者修订错误或不精确的数据,调整数据格式和测量单位,数据标准化与归一化等。

1.3.3 数据规约

在数据集成与清洗之后,能够得到整合了多数据源且数据质量完好的数据集。但是,集成与清洗无法改变(缩小)数据集的规模。由高维性带来的维度灾难、数据的稀疏性和特征的多尺度性是大数据时代中数据所特有的性质。直接对海量高维数据集进行可视化通常会产生杂乱无章的结果,这种现象被称为视觉混乱。为了能够在有限的显示空间内表达比显示空间尺寸大得多的数据,需要进行数据精简。

在数据存储、分析层面进行的数据精简能降低数据复杂度,减少数据点数目并同时保留数据中的内涵特征,从而减少查询和处理时的资源开销,提高查询的响应性能。在数据仓库或联机分析处理系统应用中,数据精简可用于提升大规模数据查询和管理的交互性。因为分析和推理只需要定性的结果,所以可采用近似解提高针对大数据的精简效率。

以是否可视化为标准,数据精简方法可分为两类。

(1) 使用质量指标优化非视觉因素,如时间、空间等。

(2) 使用质量指标优化数据可视化,称为可视化数据精简。

可视化数据精简需要自动分析数据以便选择和衡量数据的不同特征,如关联性、布局和密度,这些量度指导和评估数据精简的过程,向用户呈现优化的可视化结果,常用的可视化质量指标包括尺寸、视觉有效性和特征保留度。尺寸是可量化的量度,如数据点的数量,构成了其他计算的基础。视觉有效性用于衡量图像退化(如冲突、模糊)或可视布局的美学愉悦程度,常见特征指标有数据密度和数据油墨比(见图 1-9)等。数据油墨比是指用于展现数据的像素数目与全部油墨像素数目的比值。特征保留度是评估可视化质量的核心,它衡量可视化结果在数据、可视化和认知方面正确展现数据特性的程度。

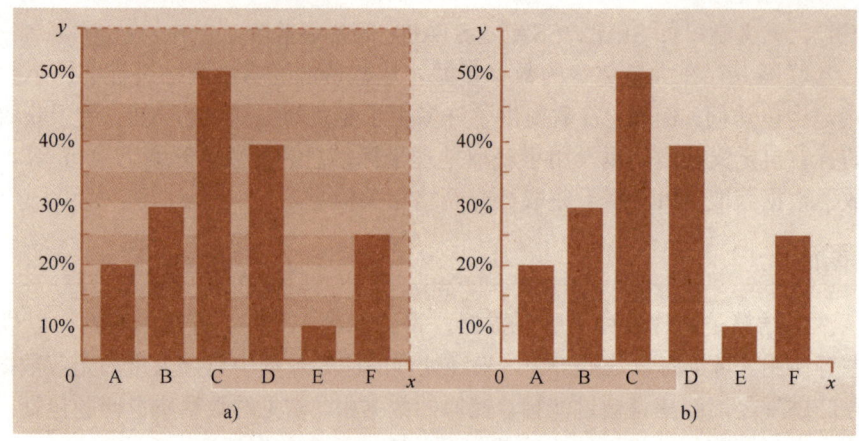

图 1-9 数据油墨比

a 图显示的数据油墨比远低于 b 图

通过技术手段降低数据规模也叫数据规约，即缩小数据挖掘所需要的数据集规模，具体方式有维度规约与数量规约。数据规约采用编码方案，通过小波变换或主成分分析有效地压缩原始数据，或者通过特征提取技术进行属性子集的选择或重造。

数据规约处理操作主要有：

（1）合并。将两个以上的属性或对象合并。合并操作的效用包括：有效简化数据；改变数据尺度（例如，从乡村起逐级合并，形成城镇、地区、州、国家等）；减少数据的方差。

（2）采样。采样是统计学的基本方法，也是对数据进行选择的主要手段，经常在对数据的初步探索和最后的数据分析环节采用。统计学家实施采样操作的根本原因是获取或处理全部数据集的代价太高，或者时间开销无法接受。如果采样结果大致具备原始数据的特征，那么这个采样是具有代表性的。最简单的随机采样可以按某种分布从数据集中随机等概率地选择数据项。当某个数据项被选中后，它可以继续保留在采样对象中，也可以在后继采样过程中被剔除。采样也可分层次，即将数据全集分为多份，然后在每份中随机采样。

（3）降维。维度越高，数据集在高维空间的分布越稀疏，从而减弱了数据集对数据聚类和离群值检测等操作的影响。降低数据属性维度有助于解决维度灾难，减少数据处理的时间和内存消耗；可以更为有效地可视化数据，降低噪声或消除无关特征等。降维的常规做法有主元分析、奇异值分解等。

（4）特征子集选择。从数据集中选择部分数据属性值可以消除冗余的以及与任务无关的特征。特征子集选择可达到降维的效果，但不会破坏原始的数据属性结构。选择方法包括：暴力枚举法、特征重要性选择、压缩感知理论的稀疏表达方法等。

（5）特征生成。可以在原始数据集基础上构建新的能反映数据集重要信息的属性。常用的方法有特征抽取、将数据应用到新空间、基于特征融合与特征变换的特征构造。

（6）离散化与二值化。将数据集根据其分布划分为若干个子类，形成对数据集的离散表达，称为离散化。将数据值映射为二值区间，是数据处理中的常见做法。将数据区间映射到 [0, 1] 区间的方法称为归一化。

（7）属性变换。将某个属性的所有可能值一一映射到另一个空间的做法称为属性变换，如指数变换、取绝对值等。标准化与归一化是两类特殊的属性变换，其中标准化将数据区间变换到某个统一的区间范围，归一化则变换到［0，1］区间。

1.3.4　数据整合与集成

　　来自不同数据源的数据具有高度异构的特点——不同的数据模型、不同的数据类型、不同的命名方法、不同的数据单元等，例如来自不同国家气象检测站的气象数据，或不同企业的客户数据等。当需要对这些异构数据的集合进行处理时，首先需要有效的数据集成方法对这些数据进行整合，将不同数据源的数据转换后统一融合在一个数据集合中，并提供统一数据视图的数据集成方式（见图1-10）。

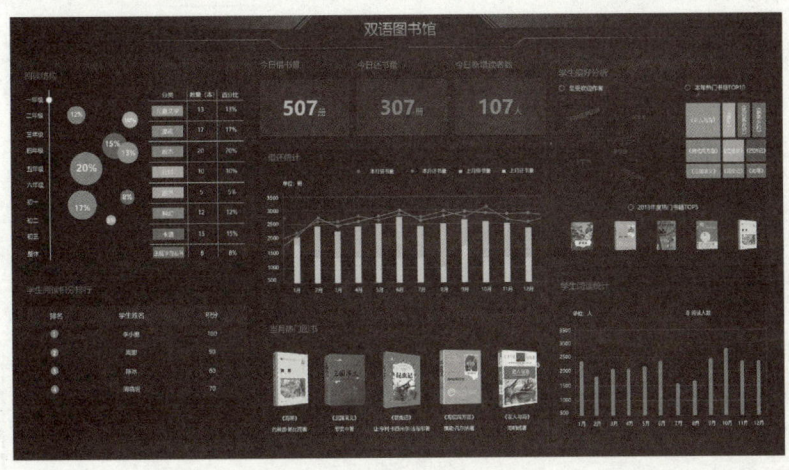

图1-10　异构数据的可视化

　　数据整合的需求来源于多个方面。从数据获取的角度看，数据获取的不精确、大范围的不协调数据采集策略、商业竞争和存储空间限制、来自不同数据源的数据可能具有不同的质量等，都是进行多数据源数据整合的原因。交互分析和可视数据的基本解决方案是采用工具或中间件进行数据源包装和数据库联合，提供通用模型用于交换异构数据和实现物理层透明，同时处理异构性，保存数据源的自主性及保证可扩展性。更好的方式是基于计算查询理念的语义整合，利用应用领域的概念视图而不是数据源的普通描述来提供概念数据的透明性。

　　数据集成指数据库应用中结合不同资源的数据并为用户提供数据集合的统一访问，其涵盖范围要比数据整合更广。此外，数据整合与数据联邦也有所区别：数据整合关注对众多独立和异构的数据源提供统一、透明的访问，使得原本无法被单数据源支持的查询表达获得支持，因此需要一个实际的物理数据源作为统一数据视图的数据来源；数据联邦则提供了一种逻辑上统一、实际物理位置分布在多个数据源中的数据的集成。

1.3.5　数据可视化

　　面对海量数据，大多数时候我们很难通过直接观察数据本身，或者对数据进行简单统计分析后得到数据中蕴含的信息。例如，我们无法通过查看海量的服务器日志来判断系统是否遭到攻击威胁，或者简单统计交友网站上所有的好友关系来发掘用户的喜好等。海量的数据通过可视化方法变成形象、生动的图形，有助于人类对数据中的属性、关系进行深入探究，利用人类智慧来挖掘数据中蕴含的信息，从表面杂乱无章的海量数据中探究隐藏的规律，为科学发现、工程开发、医学诊疗和商业决策等提供依据。如图 1-11 所示，可视化可以作用于数据科学过程中不同的部分，作为一种人机交互手段，贯穿于整个数据科学过程。

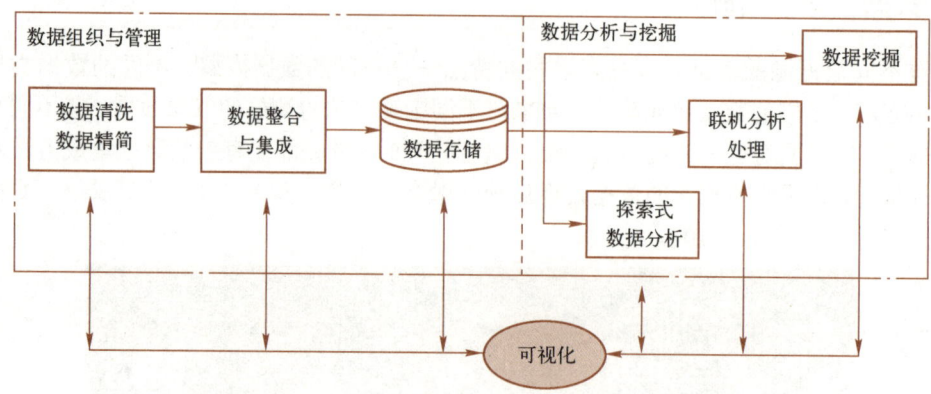

图 1-11　可视化作为人机交互手段，贯穿于整个数据科学过程

1.4　数据组织与管理

在科学研究领域，传统的科学探究模式正受到来自大数据的强烈冲击。随着技术的不断推进，诸如卫星上的远程传感器、天空望远镜、生物显微镜以及大规模科学计算模拟等设备和实验都会实时产生出海量数据流（见图 1-12），在科学探索中发挥着越来越大的作用。科学研究人员在拥有大型数据集的同时，也需要应对这种数据密度的软件工具和高性能计算资源，以协助进行基于数据的科学研究。

扫码看视频

图 1-12　超新星模拟数据的可视化

1.4.1　数据的价值

数据在政府管理、国家安全等领域的价值也越来越明显。从 2009 年起，美国政府就通过数据网站（http://www.data.gov）开始向公众提供各类政府数据。几乎同时，联合国推出了"全球脉动"项目（http://www.unglobalpulse.org/），期望利用大数据促进全球经济发展。同时，国家战略政策方针的制定也开始依赖大数据和数据科学，期望从数据中找到支持国家决策的有效

信息。2015年我国政府发布的《促进大数据发展行动纲要》提出了"政府数据资源共享开放""国家大数据资源统筹发展工程"和"政府治理大数据工程"等专项。

在服务科学蓬勃发展的今天，社会已经走向"数据即服务"（DaaS）的时代。用户可以随时随地按需求获取数据和信息。海量数据带来了相应的海量数据处理及分析需求。然而，传统方法难以应对海量原始数据的直接处理和分析，在很多情况下数据被淹没于浩瀚的"数据海洋"中，这些被淹没的数据中不乏能够提供有价值信息的数据，因此，我们在解决大数据获取、存储等问题的同时，急需能够针对大数据进行统计、分析和信息提取的方法。近年来，以数据为研究对象的电子科学、信息科学、语义网络、数据组织与管理、数据分析、数据挖掘和数据可视化等技术，可以有效地提取隐藏在数据中有价值的信息，并且将数据利用率提高到传统方法所不能及的高度，是提炼科学原理、验证科学假设、服务科学探索的新思路。研究这种综合性方法的交叉学科被称为"数据科学"，它涵盖了数据管理、计算机科学、统计学、视觉设计、可视化、人机交互以及基于架构式和信息技术的物理科学，改变了所有学科个人和协作工作的模式，使得无论是商业还是科学数据分析处理都上升到一个新的"数据驱动"的阶段，以帮助数据分析师和科学家解决尺度、复杂度超越已有工具承受范围的全局问题。

从应用角度出发，适合使用数据科学的研究领域包括：地球科学、生物、天文、环境与气候、化学、物理、航空、环境工程、数据图书馆、科学出版、商业、社会学、经济等。

1.4.2 数据管理

数据管理包括对数据进行有效的收集、存储、处理和应用的过程。在面向复杂数据的数据可视化过程中，还涉及面向应用的数据管理，它的管理对象是数据生命周期所涉及的应用过程中描述构成应用系统构件属性的元数据，包括流程、文件、数据元、代码、规则、脚本、档案、模型、指标、物理表、ETL（抽取-转换-装载）、运行状态等。

通常数据按照一定的组织形式和规则进行存储与处理，以实现有效的数据管理。从逻辑上看，数据组织具有一个层层相连的层次体系：位、字符、数据元、记录、文件、数据库。其中，记录是逻辑上相关的数据元组合；文件是逻辑上相关的记录集合；数据库是一种作为计算机系统资源共享的数据集合。

与数据可视化有关的常用数据组织和管理形式如下。

（1）文件存储。这是最简单的数据组织形式。以文件作为数据存储形式，数据可能出现冗余、不一致，数据访问烦琐，难以添加数据约束，安全性不高等问题。然而作为一种高度灵活的数据存储形式，它允许使用者自由地进行数据处理而不受过多的约束。

电子表单是得到广泛使用的多功能数据组织形式，其主要缺点是缺少类型和元数据，因而在使用时需要预先给出对每个数据项的语义解释。

（2）结构化文件格式。为方便数据存储和交换，数据导向型的应用程序采用标记语言格式将数据进行结构化组织，XML（可扩展标记语言）是其中的典型代表。除此之外，一些科学领域使用特定的结构化文件记录数据，以满足特殊领域知识的表达高性能处理的需求，这些科学数据格式充分考虑了实验或测量数据的性能需求，适用于高分辨率、高通量的传感器数据。

（3）数据库。即存储在计算设备，有组织、共享、统一的数据集合。数据库中保存的数据结构既描述了数据间的内在联系，便于数据增加、更新与删除，也保证了数据的独立性、可靠性、安全性与完整性，提高了数据的共享程度和管理效率。关系数据库是最为常用的数据模型。

1.4.3 数据库与数据仓库

数据库作为信息存储应用已经成为数据服务的基础。对于能够获取到的信息，需要一种强大、灵活的管理系统和理论来有效地组织、存储和管理大量的数据，以进一步发挥这些数据的价值。在这样的背景下，数据库和数据库管理系统应运而生，担当起数据组织和存储的角色。

除了数据的集合，数据库同时包含对数据的相关组织和操作。数据库管理系统用来帮助维护大量数据集合，满足对数据存储、管理、维护以及提供查询、分析等服务的需要。数据库管理系统通常需要考虑的因素有：数据库模型设计、数据分析支持、并发和容错、速度和存储容量。

数据库结构的基础是数据模型，它是数据描述、数据联系、数据域以及一致性约束的集合。现有的数据模型主要有基于对象和基于记录的逻辑模型。

作为一种最常见的基于记录的逻辑模型，关系模型广泛应用在各种关系数据库系统中。它借助于关系代数等数学概念和方法来处理数据库中的数据，由关系数据结构、关系操作集合、关系完整性约束三部分组成。在关系数据库中，数据以表格的形式呈现，数据之间的联系由属性值表达。

NoSQL 数据库被认为是不同于传统关系数据库的数据库管理系统的总称，这种数据库能够满足对数据的高并发读写、高效存储和访问、高扩展性和高可用性等需求，为社交网站等规模大、并发数高的应用提供了符合其性能标准的解决方案。

数据仓库是指"面向主题的、集成的、与时间相关的、主要用于存储的数据集合，支持管理部门的决策过程"，其目的是构建面向分析的集成化数据环境，为分析人员提供决策支持。区别于其他类型的数据存储系统，数据仓库通常有特定的应用方向，并且能够集成多个异构数据源的数据。同时，数据仓库中的数据还具有时变性、非易失性等特点。数据仓库中的数据来源于外部，开放给外部应用，其基本架构是数据流入/流出的过程，该过程可以分为三层：源数据、数据仓库和数据应用，即 ETL（抽取-转换-装载）。

1.5 数据分析与挖掘

所谓数据分析，是指组织有目的地采集数据、详细研究和概括总结数据，从中提取有用信息并形成结论的过程，其目的是从一堆杂乱无章的数据中萃取和提炼出信息，探索数据对象的内在规律。概念上，数据分析的任务分解为定位、识别、区分、分类、聚类、分布、排列、比较、内外连接比较、关联、关系等活动。基于数据可视化的分析任务则包括识别、决定、可视化、比较、推理、配置和定位。基于数据的决策则可分解为确定目标、评价可供选择方案、选择目标方案、执行方案等。

1.5.1 数据分析方法

数据分析从统计学中发展而来，具有代表性的分析方法有描述性分析、探索式分析、验证性分析等。其中，探索式分析主要强调从数据中寻找出之前没有发现过的特征和信息，验证性分析则强调通过分析数据来验证或证伪已提出的假说。统计分析中的传统数据分析工具包括：排列图、因果图、分层法、调查表、散布图、直方图、控制图等。面向复杂关系和任务，又发展了新的分析手段，如关联图、系统图、矩阵图、计划评审技术、矩阵数据图等。流行的统计分析软件如 R、SPSS、SAS 都支持多种统计分析方法。

从流程上看，数据分析以数据为输入，处理完毕后提炼出对数据的理解。因此，在整个数据工作流中，数据分析建立在数据组织和管理基础上，通过通信机制和其他应用程序连接，并采用数据可视化方法呈现数据分析的中间结果或最终结论。面对大型或复杂的异构数据集，数据分析的挑战是结合数据组织和管理的特点，考虑数据可视化的交互性和操控性要求。

数据挖掘被认为是一种专门的数据分析方式，与传统的数据分析方法（如统计分析、联机分析处理）的本质区别是，前者在没有明确假设的前提下去挖掘知识，所得到的信息具有未知、有效和实用三个特征，并且数据挖掘的任务往往是预测性的而非传统的描述性的任务。数据挖掘的输入可以是数据库或数据仓库，或者是其他的数据源类型，如网页、文本、图像、视频、音频等。

联机分析处理是面向分析决策的方法。传统的数据库查询和统计分析工具负责提供数据库中的内容信息，而联机分析处理则提供基于数据的假设验证方法。这个过程是一个演绎推理的过程。与之相反的是，数据挖掘并不验证某个假定的模型的正确性，而是从数据中计算未知的模型，因此本质上是一个归纳的过程，通过构建模型对未来进行预测。

数据挖掘和联机分析处理都致力于模式发现和预测，具有一定的互补性。当然，数据挖掘并不能替代传统的统计分析和探索式数据分析技术。在实际应用中，需要针对不同的问题类型采用不同的方法。特别需要指出的是，将数据可视化作为一种可视思考策略和解决方法，可以有效地提高统计分析、探索式数据分析、数据挖掘和联机分析处理的效率。

1.5.2 探索式分析

探索式分析是一种有别于统计分析的新思路，是统计学和数据分析结合的产物。著名的统计学家、信息可视化先驱约翰·图基将探索式分析定义为一种以数据可视化为主的数据分析方法，其主要目的包括：洞悉数据的原理、发现潜在的数据结构、抽取重要变量、检测离群值和异常值、测试假设、发展数据精简模型、确定优化因子设置等。大多数探索式分析关注数据本身，包括结构、离群值、异常值和数据导出的模型。而传统的统计分析关注模型，即估计模型的参数，从模型生成预测值。

从数据处理的流程上看，探索式分析和统计分析、贝叶斯分析也有很大不同。统计分析的流程是问题→数据→模型→分析→结论；探索式分析的流程是问题→数据→分析→模型→结论；贝叶斯分析的流程则是问题→数据→模型→先验分布→分析→结论。

探索式分析与数据挖掘也有很大差别。前者将聚类和异常检测看成探索式过程，而后者则关注模型的选择和参数的调节。

1.5.3 联机分析处理

联机分析处理（OLAP）是一种交互式探索大规模多维数据集的方法。关系数据库将数据表示为表格中的行，而联机分析处理则关注统计学意义上的多维数组。将表单数据转换为多维数组需要两个步骤。首先，确定作为多维数组索引项的属性集合，以及作为多维数组数据项的属性,作为索引项的属性必须具有离散值,而对应数据项的属性通常是一个数值。然后,根据确定的索引项生成多维数组表示。

联机分析处理的核心表达是多维数据模型,它可表达为多维数组的数据。数据立方是数据的一种各种聚合操作的多维表示,用于记录包含数十个维度、数百万数据项的数据集,并在其基础上构建维度的层次结构。通过对数据立方不同维度的聚合、检索和数值计算等操作,可从不同角度完成对数据集的理解。由于数据立方的高维和大尺度,联机分析处理面临着设计高度交互性方法的挑战。一种方案是预计算并存储不同层级的聚合值,以减小数据尺度;另一种方案是从系统的可用性出发,将任一时刻的处理对象限制在部分维度,从而减少处理的数据内容。

联机分析处理是交互式统计分析的高级形式,被广泛看成是一种支持策略分析和决策制定过程的方法,与数据仓库、数据挖掘和数据可视化的目标有很强的相关性。联机分析处理面向复杂数据,联机分析处理方法的发展趋势是融合数据可视化与数据挖掘方法,转变为数据的在线可视分析方法。例如,联机分析处理将数据聚合后的结果存储在另一张维度更低的数据表单中,并对该数据表单进行排序以便呈现数据的规律。这种聚合-排序-布局的思路允许用户结合数据可视化的方法(如时序图、散点图、地图、树图和矩阵等)理解高维的数据立方表示。特别地,当需要分析的数据集的维度高达数十维时,采用联机分析处理手工分析力不从心,数据可视化则可以快速地降低数据复杂度,提升分析效率和准确度。

1.5.4 数据挖掘

数据挖掘是指设计特定算法,在大量的数据集中探索发现知识或者模式的理论和方法,是知识工程学科中知识发现的关键步骤。面对不同的数据类型可以设计特定的数据挖掘方法,如数值型数据、文本数据、关系型数据、流数据、网页数据和多媒体数据等。

数据挖掘的直观定义是,通过自动或半自动的方法探索与分析数据,从大量的、不完全的、有噪声的、模糊的、随机的数据中提取隐含在其中的、人们事先不知道的,潜在有用的信息和知识的过程。不同于数据查询或网页搜索,数据挖掘融合统计、数据库、人工智能、模式识别和机器学习中的思路,特别关注异常数据、高维数据、异构和异地数据的处理等问题。

数据可视化是将数据以形象直观方式展现,让用户以视觉理解方式获取数据中蕴含的信息。数据挖掘则是从大量数据中识别有效、新颖、潜在有用、最终可理解的规律和知识(见图 1-13)。

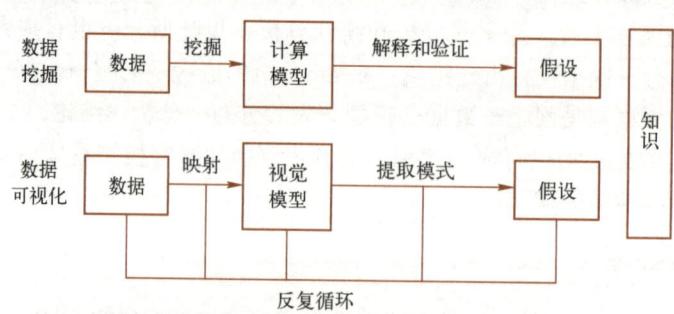

图 1-13 数据挖掘与数据可视化的流程对比

基本的数据挖掘任务分为两类:基于某些变量的预测或未来值,即预测性方法(如分类、回归);以人类可解释的模式描述数据,即描述性任务(如聚类、模式挖掘、关联规则发现)。在预测性方法中,对数据进行分析的结论可构建全局模型,将这种全局模型应用于观察值可预测目标属性的值。而描述性任务的目标是使用能反映隐含关系和特征的局部模式,以对数据进行总结。

1.5.5 数据工作流

数据工作流的定义是:多个用户之间按照某种预定义的规则传递文档、信息或任务的自动过程。工作流概念起源于生产组织和办公自动化领域,用于描述一个特定的、实际的过程,在计算机应用环境下属于计算机支持的协同工作的研究范畴。定义和遵循工作流有助于以标准化、自动化的方式实现某个预期的业务目标,便于协同、分享、发布和传播有效的工作模式。图 1-14 呈现了一个工作流示例,其中每个方块代表工作流中的一个步骤,每个步骤由一系列的活动组成,步骤之间的连接代表数据流动,箭头指向代表数据流动的方向。

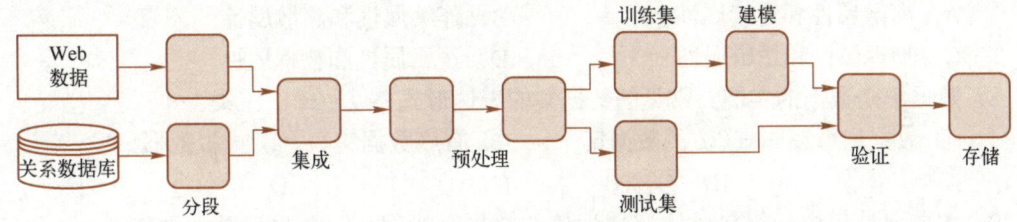

图 1-14 工作流示例

工作流常见的两种形式有:面向商业流程和商业数据处理的商业工作流;面向科学研究过程控制和数据处理流程控制的科学工作流。数据工作流特指为数据处理和分析流程定义的自动过程,其本质是计算业务过程的部分或整体在计算机应用环境下的自动化,与自动化工程学科密切相关。将工作流应用于科学研究是一个新兴的研究方向。

可视化在工作流系统中的应用非常广泛。在处理复杂数据和任务时,数据的中间结果是工作流的一个环节。将数据可视化理念融合到数据工作流中,可以带来一些新的特点,包括:图形化、可视化设计流程图;支持各种复杂流程;B/S 结构;表单功能强大,扩展便捷;处理过程可视化管理;统计、查询和报表功能。

随着机器学习等领域的迅猛发展,以机器学习和数据挖掘为主要数据分析方法的数据科学工作流系统也蓬勃兴起。这些系统主要以数据处理和分析模块作为数据流的基本组成单元,通过拖曳等交互来构建定制整个数据分析流程。

【习题】

1. 当你可视化数据的时候,其实是在可视化现实世界的(　　)。可视化能帮助你从独立的数据点中解脱出来,从一个不同的角度去探索它们。

　　A. 自然环境　　　B. 物质表现　　　C. 抽象表达　　　D. 现实物相

2. 数据是(　　)的集合,如图形、符号、数字、字母等都是数据的不同形式。

　　A. 属性　　　　　B. 符号　　　　　C. 数值　　　　　D. 代码

3. (　　)是用来描述数据表达的底层描述框架,它包含数据的定义和类型,以及不同类型数据的操作功能,如浮点数类型可以配备加、减、乘、除操作等。

　　A．概念模型　　　B．物理结构　　　C．逻辑框架　　　D．数据模型

4．(　　)是对目标事物的状态和行为进行抽象的语义描述,并提供构建、推理支持等操作。例如,一维浮点数可以描述温度,三维浮点数向量可以描述空间的风向等。

　　A．概念模型　　　B．物理结构　　　C．逻辑框架　　　D．数据模型

5．(　　)可以是变量、值域、特征或特性,如人类头发的颜色、人类的体温等。单个数据对象可以由一组这样的元素来描述,称为记录、点、实例、采样、实体等。

　　A．特征　　　　　B．关联　　　　　C．性质　　　　　D．属性

6．数据和它所代表的事物之间的(　　)关联既是把数据可视化的关键,也是全面分析数据的关键,同样还是深层次理解数据的关键。

　　A．特征　　　　　B．关联　　　　　C．性质　　　　　D．属性

7．数据属性分为(　　),前者的取值来自有限或可数的集合,后者则对应于实数域。

　　A．离散属性和连续属性　　　　　B．连续属性和离散属性
　　C．物理属性和逻辑属性　　　　　D．逻辑属性和物理属性

8．数据集是数据的实例。常见的数据集的表达形式有(　　)三类。

　　① 数据记录集　　② 图数据集　　③ 有序数据集　　④ 虚拟数据集
　　A．①③④　　　　B．①②④　　　　C．①②③　　　　D．②③④

9．数据记录集由一组包含固定属性值的数据元素组成。数据记录主要有(　　)三种形式。

　　① 数据矩阵　　　　　　　　② 虚拟逻辑表示
　　③ 文档向量表示　　　　　　④ 事务处理数据
　　A．②③④　　　　B．①②③　　　　C．①②④　　　　D．①③④

10．(　　)数据是一类特殊的数据记录,每条记录都包含一组数据项。它的每条记录包含的个数和属性不固定,因此无法用矩阵方式来表达。

　　A．事务处理　　　B．关联关系　　　C．逻辑结构　　　D．虚拟表达

11．一个独立的(　　)可能需要修正或特别注意,也许在你的体系中随着时间推移其变化预示有好事（或坏事）将要发生。

　　A．逻辑符号　　　B．综合数　　　　C．属性值　　　　D．离群值

12．人类可以轻松识别可视物体,这种轻松正是计算机识别的难处。主要挑战就是图像的(　　)——任何一个物体都可以在视网膜上投射下无数个不同的图像。

　　A．逻辑性　　　　B．多变性　　　　C．离散性　　　　D．不确定性

13．如果所拥有的数据是一系列平均数和中位数,或者是基于一个样本群体的一些估算,就应该同时考虑它所存在的(　　)。

　　A．逻辑性　　　　B．多变性　　　　C．离散性　　　　D．不确定性

14．虽然数据会因其可变性和不确定性而变得复杂,但将其放入一个合适的(　　)中,也许就会变得容易理解了。

　　A．背景信息　　　B．属性特征　　　C．离散环境　　　D．综合因素

15．你必须首先了解何人、如何、何事、何时、何地以及为何,即(　　),或者说关于数据的数据,然后才能了解数据的本质是什么。

　　　　A．条件组合　　　　B．数组元素　　　　C．元数据　　　　D．综合数据

　　16．数据的质量直接决定了模型的预测和泛化能力的好坏，它涉及很多因素。数据预处理的主要步骤分为（　　　）和数据变换等方面。

　　　　① 数据综合　　　② 数据清洗　　　③ 数据集成　　　④ 数据规约

　　　　A．①②③　　　　B．②③④　　　　C．①②④　　　　D．①③④

　　17．与数据可视化有关的常用数据组织和管理形式主要包括（　　　）。

　　　　① 文件存储　　　　　　　　　　② 结构化文件格式

　　　　③ 数据库　　　　　　　　　　　④ 虚拟化文件组织

　　　　A．①②③　　　　B．②③④　　　　C．①②④　　　　D．①③④

　　18．（　　　）数据分析是一种有别于统计分析的新思路，是统计学和数据分析结合的产物，它被定义为一种以数据可视化为主的数据分析方法。

　　　　A．物理　　　　　B．挖掘　　　　　C．统计　　　　　D．探索式

　　19．（　　　）的直观定义是，通过自动或半自动的方法探索与分析数据，从大量的、不完全的、有噪声的、模糊的、随机的数据中提取隐含在其中的、潜在有用的信息和知识的过程。

　　　　A．物理分析　　　B．数据挖掘　　　C．工作流组织　　D．信息综合

　　20．（　　　）的定义是：多个用户之间按照某种预定义的规则传递文档、信息或任务的自动过程，以实现某个预期的业务目标，便于协同、分享、发布和传播有效的工作模式。

　　　　A．条件组合集　　B．物质供应链　　C．数据工作流　　D．信息产业流

【实验与思考】大数据知识宝藏——可视化工具 Gapminder

　　用于大数据可视化分析的应用软件系统正在不断涌现，不断发展。Gapminder（加普明德，https://www.gapminder.org/，见图 1-15）是瑞典斯德哥尔摩的一个非盈利机构的网站，网站从世界各地的官方机构发布的信息中，收集了上百种关于世界经济、人口、环境、健康等公共指标的历史数据，用非常简单而生动的方式展示给大家，致力于用大量数据事实来消除一些常见的知识误解。

图 1-15　可视化工具 Gapminder（1）

例如,图 1-16 是该网站中的一个界面,可视化报告利用动态可交互的气泡图来展示各个国家收入、人均寿命的变动趋势。其中气泡大小可以通过动态选择不同的指标来决定,右侧还有一个国家的切片器来快速定位某个国家,并且可以展示选定国家的变动趋势,设计非常精巧。

图 1-16　可视化工具 Gapminder(2)

该网站收集到的数据也免费分享,阅读者可以在这里下载各种指标数据。不仅可以浏览,网站还提供离线的免费可视化软件下载。阅读者还可以把自己的数据导入进去,利用这个工具来制作可视化作品。

1. 实验步骤

(1)请登录 Gapminder(加普明德)网站,浏览其中极其丰富的知识数据内容,结合自己的思考,丰富自己的内涵。

请简单记录你获得的一些初步认识,你觉得这个网站的数据是否有价值?

（2）请在 Gapminder（加普明德）网站的浏览过程中，注意观察网站所使用的动态、交互的可视化表现技术与手段，并做简单记录。

2．实验总结

3．实验评价（教师）

第 2 章 数据可视化之美

【导读案例】关于泰坦尼克号的"镶嵌图"

1912年4月10日,泰坦尼克号从英国南安普敦出发,开始了这艘"梦幻客轮"的处女航。其途经法国瑟堡-奥克特维尔以及爱尔兰的昆士敦(现名科克),计划的目的地为美国的纽约。4月14日晚11点40分,泰坦尼克号在北大西洋撞上冰山,2小时40分钟后,4月15日凌晨2点20分沉没。由于缺少足够的救生艇,造成了和平时期最严重的一次航海事故,也是迄今为止最为人所知的一次海难。

在数据可视化中,多变量数据的描述一直是一个富有挑战的课题,刺激着新技术的不断产生,如坐标图、散点图矩阵、关联直方图、镶嵌图等。这里,我们通过泰坦尼克号的例子来解释镶嵌图的概念。表2-1显示的原始数据包含四个属性:性别、是否存活、舱位等级以及成人/儿童。

表2-1 泰坦尼克号事件的原始数据

存活	成人/儿童	性别	舱位			
			头等舱	二等舱	三等舱	工作人员
否	成人	男	118	154	387	670
是	成人		57	14	75	192
否	儿童		0	0	35	0
是	儿童		5	11	13	0
否	成人	女	4	13	89	3
是	成人		140	80	76	20
否	儿童		0	0	17	0
是	儿童		1	13	14	0

如果没有仔细分析,很难从这个表中读出有用信息。我们可以通过以下方法生成一个对应的镶嵌图:首先生成一个矩形,令它的面积表示船上的总人数(见图2-1a)。然后根据舱位等级将这个矩形分成四个稍小的矩形,它们的面积表示各舱位的人员数(见图2-1b)。下一步再根据各舱位的人员性别对这四个矩形进行细分(见图2-1c),从中我们可以看出一些信息,如头等舱、二等舱和三等舱中的男女比例。最后,我们根据存活与否(存活表示为绿色,死亡表示为黑色)或成人/儿童对已有矩形进行再次细分,得到图2-1d。

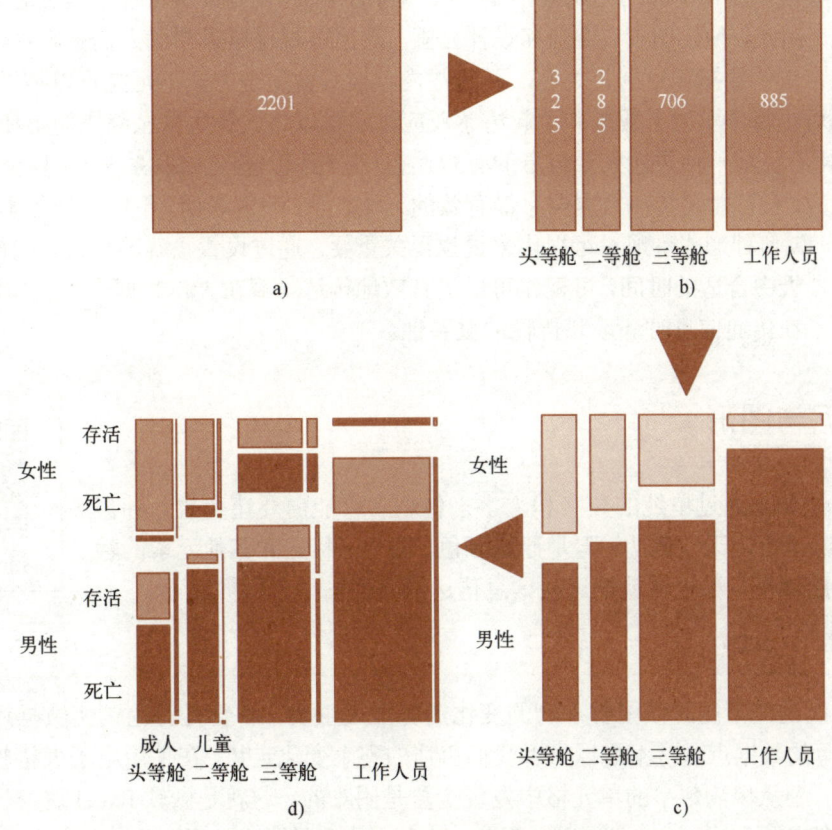

图 2-1 泰坦尼克号事件的镶嵌图生成过程

这个镶嵌图提供了对泰坦尼克号事件的最直观的描述,同时也显现了很多新的信息,如"乘坐三等舱的女性""头等舱女性的存活率""女童较之于男童的存活率"等。

阅读上文,请思考、分析并简单记录:

(1)请通过网络搜索,了解并记录你感兴趣的更多关于泰坦尼克号事件的各个方面的信息,如人文和技术信息等。

答:_____

(2)仔细观察图 2-1,你还会产生哪些问题?得到哪些信息?

答:_____

(3)你认为,在事件描述中,表格和图形方式分别有哪些特点,它们彼此有什么关联?

答:_____

人们可以依据数据来做出更好的决策。事实上,我们拥有的数据越多,从数据中提取出具有实践意义的见解就显得越发重要。可视化和数据是相伴而生的,数据可视化是指将数据以视觉的形式来呈现,如图表或地图,以帮助人们了解这些数据的意义。但是,通过观察数字、统计数据的转换以获得清晰的结论并不是一件容易的事。而人类大脑对视觉信息的处理优于对文本的处理，因此，使用图表、图形和设计元素，数据可视化可以帮助人们更容易地解释数据模式、趋势、统计数据和数据相关性，而这些内容在其他呈现方式下可能难以被发现。

可视化可以将事实融入数据并引起情感反应，它可以将大量数据压缩成便于使用的知识。因此，可视化不仅是一种传递大量信息的有效途径，它还和大脑直接联系在一起，能触动情感，引起化学反应，它可能是传递数据信息最有效的方法之一。研究表明，不仅可视化本身很重要，何时、何地、以何种形式呈现对可视化来说也至关重要。通过设置正确的场景，选择恰当的颜色甚至选择一天中合适的时间，可视化可以更有效地传达隐藏在大量数据中的真知灼见。科学证据也证明了在传递信息时环境和传输的重要性。

2.1 数据与图形

扫码看视频

有的信息如果通过单纯的数字和文字来传达，可能需要花费数分钟甚至几小时，甚至可能无法传达；但是通过颜色、布局、标记和其他元素的融合，图形却能够在几秒之内就把这些信息传达给我们。

2.1.1 数据与走势

人们在制定决策的时候了解事物的变化走势至关重要。不管是讨论销售数据还是健康数据，一个简单的数据点通常不足以告诉我们事情的整个变化走势。在使用电子表格软件处理数据时会发现，要从填满数字的单元格中发现走势是困难的。这就是微软 Excel 这类程序会内置图表生成功能的原因之一。一般来说，观察一个折线图、饼图或条形图的时候，比起观察表格，更容易发现事物的变化走势（见图2-2）。

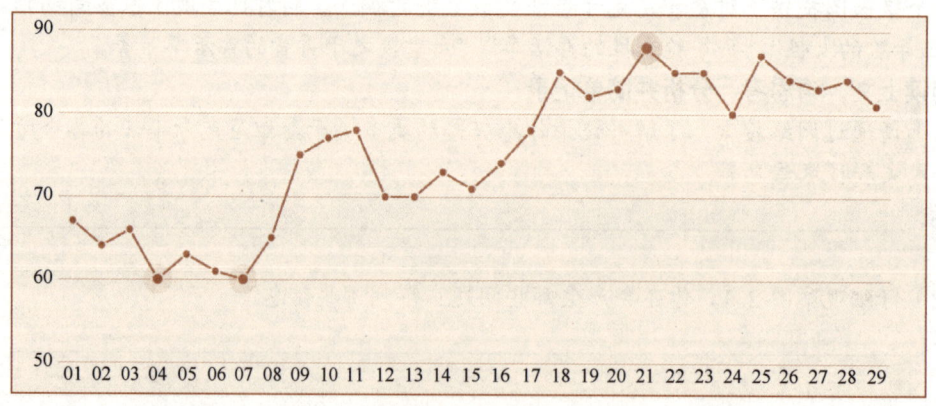

图2-2 某月美国非农就业人口走势

投资者常常要试着评估一个公司的业绩，一种方法就是及时查看公司在某一特定时刻的数据。比方说，管理团队在评估某一特定季度的销售业绩和利润时，若没有将之前几个季度的情况考虑进去的话，他们可能会总结说公司运营状况良好。但实际上，投资者没有从数据中看出公司每个季度的业绩增幅都在减少，表面上看销售业绩和利润似乎还不错，但事实上如果不想办法来增加销量，公司甚至很快就会走向破产。

管理者或投资者在了解公司业务发展趋势的时候，内部环境信息是重要指标之一。但他们同时也要了解外部环境，因为外部环境能让他们了解该公司相对于其他同行业公司运营情况如何。

外部环境是指同行业的其他公司在同一段时间内的运营情况。不了解外部环境，管理者就很难洞悉究竟是什么原因导致了公司的业务受损，管理者有可能会错误地认为公司的运营情况不好。可事实上，销售业绩下滑的原因可能是由整个行业问题引起的，如航空业受出行减少的影响等。但是，即使管理者了解了内部环境和外部环境，要想仅通过抽象的数字来看出端倪还是困难的，而图形可以帮助解决这一问题。

可视化是压缩知识的一种方式。减少数据量是一种压缩方式，如采用速记、简写的方式来表示一个词或者一组词。但是，数据经过压缩之后虽然更容易存储，却让人难以理解。图片则不仅可以容纳大量信息，还是一种便于理解的表现方式。大数据里这样的图片就叫作"可视化"。

折线图、饼图和条形图都是可视化的表现方式。不过，数据信息可能存储在两个不同的地方，数据信息不统一的表达方式也使人们难以理解数据真正想传达的信息。但是，通过获取所有数据信息，并将之绘制成图表，数据就不再是简单的数据，它变成了知识。

2.1.2　地图传递信息

假设你是第一次来到杭州，你很兴奋，激动地想参观杭州的西湖名胜古迹、博物馆以及 2023 亚运场馆等，这就必须从一个地方赶到另一个地方。为此，你需要利用当地的交通系统——地铁，杭州地铁运营线路图（见图 2-3）可以传达你所需要的路线信息。

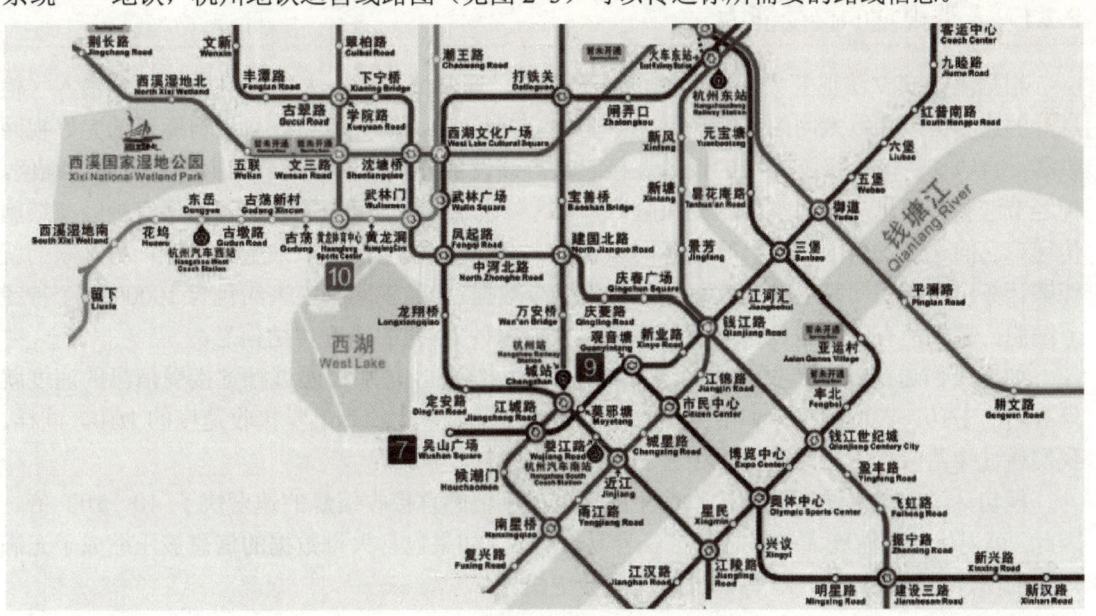

图 2-3　杭州地铁运营线路图（局部）

地铁图上每条线路都按照顺序用不同颜色标记出来的。你可以在上面看到线路交叉的站点，这样一来，要知道在哪里换乘就很容易了。地铁图呈现给你的不仅是数据信息，更是清晰的认知。

你不仅知道该搭乘哪条线路，还大概知道了到达目的地需要花多长时间。你很容易就知道到达目的地有 8 个站，每个站之间大概需要几分钟，因而可以计算出从你所在位置到"大运河博物馆"要花多少分钟。此外，地铁图上的路线还用不同颜色来帮助辨认，只要你想查找地铁线路，都能通过颜色快速辨别。

将信息可视化能有效地抓住人们的注意力。有的信息如果通过单纯的数字和文字来传达可能需要花费较长时间，甚至也许无法传达；但是通过颜色、布局、标记和其他元素的融合，图形却能够在几秒钟之内就把这些信息传达给我们。

2.2 视觉信息的科学解释

在数据可视化领域，耶鲁大学的爱德华·塔夫特指出，可视化不仅能作为商业工具发挥作用，还能以一种视觉上引人入胜的方式传达数据信息。

塔夫特在其著作《出色的证据》中提出的关于分析图形设计的基本原则是：
(1) 体现出比较、对比、差异。
(2) 体现出因果关系、机制、理由、系统结构。
(3) 体现出多元数据，即体现出 1 个或 2 个变量。
(4) 将文字、数字、图片、图形全面结合起来。
(5) 充分描述证据。
(6) 数据分析报告的成败在于报告内容的质量、相关性和整体性。

2.2.1 人类视觉的接受能力

根据美国宾夕法尼亚大学医学院的研究估计，通常情况下，人类视网膜"视觉输入（信息）的速度可以和以太网的传输速度相媲美"。在研究中，研究者将一只取自豚鼠的完好视网膜和一台叫作"多电极阵列"的设备连接起来，该设备可以测量神经节细胞中的电脉冲峰值，神经节细胞将信息从视网膜传达到大脑。基于这一研究，科学家们能够估算出所有神经节细胞传递信息的速度。其中，一只豚鼠视网膜含有大概 100000 个神经节细胞。然后，科学家们就能够计算出人类视网膜中的细胞每秒能传递多少数据。人类视网膜中大约包含 1000000 个神经节细胞，算上所有的细胞，人类视网膜能以大约每秒 10 兆的速度传达信息。

如果人们通过视觉接收信息的速度和计算机网络相当，那么通过触觉接受信息的速度就只有它的 1/10。人们的嗅觉和听觉接收信息的速度更慢，大约是触觉接收速度的 1/10。同样，我们通过味蕾接收信息的速度也很慢。

换句话说，人们通过视觉接收信息的速度比其他感官接收信息的速度快了 10～100 倍。因此，可视化能传达庞大的信息量也就容易理解了。如果包含大量数据的信息被压缩成了充满知识的图片，那我们接收这些信息的速度会更快。

2.2.2 图片和分享的力量

人们喜欢照片（图片）的主要原因之一，是现在拍照很容易。数码相机、智能手机和存储设备使人们可以拍摄大量的数码照片。几乎每部智能手机都有内置摄像头，这就意味着不但可以随意拍照，还可以轻松地上传或分享这些照片。这种轻松、自在的拍摄和分享图片的过程充满了乐趣和价值，人们自然想要分享它们。

和照片一样，如今制作信息图也要比以前容易得多（见图 2-4）。公司制作这类信息图的动机也多了。一个拥有有限信息资源的营销人员该做些什么来让搜索更加吸引人呢？答案是制作一张信息图。信息图可以吸纳广泛的数据资源，使这些数据相互吻合，甚至编造一个引人入胜的故事。博主和记者们想方设法地在自己的文章中加进类似的图片，因为读者喜欢看图片，同时也乐于分享这些图片。

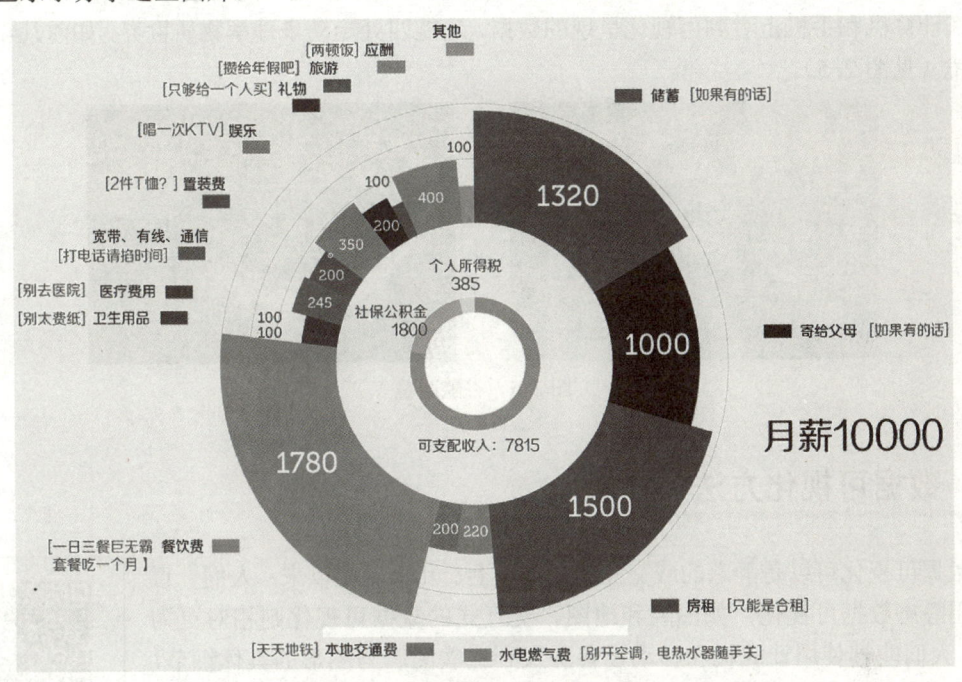

图 2-4　信息图示例（见书后插页）

最有效的信息图还是被不断重复分享的图片。其中有一些图片在网上疯传，它们在社交网站（如脸书、推特、领英、微信）以及传统但实用的邮件里，被分享了数千次甚至上百万次。由于信息图制作需求的增加，帮助制作这类图形的公司和服务也随之增多。

2.2.3　实时可视化

很多信息图提供的信息从本质上看是静态的。通常制作信息图需要花费很长的时间和大量的精力：它需要数据，需要展示有趣的故事，还需要以图标将数据以一种吸引人的方式呈现出来。但图表只有经过加工、发布、分享之后才具有真正的价值。当然，到那时，数据已经成了几周或几个月前的旧数据了。那么，在展示可视化数据时要怎样在吸引人的同时又保证其时效性呢？

数据要具有实时性价值，必须满足以下三个条件：

（1）数据本身必须要有价值。

（2）必须有足够的存储空间和计算机处理能力来存储与分析数据。

（3）必须要有一种巧妙的方法及时将数据可视化，而不用花费几天或几周的时间。

想了解数百万人是如何看待实时性事件,并将他们的想法以可视化的形式展示出来的想法看似遥不可及,但其实很容易达成。

例如,在过去的几十年,美国总统选举过程中的投票民意测试,需要测试者打电话或亲自询问每个选民的意见。通过将少数选民的投票和统计抽样方法结合起来,测试者就能预测选举的结果,并总结出人们对重要政治事件的看法。但今天,大数据正改变着我们的调查方法。

信息实时可视化并不只是在网上不停地展示实时信息而已。随着技术的发展,我们不仅可以在计算机和手机上看到可视化呈现的数据,还能四处走动来理解物质世界,如前几年的谷歌眼镜(见图2-5)。

 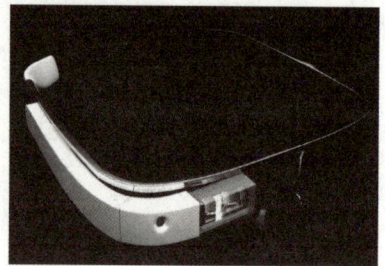

图2-5 谷歌眼镜

2.3 数据可视化方法

数据可视化可以是静态的或交互的。实际上,几个世纪以来,人们一直在使用静态数据可视化,如图表和地图。交互式的数据可视化则相对更为先进:人们能够使用计算机和移动设备深入到这些图表与图形的具体细节,然后用交互的方式改变他们看到的数据及数据的处理方式。

扫码看视频

我们必须用一个合乎逻辑的、易于理解的方式来呈现数据。但是,并非所有数据可视化作品的效果都一样好。人类对图形的理解能力非常独到,往往能够从图形当中发现数据的一些规律,而这些规律用常规的方法是很难发现的。在大数据时代,数据量变得非常大,而且非常烦琐,要想发现数据中包含的信息或者知识,可视化是最有效的途径之一(见图2-6)。

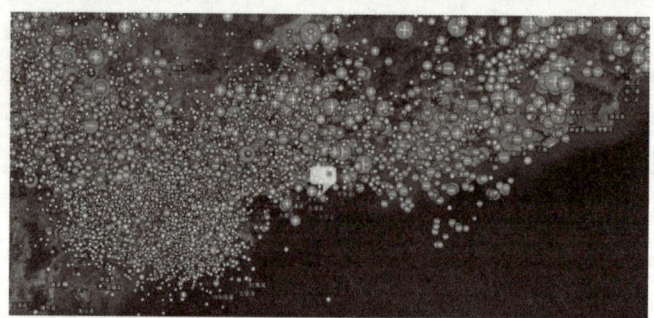

图2-6 受大面积雷电影响,深圳某日18时至31日0时共记录到9119次闪电

2.3.1 数据可视化场景

数据可视化起源于图形学、人工智能、科学可视化以及用户界面等领域的相互促进和发展，是当前计算机科学的一个重要研究方向，它利用计算机对抽象信息进行直观表示，以利于快速检索信息和增强认知能力。

数据可视化要根据数据的特性，如时间信息和空间信息等，找到合适的可视化方式，如图表和地图等，将数据直观地展现出来，以帮助人们理解数据，同时找出包含在海量数据中的规律或者信息。数据可视化是大数据生命周期管理的最后一步，也是最重要的一步。

数据可视化并不是为了展示用户的已知的数据之间的规律，而是为了帮助用户通过认知数据，发现这些数据所反映的实质。如图 2-7 所示，CLARITY 成像技术使科学家们不需要切片就能够看穿整个大脑。

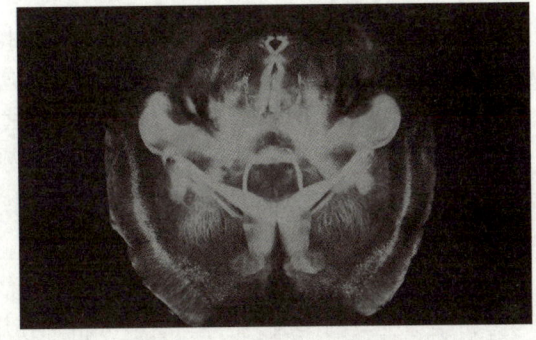

图 2-7　CLARITY 成像技术

斯坦福大学生物工程和精神病学负责人卡尔·戴瑟罗特说："以分子水平和全局范围观察整个大脑系统，曾经一直都是生物学领域一个无法实现的重大目标。"也就是说，用户在使用信息可视化系统之前往往没有明确的目标。信息可视化系统在探索性任务（如包含大数据量信息）中有突出的表现，它可以帮助用户从大量的数据空间中找到关注的信息并进行详细的分析。

数据可视化主要应用于下面几种情况：

（1）当存在相似的底层结构，相似的数据可以进行归类时。

（2）当用户处理自己不熟悉的数据内容时。

（3）当用户对系统的认知有限，并且喜欢用扩展性的认知方法时。

（4）当用户难以了解底层信息时。

（5）当数据更适合感知时。

2.3.2 数据可视化的挑战

按任务分类的数据类型有助于我们组织对问题范围的理解，但为了创建成功的工具，信息可视化的研究人员仍有很多挑战需要去面对。这些挑战包括：

（1）导入和清理数据。该挑战决定如何组织输入数据以获得期望的结果，它所需要的思考和工作经常比预期的多。使数据有正确的格式、滤掉不正确的条目、使属性值规格化和处理丢失的数据，也是繁重的任务。

（2）把视觉表示与文本标签结合在一起。视觉表示是强有力的，但有意义的文本标签起到很重要的作用。文本标签应该是可见的，不应遮盖显示或使用户困惑。屏幕提示和偏心标签等用户控制的方法经常能够提供帮助。

（3）查找相关信息。人们经常需要多个信息源来做出有意义的判断，如专利律师想要看到相关的专利、基因组学研究人员想要看到基因簇在细胞过程的各个阶段如何一致地工作。在发现过程中对意义的追寻需要对丰富的相关信息源进行快速访问，这需要对来自多个源的数据进行整合。

（4）查看大量数据。信息可视化的一般挑战是处理大量的数据。很多创新的原型仅能处理几千个条目，或者当处理数量更大的条目时难以保持实时交互性。显示数百万条目的动态可视化证明，信息可视化尚未接近人类视觉能力的极限，用户控制的聚合机制还需进一步突破性能极限。较大的显示器有助于查看大量数据，因为额外的像素使用户能够看到更多的细节，同时保持合理的概览。

（5）集成数据挖掘。信息可视化和数据挖掘起源于两条独立的研究路线。信息可视化的研究人员相信让用户的视觉系统引导他们形成假设的重要性，而数据挖掘的研究人员则相信能够依赖统计法和机器学习来发现有趣的模式。研究人员正在逐渐把这两种方法结合在一起。就其客观本性来说，一方面，统计汇总是有吸引力的，但它们能够隐藏异常值或不连续性（像冰点或沸点）；另一方面，数据挖掘可能把用户引导到数据的更有趣部分，然后它们能够在视觉上被检查。

（6）与分析推理技术集成。为了支持评估、计划和决策，视觉分析领域强调信息可视化与分析推理工具的集成。业务与智能分析师使用来自搜索和可视化的数据作为支持或否认有竞争性的假设的证据。他们还需要工具来快速产生他们分析的概要和与决策者交流的推理，决策者可能需要追溯证据的起源。

（7）与他人协同。发现是一个复杂的过程，它依赖于知道要寻找什么、通过与他人协同来验证假设、注意异常和使其他人相信发现的意义。因为对社交过程的支持对信息可视化是至关重要的，所以软件工具应该使记录当前状态、把带注释和数据的当前状态发送给同事或张贴到网站上更容易。

（8）实现普遍可用性。当可视化工具打算被公众使用时，必须使该工具可被多种多样的用户使用而不管他们的生活背景、工作背景、学习背景或技术背景如何，但对于设计人员，它仍然是巨大挑战。

（9）评估。信息可视化系统是十分复杂的。分析很少是一个孤立的短期过程，用户可能需要长期地从不同视角察看相同的数据，他们或许还能阐述和回答他们在查看可视化之前未预料到的问题（使得难以使用典型的实证研究技术），而受试者则是被征募来短期从事所承担任务的。虽然最后发现能够产生巨大的影响，但它们极少发生且不太可能在研究过程中被观察到。基于洞察力的研究是第一步。案例研究报告指出，在其自然环境中完成真实任务的用户能够描述发现、用户之间的协同、数据清理的挫折和数据探索的兴奋，并且他们能报告使用频率和获得的收益。案例研究的不足是，它们非常耗费时间且难以重复或难以应用于其他领域。

2.3.3 数据分析图表

一般情况下，对于小数据，企业很可能已经在应用至少一种报表并实现了一定程度的数据可视化（见图 2-8）。当前，基于搜索的数据发现工具还远没有达到成熟的程度，大数据也并不意味着传统报表的废除，许多传统工具仍然可用，甚至还能发挥出更大价值。

但是，大数据需要新的数据发现工具，且很多工具是有关可视化的。虽然软件厂商会继续完善传统报表和数据可视化工具并推出新的产品，但企业已经意识到，要制定更好的决策，需要的不仅仅是一套标准报表、即席查询能力、仪表盘、分析及 KPI 工具，因为实时数据发现应用的匮乏，已经阻碍了很多企业及其员工在其生产力、客户、供应链和业务方面发现数据驱动的隐性新洞见。报表、分析和数据可视化等不同工具存在着本质的不同（见表 2-2）。

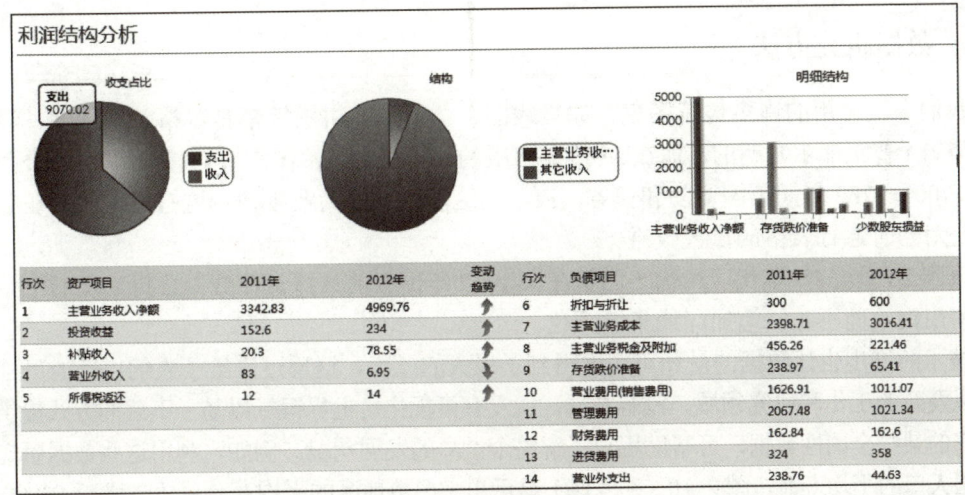

图 2-8 数据可视化分析

表 2-2 报表、分析和数据可视化工具三者的比较

传统报表工具	分析	数据可视化工具
提供数据	提供答案	可以提供答案,但更重要的是,允许用户提出更深也更好的数据问题
提供所要求的	提供所需要的	可以提供所需要的
通常是标准化的	通常是定制化的	极度定制化。因具备交互式的数据可视化,每个用户都可能发现不同
不以个体能力为转移	跟个体能力有关	虽与个体相关,但数据可视化依然受制于解释能力
非常不灵活	非常灵活	依靠数据可视化,可非常灵活;静态信息图则不灵活
传统上处理小数据	传统上处理小数据	既能处理大数据,也能处理小数据

从表 2-2 可以看出,传统报表和分析工具仍然有用,并且支持着大量基本商业职能。但要有效处理和理解大数据,需要实时性且交互式的数据可视化应用,而原有的工具对此却无能为力。最好的数据可视化方式,就是用直观的方式传达信息。图 2-9 对全美 2014 年推特上最受关注的新闻——通过 1.845 亿次推文分析,进行了可视化处理,结果呈现出一件"艺术品"。

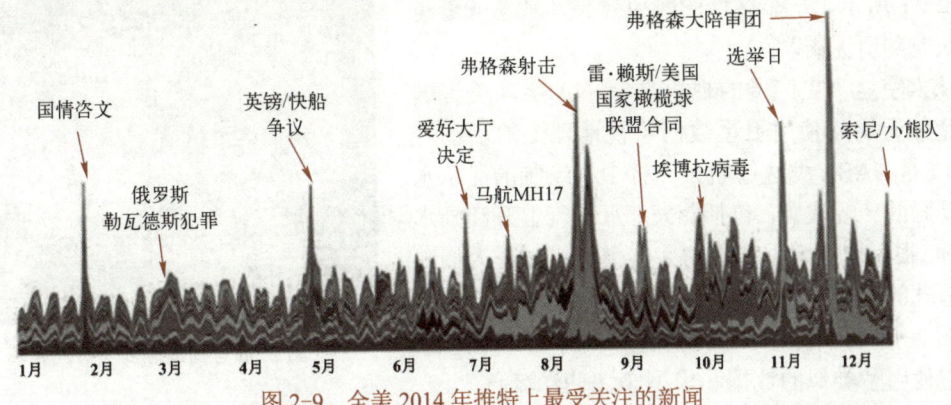

图 2-9 全美 2014 年推特上最受关注的新闻

2.3.4 数据研究方法

我们今天使用的许多传统图表,如折线图、条形图和饼图等都是苏格兰工程师、经济学家威廉姆·普莱菲尔发明的。他在 1786 年出版的《商业和政治图解》一书中,用 44 个图表记录了 1700—1782 年间英国贸易和债务,展示出这段时期的商业事件。这些手工绘制在纸上的图表是对当时通行表格的重大改进。

直到 20 世纪 70 年代,约翰·图基在其 1977 年出版的《探索性数据分析》一书中,描述了如何用钢笔而不是铅笔加深线条的颜色。

技术的进步也让数据的量和可用性得到了极大的改善,这反过来给了人们以新的可视化素材,以及新的工作和研究领域。没有数据,就没有可视化。世界银行以易于下载的方式提供了各个国家的某些全国性数据,可帮助用户了解整个世界的发展状况。例如,利用这些数据研究历年来各国人口的平均寿命,图 2-10(交互图)显示出大多数地区的平均寿命总体在增加(2009 年全球平均预期寿命为 67 岁);其中的大回落表示某些地区发生了战争和冲突。平均寿命图是调整过的多重时序图,是数据让它变得有意义。但在互联网时代之前,这些数据即使存在也很难收集。

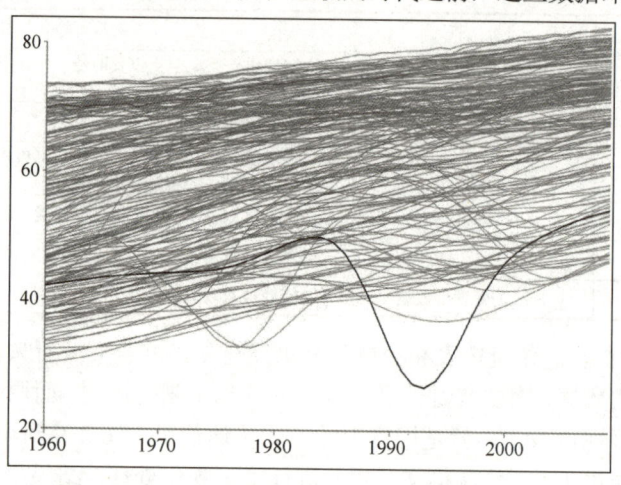

图 2-10 世界各地平均寿命(http:///datafl.ws/24w)

例如,斯蒂芬·冯·沃利用一份现成的、逗号分隔的文档算出了美国 48 个州中任何一个地点到最近麦当劳的距离,并在地图上标注了出来。如图 2-11 所示,一个区域的颜色越亮,就意味着越能尽快吃到巨无霸。

从太空这一更广阔的视角来看 NASA(美国国家航空航天局)使用卫星数据监视地球上的活动。图 2-12 是 NASA 戈达德航天飞行中心绘制的显示水循环动画的一幅快照,包括蒸发、水蒸气上升和降水的过程。根据这些数据建立的大气模型可以让人们观察到地球的重大变化。

图 2-13 所示的"永恒的海洋"同样由 NASA 绘制,它使用了类似的数据和模型来评估洋流。

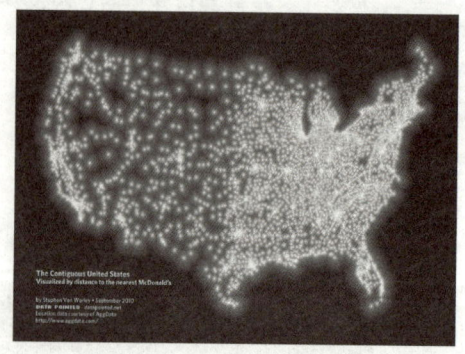

图 2-11 到最近麦当劳的距离

图 2-12 水循环动画

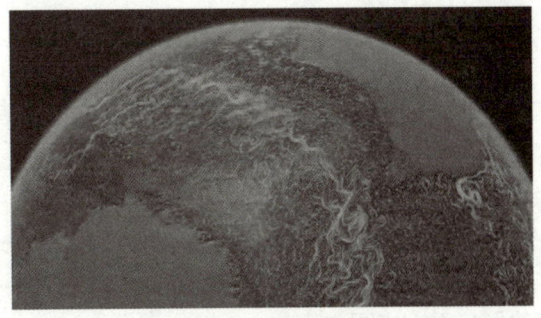
图 2-13 永恒的海洋

当然,不断增长的新数据类型需要比纸笔更强大的新工具来帮助探索研究。

计算机的引入改变了人们分析和研究数据的方式。借助计算机,人们可以在数秒内制作出许多图表,从多个角度查看数据以及筛选出更复杂的数据集。现在人们也拥有了更多的数据研究工具。例如,微软的 Excel 仍是许多人首选的办公软件,它可以完成许多工作,但人们想要使用的方法以及想要研究的深度都正在发生改变。

2.3.5 信息图形和展示

研究数据时会形成自己的见解,因此没有必要思考这些数据的有趣之处。但当观众不仅仅是自己时,就必须提供数据的背景信息。通常这并不是指要为图表配上详尽的长篇大论的文章或论文,而是精心配上标签、标题和文字,让读者为即将见到的东西做好准备。可视化本身——形状、颜色和大小,代表了数据,而文字则可以让图形更易读懂。注意,排版、背景信息和合理的布局也可以为原始统计数据增加一层信息。

通俗地说,可视化设计的目的是"让数据说话",这意味着将数据或信息可视化。作为一种媒介,可视化已经发展成为一种很好的故事讲述方式。新闻机构正学着在其领域内使用可视化这种媒介。例如,2010 年 4 月,墨西哥湾的"深水地平线"石油钻井平台爆炸,导致大量的石油泄漏到大海中(见图 2-14),《纽约时报》持续 3 个月对此进行了全面的报道。它为原油泄漏如何结束、造成了什么影响以及为什么会发生泄漏提供了背景介绍。现在,距离这一事故的发生已经有很长时间了,回首这一系列的互动报道,其中的图表仍能传递丰富的信息,而且在未来数年中仍是如此。这些图表并不华丽,无须过多花哨的功能也可以吸引人们的目光。这同样也适用于数据,有价值的数据让图表值得一看。它传递了数据的故事。

图 2-14 墨西哥湾"深水地平线"石油钻井平台爆炸(见书后插页)

2.4 数据艺术世界

数据的艺术性由那些分析和信息图形常有的数字特征组成,它更多地是让人们去体验那些让人感觉冰冷而陌生的数据。2012年,在距离伦敦奥运会开幕还有几个月的时候,艺术家穆罕默德·阿克坦和格约拉在"形态"图中将原本就很美的竞技运动演绎成衍生动画(见图2-15)。小视频中播放一位运动员,如体操运动员或跳水运动员的腾空和翻转动作,大视频里同时生成由颗粒、枝条和长杆组成的图形,并相应地移动。移动伴随有声音,让计算机生成的图形看起来更加真实。

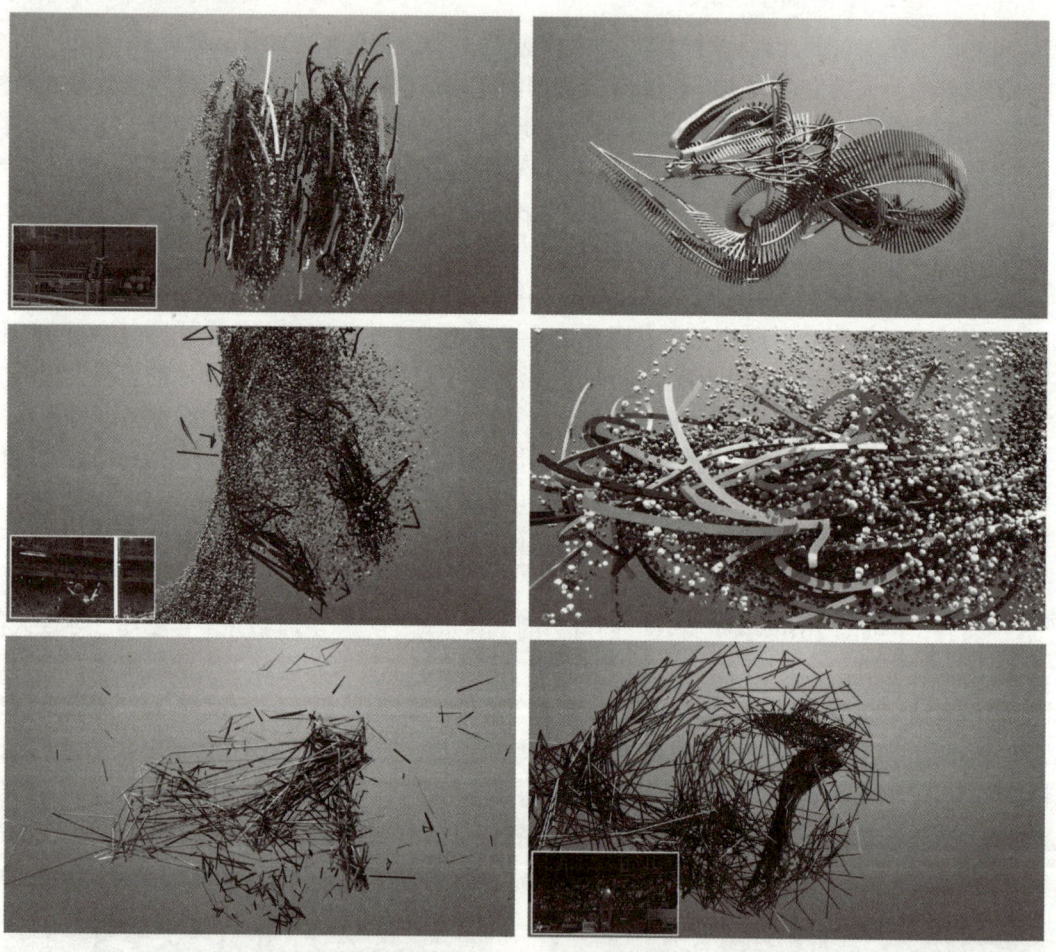

图2-15 "形态"图(穆罕默德·阿克坦和格约拉)

虽然这些作品是用于艺术展甚至装饰墙壁的,但很容易看出它们对一些人的用处。例如运动员和教练可能对完美的动作感兴趣,而视觉跟踪可以帮助他们更容易看到运动模式。"形态"可能不如动作捕捉软件回放动作那样直观,但机制是类似的。

这让人们再次开始思考"数据艺术是什么",或者是更重要的问题——可视化是什么。可视化是一种应用广泛的媒介。在某一范围内有不同类型的可视化,但它们并没有明确清晰的界限(也没有必要)。可视化作品既可以是艺术的,同时又是真实的。

在费尔兰达·维埃加斯和马丁·瓦滕伯格的"风图"(Wind Map)中,他们将可视化用作工具和表达方式，绘制了全美各地风的流动模式（见图 2-16），数据来自国家数字预测数据库的预报，每小时更新一次。你可以通过缩放和平移数据库来进行研究，还可以把鼠标停在某处以了解该地风速和方向。地图上风的流动越集中、越快，预报的风速就越大。

对于研究风的模式的气象学家或是教授气象原理的老师，风图很有用，但维埃加斯和瓦滕伯格将其看作艺术品。他们的目的是赋予环境生命感，使它看上去很美。这些数据既是个性化的，又很容易与读者建立起关联。用传统的图表则很难做

图 2-16　风图（2016-2-23，http://hint.fm/wind/）

到这些。也就是说，高质量的数据艺术和其他可视化一样，仍是由数据引导设计的。随着移动技术的进步，数字和物质间的差距变得更小，可视化将在连接这两个世界的过程中发挥出更大的作用。

可见，可视化的定义在不同人的眼中是不一样的。作为一个整体，可视化的广度每天都在变化。可视化的目的不同，目标读者可能就会迥然不同。但无论如何，可视化作为一种媒介，用处很大。

2.5　数据视觉分析

视觉分析是一种数据分析，是指将数据用图形来表示以开启或增强视觉感知。相比于文本，人类可以迅速理解图像并得出结论，基于这个前提，视觉分析成为大数据领域的勘探工具，其目标是用图形表示来帮助我们更深入地理解分析数据，特别是它有助于识别及强调隐藏的模式、关联和异常。视觉分析也和探索性分析有直接关系，因为它鼓励从不同的角度形成问题。

视觉分析的主要类型包括：热点图、时间序列图、网络图、空间数据制图等。

2.5.1　热点图

对表达模式、通过部分-整体关系的数据组成和数据的地理分布来说，热点图是有效的视觉分析技术，它能促进识别感兴趣的领域，发现数据集内的极（最大或最小）值。例如，为了确定冰激凌销量最好和最差的地方，使用热点图来绘制冰激凌销量数据。绿色用来标识表现最好的地区，而红色用来标识表现最差的地区。

热点图本身是一个可视化的、颜色编码的数据值表示。每个值是根据其本身的类型和坐落的范围而给定的一种颜色。例如，热点图将值 0～3 分配给黑色，4～6 分配给浅灰色，7～10 分配给深灰色。热点图可以是图表或地图形式。图表代表一个值的矩阵，在其中每个网格都是按照值分配的不同颜色（见图 2-17）。通过使用不同颜色嵌套的矩形，表示不同的等级值。

如图 2-18 所示，用地图表示地理测量，不同的地区根据同一主题用不同的颜色或阴影表示。地图以各地区颜色/阴影的深浅来表示同一主题的程度深浅，而不是单纯地将整个地区涂

上色或以阴影覆盖。

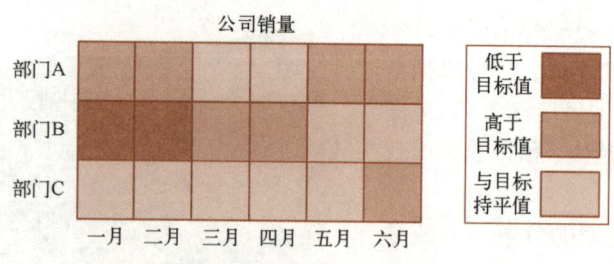

图 2-17　某公司各部门的销量表格热点图

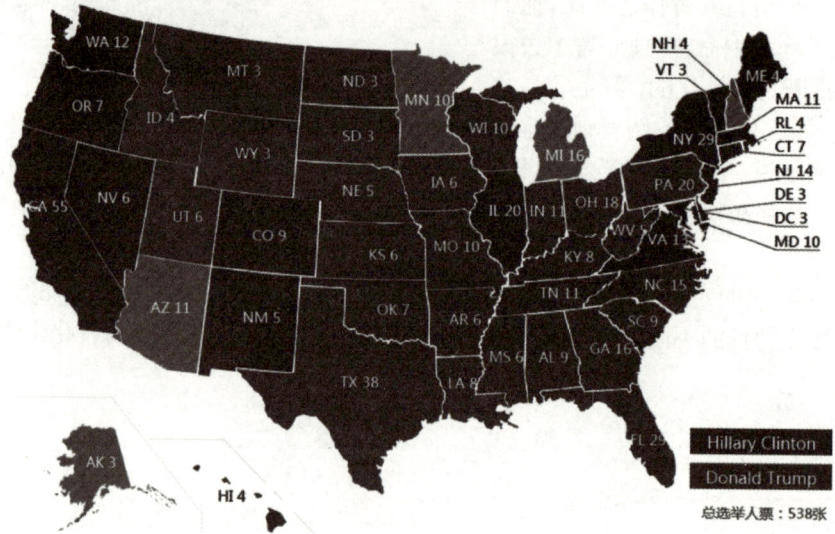

图 2-18　2016 年美国总统选举投票示意图

2.5.2　时间序列图

时间序列图可以分析在固定时间间隔记录的数据。这种分析充分利用了时间序列，时间序列是一个按时间排序的、在固定时间间隔记录的值的集合。例如，一个每月月末记录的销售时间序列。

时间序列分析有助于发现数据随时间变化的模式。一旦确定，这个模式可以用于未来的预测。例如，为了确定某冰激凌品牌季度销售模式，每月按时间顺序绘制冰激凌销售图，它会进一步帮助预测下个月的销售图。

通过识别数据集中的长期趋势、季节性周期模式和不规则短期变化，时间序列分析可用于预测。它用时间作为比较变量，且数据的收集总是依赖于时间。时间序列图通常用折线图表示，x 轴表示时间，y 轴记录数据值。

2.5.3　网络图

在视觉分析中，网络图用于描绘互相连接的实体，是一种侧重于分析网络内实体关系的技术。一个实体可以是一个人、一个团体，或者其他商业领域的物品。实体之间可能是直接连接，也可能是间接连接。有些连接可能是单方面的，因此反向遍历是不可能的。

网络分析将实体作为节点,用边连接节点。有专门的网络分析的方法,如路径优化、社交网络分析、传播预测等。传染性疾病的预测是网络分析非常典型的应用。

基于冰激凌销量的网络分析中,路径优化应用如下:天热的时候,从中央仓库运到偏远地区商店的冰激凌会化掉,无法销售,为了最小化运输时间,用网络分析来寻找中央仓库与偏远地区商店的最短路径。

图 2-19 所示的社交网络图也是社交网络分析的一个简单的例子,从图中可知:

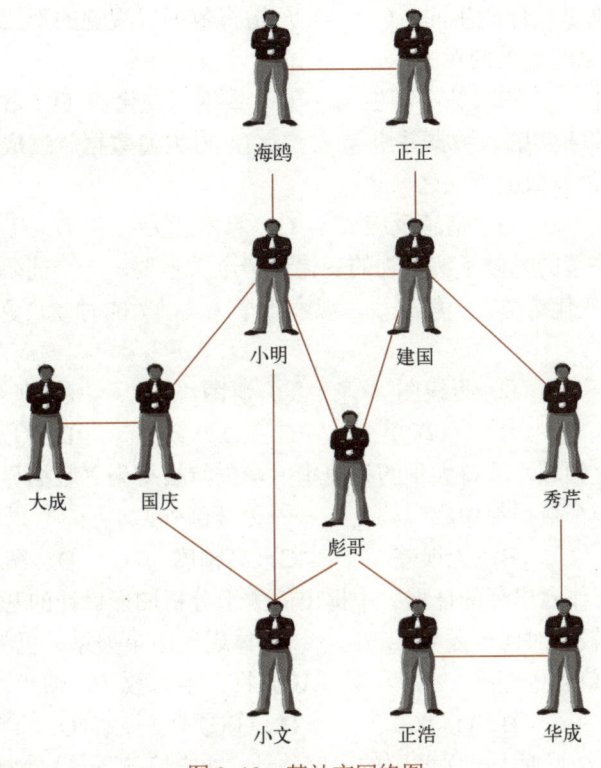

图 2-19 某社交网络图

- 小明有许多朋友,大成只有一个朋友。
- 大成可能会和小明与小文做朋友,因为他们有共同的好友国庆。

2.5.4 空间数据制图

空间或地理空间数据通常用来识别单个实体的地理位置,然后将其绘图。空间数据分析专注于分析基于地点的数据,从而寻找实体间不同地理关系和模式。

空间数据通过地理信息系统(GIS)被操控,它利用经纬坐标将空间数据绘制在图上。GIS 提供工具使空间数据能够互动探索。例如,测量两点之间的距离,用确定的距离半径来画圆以确定一个区域。随着基于地点的数据(如传感器和社交媒体数据)的可用性不断增长,可以通过分析空间数据来洞察位置。

空间数据分析的应用包括操作和物流优化,以及环境科学和基础设施规划。空间数据分析的输入数据可以包含精确的地址(如经纬度),也可以是能够计算位置的信息(如邮政编码和 IP 地址)。

此外，空间数据分析可以用来确定落在一个确定半径内的实体数量。例如，一个超市利用空间分析进行有针对性的营销，其位置是从用户的社交媒体信息中提取的，根据用户是否接近店铺来提供个性化服务。

【习题】

1. 可视化和数据是相伴而生的，（　　）是指将数据以视觉的形式来呈现，如图表或地图，以帮助人们了解这些数据的意义。

　　A．经济地图　　　B．数字孪生　　　C．数据可视化　　　D．数字化图表

2. 可视化可以将事实融入数据并引起（　　），将大量数据压缩成便于使用的知识，因此它是传递数据信息最有效的方法之一。

　　A．事实变化　　　B．情感反应　　　C．算术能力　　　D．工作效率

3. 人们在制定决策的时候了解事物的变化走势至关重要，一个简单的数据点通常不足以告诉我们事情的整个变化走势。一般来说，观察一个（　　）的时候，更容易发现事物的变化走势。

　　① 抽象画　　　② 折线图　　　③ 饼图　　　④ 条形图

　　A．②③④　　　B．①②③　　　C．①③④　　　D．①②④

4. 在数据可视化领域，耶鲁大学的爱德华·塔夫特被誉为"数据界的列奥纳多·达·芬奇"。他聚焦于将每一个数据都做成（　　）——无一例外。

　　A．代码化　　　B．无误差　　　C．高精度　　　D．图示物

5. 塔夫特在其著作《出色的证据》中提出的关于分析图形设计的基本原则包括（　　）。

　　① 体现出比较、对比、差异　　② 体现出因果关系、机制、理由、系统结构
　　③ 抽样且简单表达证据　　　　④ 将文字、数字、图片、图形全面结合起来

　　A．②③④　　　B．①②③　　　C．①②④　　　D．①③④

6. 根据美国宾夕法尼亚大学医学院的研究估计，通常情况下，人类视网膜"视觉输入（信息）的速度可以和（　　）的传输速度相媲美"。

　　A．电报传输　　　B．键盘输入　　　C．同轴电缆　　　D．以太网

7. 人们通过视觉接收信息的速度比听觉、嗅觉、味觉等其他感官接收信息的速度要快了（　　）倍。因此，可视化能传达庞大的信息量也就容易理解了。

　　A．10～100　　　B．2～5　　　C．<10　　　D．5～8

8. 一个拥有有限信息资源的营销人员应该制作（　　）来吸纳广泛的数据资源，使数据相互吻合，甚至编造一个引人入胜的故事。

　　A．思维导图　　　B．信息图　　　C．功能框图　　　D．数据流程图

9. 为在展示可视化数据时，保证吸引人的同时又保证数据具有实时性价值，必须满足（　　）三个条件。

　　① 充分精简数据量，用少量精确数据推理丰富正确结果
　　② 数据本身必须要有价值
　　③ 必须有足够的存储空间和计算机处理能力来存储与分析数据
　　④ 必须要有一种巧妙的方法及时将数据可视化，而不用花费几天或几周的时间

A. ①③④　　B. ①②④　　C. ①②③　　D. ②③④

10. 数据可视化起源于图形学、人工智能、科学可视化以及用户界面等领域的相互促进和发展，它利用计算机（　　），以利于快速检索信息和增强认知能力。
　　A. 对物理信息进行逻辑表示　　B. 对逻辑信息进行物理表示
　　C. 对抽象信息进行直观表示　　D. 对直观信息进行抽象表示

11. 研究数据时，你会形成自己的见解，因此无须解释这些数据的有趣之处。但当观众不仅仅是自己时，就必须提供数据的（　　）。通常这是指精心配上标签、标题和文字。
　　A. 背景信息　　B. 信息含量　　C. 计算精度　　D. 来源信息

12. 数据的（　　）由那些分析和信息图形常有的数字特征组成，它更多地是为了让人们去体验那些让人感觉冰冷而陌生的数据。
　　A. 信息量　　B. 艺术性　　C. 准确度　　D. 算力特征

13. （　　）是一种数据分析，指的是对数据用图形表示来开启或增强视觉感知。相比于文本，人类可以迅速理解图像并得出结论，因此，它已经成为大数据领域的勘探工具。
　　A. 逻辑计算　　B. 聚合分析　　C. 预测分析　　D. 视觉分析

14. 数据视觉分析的主要类型包括：热点图和（　　）等。
　　① 时间序列图　　② 网络图　　③ 分子图　　④ 空间数据制图
　　A. ②③④　　B. ①②③　　C. ①②④　　D. ①③④

15. 对（　　）来说，热点图是有效的视觉分析技术，它能促进识别感兴趣的领域，发现数据集内的极（最大或最小）值。
　　① 表达模式　　　　　　　② 通过部分-整体关系的数据组成
　　③ 分类关系　　　　　　　④ 数据的地理分布
　　A. ①②④　　B. ①③④　　C. ②③④　　D. ①②③

16. （　　）可以分析在固定时间间隔记录的数据，这种分析是一个按时间排序、在固定时间间隔记录的值的集合。例如，一个每月月末记录的销售时间序列。
　　A. 时间序列图　　B. 网络图　　C. 分子图　　D. 空间数据制图

17. 在视觉分析中，（　　）用于描绘互相连接的实体，是一种侧重于分析网络内实体关系的技术。一个实体可以是一个人、一个团体，或者其他商业领域的物品。
　　A. 时间序列图　　B. 网络图　　C. 分子图　　D. 空间数据制图

18. 在网络分析中，实体之间可能是直接连接，也可能是间接连接。因为有些连接可能是单方面的，所以（　　）是不可能的。
　　A. 前序联系　　B. 顺序访问　　C. 正向遍历　　D. 反向遍历

19. 空间或地理空间数据通常用来识别单个实体的地理位置，然后将其绘图。（　　）专注于分析基于地点的数据，从而寻找实体间不同地理关系和模式。
　　A. 时间序列图　　B. 网络图　　C. 分子图　　D. 空间数据制图

20. 空间数据分析可以用来确定落在一个实体的确定半径内的实体数量，其应用包括（　　）。
　　① 操作和物流优化　　　　② 环境科学
　　③ 实体连接部署　　　　　④ 基础设施规划
　　A. ②③④　　B. ①②③　　C. ①②④　　D. ①③④

【实验与思考】绘制新的泰坦尼克号镶嵌图

1. 实验步骤

（1）参见本章的【导读案例】，为表 2-1 所示的泰坦尼克号事件生成一个镶嵌图（及其生成过程），注意使用不同步骤（例如，是否存活→性别→舱位等级→成年人/儿童）。

镶嵌图可以在纸上手绘，如果是使用软件工具（如 Visio）则需要打印。请将你绘制的镶嵌图粘贴在下方，并注意折叠。

------------------------------（镶嵌图作品粘贴线）------------------------------

（2）请列出你从泰坦尼克事件镶嵌图作品的描述中提取出的信息：

答：

2. 实验总结

3. 实验评价（教师）

第3章 工具与数据资源

【导读案例】塔夫特的数据墨水比

数据墨水比是耶鲁大学教授爱德华·塔夫特引入的一个概念。他是数据可视化领域的一位专家,对设计有效的数据呈现做出了重大贡献。他在其1983年出版的《定量数据的视觉显示》一书中,阐述了这样一个目标:

- 最重要的是显示数据。
- 图形上的大部分墨水应该用于呈现数据信息,墨水随着数据的变化而变化。数据信息是图形的不可擦除的核心,非冗余的墨水根据所代表的数字的变化而排列。

塔夫特将数据墨水称为用于呈现数据的不可擦除的墨水。如果数据墨水从图像中被移除,那么图形将失去内容。因此,非数据墨水是指不传输信息的墨水,它们被用于标度、标签和边缘。数据-墨水比是指与整个显示屏中使用的油墨(或像素)总量相比,用于呈现实际数据的油墨比例(数据墨水与非数据墨水的比例)。

$$数据墨水比 = \frac{数据墨水}{用于打印图形的总墨水量}$$

$$= 图形墨迹中用于数据信息非冗余显示的比例$$

$$= 1.0 - 可擦除的图形比例$$

好的图形应该只包括数据墨水。在可能的情况下,非数据墨水应被删除。这样做的原因是为了避免将观看数据展示的人的注意力吸引到不相关的元素上。

我们的目标是设计一个具有尽可能高的数据-墨水比的显示器(也就是尽可能接近1.0的总和),而不用消除一些对有效交流来说是必要的东西。

案例1:如图3-1所示。如果图形具有过多的噪声和分散注意力的元素,则认为它的数据墨水比较低。其中背景、网格线、3D效果、阴影和其他不必要的美学元素分散了所表示的数据。可以看出,消除干扰后可视化更容易理解,并且能够更多地关注数据。

案例2:如图3-2所示。科学数据可视化与商业数据可视化至少有一点是一样的,它们都专注于传递观点。图3-2a中快看不见数据在哪里了,如果打印机不好甚至可能打印不出这张图。经过改进之后其效果如图3-2b所示。

在可视化作品中,数据应该成为最重要的元素,避免向图表中添加许多不会提高数据关注度的内容。

查看你设计的图表,看看是否有可以删除的内容。是否存在与数据竞争的网格线?是否可以删除它们或者使它们更淡一些?你可能会惊讶地发现,在没有网格线的情况下仍然可以甚至更容易理解图表。最终,图表和图形将简化到清晰易懂的程度。

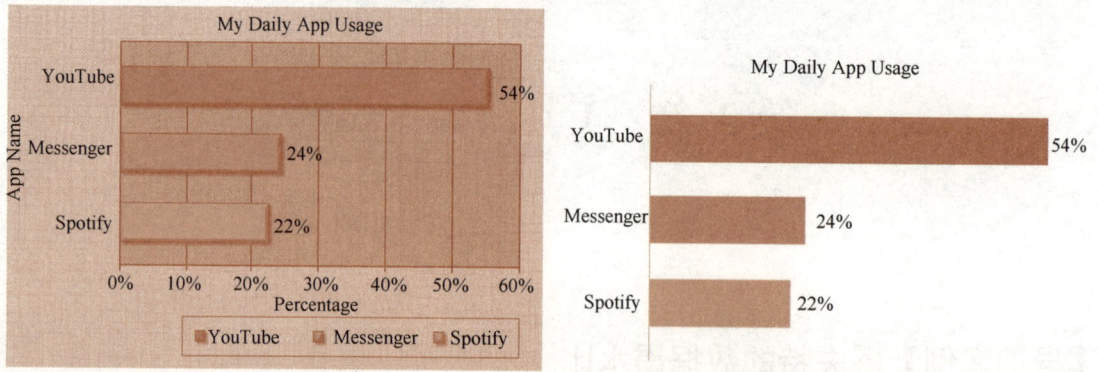

图 3-1　所有分散注意力的元素都被删除后,最大限度地关注数据本身

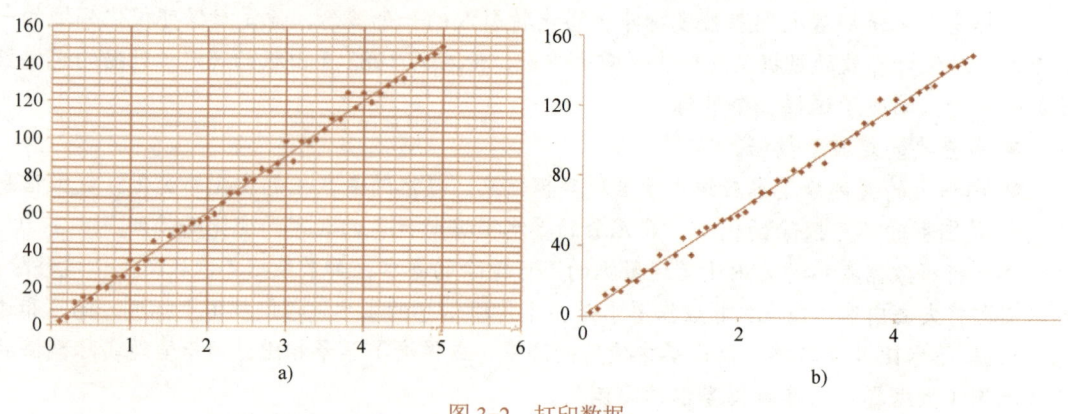

图 3-2　打印数据

阅读上文,请思考、分析并简单记录:

(1)通过网络搜索,进一步深化数据-墨水比的设计理念,并做简单记录。

答:＿＿＿＿＿＿＿＿＿＿＿＿＿＿＿＿＿＿＿＿＿＿＿＿＿＿＿＿＿＿＿＿＿＿＿＿＿

(2)通过网络搜索,进一步了解塔夫特信息可视化设计思想,并做简单记录。

答:＿＿＿＿＿＿＿＿＿＿＿＿＿＿＿＿＿＿＿＿＿＿＿＿＿＿＿＿＿＿＿＿＿＿＿＿＿

(3)随着机器学习等AI技术的不断进步,你是否发现在学习中,搜索引擎给你的针对性信息推荐越来越精准?请关注并简单记录。

答:＿＿＿＿＿＿＿＿＿＿＿＿＿＿＿＿＿＿＿＿＿＿＿＿＿＿＿＿＿＿＿＿＿＿＿＿＿

要使数据分析真正有价值和有洞察力,选择高质量的可视化工具很重要。作为应用软件,数据可视化工具可以帮助用户以可视化、图形化的格式呈现数据的完整轮廓。如饼状图、曲线图、热图、直方图、雷达/蜘蛛图等,这些可视化方法可以简单地表示数据并展示特点和趋势。

3.1 数据与信息的可视化

在实际业务层面上，可视化可以分为两类：数据可视化、信息可视化，它们之间的最大区别在于：数据可视化的数据是可变的、不固定的、可更改的、具象的，信息可视化的信息是固定的、不变的、不可更改的、抽象的。

（1）数据可视化。例如，公司高层想要掌握销售部门的情况，就需要从数据库或者数据平台中抽取出销售部门的数据，然后通过数据可视化方法制作一张"驾驶舱"，或者很多公司会制作大屏显示，如生产项目进展大屏（见图3-3）。

扫码看视频

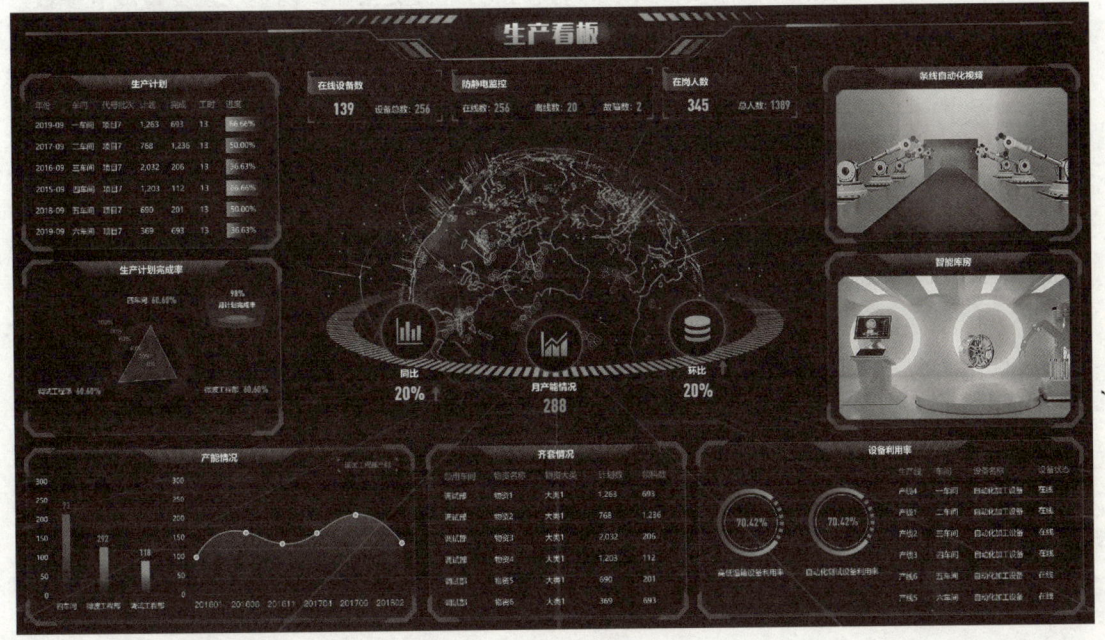

图 3-3　生产项目进展大屏

数据可视化所抽取的数据，都是具象的结构化数据，如销售额情况、毛利率情况等，结构化数据可以通过程序或者 BI 工具生成各种图形图像，这些程序和工具应用不同的数据，当数据变化后，数据可视化的结果也是变化的。其所展示的是一个个的"数据"，如"销售额下降了50%""成本上升了20%"，从数据可视化中得到的结果也一定是数据。

（2）信息可视化。如果想展示近几年来北极冰层的消融情况，用结构化的数据很难表达。地理信息、音频视频数据、文字等非结构化数据，展示的只能是"信息"，而非数据。一般认为，信息可视化囊括了数据可视化、信息图形、知识可视化、科学可视化、视觉设计方面的所有发展。

可视化的定义是：利用计算机图形学和图像处理技术，将数据转换成图形或图像，在屏幕上显示，并进行交互处理的理论、方法和技术。因此，无论是数据可视化还是信息可视化，二者的对象都是原始数据，而图形和图表只是数据的表现形式，也就是载体，不能作为二者的区分要素。信息可视化的基础图表也是柱状图、折线图、饼状图等简单图表类型。

为选择合适的可视化工具，需要关注以下几点：

（1）清晰、简洁和可定制的界面。一个好的数据可视化工具首先应该具有良好的用户界面，清晰且保持适当的平衡。其次，能在一个视图界面准确展示所有关键信息，比如用户关注的 KPI、重要趋势或重要业务相关数据集等，内容一目了然。界面还有一个非常重要的品质，就是可定制化。在不同时间段内，可能需要跟踪不同的数据集，需要自定义重点显示的数据。

（2）嵌入式。要利用数据可视化的强大功能，将可视化报告无缝集成嵌入到其他应用程序中。为了实现高效协同和跨平台共享报告，数据可视化软件应该兼容不同的应用程序。并不是所有部门都需要分析所有数据，大多数人只希望数据的一部分与他们特定的应用程序无缝集成，从而帮助提高工作效率。

（3）交互性。生成的可视化报告必须具有较强的人机交互性。调整一些变量或者参数，应该能够看到趋势/结果的随之变化。用户能够移动、排序、筛选相关变量，获得相应的效果。分析师和决策者需要的是能够处理各种来源的数据并生成有价值内容的分析工具。可视化分析报告应能支持不同格式打开，可以根据需要突显不同部分。

（4）数据采集与共享。将原始数据导入可视化工具，然后以各种不同的形式导出可视化报告，这一过程要按照用户喜好的方式进行。一些数据集可以以原始形式输入到工具中，而另一些太大的数据集则需要先进行聚合。有时，数据可以从一个数据源中获取，而有时需要从不同的数据源收集数据，并通过工具可视化地显示在同一个界面上。

（5）地理标记和智能定位。如果所处领域关注地理位置，那么可能会需要地理和位置数据的可视化工具。这些数据来自哪里？哪些地区更积极？哪些领域需要拓展？对需要跟踪基于位置 KPI 的业务来说，按时间和空间分层数据集的能力非常重要。

（6）数据挖掘。数据挖掘是研究大型数据集以识别其中的模式和趋势的过程。如果处理大数据集，并且希望能提取其中的潜在信息并生成可视化报告，就需要可视化工具能提供数据挖掘功能。

（7）人工智能。许多可视化工具使用人工智能来分析、探索和预测趋势，并根据过去的变化预测未来的趋势。

3.2 可视化软件系统

如今，大数据可视化领域已经有一些优秀的可视化运作的基础平台和架构，研发过程中还涉及一些工具和开源数据资源。按可视化的对象来区分，这些软件系统可以分为医学可视化软件、科学可视化软件、信息可视化软件等。

3.2.1 医学可视化软件

临床医学影像数据是医学可视化领域最早、较成熟的应用对象。其中，VolView、3D Slicer 和 OsiriX 是三个最具代表性的软件系统。

1. VolView

VolView 由美国 Kitware 公司为临床专业人员开发的开源放射专业浏览器（见图 3-4）。借助 VolView，可以通过交互式电影体积渲染对数据有更深入的视觉理解，并轻松地在 3D 中可视化 DICOM（国际标准的医学数字成像和通信信息格式）数据。VolView 在浏览器中运行，因此使用者无须安装软件，其数据会安全地保存在用户的计算机上。

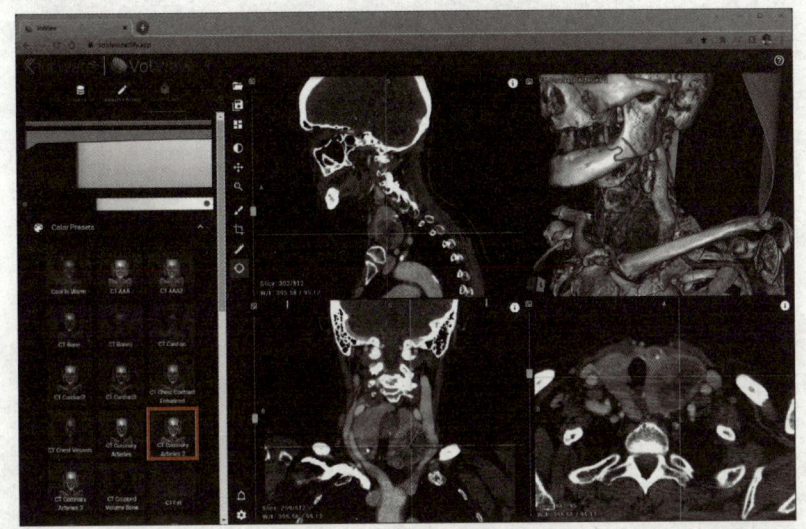

图 3-4　VolView 处理界面

VolView 是目前最常用的交互式开源、通用的三维数据场医学图像处理可视化软件，其系统底层使用了 Kitware 公司开发并维护的两个著名开源医学影像分析与可视化开发包 VTK、ITK。基于 ITK，VolView 开发包封装了分割与配准算法，提供了等值面生成算法。VolView 可用于 Windows 和 Linux 操作系统。

在生物医学领域，VolView 提供了医学影像处理功能，可完成各类医学影像数据的三维可视化，辅助医生进行手术规划和对病变部位的定位等。在工业工程领域，VolView 可用于零件模型反求工程，探测零件的内部探伤等细微错误，并进行精确定位。

VolView 的主要功能如下。

（1）二维切片图像处理，包括浏览、放大、缩小和旋转等，并提供图像格式转换。

（2）大规模数据的格式转换和滤波处理等。

（3）快速三维重建，包括三维轮廓重建、等值面重建和光线投射体绘制等。

（4）对重建的三维对象进行交互操作，如旋转、放大、缩小、分割、局部编辑和测量等。

请记录：

请通过网络搜索（https://volview.kitware.com/）了解更多 VolView 软件的信息，并记录。

实验确认：□ 学生　　□ 教师

2. 3D Slicer

3D Slicer，简称 Slicer，是一款开源的跨平台医学图像分析与可视化软件（3D 切片器图像计算平台），被广泛应用于科学研究与医学教育领域（见图 3-5）。Slicer 支持 Windows、Linux 和 Mac OS X 平台。得益于模块化、平台化设计，Slicer 可方便地扩展到其他应用。Slicer 支持包括分割、配准在内的很多医学图像功能，同时支持 GPU 硬件加速的体绘制。具体功能如下。

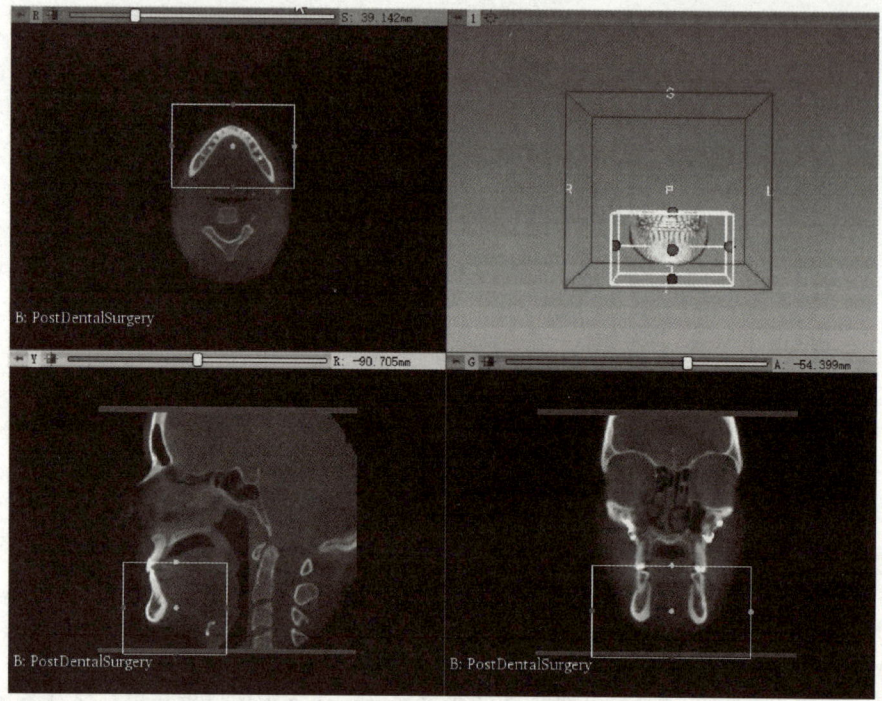

图 3-5　3D Slicer 处理界面

（1）支持 DICOM 图像，并支持其他格式图像的读写。

（2）支持三维体数据、几何网格数据的交互式可视化。

（3）支持手动编辑、数据配准与融合和自动图像分割。

（4）支持弥散张量成像和功能磁共振成像的分析与可视化，提供图像引导放射治疗分析和图像引导手术的功能。

3D Slicer 将各种功能作为基本元素提供给用户，使用起来比较灵活。其用户主要是医学领域和科学可视化领域的研究人员，而不是临床医生。Slicer 不是商业级产品，其结构庞大，磁盘空间消耗大，内存占有率高，计算速度慢，操作比较复杂。

请记录：

请通过网络搜索（https://www.slicer.org/），了解更多 3D Slicer 软件的相关信息并记录。

实验确认：□ 学生　　□ 教师

3. OsiriX

OsiriX 项目最早由瑞士放射科医生安托万·罗塞特发起。经过多年发展，已成为 Mac OS 平台上成功的开源医学图像软件（见图 3-6），目前可以运行在苹果 iPhone 和 iPad 上。

2009 年成立的 OsiriX 基金会致力于推动基于 OsiriX 的开源医学软件的开发，围绕 OsiriX 已经形成一个可持续发展的生态系统。2010 年成立的商业公司 Pixmeo，为商业用户提供了开源的医学图像解决方案。

OsiriX 集 PACS 工作站和图像处理软件于一体，为放射成像、功能影像、三维成像和分子影像等研究提供支持，可用于显示、浏览、解析和后处理由 MRI、CT、PET、PET-CT 等医疗设备产生的 DICOM 数据。它完全兼容 DICOM 标准，与现有的医学图像浏览软件形成互补。OsiriX 也支持很多其他图像和视频格式，如 TIFF、JPEG、PDF、AVI、MPEG 和 Quicktime。OsiriX 提供高效的二维和三维图像处理功能，支持 64 位系统和多线程的高性能计算。

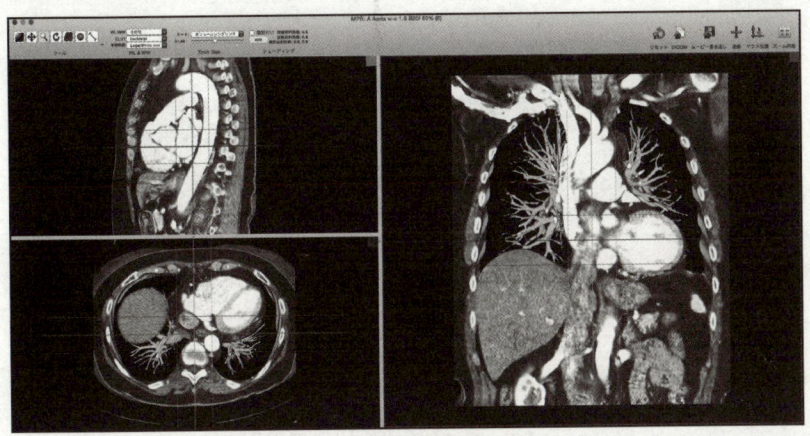

图 3-6　OsiriX 处理界面

OsiriX 针对多模态、多维图像的浏览和可视化进行了优化设计，支持二维、三维、四维（三维图像序列加上时间序列，如心脏跳动周期的 CT 数据）以及五维（三维时序数据加上功能影像，如心脏的 PET-CT 数据）图像的浏览。支持三维数据场可视化方法：多平面重建、面绘制、体绘制、最大密度投影，以及不同模态数据的融合可视化（如 PET-CT）。

OsiriX 在功能、操作和性能上非常符合临床医生的要求。OsiriX 使用的编程语言为 Objective-C，因此无法直接移植到 Windows 和 Linux 平台，缺乏跨平台性。

请记录：
请通过网络搜索（https://www.osirix-viewer.com/），了解更多 OsiriX 软件的信息，并记录。

实验确认：□ 学生　　□ 教师

3.2.2　科学可视化软件

科学可视化是科学中的一个跨学科研究与应用领域，主要关注三维现象的可视化，如建筑学、气象学、医学或生物学方面。其重点在于对体、面以及光源等的逼真渲染，甚至还包括某种动态成分。科学可视化具有较长的发展历史和广泛的应用领域。

1. GrADS

GrADS（Grid Analysis and Display System，网格分析与显示系统）是美国马里兰大学开发的一款气象网格数据和站点数据的分析与可视化软件（见图 3-7），被气象界广泛使用。软件通过其集成环境，支持对气象数据的读取、加工、图形显示和打印输出。GrADS 的地图投影坐标丰富，功能强大，但它使用不太方便，用户支持少。

GrADS 支持的平台有：DEC、Intel/Linux、SUN、Mac OS X、SGI、IBM/AIX、Windows。运行环境主要是命令行。其 Windows 版本在 UNIX 模拟环境 Cygwin 下运行。

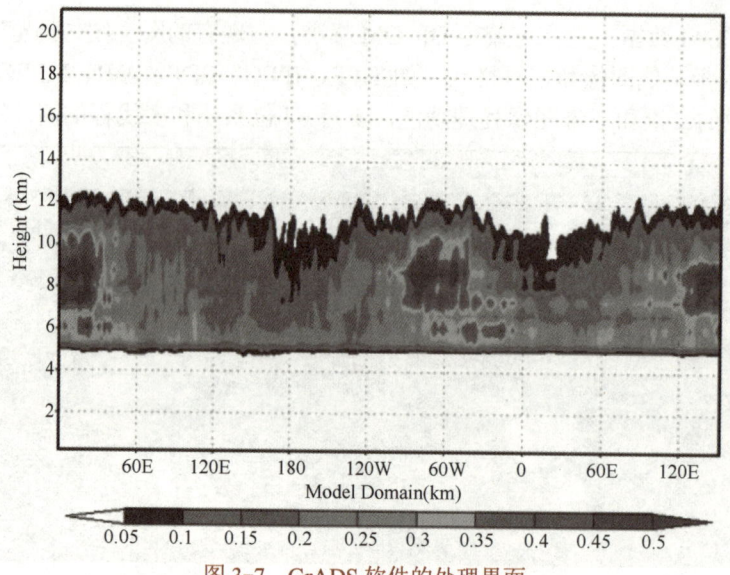

图 3-7 GrADS 软件的处理界面

2. OpenDX

OpenDX 是 IBM 开发的一款面向科学数据和工程数据的开放可视化环境软件(见图 3-8),现已开源。与大部分可视化平台不同的是,OpenDX 允许以工作流的方式实现可视编程,用户可使用编辑器在界面上拖拽部件、创建部件之间的连接以实现数据的处理和通信。主要部件如下。

- 输入和输出组件:载入数据和保存数据到不同的格式。
- 流程控制组件:创建循环和条件执行。
- 实现组件:将数据映射到绘制可视化实体,如等值面、网格和流线。
- 绘制组件:控制显示属性,如光照、相机位置和剪裁。
- 变换组件:对数据做一些操作,如过滤、数学变换、排序等。
- 交互组件:界面交互的部件,如文件打开、菜单、按钮或者滑动条等。

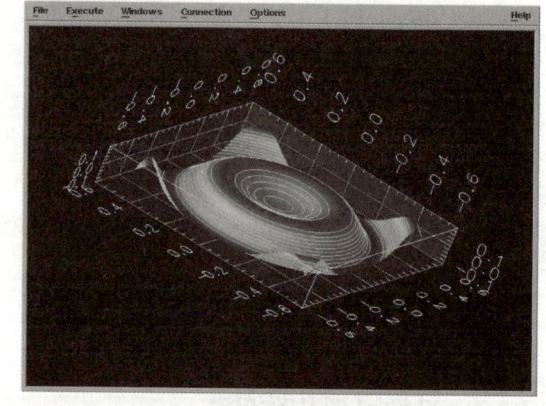

图 3-8 OpenDX 处理界面

3. AVS/Express

AVS/Express 是一个可在多种操作系统下开发可视化应用程序的平台(见图 3-9),允许快速建立具有交互式可视化与图形功能的科学和商业应用。AVS/Express 产品的用户涉及工程分析、航空航天、石油工业、地理信息系统、气象、有限元分析、流体力学计算、电信、医学、金融和国防等广泛的领域。

图 3-9 AVS/Express 可视化效果

AVS/Express 提供一个面向对象的可视化编程环境,允许用户在开放和可扩展的环境下快速建立应用程序原型,处理大尺度三维数据。AVS/Express 提供了大量预制的可视化编程对象,开发者除了可以使用这些高级对象,还可对它们进行重新定制。这种方式大大缩短了编程时间,提高了工作效率。AVS/Express 的主要缺点是内存占用量大。

请记录:
　　请通过网络搜索(https://www.avs.com/avs-express/),了解更多 AVS/Express 软件的相关信息并记录。

实验确认:□ 学生　　□ 教师

4. Amira

Thermo Science Amira 是澳大利亚 Visage Imaging 公司出品的一款功能强大的多层面 2D-5D 可视化商业软件(见图 3-10),主要用于生命科学和生物医学科学领域显微镜成像的可视化、处理和分析,可理解来自多种图像模态(包括光学和电子显微镜、CT、MRI 等成像技术)的生命科学和生物医学研究数据。它具有出色的速度和灵活性,支持从结构和细胞生物学到组织成像、神经科学、临床前成像和生物工程研究领域内的先进 2D-5D 生物成像工作流程。针对任何 3D 图像数据(包括时间序列和多通道),Amira 软件都能提供全套数据可视化、处理和分析功能。

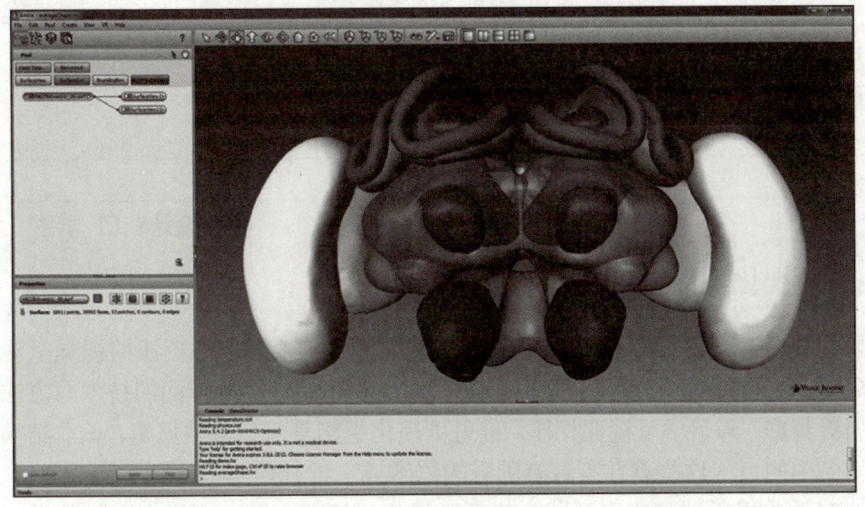

图 3-10　Amira 处理界面

Amira 主要支持生命科学和生物医学的数据类型,包括光学和电子显微镜、CT、MR、PET、SPECT、超声波、工程和表面建模工具、蛋白数据库和分子模拟,以及各种物理测量和模拟。Amira 提供图形用户界面,支持处理大于 8GB 的数据。其主要功能包括:对三维图像的编辑、体可视化、等值面计算;支持读入、测量、可视化、处理多种数据类型,包括二维、三维图像、点、线、面、有限元等几何模型,向量、张量、流场数据和动画等。

请记录:
　　请通过网络搜索(Amira)了解更多 Amira 软件的相关信息并记录。

实验确认：☐ 学生　　☐ 教师

5. 谷歌地球

谷歌地球（Google Earth，见图 3-11）是谷歌公司开发的一款虚拟地球仪软件，它提供了查看卫星图像、三维建筑、三维树木、地形、街景视图、行星等不同数据的视图，支持计算机、手机、写字板、浏览器等多终端浏览应用。

图 3-11　谷歌地球界面

请记录：
请通过网络搜索了解更多谷歌地球的相关信息并记录。

实验确认：☐ 学生　　☐ 教师

3.2.3　信息可视化软件

信息可视化是一个跨学科领域，旨在研究大规模非数值型信息资源的视觉呈现（如软件系统之中众多的文件或者一行行的程序代码）。通过利用图形图像方面的技术与方法，帮助人们理解和分析数据。与科学可视化相比，信息可视化更侧重于抽象数据集，如非结构化文本或者高维空间当中的点（这些点并不具有固有的二维或三维几何结构）。

根据针对的数据类型和应用领域，信息可视化包括面向图、高维多变量数据、文本和地理信息商业智能、公众传播与 Web 应用等不同分类。这里主要介绍面向图的可视化软件。

1. IBM System G

IBM System G 是 IBM 公司推出的一个完整的图计算套件，其中包含了可应用于大数据的图计算工具、云及解决方案。IBM System G 拥有丰富的图算法和计算框架，在图计算性能和构架方面表现优异。它支持不同类型的图数据，无论图的大小、静态或动态，包括拓扑图、语义图、特征图或贝叶斯图等都可以进行处理，对数据的要求几乎是零门槛。同时，IBM System G 支持图数据库、图可视化、图分析库、图形中间件，以及网络结构的科学分析工具等，支持 IBM 主机和 x86 服务器架构。

2. Gephi

Gephi 被称为"开放的图表及可视化平台",是一款开源的画图软件,可应用于各种网络、复杂系统和动态分层图的交互可视化与探索平台,支持 Windows、Linux 和 Mac 等操作系统,可用于探索性数据分析、链接分析、社交网络分析、生物网络分析等。其设计初衷是采用简洁的点和线描绘与呈现丰富的世界。

Gephi 支持用户创建、探索和理解图表。与仅仅是以图形和数据呈现的 Photoshop 对比,Gephi 能支持各种不同网络和复杂系统,帮助用户创建动态的层次丰富的图表。

Gephi 从各个方面对图以及大图的可视化进行了改进,并使用图形硬件加速绘制。Gephi 提供各类代表性图布局方法,允许用户进行布局设置。此外,Gephi 在图的分析中加入了时间轴以支持动态的网络分析,提供交互界面支持用户实时过滤网络,从过滤结果建立新网络。Gephi 使用聚类和分层图的方法处理较大规模的图;通过加速探索编辑大型分层结构图来探究多层图,如社交社区和网络交通图;利用数据属性和内置的聚类算法聚合图网络。Gephi 处理的图规模上限约为 50 000 个节点和 1 000 000 条边。

Gephi 初创于 2009 年的一个大学生项目,之后迅速成长为一个对可视化和分析尤其是对大型网络而言颇具价值的开源软件资源。Gephi 使得成千上万用户创建并检验假设、深入探寻模式以及观测异常值、偏差值变得十分容易。可以将 Gephi 想象成统计辅助工具,它可以与 R 语言整合。

3. CiteSpace

CiteSpace 是由美国可视化专家 Chaomei Chen 教授开发的一款文献分析的可视化软件(http://cluster.cis.drexel.edu/~cchen/citespace/),着重于科研论文之间相互引用所构成的网络。CiteSpace 的数据主要来源于 Web of Science,分析过程主要包括确定主题词和专业术语、收集数据、提取研究前沿术语、时区分割、阈值选择、显示、可视检测和验证关键点 8 个步骤。CiteSpace 系统适用的用户群体广泛,科学家、科技政策研究者和做科研的学生都可用它进行学科发展趋势和发展过程中重要变化的探测及可视化研究。

3.3 应用程序开发工具

除了非程序式的可视化解决方案,随着数据源的不断增长,涌现出了很多点击/拖拽型软件工具,可以用来协助用户依据自身的编程能力深入理解数据,并根据自己的需求使数据可视化具备更多的灵活性。

有大量免费开源方案可用来支撑数据可视化应用,如 D3、R、Gephi、Python 等。可视化研究人员采用不同层次的开发工具,设计可视化方法与系统。

3.3.1 面向科学可视化

面向科学可视化的开发工具通常需要具备强大的数据处理能力和丰富的可视化功能,以便科研人员能够有效地探索、理解和展示复杂的数据集。下面列举一些常用的科学可视化开发工具。选择什么工具取决于具体的应用场景、数据类型以及个人或团队的编程技能。

(1) VTK(Visualization Toolkit,可视化工具包,https://vtk.org)是一个开源、跨平台的

可视化用函数库。Kitware 公司开发了 VTK、ITK、Cmake、ParaView 等众多开源软件系统。VTK 的设计目标是在三维图形绘制底层库 OpenGL 基础上，采用面向对象的设计方法，构建用于可视化应用程序的支撑环境。它实现了在可视化开发过程中常用的算法，以 C++类库和众多的解释语言封装层（如 Tcl/Tk、Java、Python 类）的形式提供可视化开发功能。

- VTK 具有强大的三维图形和可视化功能，支持三维数据场和网格数据的可视化，也具备图形硬件加速功能。
- VTK 具有丰富的数据类型，支持对多种数据类型进行处理。
- VTK 的体系结构使其具有很好的流数据处理和高速缓存能力，在处理大量数据时不必考虑内存资源的限制。
- VTK 支持基于网络的工具，如 Java 和 VRML，其设备无关性使其代码具有可移植性。
- VTK 中定义了许多宏，极大地简化了编程工作，并加强了一致的对象行为。
- VTK 支持 Windows 和 UNIX 操作系统。
- VTK 支持并行地处理超大规模数据，最多可处理 1PB 数据。

VTK 被广泛应用于科学数据的可视化，如建筑学、气象学、生物学或者航空航天等领域，其中主要是医学影像领域，包括 3D Slicer、OsiriX 等在内的众多优秀的医学图像处理和可视化软件都使用了 VTK。

VTK 遵从 BSD 协议，鼓励代码共享和尊重原作者的著作权，对商业集成非常友好。VTK 的技术文档、实例代码也非常丰富。VTK 社区非常活跃，在国内有一定数量的用户。

（2）ITK（Insight Segmentation and Registration Toolkit，细分和注册工具包，http://www.itk.org/）是美国国立医学图书馆支持开发的一个用于医学影像分割与配准的跨平台开源工具包，封装了面向二维、三维和动态医学影像的预处理、分割与配准方面的前沿算法。

ITK 基于 C++开发，强调面向对象和泛型编程的思想，使用模板以达到代码重用。通过封装复杂的算法，为用户提供公共的访问接口，保证了算法的鲁棒性和高效。同时，ITK 也为 Tcl、Python、Java 提供转换工具，支持用户使用多种语言方便地开发应用软件。按照 ITK 规范，开发者可以免费使用、编译、调试、维护和扩展 ITK，将 ITK 提供的基础算法组合，形成新的高级算法模板。

ITK 只提供内部的图像处理函数，没有用户界面，其用户界面可以使用其他工具完成，为开发者提供了极大的便利性。ITK 采用流水线方式处理图像，并以滤波器形式封装图像处理、分割、配准等操作。ITK 采用分区域的方法处理大尺度数据。

ITK 遵从 Apache 2.0 开源协议，鼓励代码共享和尊重原作者的著作权，允许修改代码再发布，并作为开源或商业产品发布和销售。因此，ITK 是国内外众多医学图像处理软件首选的工具代码库。

（3）ParaView（https://www.paraview.org）是 Kitware 公司开发的对大尺度空间数据进行分析和可视化的应用软件。它既可以运行于单处理器的工作站上，又可以运行于分布式存储器的大型计算机中。ParaView 使用 VTK 作为数据处理和绘制引擎，包含一个由 Tcl/Tk 和 C++混合写成的用户接口，这种结构使得 ParaView 成为一种功能非常强大并且可行的可视化工具。同时，ParaView 支持并行数据处理，且采用 Qt 等实现敏捷的用户交互界面。

3.3.2 面向信息可视化

面向信息可视化的开发工具主要帮助用户将复杂的信息和数据转化为直观的视觉表现形式，便于理解和分析。这类工具通常包括数据处理、图表生成、交互设计等功能。以下是一些常见的信息可视化开发工具。

（1）Tableau，是一款非常流行的商业智能（BI）工具，它允许用户连接到各种数据源，创建交互式仪表板和故事化报告。Tableau Public 版本还支持免费发布和共享可视化。

（2）Power BI，是微软提供的商业分析服务，它提供了丰富的数据连接选项，以及用于创建报表和仪表板的桌面应用程序。Power BI Pro 和 Premium 版本提供更多高级功能。

（3）Qlik Sense，是一款企业级的数据发现和可视化工具，它强调关联数据模型，允许用户通过自然语言查询数据，创建动态的、交互式可视化。

（4）Google Data Studio，是一款免费的工具，可以将来自 Google Analytics、BigQuery、Sheets 等的数据转换为美观的报告和仪表板。

（5）D3.js，是一个 JavaScript 库，用于在 Web 上创建复杂的、可定制的、交互式的可视化。虽然学习曲线较陡，但它提供了最大的灵活性和控制力。

（6）Highcharts，是一个基于 SVG 的 JavaScript 图表库，提供了丰富的图表类型和样式选项，适用于 Web 应用和移动设备。

（7）FusionCharts，是一个 JavaScript 图表库，提供了大量的图表类型，包括地图和仪表盘，适用于创建企业级应用。

（8）Infogram，是一个在线工具，用于创建信息图表、地图和交互式报告，它提供了许多模板和设计元素，适合非技术背景的用户。

（9）ZingChart，是一个高性能的 JavaScript 图表库，提供了一系列的图表类型和自定义选项，可以处理大数据集。

（10）Kibana，是 Elastic Stack 的一部分，主要用于日志和时间序列数据的可视化，支持实时搜索、查看和分析数据。

选择工具时，应考虑数据来源、目标受众、所需功能、成本预算以及是否需要与现有系统集成等因素。例如，如果你的目标是创建高度定制和交互性的 Web 可视化，D3.js 可能是最佳选择；而如果是为了业务决策支持和数据分析，那么 Tableau 或 Power BI 可能更合适。

3.4 Web 应用开发工具

如今，越来越多的可视化应用在移动和桌面端的网页开发及设计中呈现，这也催生了更多新的 Web 应用开发工具。此外，随着需求及项目的进一步细化，开发者社区几乎每天都会出现新的库和开发工具。因此，有必要了解和掌握当下最新、实用和主流的开发工具，持续优化工作方法、有效提高开发进度。

3.4.1 D3.js

JavaScript 是 Web 编程语言，所有现代的 HTML 页面都可以使用 JavaScript。JavaScript

语言允许开发者在 Web 页面上实现复杂功能。如果你看到一个网页不仅仅显示静态信息，而且显示依时间更新的内容，或者交互式地图，或者 2D/3D 动画图像，或者滚动的视频播放器，等等，这基本可以确定，其中使用了 JavaScript。

D3.js（Data-Driven Documents）是一套面向 Web，基于数据文档的数据可视化 JavaScript 库（见图 3-12）。D3 基于 HTML、SVG（矢量图形）和 CSS 构建，可以将强大的可视化组件和数据驱动的 DOM 操作方法完美结合。

D3 前身是美国斯坦福大学研发的 Protovis。它以轻量级的浏览器端应用为目标，具有良好的可移植性。D3 可以将任意数据绑定到一个 DOM（文档对象模型），并对 DOM 实施基于数据的变换。例如，将一组数字生成一个 HTML 表，或者用相同的数据生成一个可交互的 SVG 条形图。

图 3-12　D3.js 界面

D3.js 的特点在于它提供了基于数据的 DOM 高效操作，这既避免了面向不同类型和任务设计专有可视表达的负担，又能提供极大的设计灵活性，同时发挥了 CSS3、HTML5 和 SVG 等 Web 标准的最大性能。D3.js 在学术界和工业界被广泛使用，并产生了极大的影响。

D3 利用诸如 HTML、Scalable Vector Graphic 以及 Cascading Style Sheets 等编程语言让数据变得更生动。通过强调网络标准，D3 赋予用户当前浏览器的完整能力，而无须与专用架构进行捆绑；并将强有力的可视化组件和数据驱动手段与文档对象模型（DOM）操作实现融合。

D3.js 数据可视化工具的设计很大程度上受到 REST Web APIs 出现的影响。根据以往经验，创建一个数据可视化需要以下过程：

（1）从多个数据源汇总全部数据。
（2）计算数据。
（3）生成一个标准化的/统一的数据表格。
（4）对数据表格创建可视化。

REST APIs 将这个过程流程化，使得从不同数据源迅速抽取数据变得非常容易。诸如 D3 等工具就是专门设计来处理源于 JSON API 的数据响应，并将其作为数据可视化流程的输入。这样，可视化能够实时创建并在任何能够呈现网页的终端上展示，使信息能够及时给到每一个人。

3.4.2　DataV 可视化组件库

Datav.js 是由阿里巴巴和浙江大学计算机学院 CAD＆CG 国家重点实验室可视化与可视分析小组共同开发完成的开源可视化组件库。

该组件库的特点是调用便捷，兼容各种浏览器且无需 Flash 插件。DataV 提供指挥中心、地理分析、实时监控、汇报展示等多种场景模板，能够接入阿里云分析型数据库、关系型数据库、本地 CSV 上传和在线 API，且支持动态请求。除了常规图表，它还能够绘制包括海量数据的地理轨迹、地理飞线、热力分布、地域区块、3D 地图、3D 地球，以及地理数据的多层叠加，同时支持 ECharts、AntV-G2 等第三方开源图表库。在新版本中，DataV 开放测试了 DataV、gl 3D City 相关组件，强化了城市数据的渲染分析能力。

3.4.3 ECharts

ECharts 是一个由百度开发的开源的、基于 Web 的、跨平台的、支持快速创建交互式可视化的企业级图表框架（见图 3-13），是一个纯 JavaScript 的图表库，可以流畅地运行在 PC 和移动设备上，兼容当前绝大部分浏览器。在使用 ECharts 时，用户通过一套声明式的可视设计语言定制内置的图表类型，简单的配置方式和插件设计在保证易用性的同时提供了一定的可扩展性。此外，底层的流式架构和高性能的图形渲染器为 ECharts 提供了高效的图形绘制和流畅的交互。

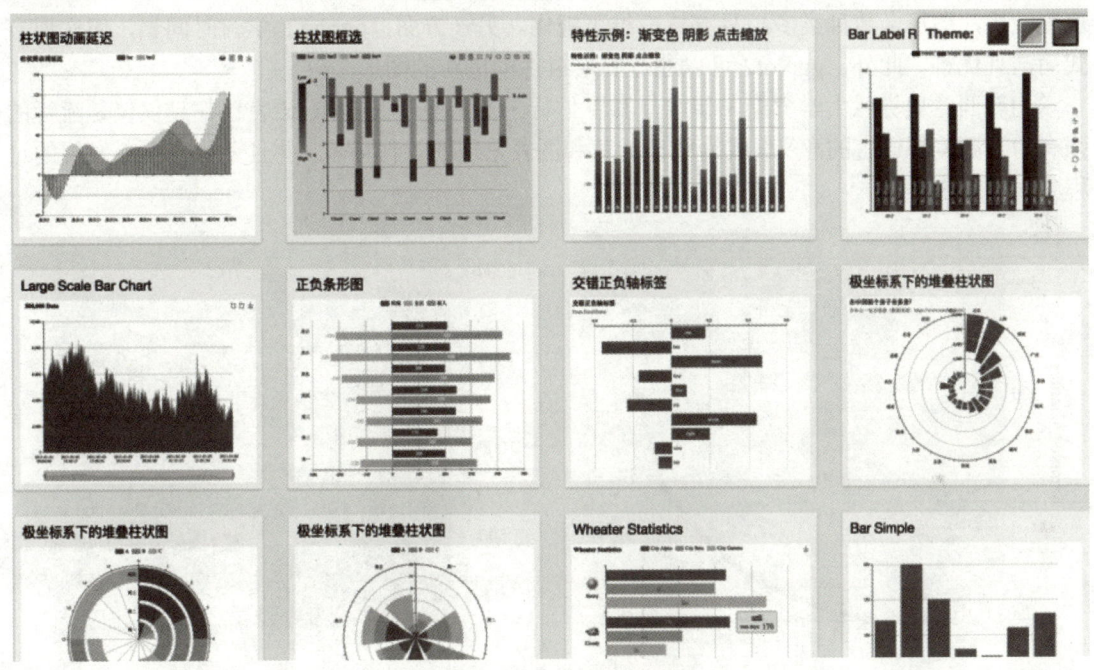

图 3-13　ECharts 图表类型

ECharts 丰富的图表类型，覆盖主流常规的统计图表，实行配置项驱动，使用三级个性化图表样式管理，但是它不如 Vega 等基于图形语法的类库灵活，一些复杂关系型图表比较难定制。

3.5　数据分析与挖掘工具

针对特定的数据使用合适的数据分析和挖掘方法来得到所需的信息往往是可视分析不可缺少的第一步，这些软件通常具备基本的可视化功能。

3.5.1　R 语言

R 语言是一种被广泛使用的统计分析软件，它可运行于多种平台，包括 UNIX（包括

FreeBSD 和 Linux）、Windows 和 Mac OS。

R 语言主要是以命令行操作，有扩充版本自带图形用户界面。R 语言支持多种统计、数据分析和矩阵运算功能，比其他统计学或数学专用的编程语言有更强的面向对象（面向对象程序设计）功能，其分析速度可媲美专用于矩阵计算的自由软件 GNU Octave 和商业软件 MATLAB。

R 语言的另一个强项是可视化功能。ggplot2 是支持可视化的 R 语言扩展包，其基本理念是：可视化是将数据空间映射到视觉空间的方法。ggplot2 的特点在于并不定义具体的图形（如直方图、散点图），而是定义各种底层组件（如线条、方块），允许用户以简洁的函数合成复杂的图形。

R 语言中另一个用于可视化的扩展包是 lattice。与 ggplot2 比较，lattice 入门容易，可视化速度较快，图形函数种类多，且支持三维可视化。另一方面，ggplot2 学习时间长，但实现方式简洁且优雅。此外，ggplot2 可以通过底层组件创造新的图形。

由新西兰奥克兰大学罗斯·伊哈卡和罗伯特·杰特曼开发的 R 语言已超越仅仅是流行的强有力开源编程语言的意义，成为统计计算和图表呈现的软件环境，并且还处在不断发展的过程中（见图 3-14）。

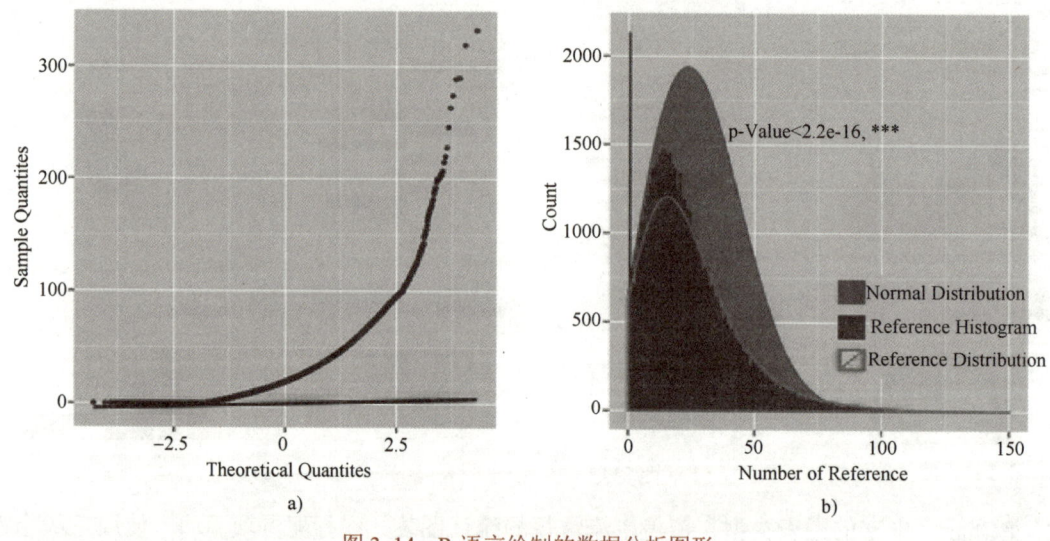

图 3-14　R 语言绘制的数据分析图形

如今，R 语言的核心开发团队完善了其核心产品，这将推动其进入全新的方向。无数的统计分析和挖掘人员利用 R 语言开发统计软件并实现数据分析。对数据挖掘人员的民意和市场调查表明，R 语言近年普及率大幅上升。

R 语言最初的使用者主要是统计分析师，但后来用户群迅速扩充。它的绘图函数能用短短几行代码便将图形画好，通常一行就够了。

高级统计科学家尼古拉斯·勒温-科描述 R 语言"对于创建和开发生动、有趣图表的支撑能力丰富，基础 R 语言已经包含支撑协同图、拼接图和双标图等多类图形的功能"。R 语言更能帮助用户创建强大的交互性图表和数据可视化。R 语言是开源的，在基础分发包之上，人们做了很多扩展包，这些包使得统计学绘图和分析更加简单。

3.5.2 SAS 语言

SAS（Statistics Analysis System，统计分析系统）语言是一种专用于数据管理与分析的语言，它的数据管理功能类似于数据库语言（如 FoxPro），但又添加了一般高级程序设计语言的许多成分（如分支、循环、数组），以及专用于数据管理、统计计算的函数。基于 SAS 语言的数据管理、报表、图形、统计分析等功能都可通过编写 SAS 语言程序调用。

3.6 可视化数据资源

每一个出色的数据可视化都是从干净的数据源开始的。很多人认为收集大量数据是一项困难的工作，但事实不完全如此。在网络环境中，有成千上万的免费数据源，任何人都可以对其进行分析和可视化，涉及政府、犯罪、健康、金融经济、营销、社交媒体、新闻媒体、房地产、公司目录和评论等。

可视化资源分为数据集资源和可视化信息资源两个方面，各自具有丰富的内容。

扫码看视频

3.6.1 数据集资源

可视化数据集资源见表 3-1。

表 3-1 可视化数据集资源

数据类型	名称	网址	备注
科研数据	数据堂	https://www.datatang.com/	国内最完整的科研数据资源平台
信息数据	政府公开数据	https://data.gov/	官方的政府数据发布平台，美国、印度已加入
信息数据	InfoVis:Wiki	https://infovis-wiki.net/wiki/Main_Page	整合信息可视化的数据和新闻。包含信息可视化比赛数据
信息数据	多伦多大学公开数据	https://www.toronto.ca/city-government/data-research-maps/open-data/	多伦多大学公开数据
信息数据	Gapminder 数据集	https://www.gapminder.org/	人口、经济、统计数据集
信息数据	Pajek 图数据集	http://vlado.fmf.uni-lj.si/pub/networks/data/gd/gd.htm	小规模图数据集
科学数据	三维体数据	http://graphics.stanford.edu/data/3Dscanrep/3Dscanrep.html	Stenford 的数据库
生物医学	生物演化数据集	http://digimorph.org/index.phtml	美国得克萨斯大学奥斯汀分校采集
信息数据	数据资源整合平台	https://opendata.socrata.com/	国外的数据集整合平台
信息数据	数据资源整合平台	https://old.datahub.io/	国外的数据集分享平台
日志统计数据	维基百科统计	http://en.wikipedia.org/wiki/Wikipedia:Statistics	维基页面访问日志
统计数据	历年奥林匹克统计数据	https://www.databaseolympics.com/	奥运会比赛项目、奖牌得主、破纪录情况
图数据、社交网络数据	斯坦福大规模网络数据集	http://snap.stanford.edu/data/	社交网络、通信记录、引用关系等
经济类数据	经济合作与发展组织	https://data.oecd.org	包括农业、教育、就业、健康、贸易、税务、金融、能源、环境等

(续)

数据类型	名称	网址	备注
环境类数据	世界资源研究所	https://www.wri.org	关注气候、能源、粮食、森林、水源和可持续城市6个议题
环境类数据	公众环境研究中心	https://www.ipe.org.cn	收集、整理与分析政府和企业公开的环境信息
环境类数据	Global Land Cover Facility	http://www.landcover.org	数据包括某地的植被覆盖情况,还涵盖地震、洪涝、干旱历史等地质信息
体育类数据	Olympics Data Feed	http://odf.olympictech.org/project.htm	关于奥运竞赛的数据
体育类数据	Transfermarkt	https://www.transfermarkt.co.uk	关于足球的数据信息,包括比分、赛果、数据分析和转会新闻等
体育类数据	WhoScored	https://www.whoscored.com/	记录从顶级到普通的足球联盟和比赛的即时比分、比赛结果和球员排行

请记录:

在学习过程中,也许你也发现了一些很有价值的数据集资源网站。请将这样的网址、用途等信息记录如下,以方便今后的学习和应用。

___

3.6.2 可视化信息资源

可视化信息资源见表 3-2。

表 3-2 可视化信息资源

名称	网址	备注
浙大可视化小组	https://www.cad.zju.edu.cn/home/vagblog/	可视化论文收集与科研资源
Eagereyes	https://eagereyes.org/	Robert Kosara 的博客,博主在 Tableau 任职
FlowingData	https://flowingdata.com/	Nathan Yau 的博客
Visual Business Intelligence	https://www.perceptualedge.com/blog/	Stephen Few 的博客,可视化的商业智能
Visualising Data	https://visualisingdata.com/	Andy Kirk 的博客,博主给企业和政府做信息可视化咨询
Data Stories	https://datastori.es	数据故事电台
Information is Beautiful	https://www.informationisbeautifulawards.com/	

请记录:

在学习过程中,也许你也发现了一些很有价值的可视化信息资源网站。请将这样的网址、用途等信息记录如下,以方便今后的学习和应用。

___

【习题】

1. 要使数据分析真正有价值和有洞察力,选择高质量的(   )很重要。作为应用软件,它可以帮助用户呈现数据的完整轮廓。

　　A．可视化工具　　B．计算函数库　　C．数值分析包　　D．交互网络图

2．在实际业务层面上，可视化可以分为两类：信息可视化、数据可视化。其中，数据可视化的"数据是可变的、（　　）"。

　　① 不固定的　　② 可更改的　　③ 抽象的　　④ 具象的

　　A．②③④　　B．①②③　　C．①②④　　D．①③④

3．数据可视化所抽取的数据，都是具象的（　　）数据，这些数据可以通过程序或者BI工具生成各种图形图像。

　　A．准结构化　　B．结构化　　C．非结构化　　D．半结构化

4．（　　）的定义是：利用计算机图形学和图像处理技术，将数据转换成图形或图像，在屏幕上显示，并进行交互处理的理论、方法和技术。

　　A．网络化　　B．离散化　　C．数字化　　D．可视化

5．无论是数据可视化还是信息可视化，二者的对象都是（　　），而图形和图表只是数据的表现形式，也就是载体。

　　A．原始数据　　B．结构元素　　C．数字背景　　D．虚拟画面

6．一个好的数据可视化工具的用户界面，应该有一个非常重要的品质，就是（　　）。在不同时间段内，可能需要跟踪不同的数据集，需要自定义重点显示的数据。

　　A．可集约化　　B．可定制化　　C．自由组合　　D．可分解性

7．生成的可视化报告必须具有较强的（　　）。调整一些变量或者参数，应该能够看到趋势/结果的随之变化。用户能够移动、排序、筛选相关变量，获得相应的效果。

　　A．增强现实　　B．多元化　　C．人机交互性　　D．虚拟现实

8．对需要跟踪基于位置KPI的业务来说，按（　　）分层数据集的能力，即地理标记和智能定位非常重要。

　　A．图形和图像　　B．函数和数组　　C．维度和元素　　D．时间和空间

9．如今，大数据可视化领域已经有了一些优秀的可视化运作的基础平台和架构。按可视化的对象来区分，这些软件系统可以分为面向（　　）等类别。

　　① 医学可视化　　② 计算可视化　　③ 科学可视化　　④ 信息可视化

　　A．①③④　　B．①②④　　C．①②③　　D．②③④

10．临床医学影像数据是医学可视化领域最早、较成熟的应用对象。其中，（　　）是三个最具代表性的软件系统。

　　① OpenCV　　② VolView　　③ 3D Slicer　　④ Osirix

　　A．①③④　　B．①②④　　C．②③④　　D．①②③

11．在生物医学领域，（　　）提供了医学影像处理功能，可完成各类医学影像数据的三维可视化，辅助医生进行手术规划和对病变部位定位等深入认识。

　　A．OpenCV　　B．VolView　　C．3D Slicer　　D．Osirix

12．（　　）是一个开源的跨平台医学图像分析与可视化软件（3D切片器图像计算平台），被广泛应用于科学研究与医学教育领域，它可以方便地扩展到其他应用。

　　A．OpenCV　　B．VolView　　C．3D Slicer　　D．Osirix

13．（　　）是科学中的一个跨学科研究与应用领域，主要关注三维现象的可视化，如建

筑学、气象学、医学或生物学方面。重点在于对体、面以及光源等的逼真渲染。

  A．科学可视化 B．医学可视化 C．信息可视化 D．数字可视化

  14．（ ）是一款气象网格数据和站点数据的分析与可视化软件，在气象界广泛使用。软件通过其集成环境，支持对气象数据的读取、加工、图形显示和打印输出。

  A．OpenDX B．Google Earth C．AVS/Express D．GrADS

  15．（ ）是 IBM 开发的一款面向科学数据和工程数据的开放可视化环境软件，现已开源。与大部分可视化平台不同的是，它允许以工作流的方式实现可视编程。

  A．OpenDX B．Google Earth C．AVS/Express D．GrADS

  16．（ ）是一款虚拟地球仪软件，它提供了查看卫星图像、三维建筑、三维树木、地形、街景视图、行星等不同数据的视图，支持计算机、手机、写字板、浏览器等多终端浏览应用。

  A．OpenDX B．Google Earth C．AVS/Express D．GrADS

  17．（ ）是一个跨学科领域，旨在研究大规模非数值型信息资源的视觉呈现，通过利用图形图像方面的技术与方法，帮助人们理解和分析数据。信息可视化更侧重于抽象数据集。

  A．科学可视化 B．医学可视化 C．信息可视化 D．数字可视化

  18．JavaScript 是 Web 编程语言，它允许开发者在 Web 页面上实现复杂功能。而（ ）是一套面向 Web、基于数据文档的数据可视化 JavaScript 库。它可以将强大的可视化组件和数据驱动的 DOM 操作方法完美结合。

  A．D3.js B．R 语言 C．SAS D．Echarts

  19．（ ）是一种被广泛使用的统计分析软件，它主要是以命令行操作，有扩充版本自带图形用户界面。

  A．D3.js B．R 语言 C．SAS D．Echarts

  20．每一个出色的数据可视化都是从干净的数据源开始的。在网络环境中，有成千上万的免费数据源，任何人都可以对其进行分析和可视化。可视化资源可以分为（ ）资源两个方面。

  ① 虚拟 ② 物理 ③ 数据集 ④ 信息

  A．②④ B．①③ C．①② D．③④

【实验与思考】熟悉可视化的平台、工具与数据资源

1．实验步骤

（1）在本章的 3.2 节中安排了一些实践环节，请学习课文并完成这些实验内容。

请记录：你是否完成上述实验操作？如果不能顺利完成，请分析可能的原因是什么？

  答：_____

（2）在本章的 3.6 节中安排了一些实践环节，请学习课文并完成这些实验内容。

  在网络上，我们可以找到和利用相当丰富的可视化数据资源。请选择自己感兴趣的一些网站，浏览和进一步了解这些数据资源，加深印象，积累信息。

请记录：你是否完成上述实验操作？如果不能顺利完成，请分析可能的原因是什么？
答：_____
_____

2. 实验总结
_____
_____

3. 实验评价（教师）
_____
_____

第4章 数据引导可视化设计

【导读案例】拿破仑东征莫斯科及撤退

查尔斯·约瑟夫·米纳德(1781—1870年),法国工程师,他一生的大部分时间都贡献给了水坝、运河和桥梁的工程建造与教育事业,直到1851年退休,才转入他钟爱的个人事业——数据信息图形的绘制,那时他已70高龄。在他生命的最后20年里,米纳德创造了可视化历史的一个传奇,如今,他被人们誉为可视化黄金时代的大师。

米纳德的最大成就是这幅出版于1869年的流地图作品:拿破仑1812远征图(见图4-1)。这幅图被后世学者称为"有史以来最好的统计图表"。

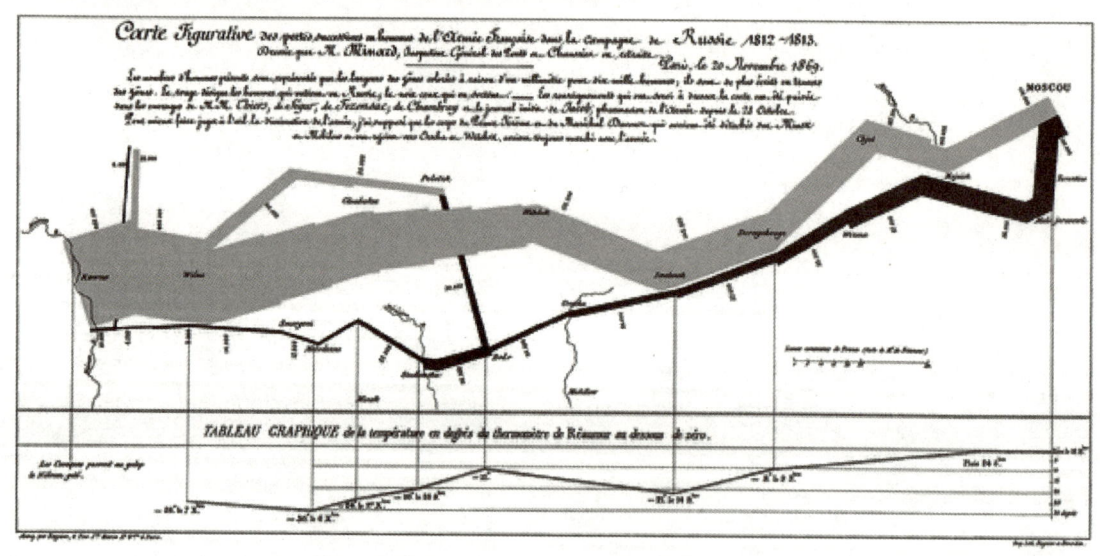

图4-1 拿破仑1812远征图

图4-1描述了拿破仑的军队从波兰和俄罗斯交界处东征莫斯科以及之后的撤退。其经典之处在于在一张简单的二维图上,表现了丰富的信息,包括法军的规模、地理坐标、法军前进和撤退的方向、法军抵达某处的时间以及撤退路上的气候温度等。这张图对于1812年的战争态势提供了全面和强烈的视觉表现。比如,撤退路上在别列津河的重大损失、严寒对法军损失的影响等,这种视觉的表现力即使历史学家的文字也难以比拟。

大多数看到这幅地图的人,不需要询问就可以看出地图中线条的粗细代表军队中的士兵数,灰色表示进军而黑色表示撤退,我们可以清楚地看到,大量士兵跟随拿破仑出征,但是最终只有极少数幸存下来。军队横渡别列津河时河面的冰层还不够结实,导致士兵数量急剧减少。我们可以从这幅地图中获得关于这次东征的大量信息,即使不再看这幅地图,它的重要特点也将在很长一段时间后仍停留在我们的脑海里。伟大的历史事件催生了伟大的作品。

作为可视化领域的先驱者之一,米纳德发展了多种图形形式来表现数据信息,表现出了其对于数据可视化的爱好和天赋。

米纳德在1840年关于罗纳河上桥梁倒塌的事故报告中,绘制了一幅表现桥梁倒塌前后的位置图形,形象地解释了桥梁倒塌的原因(见图4-2)。

1844年,米纳德绘制了一幅图形以显示了运输货物和人员的不同成本。在这幅图中,他创新地使用了分块的条形图(见图4-3),条形块图的宽度对应路程,高度对应旅客或货物种类的比例。这幅图是当代马赛克图的先驱。

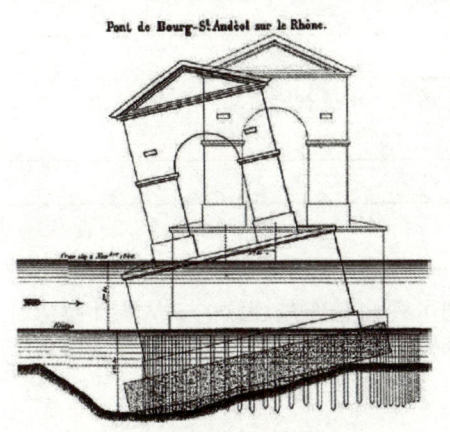

图4-2 桥梁倒塌的原因

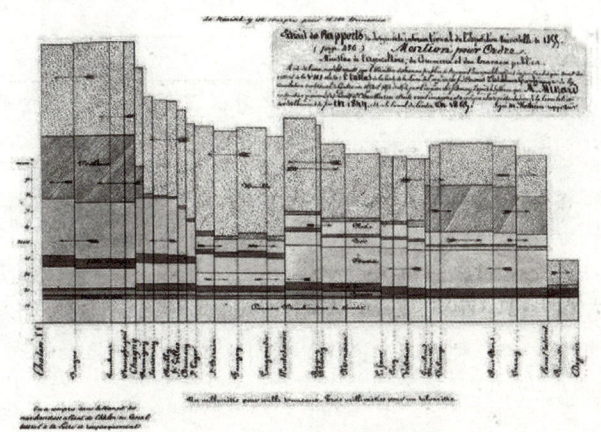

图4-3 分块的条形图

很快,米纳德认识到基于地理的量化信息更适合表现在地图上。他创造了流地图这一表达方式。代表作有反映美国内战对欧洲棉花贸易的影响(见图4-4)和法国的酒类出口情况(见图4-5)。

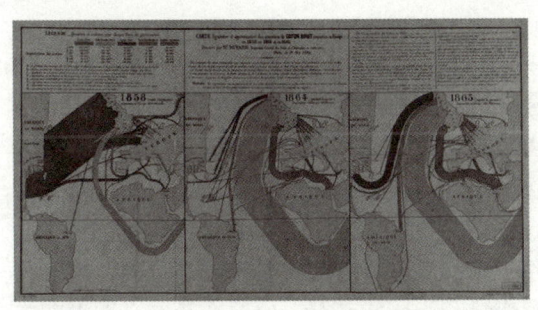

图4-4 美国内战对欧洲棉花贸易的影响(1856—1865年)

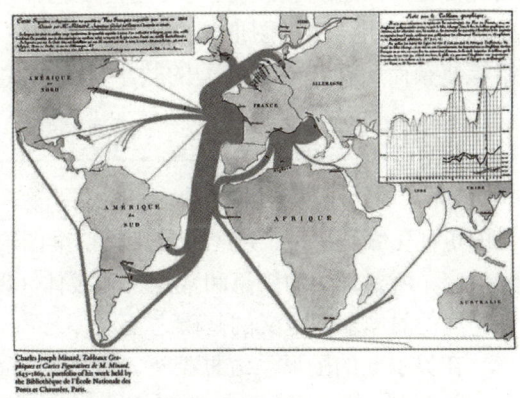

图4-5 法国酒类的出口(1864年)

米纳德利用他当工程师的成就和绘制可视化图形的能力影响了1850年来法国的公用事业建设的计划编制。如在1865年,巴黎计划建造一座中心邮局,米纳德采用人口比例图形给出了自己的设计方案。

米纳德共绘制了 51 幅各种形式的可视化图形,他在高龄时爆发出来的创造力,实在是一个传奇。

阅读上文,请思考、分析并简单记录:

(1)请仔细阅读图 4-1,分析地图所表示的内涵。结合网络资料搜索阅读,进一步了解拿破仑东征莫斯科及其惨败的原因。请谈谈你对这场战争的认识,以及对这幅地图的认识。

答:_____

_____

(2)在可视化图形领域,高龄的法国工程师米纳德却有了丰富的建树,你觉得,是什么造就了他的成就?

答:_____

_____

(3)请通过网络搜索和学习,了解什么是"工程素质",并请记录。

答:_____

_____

可视化不仅仅是一种工具,它更多的是一种媒介——探索、展示和表达数据含义的一种方法。可视化不是将相互独立的部分分割开来,而是把可视化看作是连续的、从统计图形延伸到数字艺术的连续谱图。统计学、设计和美学的综合运用,才产生了许多优秀的数据可视化作品。

4.1 可视化理论的发展

科学可视化是一个跨学科的研究与应用领域,主要关注的是三维现象的可视化,如建筑学、气象学、医学或生物学方面的各种系统。科学可视化侧重于利用计算机图形学来创建视觉图像,从而帮助人们理解那些采取错综复杂而又往往规模庞大的数字呈现形式的科学概念或结果。

扫码看视频

4.1.1 图形符号学

1967 年,雅克·贝尔廷出版了《图形学符号》一书,他使用符号来描述图形,提出了信息的可视化编码原型,并严格定义了二维图形及其对信息的表达过程。他将图形系统严格区分为内容(所要表达的信息和数据)和载体(图形符号),图形系统的定义建立在对图形符号的不同属性的理解和定义的基础之上。

在贝尔廷的图形系统框架下,图形(可视化)由传输不同信息的图形符号组成。图形符号可以为点、线、面,用视觉变量描述,包括位置变量和视网膜变量。位置变量定义图形在二维平面上的位置,视网膜变量包括尺寸、数值、纹理、颜色、方向和形状。

在此框架下,可视化由在二维平面上绘制的点、线或面组成。这些基本元素进而可组成更高级的形式,如图形、网络、地图和符号。基于这些组合可产生各类图形的视网膜变量。视网膜变量可以表达不同层次的组织，变量之间存在着关联性、选择性、有序性和定量性。
- 关联性：根据属性可找出图形符号间的对应关系，并且对其进行分类。
- 选择性：根据属性可找出图形符号所述的类别。
- 有序性：根据属性可对图形符号进行排序。
- 定量性：根据属性可从图形符号推导出比例关系或者距离。

4.1.2 图形语法

威尔金森提出了一种底层统计图形生成语言，用于构造不同类型的统计图形。他通过语法构造生成复杂图形，即以自底向上的方式将最基本的元素组织形成更高级的元素。图形的构造过程分为三个阶段：规范定义、组装和显示。其中，规范定义是整个语法的基础，描述了不同图形对象间的转变和最终图形显示映射。

整个语法规范由 7 个部分组成（见表 4-1）。其中，数据和转换定义在数据空间；框架、标度和坐标定义了底层的图形几何和数据的空间位置；图形定义了不同的图形对象。与贝尔廷的定义类似，威尔金森也定义了标准图形和美学属性（见表 4-2），其中，标准图形对应于贝尔廷的图形符号，美学属性对应于贝尔廷的视网膜变量。当合并多个美学属性时，需要考虑视觉感知，但并不考虑它的表达性和有效性。

表 4-1 威尔金森的语法规范

项目	内容
数据	从数据集中生成变量的数据操作
转换	数据变量间的转换
框架	变量空间，包括变量间的操作
标度	标度转换
坐标	坐标系统
图形	图形及其美学属性
参考	用于图形对象间的对齐、分类和比较等

表 4-2 威尔金森的美学属性

形式	表面	运动	声音	文字
位置 　堆叠 　躲避 　扰动 尺寸 形状 　多边形 　符号 　图片 旋转	颜色 　色相 　亮度 　饱和度 纹理 　图案 　粒度 　方向 模糊 透明度	方向 速度 加速	音调 声响 节奏 语音	标签

威尔金森提出两个重要的可视化概念。

（1）数据和它们的视觉表达应该被区分。本质上，图形语法中的规范定义了从数据点到美学属性的映射（类似于贝尔廷的内容和载体的分离）。

（2）可应用不同的算子构造数据变量的可视化。其主要思想是，可采用融合（+）、叉乘

(×)、嵌套（/）等算子从各类数据变量出发定义复杂的图形空间，并通过缩放映射到显示视图。这些算子应支持不同维度数据的复杂操作。

威尔金森的方法刻画了可视化的数学表达和图形属性之间的区别。基于这套理论开发的面向对象的软件，已经证明了利用图形语法生成数据可视化的可行性。

4.1.3 数据状态模型

大多数研究都以数据为中心来构建信息可视化技术。与这些研究不同，学者 Chi 从数据状态模型出发，将可视化技术分解为四个数据转换阶段和三种数据转换操作。不同阶段分别对应不同的算子。图 4-6 显示了这个信息可视化的数据状态参考模型，整个可视化流程被分成四个不同的数据阶段——数值、分析抽象表达、可视化抽象表达和视图（见表 4-3），三种数据转换操作——数据转换、可视化转换和视觉映射转换（见表 4-4）。将数据从一个阶段转换至另一个阶段，需要在这三种数据转换操作中选择一种。

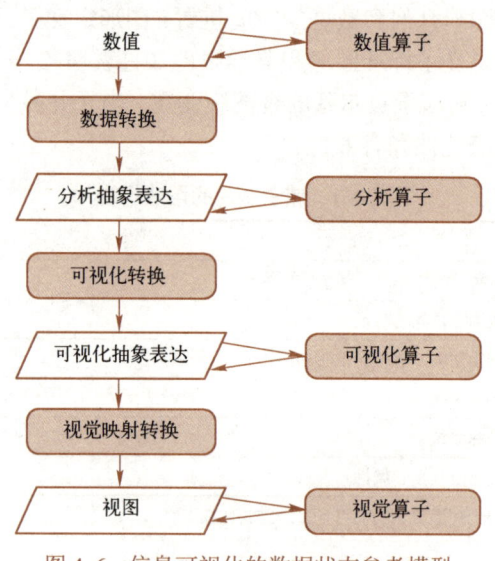

图 4-6　信息可视化的数据状态参考模型

表 4-3　四个数据阶段

阶段	描述
数值	原始数据
分析抽象表达	关于数据（信息）的数据，又称元数据
可视化抽象表达	使用可视化技术，在屏幕上显示的可视信息
视图	可视化映射的最终产品，用户可通过其看到和解释所展示的图片

表 4-4　三种数据转换操作

处理步骤	描述
数据转换	从值中生成一些分析抽象表达（通常通过提取）
可视化转换	从分析抽象中获取可视化抽象形式，即为可视化内容
视觉映射转换	将信息转换为可视化形式，并显示为图形视图

每个数据阶段拥有不同的算子，分别为数值算子、分析算子、可视化算子和视图算子。与数据转换操作不同，这些算子并不改变基础结构。

整个可视化过程可分解成不同部分。分析和构建它们之间的依赖关系，进而可重组这些部分，构建新的可视化技术。因此，这个模型可以用于区分不同的可视化技术。

4.2 按任务区分的数据类型

数据可视化将数据变换为易于感知的可视编码。为了精准地通过数据的可视表达传播信息，需要研究数据的分类及其对应的可视编码方法。

按任务分类，基本数据类型有一维、二维、三维或多维的，接着是三种结构化更强的数据类型：时态的、树的和网络的。这种简化有助于描述已被开发的可视化和表示用户所遇到的问题类别的特征。例如，对于时态数据，用户处理事件和间隔，关心的是之前、之后或之中。对于树结构数据，用户处理内部节点上的标签和叶节点的值，问题就是关于路径、级次和子树的。

（1）一维线性数据。是指由字母或文字组成的数据，如文本文件、程序源代码、字典和按字母顺序的名字列表等，这一切都能按顺序方式组织。可视化设计主要针对文字，选择字体、颜色、大小和显示方式。用户需求一般是搜索文本或者数据项，以及相关属性。

（2）二维平面数据。主要是平面或地图数据，如地图、平面布置图或报纸版面等。数据集中的每一项对应于二维平面上的某些区域，可能是规则或不规则的形状。每个区域附加多种属性，如名称、所有者、数值等，以及界面域等一些其他特征，如形状、大小、颜色、透明度等。用户需求一般是搜索某些区域、路径、地图放大或缩小、查询某些属性等。如图4-7所示的2016年英国脱欧公投各地的投票率，颜色越深的投票率越高，圆圈所在的是英国的主要城市。这个图说明：小地方的投票意愿比精英所在的大城市更强烈。

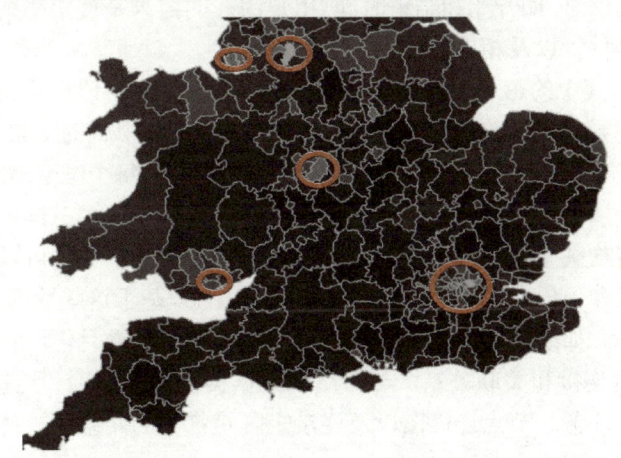

图4-7 可视化技术呈现的2016年英国公投脱欧（见书后插页）

很多系统采用多层方法来处理地图数据，但每层都是二维的。用户任务包括查找邻近条目、包含某些条目的区域和两个条目之间的路径，以及执行基本任务，例如，地理信息系统就是一个庞大的研究和商用领域。

(3)三维世界数据。是指三维空间中的对象,如分子、人体以及建筑物。数据集主要包含三维对象和对象之间的关系,如计算机辅助设计系统制作的三维模型、建筑制图、机械设计、化学结构建模和科学仿真。与低维度数据不同,其对象包括位置和方向等三维信息,显示这些对象需要使用不同的透视方法,设置颜色、透明度等参数。在三维应用程序中,用户必须处理察看对象的位置和方向,处理遮挡与导航的潜在问题(见图4-8)。

图4-8 三维世界的信息可视化(见书后插页)

(4)时间数据。广泛存在于不同的应用中,如医疗记录、项目管理或历史介绍。数据集中的每一项包含时间信息,如开始和结束时间。用户潜在的需求是搜索在某些时间或时刻之前、之后或之中发生的事件,以及相应的信息和属性。

(5)多维数据。其中的每一项数据拥有多个属性,可以表示为高维空间的一个点。该类数据常见于传统的关系或统计数据库应用中。用户需求包括寻找特征、聚类、变量之间的相关性、差距以及离群值等。可视化设计可以基于二维散点图,对每个维度增加滑块控制。当维度相对比较小的时候,属性可以对应于不同的按钮。多维数据也可由三维散点图表示。

(6)树。表示层次关系。在树结构中,除了根节点,每一项数据可以连接到另一个父项。每个数据项以及父项和子项之间的连接,可以有多种属性。基于这些数据项和之间的连接,可定义不同的分析任务,如统计树的层数、每一个数据项的子项数目。

(7)网络。表达连接和关联关系。与树结构数据类似,数据项和连接关系可以有多种属性,并定义一些基本任务。节点连接图以及连接矩阵是常见的网络可视化形式。

4.3 可视化设计原则

可视化的首要任务是准确地展示和传达数据所包含的信息。在这个前提下,针对特定的用户对象,设计者可以根据用户的预期和需求提供有效辅助手段,以方便用户理解数据,从而完成有效的可视化。在给定数据来源之后,有很多不同的技术方法可以将数据映射到图形元素并进行可视化,同样也有很多用户交互技术方便用户对数据的浏览与探索。

设计制作一个可视化视图包括三个主要步骤:确定数据到图形元素(即标记)和视觉通道的映射;视图的选择与用户交互控制的设计;数据的筛选,即在有限的可视化视图空间中选择适当容量的信息进行编码,以避免在数据量过大情况下产生的视觉混乱,也就是说,可视化的结果中需要保持合理的信息密度。为了提高可视化结果的有效性,可视化的设计还包括颜色、标记和动画的设计等。

4.3.1 数据到可视化的直观映射

在选择合适的数据到可视化元素(标记和视觉通道)的映射时,设计者首先需要考虑的是数据的语义和可视化用户的个性特征。可视化的一个核心作用是使用户在最短的时间内获取数据的整体信息和大部分细节信息,这通过直接观察数据显然无法完成。如果设计者能够预测用户在观察使用可视化结果时的行为和期望,并以此指导自己的可视化设计过程,则可以在一定程度上帮助用户对可视化结果的理解,从而提高可视化设计的可用性和功能性。

数据到可视化元素的映射需要利用已有的先验知识,以降低人们对信息的感知和认知所需要的时间。基本数据类型可以通过使用不同的视觉编码通道来表达数据及其之间的关系(见图4-9)。

图 4-9 基本数据类型适用的可视化编码方式(优先级自上而下)

实际应用中的数据通常是基础数据类型的实例和组合,其可视化方法一般采用基于不同视觉编码通道的组合。对于空间属性,如纬度和经度,将其映射到空间位置是最常用也是最直观的数据映射方式。如果两种数据属性存在时间上的关联,则可以使用动画对其进行可视化。由于经常存在冷暖色调的传统,将温度或密度映射为颜色直观易懂。数据到可视化的映射还要求设计者使用正确的视觉通道去编码数据信息。

4.3.2 视图选择与交互设计

对于简单的数据,使用一个基本的可视化视图就可以展现数据的所有信息;而对于复杂的数据,就需要使用较为复杂的可视化视图,甚至为此发明新的视图,以有效地展示数据中所包含的信息。一般而言,一个成功的可视化首先需要考虑的是被用户所广泛认可并熟悉的视图设计。此外,可视化系统还必须提供一系列的交互手段,使得用户可以按照自己满意的方式修改视图的呈现形式。不管使用一个视图还是多个视图的可视化设计,每个视图都必须用简单而有效的方式(如通过标题标注)进行命名和归类。

视图的交互主要包括以下一些方面:

- 滚动与缩放。当数据无法在当前有限的分辨率下完整展示时,这是非常有效的交互方式。
- 颜色映射的控制。调色盘是可视化系统的基本配置,甚至允许用户修改新的调色盘。
- 数据映射方式的控制。在可视化设计时,设计者首先需要确定一个直观且易于理解的数据到可视化的映射,但实际使用过程中,用户仍有可能需要转换到另一种映射方式来观察他们感兴趣的其他特征。因此,完善的可视化系统设计还需要保留用户对数据映射方式的控制交互。如图 4-10 所示的可视化使用了两种不同的数据映射方式来展示同一个数据。

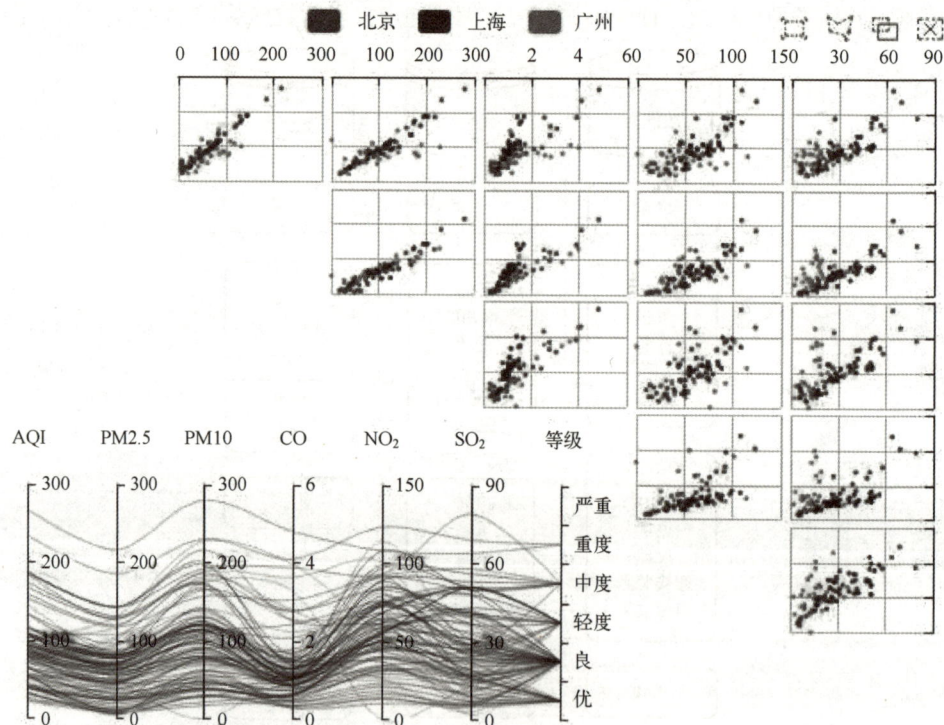

图 4-10 对数据的两种可视化方法:散点图和平行坐标(见书后插页)

- 数据缩放和裁剪工具。在对数据进行可视映射之前,用户通常会对数据进行缩放并对可视化数据的范围进行必要的裁剪,从而控制最终可视化的数据内容。
- 细节层次控制。这有助于在不同条件下,隐藏或者突出数据的细节部分。

总体上,设计者要保证交互操作的直观性、易理解性和易记忆性。直接在可视化结果上的操作比使用命令行更加方便和有效,例如,按住并移动鼠标可以很自然地映射为一个平移操作，而滚轮可以映射为一个缩放操作。

4.3.3 信息密度——数据的筛选

在确定了数据到可视化元素的映射和交互设计后，信息可视化设计的另一个关键挑战是：设计者必须决定可视化视图所需要包含的信息量。一个好的可视化应当展示合适的信息，而不是越多越好。失败的可视化案例主要存在两种极端情况，即过少或过多地展示数据的信息。

第一种极端情况是可视化展示的数据信息过少。在实际情况中，很多数据仅包含了两到三个不同属性的数值，甚至这些数值还可能是互补的，即可由其中的一个属性的数值推导出另外一个，如男性与女性的比例。在这些情况下，直接通过表格或文字描述即可完整而快速地传达信息，还能省下不少版面空间。可视化数据信息过少不能给用户的认识和理解带来好处。

第二种极端情况是设计者试图表达和传递过多的信息。信息过多会大大增加可视化的视觉复杂度，也会使可视化结果变得混乱，造成用户难以理解、重要信息被掩藏等弊端。

因此，一个好的可视化应为用户提供筛选数据的操作，从而让用户选择要显示的数据，而其他部分在需要的时候才显示。另外一种解决方案是通过使用多视图或多显示器，将数据根据它们的相关性分别显示。

4.3.4 美学因素

在可视化设计中，仅仅完成上述三个步骤，用户可能仍然无法从结果中获取足够的信息，以判断和理解可视化所包含的内容。例如，在没有任何标注的坐标轴上的点，用户既不知道每个点的具体值，也不知道该点所代表的具体含义。解决这一问题的做法是给坐标轴标记尺度，然后给相应的点标记一个标签以显示其数据的值，最后给整个可视化赋以一个简洁明了的标题。设计者需要认真仔细地对待可视化设计中的网格及其标注。

在可视化中，颜色是使用最广泛的视觉通道，也是经常被过度甚至错误使用的一个视觉参数。错误的颜色映射表或者试图使用很多不同的颜色表示大量数据属性，都可能导致可视化结果的视觉混乱。在进行颜色选取的时候也需要特别谨慎，在某些领域，可视化的设计者还需要考虑色觉障碍用户的因素，使可视化结果对这些用户依然能够起到信息表达与传递的作用。

通过仔细的设计完成可视化的功能（向用户展示数据的信息）后，就需要考虑改进其形式表达（可视化的美学）方面。美学因素虽然不是可视化设计的最主要目标，但是具有更多美感的可视化设计显然更加容易吸引用户的注意力，并促使其进行更深入的探索。因此，优秀的可视化必然是功能与形式的完美结合。

在可视化设计中，有许多方法可以提高可视化的美学性，主要有以下三种。

（1）聚焦。设计者必须通过适当的技术手段将用户的注意力集中到可视化结果的最重要区域。例如，设计者通常可以利用人类视觉感知的前向注意力，将重要的可视化元素通过突出的颜色编码进行展示，以抓住用户的注意力。

（2）平衡。要求有效利用可视化的设计空间，尽量使重要元素置于可视化设计空间的主要位置，同时确保元素在可视化设计空间中的平衡分布。

（3）简单。要求设计者尽量避免在可视化中包含过多的造成混乱的图形元素，尽量避免使用过于复杂的视觉效果（如带光照的三维柱状图等）。在过滤多余数据信息时，可以使用迭代方式，并衡量信息得失，找到可视化结果美学特征与所传达的信息含量的平衡。

4.3.5 动画与过渡

信息可视化的结果主要以两种形式存在：可视化视图与可视化系统。前者通常是图像，后者则创建了一个终端用户（包括设计者和一般用户）与数据进行交互的系统环境，用户可以根据自己的意图选择合适的可视化映射和可视化信息密度，并通过系统提供的交互最终生成可视化视图或可视化视图序列。

动画与过渡效果是可视化系统中常用的技术，它通常用于增加可视化结果视图的丰富性与可理解性，或增加用户交互的反馈效果。例如，对于时变的科学数据逐帧绘制每个时刻的数据，可重现动态的物理或化学演化规律。

1. 用时间换取空间，在有限的屏幕空间中展示更多的数据

在时序数据的可视化中，数据值随时间变化。如果每一时刻仅包含一个维度，该维度和时间维度则可以组成一个二维空间，用类似坐标轴的方式编码数据值，其中横轴代表时间的渐变。当数据包含多个维度时，需要通过多个视觉通道编码不同的维度信息，此时如果采用动画的方式编码随着时间演进而产生了数据值变化，则可以在有限的视图空间上展示更多的信息，同时也确保任何单一时刻的可视化结果对有限视图空间的充分利用。图 4-11 是 GapMinder 软件（https://www.gapminder.org/）绘制的一个可视化动画序列中的 4 帧，展示了世界各国在 1992 年、2002 年、2012 年和 2022 年的人均 GDP（横轴）及预期寿命（纵轴）的关系与变化。点的大小表示人口数量，颜色编码表示不同的洲。可以看到，随着时间的推进，散点图上的点都往右上角移动（更高的平均寿命和更高的人均 GDP）。很显然，如果在有限的视图空间中展示几十年所包含的数据，得到的可视化结果将显得非常拥挤。此外，动画效果也能在一定程度上展示时序效果。

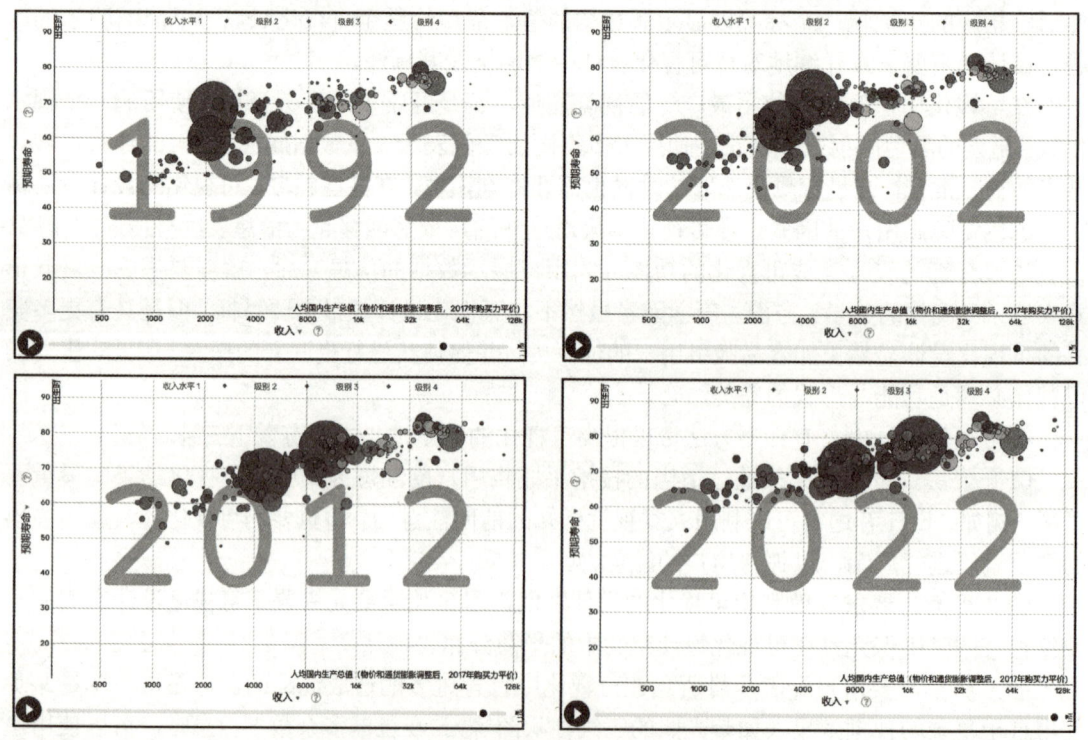

图 4-11 散点图可视化视图动画序列（部分）

2. 辅助不同可视化视图之间的转换与跟踪，或者辅助不同可视化视觉通道的变换

如果数据包含的信息量多且是必需的，通常会设计多个视图来展示数据信息。用户在浏览可视化数据的过程中需要在不同的视图之间进行切换。使用动画效果辅助视图切换过程，有助于跟踪在不同可视化视图中出现的相同元素。另一方面，如果希望在两个时刻采用同一个具有较强表现力的视觉通道以强调不同的数据属性且不同的数据属性之间互为上下文信息，此时采用动画切换技术就可以减轻视图变换带来的"冲击"，避免在转换过程中迷失。

3. 提升用户在可视化系统中交互的反馈效果

在可视化系统中，用户的交互总是期望获得系统的确认反馈，避免盲目地重复操作。例如，对于计算量大的操作，一个简单的进度条即可让用户获得确认。当用户移动鼠标经过散点图的某个点时，物体在很短的时间内（200ms）产生一个光晕动画通常用来表示该物体能被点选或进行其他操作。

4. 引起观察者注意力

动画作为视觉通道包括了运动的方向、速度和闪烁频率等。当有特别重要的信息需要被观察者捕捉时，对标记进行闪烁是一个不错的选择。但动画作为视觉通道必须谨慎使用。

可视化的使用者主要分为两类：一类是数据的探索者，通常对数据的情况并不清楚，期望控制可视化系统的交互；另一类是数据的展示者，对数据了如指掌，并且数据通常经过了一定的处理，而受众此时是被动地接受信息。这两类使用者对于可视化系统的任务需求也存在差别，前者需要更多的交互和多维度分析，以期找出数据特征；后者则利用可视化展示已获取的数据特征来表达自己的观点。可视化设计必须考虑到这两类用户的需求，并进行折中处理。

动画与过渡运用有两个指导性准则，即要求最终的可视化仍然满足一致性和易理解性要求。前者指可视化视图中的标记在动画过程中仅编码一个数据或数据维度；后者则要求带有动画的可视化必须容易被用户理解。

4.4 可视化基本框架

对于科学可视化来说，三维是必要的，因为典型问题涉及连续的变量、体积和表面积（内/外、左/右和上/下）。然而，对于信息可视化来说，典型问题包含更多的分类变量和如股票价格、医疗记录或社会关系之类数据中模式、趋势、聚类、异类和空白的发现。

扫码看视频

人的眼睛是人们感知世界的最主要途径，数据可视化提供了一种感性的认知方式，可以扩大人们的感知，增加人们对海量数据分析的想法和分析经验，从而对人们感知和学习提供参考或者帮助。

4.4.1 数据可视化流程

数据可视化不仅是一门包含各种算法的技术，实际应用中更需要采用系统化的思维来设计数据可视化方法与工具。科学可视化和信息可视化分别设计了可视化流程的参考体系结构模型，并被广泛应用于数据可视化系统中。图4-12展示了一个信息可视化流程模型：将流水线绘制成回路且用户的交互可以出现在流程的任何阶段。几乎所有著名的信息可视化系统和工具包都支持这个模型，而且绝大多数系统在基础层都兼容，只存在细微的实现差异（见图4-13）。

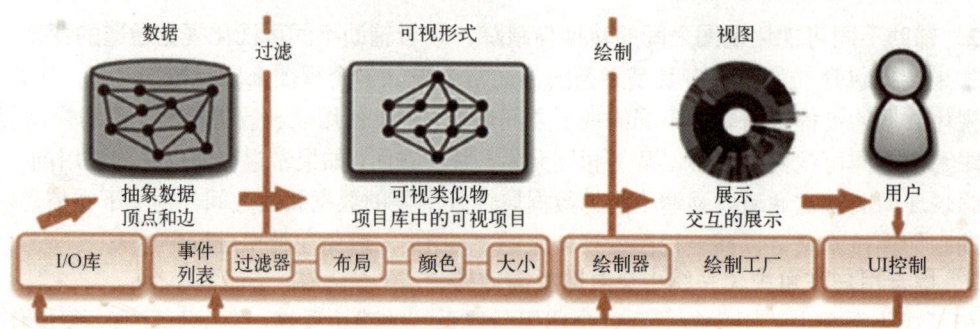

图 4-12　一个信息可视化流程模型

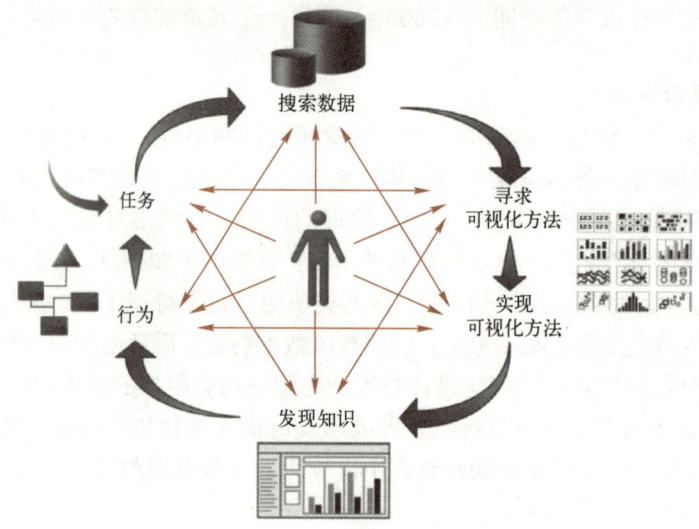

图 4-13　一个可视化循环模型

可视分析学的基本流程是通过人机交互将自动和可视分析方法紧密结合。图 4-14 展示了一个典型的可视分析流程图和各步骤中的过渡形式。这个流水线的起点是输入的数据，终点是提炼的知识。从数据到知识有两个途径：交互的可视化方法和自动的数据挖掘方法。中间结果分别是对数据的交互可视化结果和从数据中提炼的数据模型。用户既可以对可视化结果进行交互的修正，也可以调节参数以修正模型。在相当多的应用场合，异构数据源需要在可视分析或自动分析方法应用之前被整合。因此，这个流程的第一步需要将数据预处理并变换，导出不同的表达，便于后续的分析。

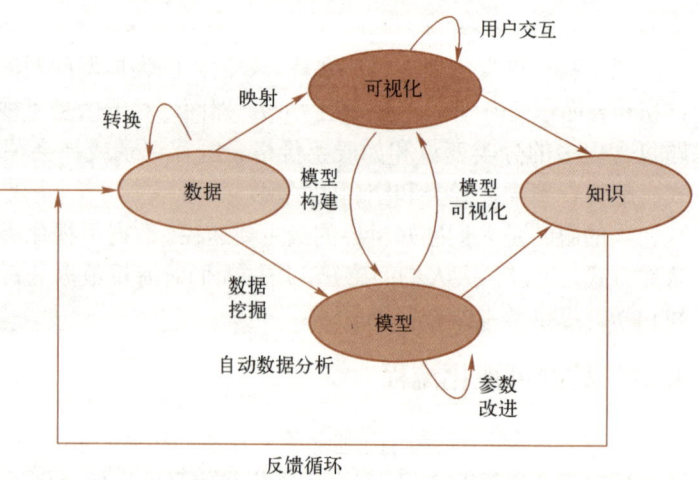

图 4-14　一个可视分析学标准流程

数据变换后，分析人员可以在自动分析和可视分析方法之间选择。自动分析方法从原始数据中通过数据挖掘方法生成数据模型，进而分析人员交互地评估和改进数据模型；可视化界面为分析人员在自动分析基础上修改参数或选择分析算法提供选择，通过可视化数据模型可增强模型评估的效率，帮助发现新的规律或做出结论。在一个可视分析流水线中，允许用户在自动分析和交互可视分析方法之间进行自由搭配是最基本的要求，有利于迭代地形成对初始结果的逐步改善和结果验证，也可尽早发现中间步骤的错误结果，从而快速获得高可信度的结果。

在任意一种可视化或可视分析流水线中，人是核心的要素。一方面，机器智能可部分替代人所承担的工作，而且在很多场合比人的效率高；另一方面，人是最终的决策者，是信息的加工者和使用者，因此，数据可视化工具的目标是增强人的能力。在很多场合，问题十分复杂以至于难以定义，或难以通过机器智能解决。构建可视化工具提高日常工作的效率，就是可视化工具的意义所在。另外一些场合中，在方案实施之前需要人进行细化和扩充，或检查其效果并验证其正确性。这时，可视化可以作为一个监控与调试的工具，而不是长期使用的必需工具。

数据可视化流程中的核心要素包括三个方面。

（1）数据表示与变换。数据可视化的基础是数据表示和变换。为了允许有效地可视化、分析和记录，输入数据必须从原始状态变换到一种便于计算机处理的结构化数据表示形式。通常这些结构存在于数据本身，需要研究有效的数据提炼或简化方法，以最大限度地保持信息和知识的内涵及相应的上下文。有效表示海量数据的主要挑战在于采用具有可伸缩性和扩展性的方法，以便保持数据的特性和内容。此外，将不同类型、不同来源的信息合成为一个统一的表示，使得数据分析人员能及时聚焦于数据的本质也是研究重点。

（2）数据的可视化呈现。将数据以一种直观、容易理解和操纵的可视方式呈现给用户。数据可视化向用户传播了信息，而同一个数据集可能对应多种视觉呈现形式，即视觉编码。数据可视化的核心内容是从巨大的呈现多样性空间中选择最合适的编码形式。判断某个视觉编码是否合适的因素包括感知与认知系统的特性、数据本身的属性和目标任务。

大量的数据采集通常是以流的形式实时获取的，针对静态数据发展起来的可视化显示方法不能直接拓展到动态数据。这不仅要求可视化结果有一定的时间连贯性，还要求可视化方法达到高效以便给出实时反馈。因此，不仅需要研究新的软件算法，还需要更强大的计算平台（如分布式计算或云计算）、显示平台（如1亿像素显示器或大屏幕拼接）和交互模式（如体感交互、可穿戴式交互）。

（3）用户交互。对数据进行可视化和分析的目的是解决目标任务。有些任务可明确定义，有些任务则更广泛或者一般化。通用的目标任务可分成三类：生成假设、验证假设和视觉呈现。数据可视化可以用于从数据中探索新的假设，也可以证实相关假设与数据是否吻合，还可以帮助数据专家向公众展示其中的信息。交互是通过可视的手段辅助分析决策的直接推动力。有关人机交互的探索已经持续很长时间，但智能、适用于海量数据可视化的交互技术，如任务导向的、基于假设的方法还是一个未解难题，其核心挑战是新型的可支持用户分析决策的交互方法。这些交互方法涵盖底层的交互方式与硬件、复杂的交互理念与流程，更需要克服不同类型的显示环境和不同任务带来的可扩充性难点。

4.4.2 数据可视化设计

数据可视化的设计可以简化为四个级联的层次。最外层（第一层）是刻画真实用户的问题,称为问题刻画层。第二层是抽象层,将特定领域的任务和数据映射到抽象且通用的任务及数据类型。第三层是编码层,设计与数据相关的视觉编码及交互方法。最内层(第四层)的任务是创建正确完成系统设计的算法。各层之间是嵌套的,上游层的输出是下游层的输入。嵌套同时也带来了问题:上游的错误最终会级联到下游各层。假如在抽象阶段做了错误的决定,那么再好的视觉编码和算法设计也无法创建一个解决问题的可视化系统。在设计过程中,这个嵌套模型中的每个层次都存在挑战。例如,定义了错误的问题和目标;处理了错误的数据;可视化的效果不明显;可视化系统运行出错或效率过低。

分开这四个阶段的优点在于:无论各层次以何种顺序执行,都可以独立地分析每个层次是否已正确处理。虽然三个内层同属设计问题,但每一层又有所分工。实际上,这四个层次极少按严格的时序过程执行,而往往是迭代式的逐步求精过程:某个层次有了更深入的理解之后,将用于指导优化其他层次。

在第一层中,可视化设计人员采用以人为本的设计方法,与目标用户群相处大量时间,了解目标受众的需求。让用户自行描述平常的工作过程、思考实际需要,常常无法满足要求,因而需要采用有目标的采访或软件工程领域的需求分析方法。设计人员首先要了解目标用户的任务需求和数据属于哪个特定的目标领域,每个领域通常都有其特有的术语来描述数据和问题,通常也有一些固定的工作流程来描述数据是如何用于解决每个领域的问题的。在通常情况下,对特定领域工作流程特征的描述是一个详细的问题集或者是一个用户收集异构数据的工作过程。描述务必要细致,因为这可能是对领域问题的直接复述或对整个设计过程中数据的描述。在大多数情况下,用户知道如何处理数据,但难以将需求转述为数据处理的明确任务。因此,设计人员需要收集与问题相关的信息,建立系统原型,并通过观察用户与原型系统的交互过程来判断所提出方案的实际效果。

第二层将第一层确定的任务和数据从采用特定领域的专有名词的描述转化为更抽象、更通用的信息可视化术语的描述。将这些不同领域的需求转化为不依赖于特定领域概念的适用任务是可视化设计人员面临的挑战之一,例如,高层次的通用任务分类包括不确定性计算、关联分析、求证和参数确定等。与数据相关的底层通用任务则包括取值、过滤、统计、极值计算、排序、确定范围、提取分布特征、离群值计算、异常检测、趋势预测、聚簇和关联。而从分析角度看,通用任务包括识别、判断、可视化、比较、推断、配置和定位。在数据抽象过程中,可视化设计人员需要考虑是否要将用户提供的数据集转化为另一种形式,以及使用何种转化方法,以便于选择合适的可视编码,完成分析任务。

第三层是可视化研究的核心内容:设计可视编码和交互方法。视觉编码和交互这两个层面通常相互依赖。为应对一些特殊需求,第二层确定的抽象任务应被用于指导视觉编码方法的选取。

第四层设计与前三个层次匹配的具体算法,相当于一个细节描述的过程。它与第三层的不同之处在于第三层确定应当呈现的内容以及如何呈现,而第四层解决的是如何完成的问题。当然,第三层和第四层之间相互影响和制约。

将可视化设计的层次嵌套模型应用于实际的数据可视化系统设计,需要考虑各个层次面临的潜在风险和对风险的评估方法。由于层次之间互相嵌套,对各层次风险的检验不能即时完成。

4.4.3 可视化基本图表

统计图表是最早的数据可视化形式之一,作为基本的可视化元素仍然被非常广泛地使用。

对于复杂的大型可视化系统来说，这类图表更是作为基本的组成元素而不可缺少（见图4-15）。基本的可视化图表按照所呈现的信息和视觉复杂程度可以分为三类：原始数据绘图、简单统计值标绘和多视图协调关联。

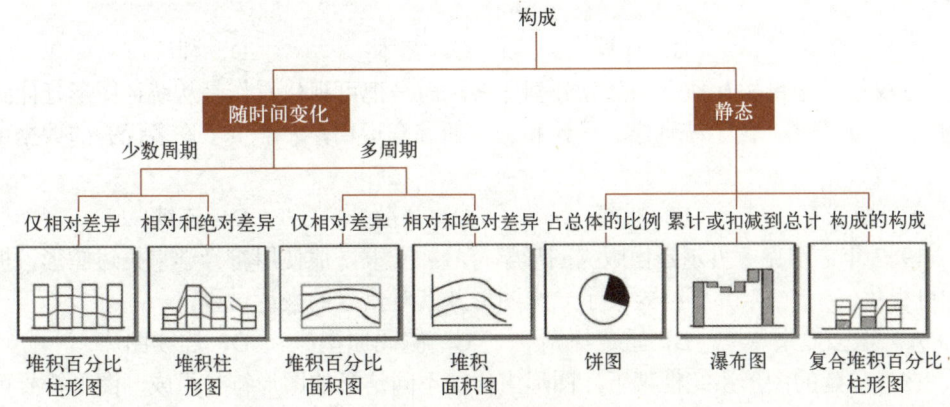

图4-15　统计图构成

原始数据绘图用于可视化原始数据的属性值，用来直观呈现数据特征。简单统计值标绘，如盒须图，是通过标绘简单的统计值来呈现一维和二维数据分布的一种方法。多视图协调关联将不同种类的绘图组合起来，每个绘图单元可以展现数据某个方面的属性，并且通常允许用户进行交互分析，提升用户对数据的模式识别能力。在多视图协调关联应用中，"选择"操作作为一种探索方法，可以是对某个对象和属性进行"取消选择"的过程，也可以是选择属性的子集或对象的子集，以查看每个部分之间关系的过程。图4-16展示的可视化系统成功地将多视图协调关联应用于探索深度空间聚类可视分析过程中。

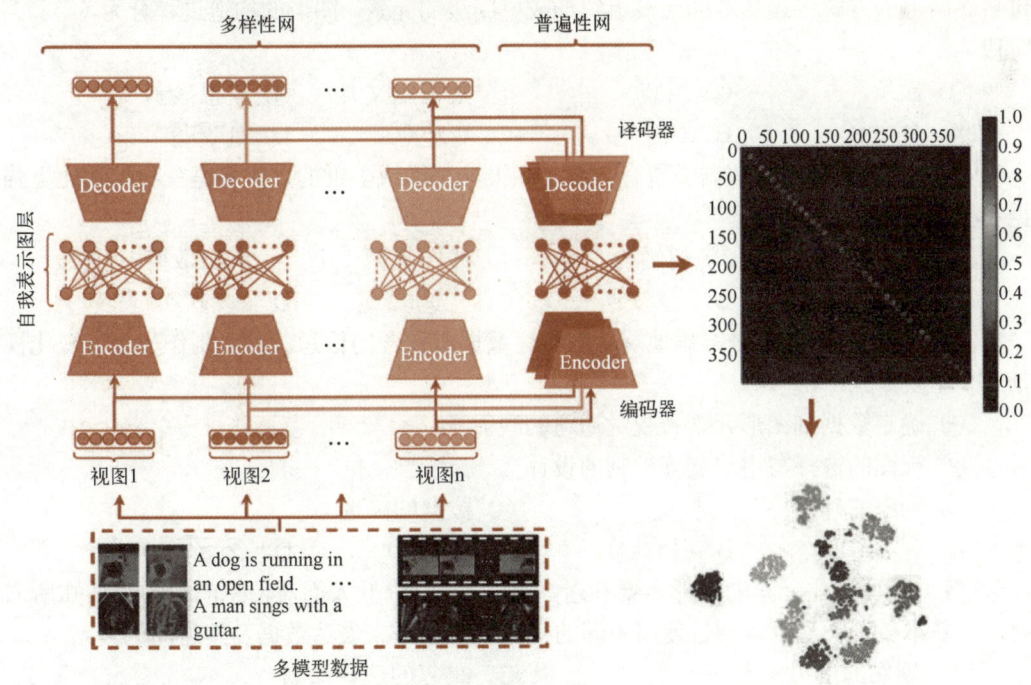

图4-16　多视图深度空间聚类的网络架构

【习题】

1. 可视化不仅仅是一种工具，它更是一种（　　）——探索、展示和表达数据含义的一种方法。
   A. 媒介　　　　B. 计算　　　　C. 艺术　　　　D. 程序

2. 可视化不是将相互独立的部分分割开来，而是把可视化看作是从统计图形延伸到数字艺术的（　　）谱图。由于统计学、设计和美学的综合运用，才产生了许多优秀的数据可视化作品。
   A. 增强　　　　B. 重复　　　　C. 离散　　　　D. 连续

3. 1967年，雅克·贝尔廷出版《图形学符号》一书，他使用符号学来描述图形，提出了信息的可视化（　　），并严格定义了二维图形及其对信息的表达过程。
   A. 增强效果　　B. 重复原则　　C. 编码原型　　D. 连续图片

4. 在贝尔廷的图形系统框架下，图形由传输不同信息的图形符号组成，图形符号可以为点、线、面，用（　　）等视觉变量描述。
   ① 位置变量　　② 空间变量　　③ 视觉变量　　④ 视网膜变量
   A. ②③　　　　B. ①④　　　　C. ①②　　　　D. ③④

5. 在贝尔廷的图形系统框架下，视网膜变量可以表达不同层次的组织，变量之间存在着关联性和（　　）。
   ① 虚拟性　　　② 选择性　　　③ 有序性　　　④ 定量性
   A. ①③④　　　B. ①②④　　　C. ②③④　　　D. ①②③

6. 威尔金森提出了一种底层统计图形生成语言，用于构造不同类型的统计图形。他提出通过自底向上的方式将最基本的元素组织形成更高级的元素。图形的构造过程分为（　　）三个阶段。
   ① 显示　　　　② 组装　　　　③ 规范定义　　④ 模拟显示
   A. ①③④　　　B. ①②④　　　C. ②③④　　　D. ①②③

7. 按任务分类，基本数据类型有一维、二维、三维或多维的，接着是三种结构化更强的数据类型，包括（　　）。
   ① 时态数据　　② 树结构　　　③ 线性数据　　④ 网络数据
   A. ①②④　　　B. ①③④　　　C. ①②③　　　D. ②③④

8. 可视化的首要任务是准确地展示和传达数据所包含的信息。设计制作一个可视化视图包括三个主要步骤：（　　）。
   ① 确定数据到图形元素和视觉通道的映射
   ② 视图的选择与用户交互控制的设计
   ③ 顺序的确定
   ④ 数据的筛选
   A. ①③④　　　B. ①②④　　　C. ①②③　　　D. ②③④

9. 数据到可视化元素的映射需要利用（　　），以降低人们对信息的感知和认知所需要的时间。基本数据类型可以通过使用不同的视觉编码通道来表达数据及其之间的关系。
   A. 现实的虚拟元素　　　　　　B. 重复的选择原则
   C. 编码的数据原型　　　　　　D. 已有的先验知识

10. 一般而言，一个成功的可视化系统必须提供一系列的交互手段，使得用户可以按照自己满意的方式修改视图的呈现形式。视图的交互主要包括滚动与缩放、颜色映射控制和（　　）方面。
　　① 数据清洗和重组工具　　② 数据映射方式的控制
　　③ 数据缩放和裁剪工具　　④ 细节层次控制
　　A．①③④　　B．①②④　　C．②③④　　D．①②③

11. 总体上，设计者要保证交互操作的（　　）。直接在可视化结果上的操作比使用命令行更加方便和有效。
　　① 直观性　　② 易拆分性　　③ 易理解性　　④ 易记忆性
　　A．①③④　　B．①②④　　C．①②③　　D．②③④

12. 在确定了数据到可视化元素的映射和交互设计后，信息可视化设计的另一个关键挑战是：设计者必须保证可视化视图所需要包含的信息量（　　）。
　　A．越多越好　　B．适度就好　　C．越少越好　　D．随机就好

13. 在可视化中，（　　）是使用最广泛的视觉通道，也是经常被过度甚至错误使用的一个视觉参数。试图使用很多不同的元素来表示大量数据属性，可能导致可视化结果的视觉混乱。
　　A．音效　　B．平面　　C．线条　　D．颜色

14. 通过仔细的设计完成可视化的功能（　　）后，就需要考虑改进其形式表达（　　）方面。
　　A．向用户展示数据的信息，可视化的美学
　　B．可视化的美学，向用户展示数据的信息
　　C．虚拟现实展现，增强现实的实现
　　D．增强现实的实现，虚拟现实展现

15. 在可视化设计中，有许多方法可以提高可视化的美学性，其中主要有（　　）三种。
　　① 深刻　　② 聚焦　　③ 平衡　　④ 简单
　　A．①③④　　B．①②④　　C．②③④　　D．①②③

16. （　　）是指创建一个终端用户（包括设计者和一般用户）与数据的交互环境，使用户可以根据自己的意图选择合适的可视化映射和信息密度，通过交互最终生成视图或视图序列。
　　A．可视化图像　　B．可视化系统　　C．分析计算平台　　D．视频演示设备

17. 动画与过渡效果是可视化系统中常用的技术，它通常用于增加可视化结果视图的（　　）。例如对时变的科学数据逐帧绘制每个时刻的数据，可重现动态的物理或化学演化规律。
　　① 逻辑性　　② 可理解性　　③ 丰富性　　④ 反馈效果
　　A．①③④　　B．①②④　　C．①②③　　D．②③④

18. 如果数据包含的信息量多且是必需的，通常会设计多个视图来展示数据信息。使用（　　）辅助用户在不同的视图之间切换，有助于跟踪在不同视图中出现的相同元素。
　　A．动画效果　　B．概览方式　　C．虚拟现实　　D．关联跳转

19. 数据可视化不仅是一门包含各种算法的技术，实际应用中需要采用系统化的思维设计数据可视化方法与工具。数据可视化流程中的核心要素包括（　　）三个方面。
　　① 数据表示与变换　　② 数据的可视化呈现

③ 用户交互 ④ 复杂系统计算
A. ①③④ B. ①②④ C. ①②③ D. ②③④

20. 基本的可视化图表按照所呈现的信息和视觉复杂程度通常可以分为（　　）三类。
① 原始数据绘图 ② 历史参数插值计算
③ 简单统计值标绘 ④ 多视图协调关联
A. ①③④ B. ①②④ C. ①②③ D. ②③④

【实验与思考】大数据可视化的领军企业 Tableau

1. 实验步骤

（1）请结合查阅相关文献资料，简述：数据可视化的七个数据类型是什么？
答：_____

（2）请结合查阅相关文献资料，简述：数据可视化的七项基本任务是什么？
答：_____

（3）访问 Tableau 公司官网。

Tableau（读 ['tæbloʊ]）是桌面办公环境中一款定位于数据可视化领域敏捷开发和实现的，易于操作应用的商业智能工具软件（商务智能展现工具，见图 4-17），它将数据运算与美观的分析图表完美地结合在一起，可以将大量数据拖放到数字"画布"上，迅速有效地创建好各种分析图表。Tableau 的用户无须编程，就可以完全自定义配置控制台。控制台不仅能够监测信息，还提供了完整的分析能力，灵活且具有高度的动态性。

图 4-17　Tableau 主界面

Tableau 可以用来实现交互的、可视化的分析和仪表板应用，从而帮助企业快速地认识和理解数据，以应对不断变化的市场环境与挑战。数据可视化让枯燥的数据以简单友好的图表形式展现出来,是一种最为直观有效的分析方式。无需过多的技术基础,任何个人、企业都可以轻松学会 Tableau,并运用其可视化功能对数据进行处理和展示,从而更好地进行数据分析工作。

① 浏览 Tableau 简体中文官网(https://www.tableau.com/zh-cn),从网页、视频等内容中了解 Tableau 产品的特色及其表现力,熟悉 Tableau 数据可视化的主要功能。

请记录:在 Tableau 官方网站中,你最感兴趣的网页内容。

答:_____

_____

② 浏览 Tableau 产品网页。

将鼠标指针指向 Tableau 官网上方的 Products(产品)项,请浏览了解。

请记录:Tableau 包括的产品。

_____

_____

2. 实验总结

_____

_____

3. 实验评价(教师)

_____

_____

第 5 章　数据可视化过程

【导读案例】新媒体艺术迎来爆发时刻

比普尔是一位来自美国的平面设计师兼数码艺术家。2021 年 3 月 11 日，比普尔的艺术品《每一天：前 5000 天》（见图 5-1）在佳士得拍卖行以 6934 万美元的价格落槌，成为世界上第一件在传统拍卖行出售的纯数字作品。

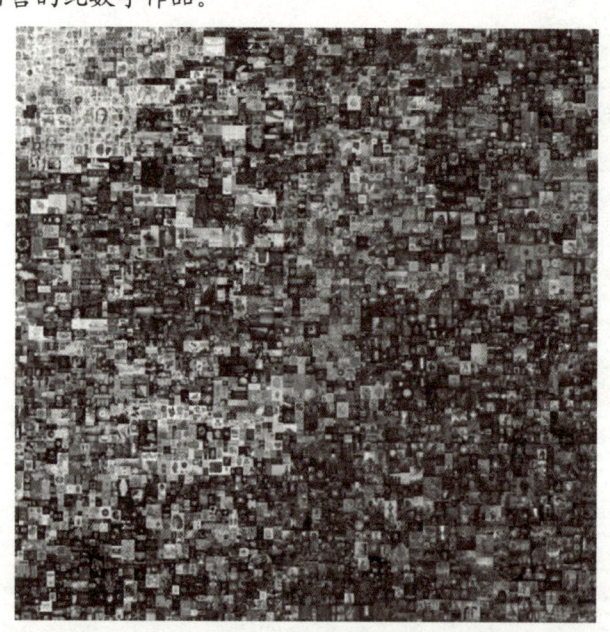

图 5-1　比普尔：《每一天：前 5000 天》（jpg），21 069×21 069 像素，巨型拼贴作品，2021 年 2 月 16 日作。图源：佳士得

作为当时在世艺术家作品拍卖史上价值第三高的艺术品，《每一天：前 5000 天》的起拍价仅 100 美元，然而这样的起拍价大大低估了收藏家们的热情。截止到最后一分钟，有 220 万访客访问了该拍卖页面，这件耗费 5000 多天创作而成的作品成交价高出起拍价近 70 万倍。比普尔在那一天创造了历史，突破了现实世界的认知，让加密数字艺术作品闯入了大众的视野。

大家在感叹艺术的变迁之余，对其背后起支撑作用的技术产生了巨大的好奇，什么是新媒体艺术？这个问题成为一个热议不断的话题。

然而，实际上《每一天：前 5000 天》并不是第一个破圈的加密艺术作品。同年 3 月，一群艺术爱好者在街头烧毁了世界著名街头艺术家班克西的作品《白痴》(Morons)，并以 4 倍的价格出售了基于 Morons 的数字版本。这场更像是行为艺术表演的作秀，让大家真正地意识到艺术的边界有了新的延展。

随着元宇宙时代的发展，艺术正经历着巨大的变革。而新媒体艺术行业更是发生了翻天覆地的变化，终于迎来了属于它的爆发时刻。

就像人们通常都难以清晰表述"大地艺术""现实主义""浪漫主义"是什么一样，我们也在问：什么是新媒体艺术？它是一种新的艺术学科门类，是时代的产物，已经不经意地深入到当代艺术之中。简单来说，新媒体艺术是用现代科技手段去探讨文化和美学，它是集合了数字技术、生物科技、量子理论、经济学、语言学等学科，以光学媒介和电子媒介为基础的艺术，是一种更加强调观众与艺术作品之间互动的艺术形式。新媒体艺术作品（见图 5-2）是一种流动且不断重塑的艺术作品。新媒体艺术利用计算机、网络、影像作为创作媒介，改变了大众对于传统艺术的认知。

图 5-2　新媒体艺术作品

作为一种纯艺术学科门类，新媒体艺术是一个非常大的范畴，包括数字艺术、交互艺术、算法艺术、声音艺术、影像艺术、灯光艺术、生成艺术等，是一套较为复杂但脉络清晰的系统。新媒体艺术是大众审美的飞跃，是美学发展历史上的一个里程碑事件。

当前国内外已经有众多院校开设了新媒体艺术专业，清华大学、中国美术学院、中央美术学院、同济大学、卡耐基梅隆大学、纽约视觉艺术学校等知名院校赫然在列。

作为新媒体艺术的分支，数字媒体艺术是当代新媒体艺术最重要且最广泛的表达形式之一，其多用图片、动画的形式进行表达，重塑了艺术的四维空间，给予观众全身心的体验。数字媒体艺术从 20 世纪 60 年代发展至今，诞生了无数惊人的作品，并为当下新媒体艺术的爆发奠定了坚实的基础。

阅读上文，请思考、分析并简单记录：

（1）请通过网络搜索，进一步了解并记录有关新媒体艺术的相关知识。

答：_____

（2）文中提到，新媒体艺术作品又是"加密艺术作品"。请网络搜索并给"加密艺术作品"这个新名词下个简单定义。

答：_____

（3）你认为，新媒体艺术与大数据技术会有什么样的联系？请简述之。

答：_____

所谓可视化数据，就是根据数值，用标尺、颜色、位置等各种视觉隐喻的组合来表现数据。例如，深色和浅色的含义不同，二维空间中右上方的点和左下方的点的含义也不同。

如今人们在新闻里、网站上和图书中看到的哪些漂亮的图表，都是数据图形的典范（见图 5-3）。制作这些图表的人对数据理解得越深越透，就越能更好地表达自己的研究成果。"图片最伟大的价值在于它迫使我们注意到从未预见到的事物。"（统计学家约翰·图基）

除了用于展示成果,可视化也是一个很好的数据分析工具，可以帮助人们探索数据，发现通常在统计检验中可能发现不了的东西。你只需要知道目标是什么，问题是什么。

图 5-3 数据图形——骆驼

5.1 可视化组件

基于数据的可视化组件分为四种：视觉隐喻、坐标系、标尺以及背景信息。有时它们是显式的，而有时则会组成一个无形的框架。组件协同工作，对一个组件的选择会影响到其他组件。

扫码看视频

（1）组件：不同组件组合在一起构成图表。取决于数据本身，有时直接显示在可视化视图中，有时会形成背景图。

（2）标题：描述数据以及高亮显示的内容。

（3）视觉隐喻：包括用形状、颜色和大小来编码数据，选择什么取决于数据本身和目标。

（4）坐标系：用散点图映射数据和用圆饼图是不一样的。散点图中有 X 坐标和 Y 坐标，其他图中则有角度，就像直角坐标系和极坐标系的对比。

（5）标尺：有意义的增量可以增强可读性，就像改变焦点一样。

（6）背景信息：如果受众对数据不熟悉，则应该阐明其含义以及读图的方式。

5.1.1 颜色与透明度

颜色在可视化领域通常被用于编码数据的分类或定序属性。在色彩空间（除了 CMYK 色彩空间）中，通常采用三个分量值表示颜色，因此在同一个可视化视图中，每个像素或点的颜色仅可能代表一种编码规则，即要么属于定性数据属性的某一类，要么属于定量或定序数据属性的某一个值或值的区间。当颜色的两种数据编码规则在视图空间中存在相互遮挡时，设计者必须从中选择一种予以显示。为了便于用户在观察和探索数据可视化时从整体进行把握，可以给颜色增加一个表示不透明度的分量通道，通常称为 a 通道，用于表示离观察者更近的颜色对背景颜色的透过程度。当颜色的 a 值为 1 时，表示不透过任何背景颜色，即颜色是不透明的；当颜色的 a 值为 0 时，表示该颜色是透明的；当颜色的 a 值介于 0 和 1 之间时，表示该颜色可以透过一部分背景的颜色，从而实现当前颜色和背景颜色的混合，创造出可视化的上下文效果。

5.1.2 可视化隐喻

在解释或者介绍人们不熟悉的事物和概念的时候，常常会将其与一个熟悉的事物进行比较来帮助理解，这样的手法称为隐喻。隐喻设计包含三个层面：隐喻本体、隐喻喻体和可视化变量。本体和喻体之间存在某种关联或相似性。如果本体和喻体具有不同的模态（如语言、视觉、步态等），隐喻就称为多模态隐喻。

在可视化中常常使用视觉隐喻方法，将需要介绍的事物和概念用人们所熟知的事物的视觉形态来呈现。时间隐喻和空间隐喻是可视化隐喻中最常见的两类方式。选取合适的源域和喻体表示时间与空间概念，能创造出最佳的可视和交互效果。

可视化最基本的形式就是简单地把数据映射成彩色图形。人们的大脑倾向于寻找模式，可以在图形和它所代表的数字间来回切换。所谓视觉隐喻，就是在可视化数据的时候，用形状、大小和颜色来编码数据。必须根据目的来选择合适的视觉隐喻并正确使用它，而这又取决于对形状、大小和颜色的理解。图 5-4 展示了常用的视觉隐喻。

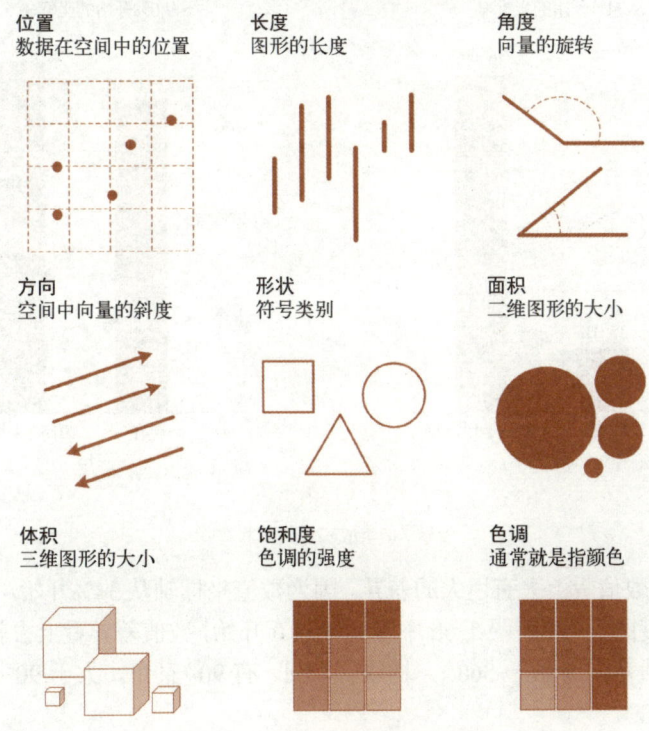

图 5-4 可视化常用的视觉隐喻

（1）位置。比较给定空间或坐标系中数值的位置。如图 5-5 所示，观察散点图的时候，是通过一个数据点的 X 坐标和 Y 坐标以及和其他点的相对位置来判断。

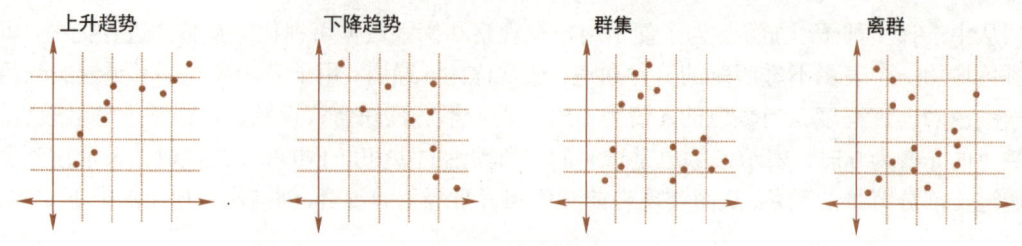

图 5-5 散点图

用位置作视觉隐喻往往比其他视觉隐喻占用的空间更少。可以在一个 XY 坐标平面里画出所有的数据，每一个点都代表一个数据。与其他用尺寸大小又比较数值的视觉隐喻不同，坐标系中所有的点大小相同。绘制大量数据之后，一眼就可以看出趋势、群集和离群值。

但观察散点图中的大量数据点时，很难分辨出每一个点分别表示什么。即便是在交互图中，仍然需要鼠标悬停在一个点上以得到更多信息，而点重叠时会更不方便。

（2）长度。通常用于条形图中，条形越长，绝对数值就越大。不同方向上，如水平方向、垂直方向或者圆的不同角度上都是如此。

长度是从图形一端到另一端的距离，因此要用长度比较数值就必须能看到线条的两端。否则得到的最大值、最小值及其间的所有数值都会有偏差的。

图 5-6 给出了一个简单的例子，它是一家主流新闻媒体在电视上展示的一幅税率调整前后的条形图。

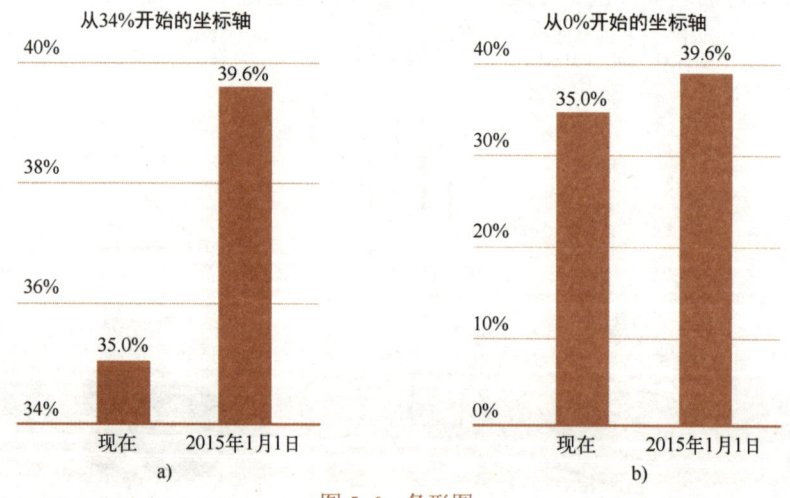

图 5-6 条形图
a) 错误的条形 b) 正确的条形

图 5-6a 中两个数值看上去有巨大的差异。因为数值坐标轴从 34%开始，导致右边条形长度几乎是左边条形长度的五倍。而图 5-6b 中坐标轴从 0 开始，数值差异看上去就没有那么夸张了。

（3）角度。取值范围为 0°～360°，构成一个圆。有 90°直角，大于 90°的钝角和小于 90°的锐角。直线是 180°。

任何一个角度都隐含着一个能和它组成完整圆形的对应角，这两个角被称作共轭。这就是通常用角度来表示整体中部分的原因。尽管圆环图常被当作是饼图的"近亲"，但圆环图的视觉隐喻是弧长，因为可以表示角度的圆心被切除了。

（4）方向。角度是相交于一个点的两个向量，而方向则是坐标系中一个向量的方向。你可以看到上下左右及其他所有方向，以帮助测定斜率。例如在图 5-7 中可以看到增长、下降和波动。

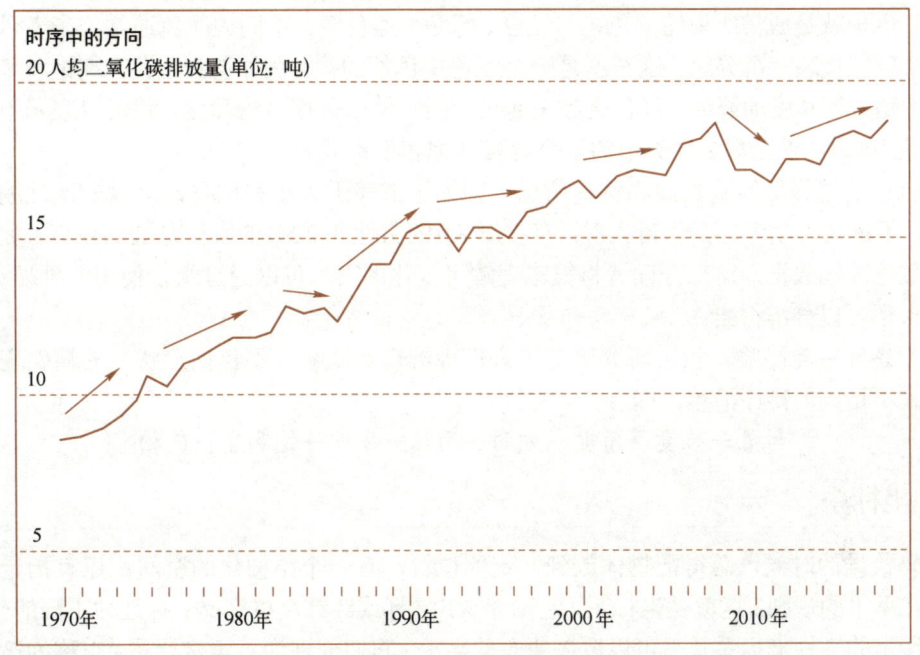

图 5-7　斜率和时序

对变化大小的感知在很大程度上取决于标尺。例如，可以放大比例让一个很小的变化看上去很大，同样也可以缩小比例让一个巨大的变化看上去很小。一个经验法则是，缩放可视化图表，使波动方向基本都保持在 45°左右。如果变化很小但却很重要，就应该放大比例以突出差异。相反，如果变化微小且不重要，那就不需要放大比例使之变得显著了。

（5）形状。形状和符号通常被用在地图中，以区分不同的对象和分类。地图上的任意一个位置可以直接映射到现实世界，所以用图标来表示是合理的。例如，可以用一些树表示森林，用一些房子表示住宅区。例如在图 5-8 中，三角形和正方形都可以用在散点图中，不同的形状比一个个点能提供的信息更多。

（6）面积和体积。大的物体代表大的数值。长度、面积和体积分别可以用在二维和三维空间中，表示数值的大小。二维空间通常用圆形和矩形，三维空间一般用立方体或球体。也可以更为详细地标出图标和图示的大小。

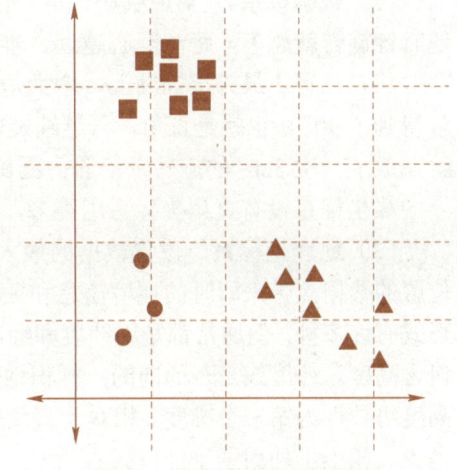

图 5-8　散点图中的不同形状

一定要注意所使用的是几维空间。假设用正方形这个有宽和高两个维度的形状来表示数据，数值越大，正方形的面积就越大。如果一个数值比另一个大 50%，那么正方形的面积也应该大 50%。然而一些软件的默认行为是把正方形的边长增加 50%，这会得到一个非常大的正方形，此时面积增加了 125%，而不是 50%。三维物体也有同样的问题，而且会更加明显。例如，把一个立方体的长宽高各增加 50%，立方体的体积将会增加大约 238%。

（7）颜色。颜色视觉隐喻分为两类，色相和饱和度。两者可以分开使用，也可以结合起来使用。色相就是通常所说的颜色，如红色、绿色、蓝色等。不同的颜色通常用来表示分类数据，每个颜色代表一个分组。饱和度是一个颜色中色相的量。假如选择红色，高饱和度的红就非常浓，随着饱和度的降低，红色会越来越淡。同时使用色相与饱和度，就可以表示不同的分类（颜色不同），以及每个分类中的多个等级（饱和度不同）。

对颜色的选择能给数据增添背景信息。因为不依赖于大小和位置，可以一次性编码大量的数据。不过要时刻考虑到色盲人群：有将近 8%的男性和 0.5%的女性是红绿色盲，如果只用这两种颜色编码数据，这部分读者将很难理解可视化图表。可以通过组合使用多种视觉隐喻，使所有人都可以分辨得出。

（8）感知视觉隐喻。相关研究确定了人们理解视觉隐喻（不包括形状）的精确程度从最精确到最不精确的排序清单，即

位置→长度→角度→方向→面积→体积→饱和度→色相

5.1.3 坐标系

编码数据的时候，总得把物体放到一定的位置。有一个结构化的空间，还有指定图形和颜色画在哪里的规则，这就是坐标系，它赋予 XY 坐标或经纬度以意义。有几种不同的坐标系，图 5-9 所示的三种坐标系几乎可以覆盖所有的需求，它们分别为直角坐标系（也称为笛卡儿坐标系）、极坐标系和地理坐标系。

（1）直角坐标系是最常用的坐标系（对应条形图或散点图等）。通常可以认为坐标就是被标记为 (x, y) 的 XY 值对。坐标的两条线垂直相交，取值范围从负到正，组成了坐标轴。交点是原点，坐标值即指示到原点的距离。举例来说，$(0, 0)$ 点就是两线交点，$(1, 2)$ 点在水平方向上距离原点一个单位，在垂直方向上距离原点 2 个单位。

直角坐标系还可以向多维空间扩展。例如，三维空间可以用 (x, y, z) 三值对来替代 (x, y)。可以用直角坐标系来画几何图形，使得在空间中画图变得更为容易。

（2）极坐标系。（对应圆饼图等）由一个圆形网格构成，最右边的点是零度，角度越大，逆时针旋转就越多；距离圆心越远，半径越大。

将自己置于最外层的圆上，增大角度，逆时针旋转到垂直线（或者直角坐标系的 Y 轴），就得到了 90°，也就是直角。再继续旋转四分之一圆周，到达 180°。继续旋转直到返回起点，就完成了一次 360°的旋转。沿着内圈旋转，半径会小很多。

极坐标系没有直角坐标系用得多，但在角度和方向很重要时，它会更有用。

（3）地理坐标系。位置数据的最大好处就在于它与现实世界的联系，它能给相对于目标位置的数据点带来即时的环境信息和关联信息。用地理坐标系可以映射位置数据。位置数据的形式有许多种，但通常都是用纬度和经度来描述的，分别相对于赤道和子午线的角度，有时还包含高度。纬度线是东西向的，标识地球上的南北位置；经度线是南北向的，标识东西位置。高度可被视为第三个维度。相对于直角坐标系，纬度就好比水平轴，经度就好比垂直轴。也就是说，相当于使用了平面投影。

绘制地表地图最关键的地方是要在二维平面上（如计算机屏幕）显示球形物体的表面即投影。有多种不同的实现投影的方法。当把一个三维物体投射到二维平面上时，会丢失一些信

息，与此同时，其他信息被保留下来。

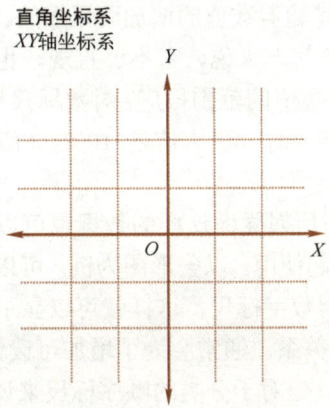
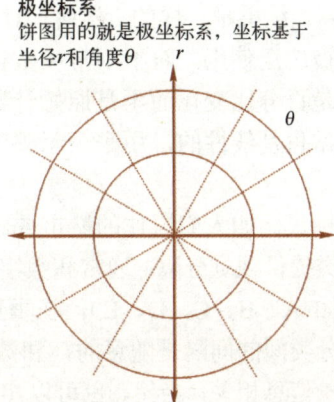
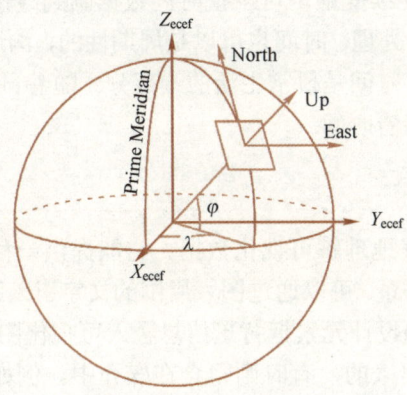

图 5-9 常用坐标系

5.1.4 标尺

坐标系指定了可视化的维度，而标尺则指定了在每一个维度里数据映射到哪里。标尺有很多种，也可以用数学函数来定义自己的标尺，但是基本上不会偏离图 5-10 中所展示的三种标尺——数字标尺、分类标尺和时间标尺。标尺和坐标系一起决定了图形的位置以及投影的方式。

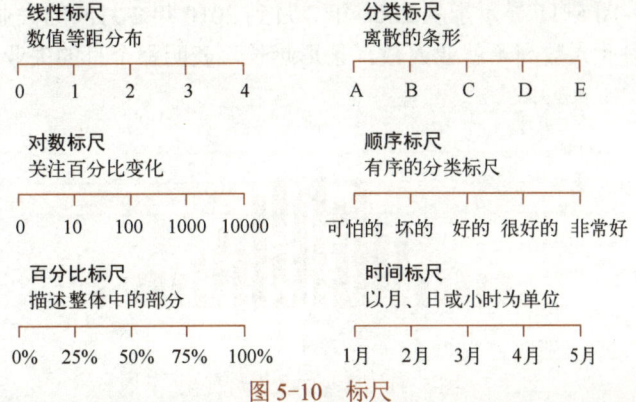

图 5-10 标尺

（1）数字标尺。线性标尺上的间距相等，因此，在标尺的低端测量两点间的距离，和在标尺的高端测量，结果是一样的。然而，对数标尺是随着数值的增加而压缩的，对数标尺不像线性标尺那样被广泛使用。对于不常和数据打交道的人来说，它不够直观，也不好理解。但如果你关心的是百分比变化而不是原始计数，或者数值的范围很广，对数标尺还是很有用的。百分比标尺通常也是线性的，用来表示整体中的部分时，最大值是 100%（所有部分总和是 100%）。

（2）分类标尺。如人们居住的城市或政府官员所属党派这样的数据也可以分类。分类标尺为不同的分类提供视觉分隔，通常和数字标尺一起使用。以条形图为例，可以在水平轴上使用分类标尺（如 A、B、C、D、E），在垂直轴上用数字标尺，这样就可以显示不同分组的数量和大小了。分类间的间隔是随意的，和数值没有关系，通常会为了增加可读性而进行调整。顺序和数据背景信息相关，当然，也可以相对随意，但对于分类的顺序标尺来说，顺序就很重要了。例如，将电影的分类排名数据按从糟糕的到非常好的这种顺序显示，能帮助观众更轻松地判断和比较影片的质量。

（3）时间标尺。时间是连续变量，可以把时间数据画到线性标尺上，也可以将其按月份或者星期分类，作为离散变量处理。时间也可以是周期性的，沟通时，时间标尺带来了更多的好处，因为和地理地图一样，时间是日常生活的一部分。随着日出和日落，在时钟和日历里，人们每时每刻都在感受和体验着时间。

5.1.5 背景信息

背景信息能帮助读者更好地理解可视化数据。它能提供一种直观的印象，增强抽象的几何图形及颜色与现实世界的联系。可以通过图表周围的文字引入背景信息，如在报告或者新闻报道中；也可以用视觉隐喻和设计元素把背景信息融入可视化图表中。

有时背景信息是直接画出来的，有时则隐含在媒介中。例如，可以很容易地用一个描述性标题来让读者知道他们将要看到的是什么。

所选择的视觉隐喻、坐标系和标尺都可以隐性地提供背景信息。明亮的、活泼的对比色和深的、中性的混合色表达的内容是不一样的。同样，地理坐标系让目标置身于现实世界的空间中，直角坐标系的 XY 坐标轴只停留在虚拟空间，对数标尺则更关注百分比变化而不是绝对数值。这就是为什么注意软件的默认设置很重要。

背景信息同样可以影响几何图形的选择。例如，美国劳工统计局每个月会发布关于失业和就业的人数估计。图 5-11 显示了从 2008 年 2 月到 2010 年 2 月间的失业人数情况。在这段时间里，每个月的失业人数高于就业人数。条形越长，表明那个月的失业人数越多。

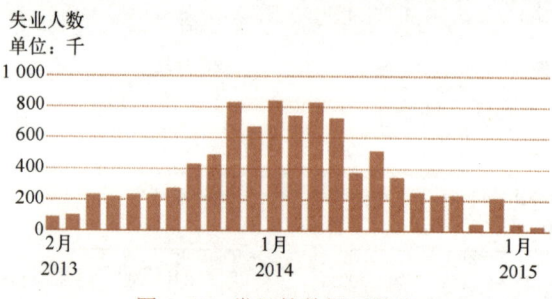

图 5-11 常见的数据可视化

图 5-11 中全是正数值,这本身是合情合理的,但要考虑这个图通常出现在什么样的场合。人们期望看到正数方向表示就业,负数方向表示失业,因此,在图 5-12 的坐标系中用负值表示失业人数更直观。

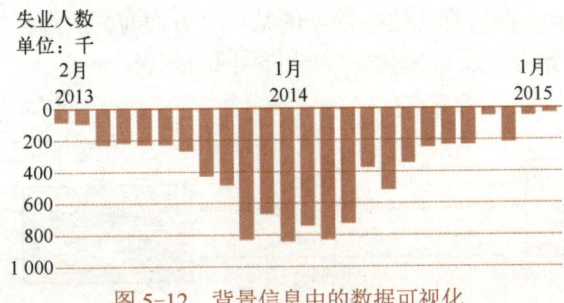

图 5-12 背景信息中的数据可视化

5.1.6 整合可视化组件

单独看这些几何图形或可视化组件并没有什么神奇,但如果把它们放在一起,就得到了值得期待的完整的可视化图形。举例来说,在一个直角坐标系里,水平轴上用分类标尺,垂直轴上用线性标尺,长度作视觉隐喻,这就得到了条形图。在地理坐标系中使用位置信息,则会得到地图中的一个个点。

在极坐标系中,半径用百分比标尺,旋转角度用时间标尺,面积作视觉隐喻,可以画出极区图(即南丁格尔玫瑰图)。

本质上,可视化是一个抽象的过程,是把数据映射到了几何图形和颜色上。从技术角度看,这很容易做到,你可以很轻松地用纸笔画出各种形状并涂上颜色,难点在于,你要知道什么形状和颜色是最合适的、画在哪里以及画多大。

要完成从数据到可视化的飞跃,你必须知道自己拥有哪些原材料。对于可视化来说,视觉隐喻、坐标系、标尺和背景信息都是你拥有的原材料。视觉隐喻是人们看到的主要部分;坐标系和标尺可使其结构化,创造出空间感;背景信息则赋予数据以生命,使其更贴切,更容易被理解,从而更有价值。

可视化需要知道每一部分是如何发挥作用的,并观察别人看图的时候得到了什么信息。但不要忘了最重要的东西,没有数据,一切都是空谈。同样,如果数据很空洞,得到的可视化图表也会是空洞的。此外,即使数据提供了多维度的信息,而且粒度足够小,使你能观察到细节,那你也必须知道应该观察些什么。

数据量越大,可视化的选择就越多,然而很多选择可能是不合适的。为了过滤掉那些不好的选择,找到最合适的方法,得到有价值的可视化图表,你必须了解自己的数据。

5.2 用数据指导视觉探索

研究者在分析中所采取的具体步骤会随着数据集和项目的不同而不同,但在探索数据可视化时,应着重考虑以下四点:

(1)拥有什么数据?
(2)关于数据,你想了解什么?

（3）应该使用哪种可视化方式？

（4）你看见了什么，有意义吗？

在这些问题中，每个问题的答案都取决于前一个问题的答案。图 5-13 显示了一个迭代过程。如果你拥有很多数据，在可视化这些数据的某一个方面时，所看见的东西可能让你对其他方面产生好奇，而这种好奇心反过来会导致产生不同的图表。

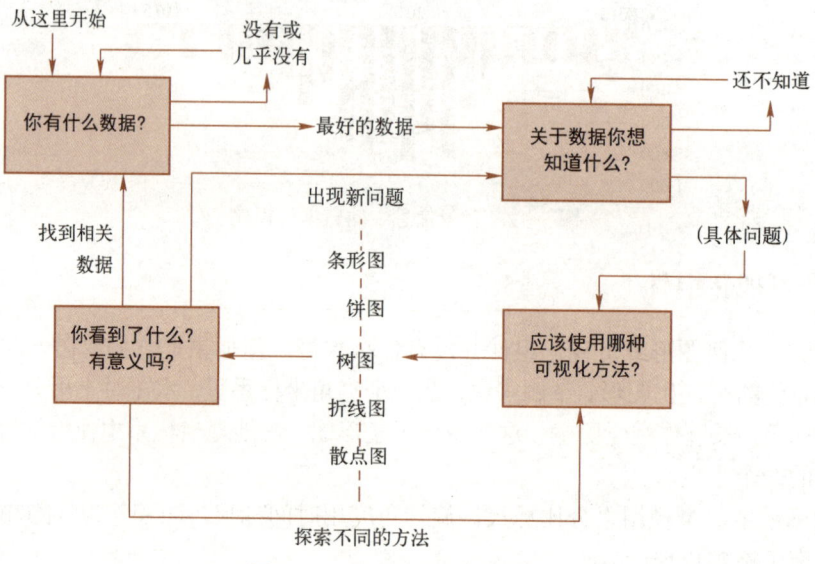

图 5-13　迭代的数据探索过程

5.2.1　你拥有什么数据

人们通常会想象可视化应该是什么样子，或者去找出一个想要模仿的例子。但是，临到要实践的时候，他们才意识到要么需要更多的数据，要么就是想要制作的图表并不适合那些数据。常见的错误是先形成视觉形式，然后再找数据。其实应该反过来，先有数据，再进行可视化。通常，获取需要的数据是最困难、耗时最多的一步。以所指定的格式获得数据，再轻松地将其导入选用的软件，这在实际工作中是很少见的。研究者可能需要通过访问 API 接口从网站中费力地获取数据，或从已有的数据中挖掘需要的数据。这时，编程有助于一些步骤的自动化，也有越来越多简单易用的应用程序可以帮助你管理数据。

研究数据的时候，应该经常停下来想一想它们代表着什么，来自哪里以及如何衡量其变化。

5.2.2　关于数据，你想了解什么

假设你有一些数据要研究，从哪儿开始着手呢？如果只有一个数据点就简单了，可以直接读取它的值。但是，当你有一个包含数以千计甚至数百万个观察结果的数据集时，这将非常具有挑战性。为了避免淹没在数据的海洋中，开始的时候，应该先问问自己想从数据中了解什么。答案无须复杂深刻，只是不要太模糊，回答得越具体，方向就越明确。例如，记者蒂姆·德·钱特研究世界人口密度，他很好奇如果全世界每个人都拥有相同的居住空间，城市会有多大？直接画出全球人口密度是一个简单的方法，而钱特却用了一个更友好的视角（见图 5-14）。

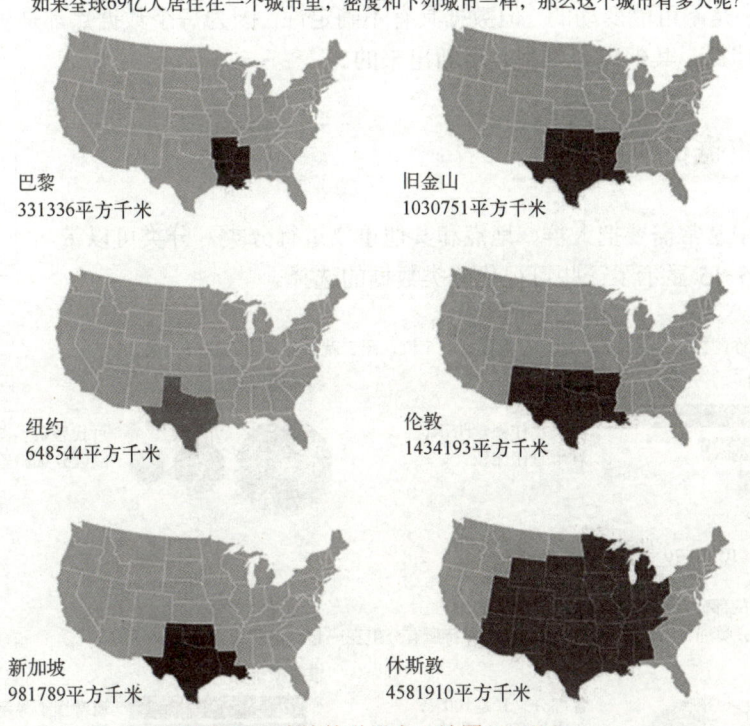

如果全球69亿人居住在一个城市里，密度和下列城市一样，那么这个城市有多大呢？

巴黎 331336平方千米　　旧金山 1030751平方千米

纽约 648544平方千米　　伦敦 1434193平方千米

新加坡 981789平方千米　　休斯敦 4581910平方千米

图5-14　浓缩的世界人口地图（2011）

你针对数据提问时，也给了自己一个出发的位置，幸运的话，随着研究的深入，会出现更多需要研究的问题。为更广泛的读者设计可视化图表时，要在研究过程中提出并回答读者可能会问的问题，这提供了研究的重点和目标，对设计过程也很有帮助。

5.2.3　应该使用哪种可视化方式

有很多图表和视觉隐喻的组合可以选择。在为数据选择正确的表格时，研究初期，更重要的是要从不同的角度观察数据，并深入到对项目更重要的事情上。制作多个图表时，要比较所有的变量，看看有没有值得进一步研究的东西。先从整体上观察数据，然后放大到具体的分类和独立的数据点。如果尝试用不同的标尺、颜色、形状、大小和几何图形，可能会看到值得进一步探索的图形。如果你的目标是探索研究，那就不要让最佳实践清单阻止你尝试一些不同的东西，因为复杂的数据通常需要复杂的可视化。

传统的可视化图，如条形图和折线图很容易画，也很容易看明白，这使它们成了探索数据的出色工具。目标改变，选择也会改变。如果是设计仪表板，就要使系统状态显示一目了然，所以必须用直观的方式可视化数据以便于理解。

5.2.4　你看到了什么，有意义吗

可视化数据后，你需要寻找一些东西，包括增加、减少、离群值或者一些组合，同时也要注意有多少变化以及模式有多明显。数据中的差异与随机性相比是怎样的？估值的不确定性、人为的或技术的错误，或者人或事物与众不同，都会使观察结果与众不同。

找到有趣的东西时，问问自己："它有意义吗？为什么有意义？"人们常常认为数据就是

事实，因为数字是不可能变动的。但数据具有不确定性，因为每个数据点都是对某一瞬间所发生事情的快速捕捉，其他内容则都是推断出来的。

5.3 分类数据的可视化

扫码看视频

数据分析中常常需要把人群、地点和其他事物进行分类，分类可以带来结构化。图 5-15 显示了一些可视化分类数据的选择。

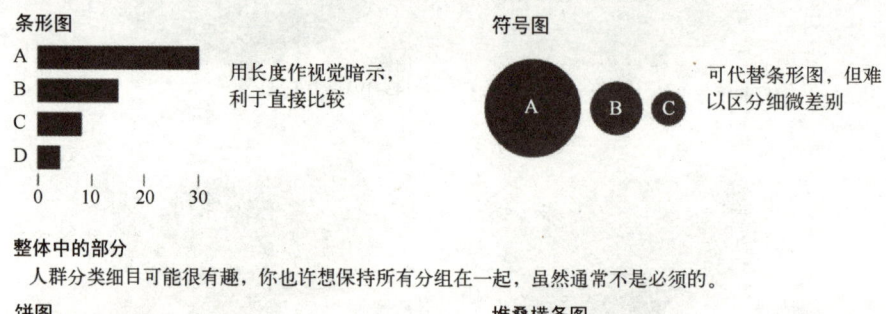

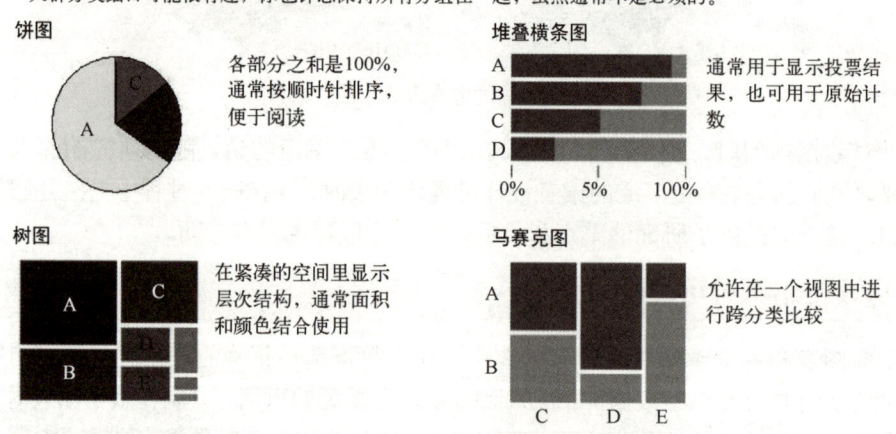

图 5-15 分类数据的可视化

条形图是显示分类数据最常用的方法。每个矩形代表一个分类，矩形越长，数值就越大。当然，数值大可能表示更好，也可能表示更差，这取决于数据集以及制作者视角。条形图在视觉上等同于一个列表。每一条都代表一个值，你可以用不同的矩形来区分，也可以使用不同的标尺和图形来表示同样的数据。

5.3.1 整体中的部分

把分类放在一起时，各部分的总和等于整体，例如，统计每个地区的人数就得到了全国总人数。把分类看成独立的单元将有助于看到整体分布情况或单一种群的蔓延情况。

在饼图中，完整的圆表示整体，每个扇区都是其中的一部分。所有扇区的总和等于 100%。在这里，角度就是视觉隐喻。用户需要决定是否使用饼图。分类很多时，饼图很快会乱成一团，因为一个圆里只有这么点空间，所以小数值往往就成了细细的一条线。

5.3.2 子分类

子分类通常比主分类更有启示性。随着研究的深入，能看到更多内容和变化。显示子分类可以使数据浏览更容易，因为阅读者可以将视线直接跳到他所最关注的地方。

图 5-16 显示了在调查中自称是未成年人的父母或监护人的人所占的比例。这张图看起来像是堆叠横条图中的横条。段越大，表示给出这个答案的人越多，可以看到大多数人给出了否定的回答，一些人则给出了肯定的回答（还有一些人拒绝回答）。

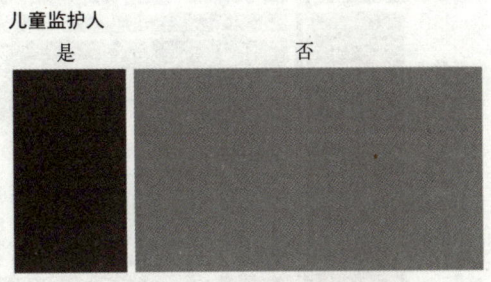

图 5-16　只有一个变量的马赛克图

如果想知道回答是与否的人所受教育的程度的对比情况，可以引入另一个维度：它的几何结构是一样的，即面积越大，百分比越高。比如，可以看到那些身为父母的人本专科毕业率略低于未当父母的人（见图 5-17）。

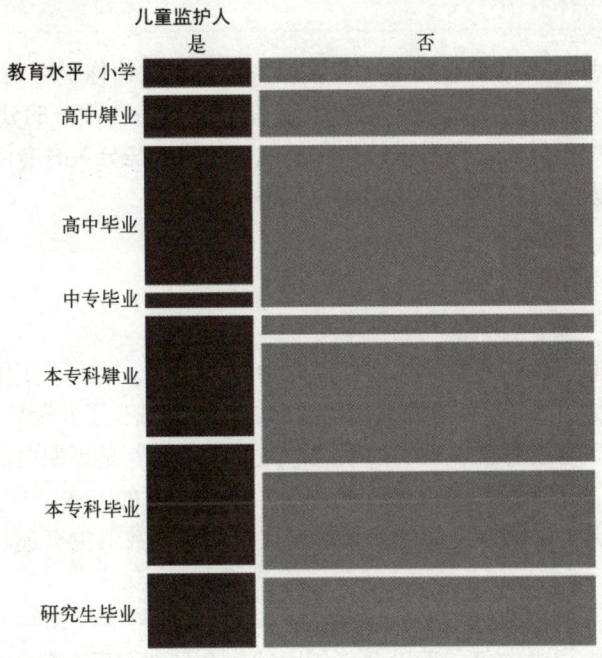

图 5-17　两个变量的马赛克图

还可以继续引入第三个变量，例如，学历和教育的定位是一样的，但可以看看他们使用电子邮件的情况（见图 5-18）。注意图 5-18 中每一个子分类的垂直分割。可以继续增加变量，但正如所看到的，图表越来越难以读懂，所以需要谨慎。

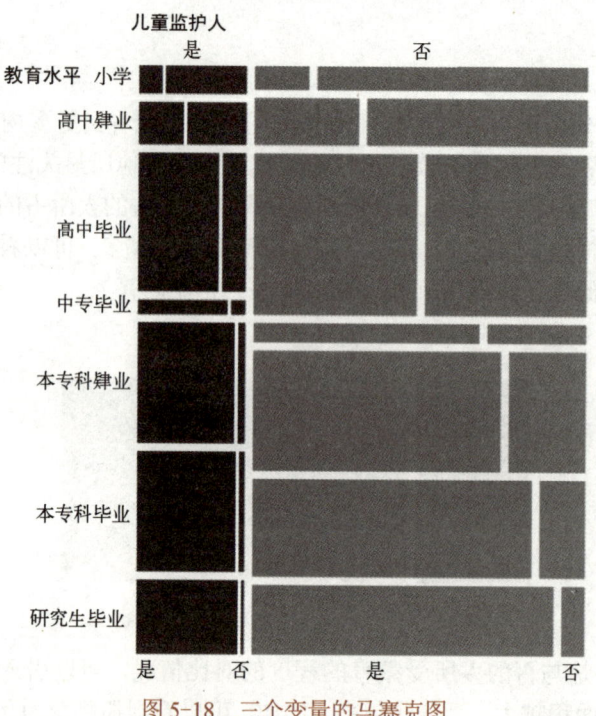

图 5-18 三个变量的马赛克图

5.3.3 看清数据的结构和模式

对于分类数据,通常能立刻看到最小值和最大值,这能让你了解到数据集的范围。通过快速排序,也可以很方便地查找到数据集的范围。之后,看看各部分的分布情况,大部分数值是很高、很低还是居中?最后,再看看结构和模式,如果一些分类有着同样或差异很大的值,就要问问为什么,以及是什么让这些分类相似或不同的。

5.4 时序数据的可视化

可视化时序数据时,目标是看到什么已经成为过去,什么发生了变化以及什么保持不变,相差程度又是多少(见图 5-19)。与去年相比,增加了还是减少了?造成这些增加、减少或不变的原因可能是什么?有没有重复出现的模式,是好还是坏?是预期内的还是出乎意料的?

和分类数据一样,条形图一直以来都是观察数据最直观的方式,只是坐标轴上不再用分类,而是用时间。通常,时间段之间的变化幅度比每个点的数值更有趣。

5.4.1 周期

一天中的时间、一周中的每一天以及一年中的每个月都在周而复始,对齐这些时间段通常会有好处。然而,如果条形图看起来像是一个连续的整体,会更容易区分变化,因为可以看到坡度,或者点之间的变化率。当用连续的线时,会更容易看到坡度。折线图以相同的标尺显示了与条形图一样的数据,但通过方向这一视觉隐喻直接展现出了变化。

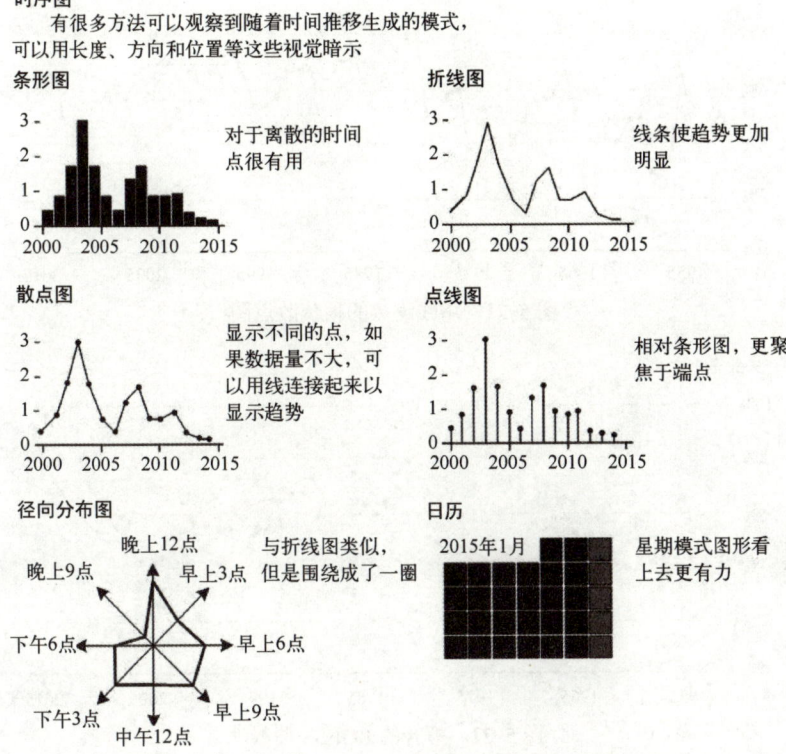

图 5-19　时序数据的可视化

同样，也可以用散点图，其数据和坐标轴一样，但视觉隐喻则不同。和条形图一样，散点图的重点在每个数值上，趋势不是那么明显（见图5-20）。

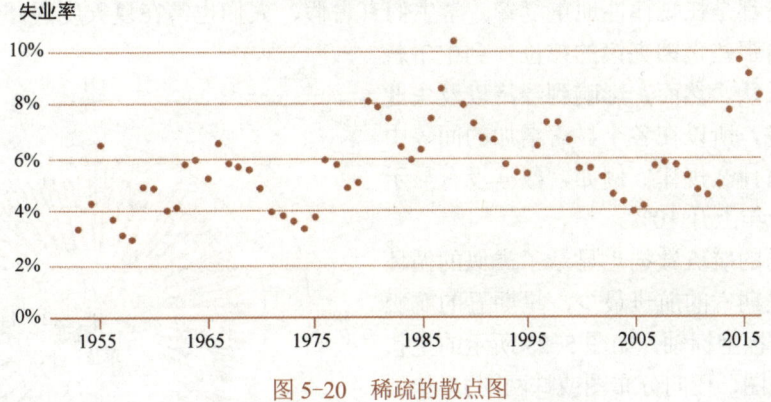

图 5-20　稀疏的散点图

如果用线把稀疏的点连接起来（见图5-21），图的焦点就又变了。如果你更关心整体趋势，而不是具体的月度变化，那么就可以对这些点使用 LOESS 曲线法（局部加权散点），而不是连接每个点（见图5-22）。

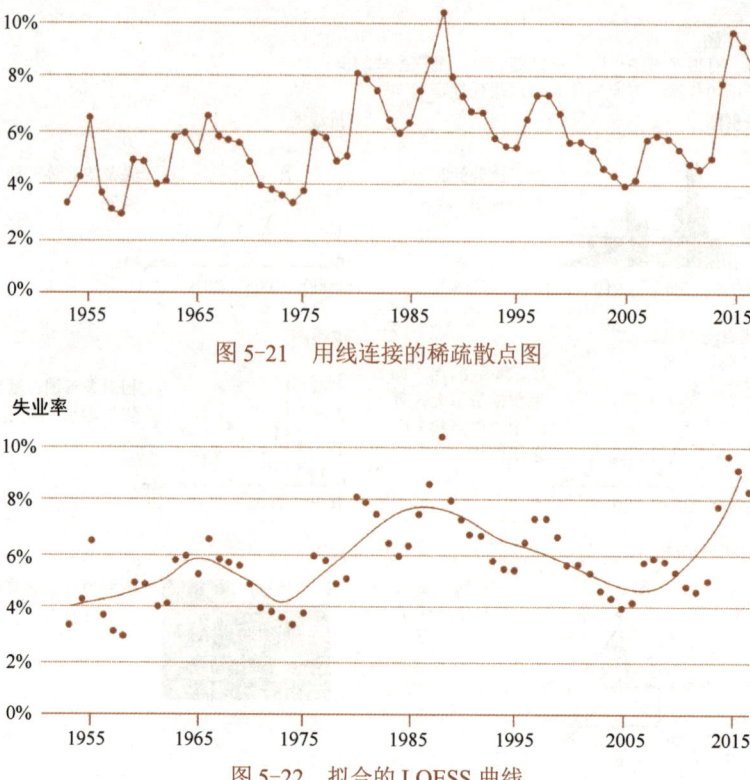

图 5-21　用线连接的稀疏散点图

图 5-22　拟合的 LOESS 曲线

当然，图表形式的选择取决于数据，虽然开始时可能看起来有很多选择，但通过实践能知道使用何种图表最合适，相似的数据集也可能有很多不同的选择。

5.4.2　循环

很多事情都是在规律性地重复着。学生们有暑假，人们也常在夏天度假；午餐时间通常很集中，街角那些卖肉夹馍的摊位一到中午就经常会排起长队。然而，影响到经济以及失业率的因素很多，所以在各个显著增加的间隔中并没有表现出什么规律。例如，数据没有显示出失业率每十年上升 10%。

来自机场的航班数据也显示了类似的循环现象，通常星期六的航班最少，星期五的航班最多。切换到极坐标轴，如图 5-23 所示的星状图（也称雷达图、径向分布图或蛛网图）。从顶部的数据开始，顺时针看，一个点越接近中心，其数值就越低，离中心越远，数值则越大。

因为数据在重复，所以比较每周同一天的数据就有了意义，如比较每一个星期一的情况。要弄清那些异常值的日期，最直接的方法就是

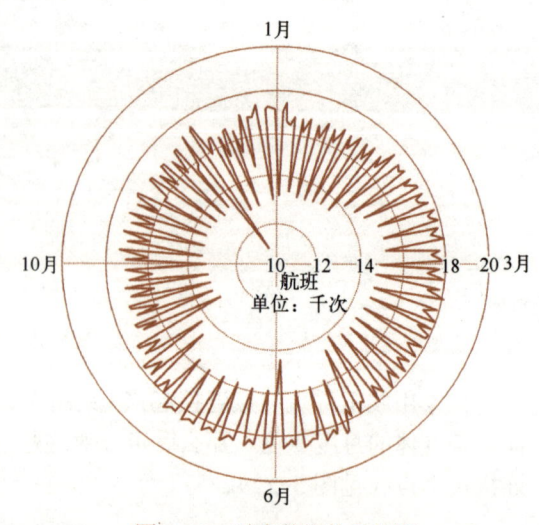

图 5-23　时序数据的星状图

回到数据中一天天地查看最小值。

总体来说，我们要寻找随时间推移发生的变化，更具体地说是要注意变化的本质。变化很大还是很小？如果很小，那这些变化还重要吗？想想产生变化的可能原因，即使是突发的短暂波动，也要看看是否有意义。变化本身是有趣的，但更重要的是，要知道变化有什么意义。

5.5　空间数据的可视化

空间数据很容易理解，因为任何时刻你都知道自己在哪儿——知道自己住在哪儿，去过哪儿以及想去哪儿。空间数据存在自然的层次结构，可以并需要以不同的粒度进行探索研究。在遥远的太空中，地球看起来就像个小蓝点，什么也看不到；但随着画面的放大，就可以看见陆地和大片的水域了，那是大陆和大洋。继续放大，还可以看见各个国家及其海域，然后就是省、市、区、县、镇，一直到街区和房屋。从概要视图到细节视图的放大倍数被称为缩放系数。当缩放系数在5~30时，相互协调的概要视图和细节视图是有效的。然而，对于较大的缩放系数，就需要一个额外的中间视图，如谷歌地球中的全球视图、亚洲视图、中国视图、浙江视图和杭州视图。

全球数据通常按国家分类，而国家的数据则按省、区、市或地区分类。然而，如果对各个街区或相邻区域的差异有疑问，那么这种高层级的集合就没有太多用处。因此，研究路线取决于拥有的数据或者能够得到的数据。

为了维护个人隐私，防止个人住址泄露，通常要在发布数据前聚合空间数据。有时你不可能在更高粒度级别进行估计，这个工作量太大了。例如，在具体国家之外很少能见到全球的数据，因为很难在每个国家都获取到这么详细的大样本数据。

如果估算同样的东西，为什么不合并研究呢？因为方法不同，所以很难获取可比较的结果，但在某些时候，合并数据也是有意义的，因为人们想要比较不同的区域。例如，如果使用开放数据，通常能看到对国家、省区市和县的估算。虽然不是很详细，但仍然可以从聚合数据中得到信息。

等值区域图是在某个空间背景信息中可视化区域数据时最常用的方法。这种方法使用颜色作为视觉隐喻，不同区域根据数据填色。数值大的区域通常用饱和度高的颜色，数值小的区域则用饱和度低的颜色。

有时空间数据确实包含具体的地点，但你对整体会更感兴趣。你可能有包含许多地点的数据集，在大城市里也有许许多多的位置点。在绘制完整的地图时，这些点会重叠在一起，很难分辨出在密集的地区到底有多少数据。

空间数据和分类数据很像，只是其中包含了地理要素。首先，你应该了解数据的范围，然后寻找区域模式。某个国家、某个大洲的某个区域是否聚集了较高或较低的值？关于一个人满为患的地区，单独的数值只能告诉你一小部分信息，所以想想模式隐含的意义，参考其他数据集以证实自己的直觉判断。

5.6　让可视化设计更清晰

在研究阶段，要从各种不同的角度观察数据，浏览它的方方面面。要用图形方式向人们展示研究结果,就必须确保受众能也很容易地理解图表,因此,应该设计更清晰的、简单易读的图表。有时候数据集是复杂的,可视化也会变得复杂。不过,只要能提供比电子表格更多的有用见解,它就是有意义的。无论是定制分析工具还是数据艺术,制作图表都是为了帮助人们理解抽象的数据,尽力不要让受众对数据感到困惑。

5.6.1 建立视觉层次

第一次看可视化图表的时候,你会快速地扫一眼,试图找到什么有趣的东西。而实际上,在看任何东西时,人的眼睛总是趋向于识别那些引人注目的东西,如明亮的颜色、较大的物体等。高速公路上用橙色锥筒和黄色警示标识提醒人们注意事故多发地或施工处,因为在单调的深色公路背景中,这两种颜色非常引人注目。与此相反,人山人海中躲得很隐蔽的某个人就很难找到。

你可以利用这些特点来可视化数据。用醒目的颜色突出显示数据,淡化其他视觉元素,把它们当作背景。用线条和箭头引导视线移向兴趣点,这样就可以建立起一个视觉层次,帮助读者快速关注到数据图形的重要部分,而把周围的东西都当作背景信息。对于没有层次的图表,读者就不得不盲目搜寻了。

举例来说,图 5-24 是显示 NBA 球员使用率和场均得分的散点图。数据点、拟合线、网格和标签都用同样的颜色,线条粗细也一样,没有呈现出一个清晰的视觉焦点。这是一张扁平图,所有的视觉元素都在同一个层次上。

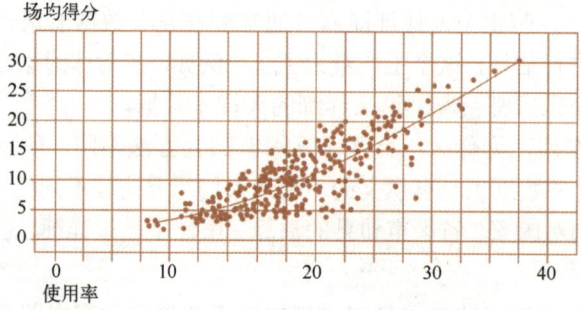

图 5-24　NBA 球员使用率和场均得分的散点图

很容易通过一些细微的改变做出改进。例如,使网格线变细以突出数据,而网格线粗细交替,很容易定位每个数据点在坐标系中的位置;减少网格线的宽度使其成为背景,用颜色和宽度把图表的焦点转移到拟合线上。进一步调整,减少网格和数值标签,减少网格线。现在,图表的可读性强多了(见图 5-25)。

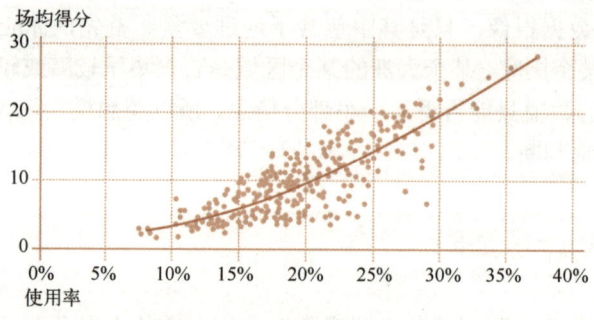

图 5-25　调整后的散点图

即使绘制图表只是为了研究或对数据进行概览,而不是为了察看具体的数据点或者数据中的故事,如趋势线,你仍然可以通过视觉层次将图表结构化。同时呈现大量的数据会造成视觉惊吓。按类别细分则有助于读者浏览图表。

有时候,视觉层次可以用来体现研究数据的过程。假设在研究阶段生成了大量的图表,你可以用几张图来展示全景,在其中标注出具体的细节另有图表单独表示。用这个思路设计图表,带着读者跟你一起分析数据。有视觉层次的图表容易读懂,能把读者引向关注焦点。相反,扁平图则缺少流动感,读者难以理解,更难以进行细致研究,这肯定不是你想要的结果。

5.6.2 增强图表的可读性

用视觉线索编码数据,就需要解码形状和颜色以得出见解,或理解图形所表达的内容,如图 5-26 所示。如果你没有清楚地描述数据,画出可读性强的数据图,颜色和形状就失去了其价值。图形和相关数据间的联系若被切断,结果就变成了一个几何图。

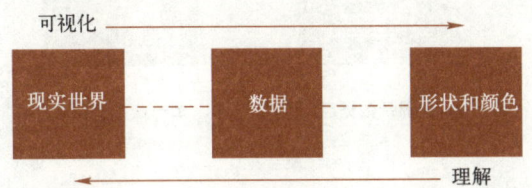

图 5-26 视觉隐喻和数据所表达内容的联系

必须维护好视觉隐喻和数据之间的纽带,因为是数据连接着图形和现实世界。图形的可读性很关键。你可以对数据进行比较,思考数据的背景信息及其所表达的内容,并组织好形状、颜色及其周围的空间,使图表更加清楚。

例如,在图 5-27 中,尼古拉斯·加西亚·贝尔蒙特基于来自美国国家气象局的数据,将美国的风场制作成可视化动态图。交互的动画展示了过去 72 个小时里风的动向,线条代表风向,圆圈半径代表风速,颜色代表气温。每个标志都是一个气象站,你可以单击图上面的任何位置以了解更多的细节。

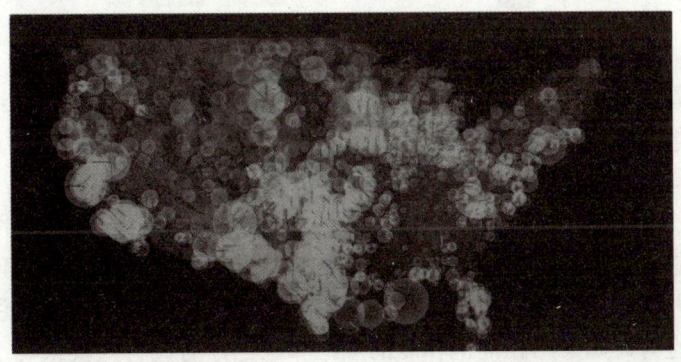

图 5-27 美国风场图(2011,https://bit.ly/18VRaVb)

5.6.3 允许数据点之间进行比较

允许数据点之间进行比较是数据可视化的主要目标。在表格中,我们只能逐个对数据进行认识,而把数据放到视觉环境中就可以看出一个数值和其他数值的关联有多大,所有数据点是如何彼此相关的。可视化作为更好地理解数据的一种方式，如果不能满足这个基本需求，那它就没有价值了。即便你只想表明这些数值都是相等的，允许进行比较并得出结论仍然很关键。

传统的图表，如条形图、折线图和点阵图，它们都设计得让数据点的比较尽可能直接和明显。它们把数据抽象成了基本的几何图形，可以比较长度、方向和位置。如图 5-28 所示，通过一些微妙的变化就可以让图表更难读或更易读。例如，用面积作视觉隐喻时，是用面积来表示数值，即用总面积而不是用半径长度和边长来判断气泡、方块等图形的大小。实际上，图形的大小取决于人们怎样用图形来诠释数据。

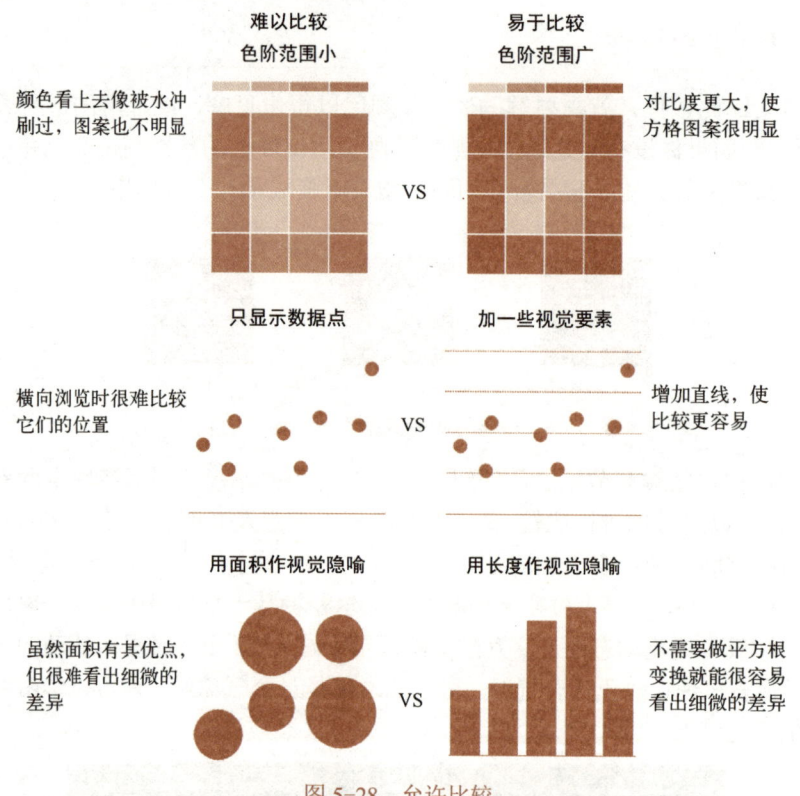

图 5-28　允许比较

然而，与位置或长度相比，分辨出二维图形间的细微差异会更困难。当然，这并不是说不能用面积作视觉隐喻。相反，当数值间存在指数级差异时，面积就大有用武之地了。如果细微的差别很重要，就得用其他的视觉隐喻了，如位置或长度。

另一方面，气泡图把大数据和小数据放在同一个空间里，不能像条形图一样直观、精确地比较数值。但是就这个例子而言，条形图也不能很好地进行比较。这里还需要一些权衡。

引入颜色作为视觉隐喻还有一些其他需要考虑的因素。例如，你知道色盲人群看到的红色和绿色是怎样的吗？如果用相同饱和度的红色和绿色，对色盲人群来说这两种颜色是一样的。颜色选项也会根据所用的色阶和表达的内容而改变。

【习题】

1. 所谓可视化数据，就是根据数值，用（　　　）等各种视觉隐喻的组合来表现数据。深色和浅色的含义不同，二维空间中右上方的点和左下方的点的含义也不同。

① 颜色　　　　② 标尺　　　　③ 坐标　　　　④ 位置

A．①③④　　B．①②④　　C．①②③　　D．②③④

2．基于数据的可视化组件分为四种：（　　）以及背景信息。有时它们是显式的，而有时则会组成一个无形的框架。组件协同工作，对一个组件的选择会影响到其他组件。

① 视觉隐喻　　② 箭头设计　　③ 坐标系　　④ 标尺

A．①③④　　B．①②④　　C．①②③　　D．②③④

3．（　　）在可视化领域通常被用于编码数据的分类或定序属性，它通常采用三个分量值进行表示。

A．体积　　　B．大小　　　C．形状　　　D．颜色

4．在解释或者介绍人们不熟悉的事物和概念的时候，常常会将其与一个熟悉的事物进行比较来帮助理解，这样的手法称为隐喻。隐喻设计包含三个层面：（　　）。

① 隐喻本体　　② 隐喻喻体　　③ 可视化变量　　④ 色彩元素

A．①③④　　B．①②④　　C．①②③　　D．②③④

5．本体和喻体之间存在某种关联或相似性。如果本体和喻体具有不同的模态（如语言、视觉、步态等），隐喻就称为（　　）隐喻。

A．大规模　　B．多模态　　C．复杂　　　D．多变量

6．（　　）是可视化隐喻中最常见的两类方式。选取合适的源域和喻体表示其概念，能创造最佳的可视和交互效果。

① 时间隐喻　　② 空间隐喻　　③ 色彩隐喻　　④ 状态隐喻

A．①②　　　B．①④　　　C．②③　　　D．③④

7．编码数据的时候，总得把物体放到一定的位置。有一个结构化的空间，还有指定图形和颜色画在哪里的规则，这就是（　　）。

A．方位图　　B．线路图　　C．银河系　　D．坐标系

8．有（　　）三种不同的坐标系，几乎可以覆盖所有的应用需求。

① 直角　　　　② 地理　　　　③ 数学　　　　④ 极

A．①③④　　B．①②④　　C．①②③　　D．②③④

9．标尺指定了在每一个维度里数据映射到哪里，它有很多种，也可以用数学函数来自定义，但基本上不会偏离（　　）三种标尺。标尺和坐标系一起决定了图形的位置以及投影的方式。

① 数字　　　　② 形状　　　　③ 分类　　　　④ 时间

A．①③④　　B．①②④　　C．①②③　　D．②③④

10．（　　）能帮助读者更好地理解可视化数据，它能提供一种直观的印象，增强抽象的几何图形及颜色与现实世界的联系。

A．数据挖掘　　B．递进分析　　C．前景展望　　D．背景信息

11．把几何图形或可视化组件放在一起，能得到完整的可视化图形。例如，在一个直角坐标系里，水平轴上用分类标尺，垂直轴上用线性标尺，长度作视觉隐喻，这就得到了（　　）。

A．散点图　　B．折线图　　C．条形图　　D．饼图

12．在可视化过程中，常见的错误是（　　），其实应该反过来。因为通常获取需要的数

据是最困难、耗时最多的一步。

　　　　A．只关注数据　　　　　　　　B．先形成视觉形式，再找数据
　　　　C．只关注形式　　　　　　　　D．先找数据，再形成视觉形式

13．（　　）是显示分类数据最常用的方法。它在视觉上等同于一个列表。每一条都代表一个值，可以用不同的矩形来区分，也可以使用不同的标尺和图形表示同样的数据。

　　　　A．散点图　　　　B．折线图　　　　C．条形图　　　　D．饼图

14．在（　　）中，完整的图形表示整体，每个扇区都是其中的一部分。所有扇区的总和等于100%。在这里，角度是视觉隐喻。

　　　　A．散点图　　　　B．折线图　　　　C．条形图　　　　D．饼图

15．可视化（　　）数据时，目标是看到什么已经成为过去，什么发生了变化以及什么保持不变，相差程度又是多少。

　　　　A．时序　　　　B．分类　　　　C．空间　　　　D．聚合

16．（　　）以相同的标尺显示了与条形图一样的数据，但通过方向这一视觉隐喻直接展现出了变化。

　　　　A．散点图　　　　B．折线图　　　　C．条形图　　　　D．饼图

17．（　　）存在自然的层次结构，可以并需要以不同的粒度进行探索研究。从概要视图到细节视图的缩放系数在5～30时，相互协调的视图是有效的。

　　　　A．聚合数据　　　　B．时间数据　　　　C．空间数据　　　　D．抽象数据

18．无论是定制分析工具还是数据艺术，制作图表都是为了帮助人们理解（　　），尽力不要让受众对数据感到困惑。

　　　　A．聚合数据　　　　B．时间数据　　　　C．空间数据　　　　D．抽象数据

19．必须维护好视觉隐喻和（　　）之间的纽带，因为它连接着图形和现实世界。图形的可读性很关键。

　　　　A．比较　　　　B．数据　　　　C．空间　　　　D．算法

20．允许数据点之间进行（　　）是数据可视化的主要目标。把数据放到视觉环境中就可以看出一个数值和其他数值的关联有多大，所有数据点是如何彼此相关的。

　　　　A．比较　　　　B．运算　　　　C．抵消　　　　D．聚合

【实验与思考】搜索和了解大数据可视化网站

在网络搜索引擎中输入"大数据可视化网站"，可以找到不少国内企业开发的优秀大数据可视化工具，例如网易数帆的"全链路大数据生产力平台"、网易数帆的"实时计算平台EasyStream"、阿里云的"DataV-数据可视化平台"等。

1. 实验步骤

步骤1：请在网络中通过关键字（如"数据可视化""数据可视化工具""数据可视化平台"等），较为广泛地随机搜索了解应用大数据可视化工具的现实环境。

请记录：（名称与主要功能）

典型案例1：

典型案例 2：_____

典型案例 3：_____

典型案例 4：_____

典型案例 5：_____

步骤 2：请选择一个你重点关注的大数据可视化平台产品，并较为深入地了解分析这个产品。

请记录：
产品名称：_____
产品网址：_____
推荐指数：_____ 分（1～10，10 分为强烈推荐）。
产品内容描述：_____
_____
产品的核心功能：_____
_____

2．实验总结
_____
_____

3．实验评价（教师）
_____
_____

第6章 面向用户的交互设计

【导读案例】研究人员需要走进雨中

有研究认为，当前科学家过度依赖遥感和模型会遗漏有关潮湿天气事件的重要细节，从而可能影响地球系统模型和科学认识。他们主张进行直接的实地观测，以提高数据的准确性，激发创造力，丰富环境教育。图6-1显示了一组人眼可以观察到，但远程技术系统难以记录的森林中与风暴有关的现象和指标实例照片。

a）树冠上方的凝结水汽羽流。
b）被风吹起的积雪重新分布。
c）可以看到富含化学物质的融水从冰层下的树干流下。
d）滴水点，降雨在此集中。
e）通透的雨滴闪烁着琥珀色的光泽，表明溶解的有机物具有吸光性。
f）铁氧化细菌产生的油状光泽。
g）富含硫化物的小泉中的含元素硫细菌。
h）进行光合作用的蓝藻和藻类的绿色叶绿体。
i）叶片上的小液滴。
j）叶片上的水膜。叶片表面润湿模式可从小液滴形式（最小覆盖范围）到薄膜形式（完全覆盖范围）。
k）露兜树的槽状叶片。
l）露兜树的枝条。
m）露兜树的气生根尖。露兜树的槽状叶片和枝条能将雨水引向气生根尖。
n）考拉饮用树上滴流的水。

克利夫兰州立大学的约翰·范斯坦领导的一个跨学科研究小组认为，科学家应该走出实验室，直接观察雨、雪或隐性沉积等天气现象。研究人员认为，对暴雨事件的实际观察对于理解潮湿天气的复杂性及其对环境的各种影响至关重要。

范斯坦及其同事注意到科学界有一种趋势，即依靠遥感技术来研究风暴及其后果："自然科学家似乎越来越满足于保持干燥，依靠遥感器和采样器、模型和虚拟实验来了解自然系统。因此，我们可能会错过重要的风暴现象、富有想象力的灵感和建立直觉的机会——所有这些都是科学进步的关键"。

他们警告说，这种"雨伞科学"可能会错过重要的局部事件。例如，在描述雨水从森林树冠流向土壤的过程时,研究者指出:"如果几个树枝有效地捕捉雨水并将其排向树干,那么雨水输入近树干土壤的量可能会增加 100 倍以上。"

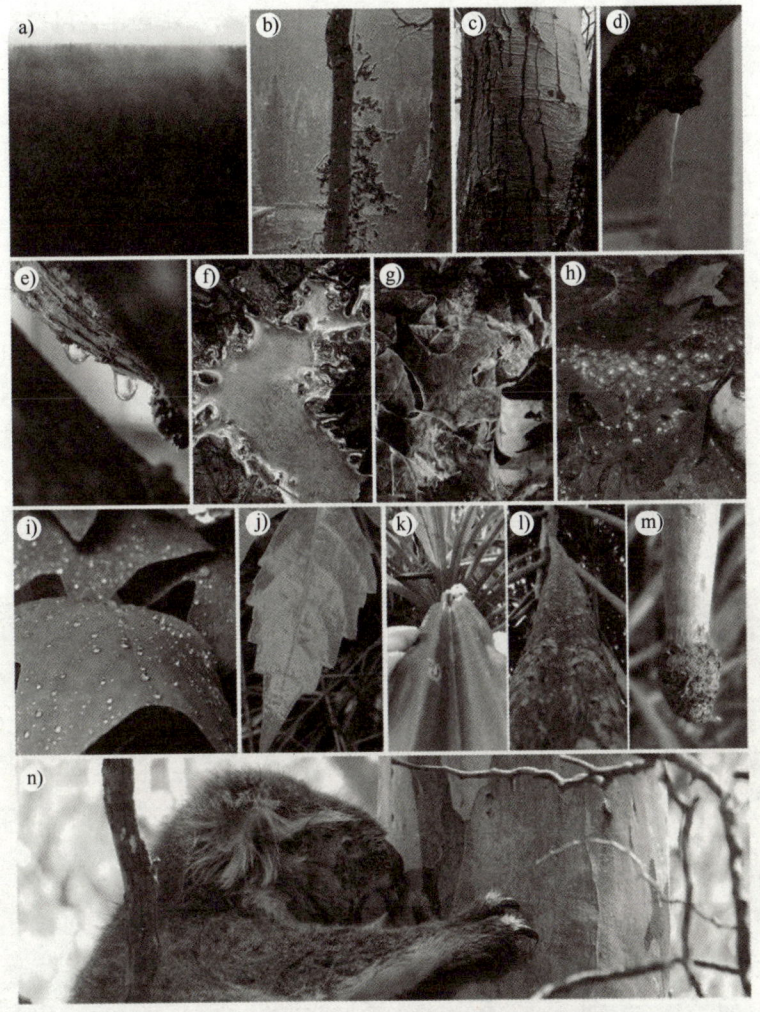

图 6-1　森林中与风暴有关的现象和指标实例

研究者还指出,一些重要现象,如低洼地区的雾事件、被困在林冠下的水汽以及冷凝水羽流等,可能会逃过遥感探测,但这些对地面上的科学家来说却是显而易见的。在更大范围内,这些疏忽会影响地球系统模型,因为这些模型经常低估树冠的蓄水量。他们认为,这些误差可能代表了"地球系统模型模拟的地表温度的巨大潜在偏差"。

然而,直接观测的优点不仅仅在于弥补"雨伞科学"的不足。范斯坦及其同事认为,亲身经历风暴具有内在价值——不仅对自然科学家如此,对于研究气候变化对生态系统影响的学生也是如此。他们声称,这种身临其境的方法可以增强理解力、激发好奇心、加强与自然的联系,从而丰富环境教育、激励研究并为未来的科学研究做好准备。

阅读上文,请思考、分析并简单记录:

(1)请阅读文章。你认同研究者提出的"进行直接的实地观测,以提高数据的准确性,激发创造力,丰富环境教育"的观点吗?

答：_____

（2）所谓"雨伞科学"并不研究雨伞，研究者提醒什么人注意什么问题？请简述之。
答：_____

（3）上文中的研究，是针对森林中与风暴有关的现象和指标的。不过，你认为其他科学研究是否也存在这种"雨伞科学"的现象呢？如何避免？
答：_____

除了视觉呈现部分，数据可视化系统的另一个核心要素是用户交互。人机交互领域的先驱者斯图尔特·卡德这样评价"快速的交互可以从根本上改变用户理解数据的进程"。交互是用户通过与系统之间的对话和互动来操纵与理解数据的过程（见图 6-2）。无法互动的可视化结果，如静态图片和自动播放的视频，虽然在一定程度上能帮助用户理解数据，但其效果存在局限性。特别是当数据尺寸大、结构复杂时，有限的可视化空间大大地限制了静态可视化展示数据的有效性。

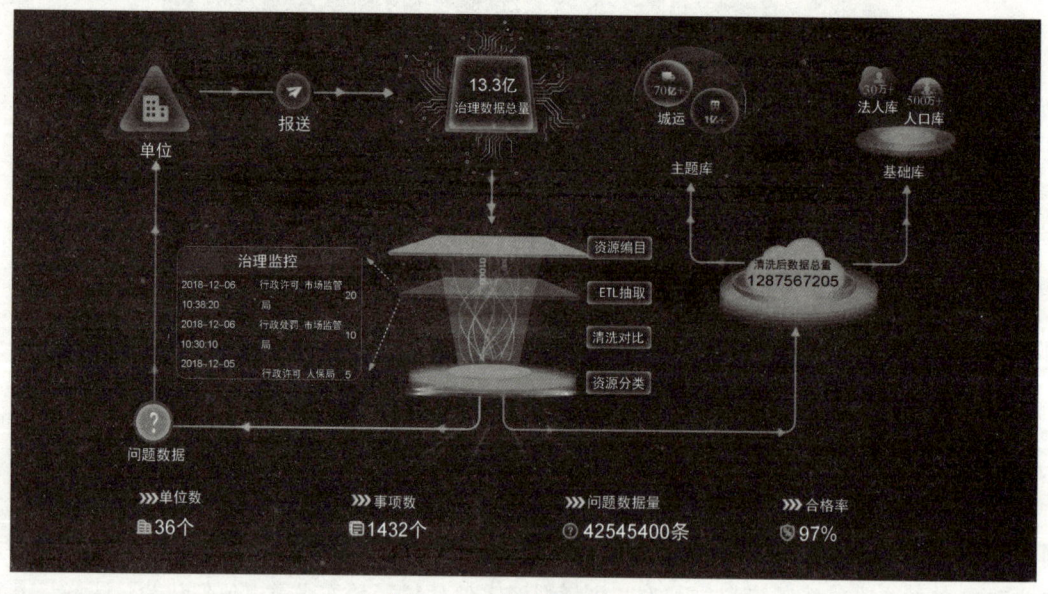

图 6-2　政务数据动态分析

6.1　交互准则

为可视化系统设计或选择交互时，除了需要符合数据类别和所要完成的任务，还要遵守一些普遍适用的准则。例如，确保交互延时在用户可接受的范围之内并实现及时的视觉反馈，有效地控制用户交互的成本以及交互中适度的场景变化。

扫码看视频

6.1.1 交互的作用

通常，即使用户在解读静态信息图时，也常常会通过靠近、拉远甚至旋转信息图，以更加直观地进行数据理解与分析，这些动作也相当于用户的交互操作。这种用户自身对于数据建立的心智模型随着交互不断变化并改进的过程，被称为"被动交互"。

具体而言，交互在如下两个方面让数据可视化更有效：

（1）缓解有限的可视化空间和数据过载之间的矛盾。首先，有限的屏幕尺寸不足以显示海量的数据；其次，一般的二维显示平面难以对复杂数据（如高维数据）进行有效的可视化。交互可以帮助拓展可视化中信息表达的空间，从而解决有限空间与数据量和复杂度之间的矛盾。

（2）交互能让用户更好地参与对数据的理解和分析。可视化分析系统的目的不仅是向用户传递定制好的知识，而且提供工具或平台来帮助用户探索数据，得到结论。在这样的系统中，交互是不可缺少的。

数据可视化中的交互研究属于可视化与人机交互（HCI）的交叉领域。交互是用户与系统之间的信息交流。可视化中交互两端的信息流量通常是不对称的。许多交互设备本身的作用就是大量采集用户信息，因此，从用户端输入系统的信息量会更大。

事实上，组成可视化系统的视觉呈现和交互这两个部分在实践中密不可分。无论哪一种交互技术，都必须和相应的视图结合在一起才有意义。许多交互技术也是专门设计并服务于特定视图的，用来帮助理解特定数据。

6.1.2 交互延时

交互延时是指从用户操作的发生到系统返回结果所经过的时间，是决定交互有效性的重要因素之一。延时的长短在很大程度上决定了一个可视化系统的可用性及用户体验。例如，一个简单的交互操作的延时过长可能会使用户误以为交互操作失败而对系统功能产生错误理解，或者失去耐心而放弃使用系统。当然，延时是否过长是一个相对主观的判断，但是相关的研究依然为我们提供了一些可以遵循的依据。用户对延时的忍耐度会随着时间变长而降低，这个降低的过程不是连续渐变的。当延时超过某个阈值时，用户的忍耐度会突然降低，系统的用户体验也就突然变差。对于不同类型的交互操作，这个阈值不同。

（1）感知处理。感知处理是指用户感知交互效果的过程。例如，当用户旋转三维可视化中的物体时，其所看到的可视化就需要随之不断地更新。这类交互操作需要在 0.1s 内完成。如果旋转三维物体时可视化更新延时超过 0.1s，用户在交互中就会感觉到明显的滞后。

（2）立即反应。立即反应是指用户和可视化系统之间的对话交互。例如，通过鼠标单击选中一个可视化对象，或者是不同可视化视图间的转换。对这样的交互操作，用户的延时忍耐度是 1s。

（3）基本任务。基本任务是指用户在交互中指令系统完成一个相对复杂的任务。例如，在数据中搜索相关信息，此时用户对于延时的忍耐度大大增加，一般的期望是 10s，在某些情况下甚至是 30s。设计交互可视化系统时，需要把那些大任务尽可能地分解为若干可以在 10s 内完成的基本任务，这样可以增加系统的互动性，优化用户体验。

一次交互的终结点是指系统返回信息，提示操作已经完成的时刻。系统的反馈非常重要，与普通软件系统采用弹出对话框或者在终端命令行显示文字消息的方式不同,可视化系统通过视觉信号来反馈信息。首先,系统需要返回给用户某种视觉信号,确认操作已经完成。例如当用户通过鼠标单击选中一个对象时,系统将选中的物体高亮显示提示用户;在导航操作(平移和旋转)时,系统的反馈应是刷新视图。其次,当一个交互操作完成所需要的时间比用户预期的更长时,系统应将操作的进度及时反馈给用户,告知用户交互操作正在进行中。更好的方法则是在可能的情况下,将这个交互操作转变成对应的用户延时期望较大的另一类交互。例如,让用户选定新的视角,然后按确认按钮提交指令,从而刷新视图。这个操作就从感知处理变成了立即反应的交互,而用户对于延时的期望也增加到1s。可见,成功的交互设计取决于所采取的互动机制,以及视觉反馈和用户相应的延时期望之间是否互相匹配。

交互延时可以细分为三个部分,包括操作延时、反馈延时和系统更新延时。下面通过"在可视化中选择一个对象并读取它的详细信息"的例子来解释这三个部分。

(1)可以通过三种不同的操作来实现选择对象的交互,它们的操作延时各不相同。单击对象是最慢的,因为用户需要移动鼠标到目标地点,停在正确的位置,然后单击;鼠标悬停相对较快,用户需要将鼠标停留在对象上一小段时间,但不需要单击;鼠标移过最快,因为它不需要悬浮时间,只要鼠标经过对象,就可以完成这个操作。

(2)反馈延时与操作延时的区别主要在于用户对于不同信息显示机制的反应时间。当将选中对象的详细信息显示在固定于屏幕一侧的信息面板上时,用户需要将目光从对象移动到屏幕的一侧来读取信息。与之相比,在选中对象的位置显示浮动窗口来提供详细信息所需要的反馈延时更短,用户不需要移动注视焦点就可以读取所需的信息。但是,浮窗方法会遮盖可视化中其他对象,增加了视觉复杂度。

(3)延时的另一个部分是系统更新延时。当数据量较小并存放在本地机器上的时候,更新所需的时间通常可以忽略。对于大数据,重新渲染整个可视化需要相当长的时间,因此需要设计高效的渲染算法,例如,仅对发生变动的对象或者部分可视化进行重新渲染。此外,可视化越来越多地以在线系统和网页形式存在,即数据保存在远端服务器上。因此系统更新延时也包括可视化前端与服务器端通过网络通信的时间。当网络情况不好或者数据较大时,这方面的延时也会比较长。

除了这三个主要部分,交互延时也可能来自用户输入。通常情况下,用户使用鼠标和键盘与系统进行互动,不存在这方面的延时。但是,当使用更复杂的交互设备,如通过视频进行人体或眼球追踪时,系统处理输入信号并转换成交互操作指令的时间就无法被忽略。

在设计可视化系统的用户交互时,延时是必须优先考虑的重要因素之一。选择合适的交互操作以及视觉反馈,并确保延时在可接受的范围之内,就能保证用户可以高效地与系统互动,从而能更好地完成目标任务。

6.1.3　交互成本

实现交互本身也有额外成本。例如,互动操作使用户能探索更大的信息空间,但用户需要花费更多的时间与精力去浏览和探索数据。因此,可视化系统应当采用数据挖掘或机器学习算法,使系统在一定程度上能够自动发现用户可能会关心的数据或者模式,并通过可视化呈现给用户,用户在这个基础上再通过互动进行更深入的挖掘。此外,如果一个任务完全可以通过自动算法得出用户需要的结论,交互也就不需要了。

主要的交互成本有以下七种：

（1）达成目的选择所花费的决策成本。即用户在选择数据集和交互项时需要花费的精力。

（2）生成系统操作花费的系统资源成本。即当用户从一系列可行的操作，或者从系统提供的大量可视化表达方案中，选取恰当对象时所耗费的时间。

（3）多重输入模式引发的交互流程阻滞。即不一致的输入方式、不加提示地改变输入模式，或者是过量地增加控制操作方式引发的交互障碍。

（4）物理操作花费的流程执行时间。即用户做出的鼠标拖拽等动作所花费的时间。

（5）视觉混叠引起的感知阻碍。即由于对象重叠混乱，或者鼠标悬停弹出提示框等因素造成的用户认知困难、精力分散等交互障碍。

（6）视图变换花费的解读时间。即用户在进行交互后出现了预期之外的结果，或者对象变化不连贯，抑或在多视图对象复杂关联的情况下导致的用户解读障碍。

（7）评估解释中的状态转换成本。即用户从不同的可视化表达中评估其意义并继续挖掘的过程中需要花费的精力。

6.1.4　交互场景变化

通常情况下，交互操作会引发可视化场景的变化，此时需要依赖用户的视觉和感知记忆避免交互出错。以导航为例，场景跟随视角的变化而变化，用户依靠大脑中构建的感知模型维持方向感。有时，也要通过对比交互前后的场景得出结论。因此，用户需要记住所进行的操作或者比对大脑中形成的前一瞬间的图像记忆。这无疑增加了用户认知的负担。可视化系统可以通过一些辅助手段将需要用户记忆的信息在系统中保存并显示，以减轻用户负担。

动画也常被用来帮助减轻交互中场景变化对用户造成的负担。动画转换比突然切换更能帮助用户对场景中发生变化的部分进行跟踪。例如，在网络可视化中，用户通过交互改变网络的结构，网络的布局会随之变化。跟踪网络中节点的移动，并在新的场景中快速识别之前感兴趣的节点对于用户来说非常重要。

场景切换时，如果有很多变化同时发生，用户将难以识别所有的变化。由于大脑和感知系统的局限，人们通常只关注有限的焦点区域内的变化，无法注意到焦点之外的变化。这种现象被称为"变化盲视"。为了克服这样的问题，系统需要能够辨别哪些是需要用户进行关注的变化，然后通过各种手段（如高亮），让用户的注意力集中到这些重点区域。

设计和选择合适的交互模式要从任务与目标出发，综合考虑交互延时、交互成本以及场景变化这些影响交互有效性的准则，这样才能实现用户与系统无障碍的互动和完美的用户体验。

6.2　交互分类

通过对交互的分类理解，可以更好地了解各种交互技术之间的差异与关联，帮助用户理解交互的设计空间。

6.2.1　基本交互操作

最常见的交互有以下七种基本操作。

（1）概览。用户能够获得整个集合的概览。概览策略包括每个数据类型的缩小视图，允许用户查看整个集合，加上邻接的细节视图。概览可能包含可移动的视图域框，用来控制细节视图的内容，缩放因子一般为3~30。重复有中间视图的这种策略使用户能够达到更大的缩放因子。另一种流行的方法是鱼眼策略（见图6-3），即变形放大一个或更多的显示区域，但几何缩放因子要限制在5左右，或针对上下文使用不同的表示等级。

图6-3 鱼眼效果

（2）缩放。用户能够放大感兴趣的条目。用户通常对集合中的某个部分感兴趣，需要工具使他们能够控制缩放焦点和缩放因子。平滑的缩放有助于用户保持其位置感和上下文。用户能够通过移动缩放条控件或调整视图域框的大小一次在一个维度上缩放。缩放在针对小显示器的应用程序中特别重要。

（3）过滤。用户能够滤掉不感兴趣的条目。当用户控制显示内容时，能够通过去除不想要的条目而快速集中他们的兴趣。通过滑块或按钮能快速执行显示更新，允许跨显示器动态突出显示感兴趣的条目。

（4）按需细化。用户能够选择一个条目或一个组来获得细节。通常的方法是仅在条目上点击，然后在单独或弹出的窗口中查看细节。按需细化窗口可能包含更多信息的链接。

（5）关联。用户能够关联集合内的条目或组。与文本显示相比，视觉显示的吸引力在于它们利用人类处理视觉信息的感知能力。在视觉显示之内，有机会按接近性、包容性、连线或颜色编码来显示关系。突出显示技术能够引起对有众多条目的域中某些条目的注意。指向视觉显示能够允许快速选择，且反馈明显。用户也许还想把多种可视化技术结合在一起，这些技术是紧耦合的，以至于一个视图中的动作会触发其他所有耦合视图中的立即改变。

（6）历史（记录）。能够保存动作历史以支持撤销、回放和逐步细化。信息探索是一个有很多步骤的过程，需要保存动作的历史并允许用户追溯其步骤。

（7）提取。能够允许子集和查询参数的提取。一旦用户获得了想要的条目或条目集合，对他们有用的是，能够提取该集合并保存它、通过邮件发送或插入统计等软件包中。

6.2.2 按交互操作符与空间分类

考虑将交互定义为操作符和操作空间的组合。其中，交互操作符包括导航、选择和变形；操作空间是指屏幕、数据值、数据结构、属性、对象和可视化结构等空间。大多数可视化交互技术都可以按照操作符和操作空间来表示。例如，对可视化数据按照其数据值进行过滤就是在数据值空间中做选择操作；而高亮操作则是在屏幕空间中做选择操作。

在可视化分析中，用户通常通过交互来实现数据变换和探索。通过了解数据变换中用到的操作符和交互空间，可以帮助用户记录并分享数据分析的过程，还可以让机器智能地学会相似类型的分析流程。

6.2.3 按交互任务分类

从设计的角度出发，通常根据整个可视化系统要完成的用户任务来选择交互技术。因此，需要按照功能对交互技术进行分类：操作模式不同，但用于完成同一任务的交互技术被归于同一类。对于不同的应用领域，可视化要完成的任务和达到的目的不同，因此划分和定义的任务分类也不同。一个较全面的分类包括七大类交互任务。

（1）选择：标记感兴趣的数据对象、区域或特征。
（2）导航：展示不同的数据部分或属性。
（3）重配：展示一个不同的可视化配置。
（4）编码：展示一个不同的视觉表现。
（5）抽象/具象：展示数据概览或更多细节。
（6）过滤：根据过滤条件展示部分数据。
（7）关联：展示相关数据。

在选择交互方法之前，设计人员需要对分类有所了解，根据实际情况选择合适的分类。

6.3 交互的硬件设备

交互技术与所使用的硬件设备密不可分，大多数操作都基于鼠标来设计。鼠标支持的基本操作包括移动、点击和拖拽，这就决定了导航、选择和缩放等交互技术在计算机上的实现方法。

另一方面，可视化的硬件设备也对交互产生着重要影响。可视化的主要显示媒介是二维平面显示屏，很多交互操作在二维空间中实现。例如，通过鼠标单击实现的选择操作是基于二维坐标的。如果可视化的媒介是三维显示空间，选择操作就需要基于三维坐标来实现。

6.3.1 交互环境

特殊的可视化环境和设备需要特殊的交互设备和技术。虚拟现实（VR）中常用的 CAVE 虚拟现实系统是一个很好的例子。CAVE 系统由一个周围有墙、类似房间的空间构成，通过在四面甚至全部六面上投影，使用户完全沉浸在一个被立体投影画面包围的虚拟仿真环境中（见图 6-4），用户通常需要佩戴特殊的立体目镜来获得立体的成像。

图 6-4　CAVE 虚拟现实系统

由于投影面能够覆盖用户几乎所有的视野，CAVE 能给用户带来身临其境的感受。例如，天体物理学家可以身处大爆炸的中心来观察宇宙的形成，大气学家可以在飓风中心观看气流复杂的结构，建筑师可以步入设计好的建筑中亲身体验等。这样的环境需要特殊的多通道交互设备，如运动追踪传感器、手套等，用户通过与现实中非常相似的动作来进行交互。例如，转身动作可被运动传感器捕捉，继而变换用户的视角；可以通过使用手套来抓取和移动可视化的物体。

随着移动设备特别是智能手机的大量普及，移动设备的可视化也越来越受到关注。以移动设备为显示平台的可视化必须要适应小尺寸屏幕、用手指触控等交互方式的特点。调查发现，移动设备的用户倾向于尽可能地使用单手操作，人们专门设计了适合单手操作的交互技术。

特殊的可视化环境中也需要特殊的交互方式。例如，医学可视化应用于临床手术时，医生或者护士需要在手术进行中操作可视化来指导下一步的手术。在这种严格要求无菌的环境中，任何需要触碰的交互设备都会带来潜在的健康威胁。研究人员尝试采用体感设备进行交互，通过手势来操作可视化。

6.3.2　交互设备

许多创新的交互设备的出现推动了新的交互技术，从而使许多原本不易完成甚至不可能的可视分析任务能更容易完成。例如，发展迅速的多点触摸设备就大大促进了交互技术的发展（见图 6-5）。多点触摸操作非常接近于人类在物理空间中移动物体所用的动作，因此大大提升了用户体验，提高了对物体进行归类和排序这类任务的效率。

研究人员从多个方面对多点触摸设备在信息可视化中的作用进行研究，与传统交互设备相比，它的最大优点是更好地支持了协作可视分析，能很好地支持多人同时进行交互。

交互与可视化设备是推动交互技术发展

图 6-5　多点触摸设备

至关重要的驱动力。随着硬件设备的不断发展，可视化的表达手段不断丰富，对交互技术的发展也带来了新的挑战和机遇。

6.4 可视化组织的快速发展

今天，人们对数据进行可视化的需求越来越强烈，其原因很简单：数据实在太多。那些世界级的著名信息技术大厂都认识到数据生态系统和平台的重要性，尤其对用户数据而言。

扫码看视频

6.4.1 数据驱动的组织

一个数据驱动的组织会以一种及时的方式获取、处理和使用数据来创造效益，不断迭代并开发新产品，以及在数据中探索。有很多方式可以评估一个组织是否是数据驱动的，例如，产生的数据量、使用数据的程度、内化数据的过程。其中有效地使用庞大的用户数据是关键。

数据产品是社交网站的心脏，也许最重要的产品是某种帮助用户链接彼此的工具。新的用户需要找到新的伙伴、熟人或者联系方式。社交网站领英的工程师发明了 People You May Know（PYMK，你可能认识的人）来解决这个问题。现在，PYMK 已经成为每个社交网站的必备部分。例如，脸书不仅支撑了自身版本的 PYMK，他们还监控用户获得朋友的时间。使用精密的跟踪和分析技术，他们标识了让一个用户长期参与的时间和连接数。通过学习达到信任的活动的层级，他们设计的网站能够有效地降低新人加一定数量朋友为其好友的时间。

类似地，奈飞（Netflix）在线电影完成了同样的任务。当你注册时，他们向你推荐想要看的电影。他们发现一旦你增加超过某个数量的电影，你成为一个长期用户的概率将大大增加。借助这个数据，奈飞构造、测试和监测产品流来最大化新人转变为长期顾客的数量。他们简化了高度优化的注册/试用服务，有效利用这样的信息来快速和高效地黏合客户。

谷歌和亚马逊在使用 A/B 测试优化网页的展示方面是先行者。在互联网发展历史上，设计者们常常借助直觉和本能来完成工作。但是，如果你对一个页面做出修改，需要确保这个改动是有效的。你卖出更多的产品了么？用户需要多久才能发现想要的东西？多少用户放弃并转向了其他网站？这些问题只能借助实验、收集和分析数据来完成，这就是数据驱动公司的第二特性。

雅虎对数据科学做出了很多重要的贡献。在看到谷歌使用 MapReduce 来分析海量数据后，他们认识到自身需要同类的工具来完成自己事务，如 Hadoop。现在 Hadoop 是数据科学家最重要的商业化工具之一。

6.4.2 新的互联网环境

数据越来越大、越来越开放，网络也因此而越来越成熟。数据仓库的孤立状态被打破时，数据间的关联也就越来越强。今天，无论我们身处何处都能与所有数据相连，网络在我们眼前变得更语义化（即更有意义）。网络环境最显著的变化，就是网络变得越来越可视化，而很多变化都是因数据驱动而发生的。

互联网时代之前，很多大型企业组织通过抽取、转化和加载（ETL）的程序，将他们的数据在不同系统间移动。数据库管理员和其他技术人员通过写脚本或存储过程使这个程序尽可能自动运行。其核心就是,ETL 从系统 A 抽取数据,转换或变换成对于系统 B 友好的数据格式,然后将数据加载到系统 B。无数公司依靠 ETL 实现了各种不同类型的应用。

现在,很多成熟的企业正在逐渐用 API 取代 ETL,并根据数据使用和采集需要而优化通过 API 访问数据的方式。在很多情况下,移动及 APP 经济意味着与客户交互发生在较以往更为广阔的背景环境中。客户和合作伙伴通过大量 APP 及服务与企业进行交互,其交互方式以及所生成的数据全都在迅速发生着变化。

API 使得企业组织的很多核心业务职能得以完善。第一,它们较 ETL 的方式获取数据更快、更及时;第二,它们使得企业能够(更)迅速地判断数据质量问题;第三,基于创新、问题解决以及协同等理念,开放的 API 总体上倾向于能够促进更开放的心态。API 的运用不仅有益于企业组织,也有益于它们采集数据更趋便利的生态系统——它们的客户、用户和开发者。云时代的基础设施即服务(IaaS)、平台即服务(PaaS),使网络已经变得越来越可视化、越来越高效,而数据也越来越趋于友好。

6.4.3　更透明的组织

事实上,很少有公司真的喜欢信息透明和信息共享。在绝大多数办公环境中,信息对企业的可见性被严格限定于高层管理者通过内部会议、E-mail、标准报表、财务报告、仪表盘以及关键绩效指标(KPI)等方式来实现。总体上默认为只在"需要知道"的基础上进行共享。但是,现在越来越多的高级管理层及公司创始人相信透明度越高带来的效益越显著。数据透明度高带来的三大好处是:

(1)企业数据质量的提升。
(2)避免不必要的冒险。
(3)支撑全组织层面的共享和协同。

越来越多的先进企业组织认识到透明的好处远远超过其付出的成本。他们开始拥抱新的默认运作模式——共享数据。不远的将来,协同和完全透明的企业将能够为其员工——也可能是其合作伙伴和客户——提供了解企业正在发生什么情况的 360° 视图。

6.4.4　典型的可视化组织——奈飞

奈飞是美国的一家流媒体视频服务提供商,主要从事在线影片租赁业务。公司原先的主营业务是提供超大数量的 DVD 供顾客快速方便地挑选影片并免费递送。如今,奈飞已经成为世界级的大数据公司之一。

像奈飞这样的巨头公司确实能力非凡,但是,一家单独的创业公司是如何拥抱可视化组织的理念,如何将创业数据可视化做到很好呢?事实证明,即使收益颇低,员工数量很少,一家公司对实现数据可视化的认识和心态,至少在某种程度上,可以战胜其资金和人力资源的缺乏。

1997 年里德·黑斯廷斯和马克·伦道夫创办了奈飞,最初只是开展通过邮递租借 DVD 的业务。那之前,要租借视频必须亲自去连锁实体店,很多客户找不到他们想要的片子。当他们找到后,又经常因迟还视频而交滞纳金。当时,DVD 租赁店收到的滞纳金甚至占到其收入的 16%。

奈飞企业相信，视频租借模式已经成熟并走向衰落。更重要的是，他们已经构思出更好的计划。奈飞提供免费邮递、不收滞纳金、大量可供选择的片名，并且提供一个简单界面，客户可依此管理自己的视频排序——全部都以一个可支付的价格提供。

即使奈飞已经开始启动，当时的老牌 DVD 租赁公司对于通过邮递租借 DVD 的想法嗤之以鼻。这就是"创新者两难境地"的经典案例。传统的想法认为，客户不可能接受奈飞的这套模式，不会想要花上几天工夫等着要看的视频通过邮递到达。还有，邮件会丢失，邮递会增加成本，DVD 会损坏，客户会偷窃。总之，他们认为通过邮递租借 DVD 绝对行不通。事实的结果是，那些曾经著名的视频租赁实体店最后不是倒闭就是宣布破产，都已经关门大吉。

1. 奈飞的自我颠覆

奈飞颠覆了那些传统的连锁视频租赁实体店企业，但同时它也奠定了颠覆自己的基石。奈飞于 2007 年开始经营流视频业务。随着实物 DVD 向流媒体的转变，奈飞管理层意识到其客户生成了多得令人难以置信的数据——还不仅仅是有关谁在看什么节目的数据。据说，除了所看节目之外，奈飞还收集订户尽可能多的信息，包括以下几个方面：

（1）通过地理定位数据，发现客户在哪里观看视频。
（2）它的客户通过什么终端观看视频。
（3）客户什么时候观看视频——星期几和具体时间。
（4）在有限范围内，当客户观看视频时正在做什么（跟踪客户每次看电影或电视节目的后退、快进和暂停行为）。

奈飞也从第三方企业购买元数据，从社交网站采集媒体数据。对于奈飞来说，它最独特的做法就是采集数据。奈飞的基础架构是依照不同规模、速度、大数据和复杂算法等进行建设的，因此，即使不是实时，奈飞也能跟上数据的更新速度，快速进行统计汇总。

奈飞的成长可谓疾速（无论从其股价还是订户数来看），它的流业务甚至占到北美全部家庭夜晚所产生全部互联网流量的大概 1/3。若没有足够有力的基础平台和工具来处理数据洪流并将数据可视化，奈飞就不可能取得今天的成功。

可视化组织认识到，对一种新商业模式的采纳，更像是一个方程式的改变，这样的"转变"几乎总是需要采用新的更强有力的数据管理工具。

2. 奈飞的文化灌输

在奈飞的数据驱动环境中，数据可视化扮演着重要角色，它将数据可视化视为最重要的元素。与其他可视化组织一样，奈飞以常规、持续而非临时、偶尔的方式在使用着数据可视化工具。奈飞员工常规性地通过观察数据可视化工具改进算法、获得新洞察并解决棘手的业务问题。

奈飞数据理念的三条关键原则是：

（1）数据应该可采集，且易于为人们所发掘及处理。
（2）无论你的数据集大还是小，都要将其可视化并使之更易于解释。
（3）数据发掘所花时间越长，其价值变得越小。

这些原则解释了奈飞之所以成为可视化组织典范的根本原因，其商业核心一定建立在一些复杂的大数据工具之上，而其中不乏数据可视化应用。立足一个更高层面来说，这些工具为两个关键团体的利益服务——一个是客户，另一个是技术专家，也意味着最终使包括管理者、投资者、非技术员员工及其他在内的所有人受益。

奈飞进行不同电视剧受众构成的彩色详细图解分析，准确地对这些差异进行定量化。更重要的是，奈飞还能发现它们是否对订户的观看习惯、推荐、评分和偏好存在显著影响，奈飞认识到在这些发现中存在巨大的潜在价值。

通过大数据和数据可视化，奈飞将其令人难以置信的个性化无缝落实到每个客户身上，同时还能很方便地对有关客户、风格、观看习惯、趋势及其他任何方面进行数据汇总。因为具备这些数据，奈飞能够回答大多数公司不能回答甚至问不出来的问题。

网站成熟化的结果之一就是设计和用户体验（UX）已经成为白热化话题。人们最初访问网站的原因只是因其新奇或没有其他可替代物，如今，我们已经看到围绕消费者导向的网站、服务、设备、内容和 APP 等正蓬勃发展。在这个行家里手云集的环境里，差异化是必需的，而优秀的 UX 则成了潜在的终极手段。

6.5 建立可视化组织

一直以来，热爱技术挑战的人利用强大的数据可视化工具进行数据切片和钻取操作非常容易。他们能够随意添加新的维度、新的数据源、各种元素和图片，并乐此不疲。但是，成为一家真正的可视化组织需要的不仅仅是购买并部署一些软件，还需要一些关键数据、设计、技术及管理经验。

6.5.1 组织架构

不同的组织利用不同类型的工具将数据进行可视化，这里并不存在一个被全部企业普遍接受的或"正确"的方式。不同的可视化组织，他们的商业需求、目标及预算并非完全一致或相同。因此，每个组织用来进行数据可视化的方式是不同的。

可视化组织利用数据可视化工具主要完成的工作有：

（1）帮助员工了解发生了什么、什么正在发生、什么将要发生，还有为什么会发生。
（2）从现有数据库和数据源中揭示新的洞见。
（3）诊断并确定新出现的问题。
（4）对他们的数据提出更好的问题。

数据和数据可视化固然重要，但是光凭其自身，不能也不可能促成收益或利润的产生。对于任何企业，还需要综合其他很多自变量，成功永远都是领导力、产业、公司规模、竞争格局、组织文化、专利、资本获取、人力资源和运气等因素的综合产物。

数据可视化应用总体上代表的是前端（即大量员工与用户可在之上进行直接交互的地方），但是其幕后，大数据需要组织能够部署一些后端工具，这些工具与传统上用于管理结构化数据的数据仓库和关系型数据库截然不同。

即使针对有上千万条记录的数据表，企业利用静态数据可视化工具来创建标准报表其实并不难。然而，大数据则是完全不同的领域，要从 PB 级的非结构化数据中获得洞见和价值，需要使用新的交互式的数据可视化工具。

6.5.2 数据提示

建立数据可视化，虽然设计、企业文化和技术等诸因素都很重要，但其中最重要的是数据，需要重视与数据相关的提示。可视化并不能讲述全部故事，但它能帮助我们"知道在哪里看以及向数据提出什么问题"。

小数据通常指的是传统 BL、报表和数据挖掘等工具所处理数据的范畴，利用数据立方体和数据仓库，即使处理非常大量的结构化、交易型的关系型数据，也非常容易。但大多数数据可视化应用能够处理非结构化数据和半结构化数据，可视化组织能够认识到所有类型数据的重要性。在很多情况下，小数据能够提升从大数据获取的洞见和价值，两者之间互为补充。

元数据对于结构化数据和非结构化数据的理解与解释都同样重要，它使得组织能够更好地理解这些数据的形式和来源，并最终据此采取行动。对元数据进行采集、分析和可视化，可以大大提升自己对源数据的理解。还有很多的数据存在于公共和私有的来源中。政府的开放数据库中所蕴含的有价值信息远超大多数人的认识。

可视化组织要懂得迅速钻取能力的必要性。除了解答用户或客户的具体问题之外，提供详细的数据通常还能够对有问题的发现加以验证。它能够回答简单但不可回避的问题。

数据科学是个交互的过程，它始于我们所研究体系的相关（几个）假设，然后分析信息。分析结果让我们否定最初的假设并完善对数据的理解。当面对数千个字段和数百万行数据时，能够通过更直观的方式快速否定糟糕的假设十分重要。就像数据可视化可以帮助分析人员与非技术出身的听众进行沟通一样，数据可视化还可以帮助数据与分析人员进行沟通。

6.5.3 设计提示

将数据进行可视化的方式有很多。在可视化工作开始之前，应考虑图 6-6 所示的建议，作为数据展示的起点，这是一种将主题按地域分布的展示图，当然，它还没有反映出所有可能图表或数据可视化的类型。

在设计中，可以参考下面这些提示：

（1）尽可能做减法。考虑帕累托原则（80/20 原则）——创建简约产品，80%的用户只用到产品功能的 20%。好的数据可视化与智能产品设计具备很多共同点，但添加过多的内容，繁杂的视觉会导致枯燥、混淆以及糟糕的决策。

（2）UX。参与和试验至关重要：设计过程很少是线性的，理论上或原型看起来很美，实际却并不一定，有时候需要反复多次才能达到正确。

（3）互动。虽然即使静态的饼图也都能够讲述故事，但是，数据可视化工具能够支撑较高程度的互动、移动和动画。技术进步使得用户可以在数据中发现不同变量之间的新关系。只要有可能，所创建的数据可视化都能够支撑互动，互动功能使用户能迅速提出并回答问题，最后，支撑其做出更好的决策。

（4）谨慎使用移动和动画。过多的效果和元素可能对不同设备引发一些技术问题。

（5）使用相对数而非绝对数。通常，缺乏来龙去脉的数据并不完整，不要让受众从缺失的设计元素中寻求意义，这将增加制定糟糕商业决策的概率。

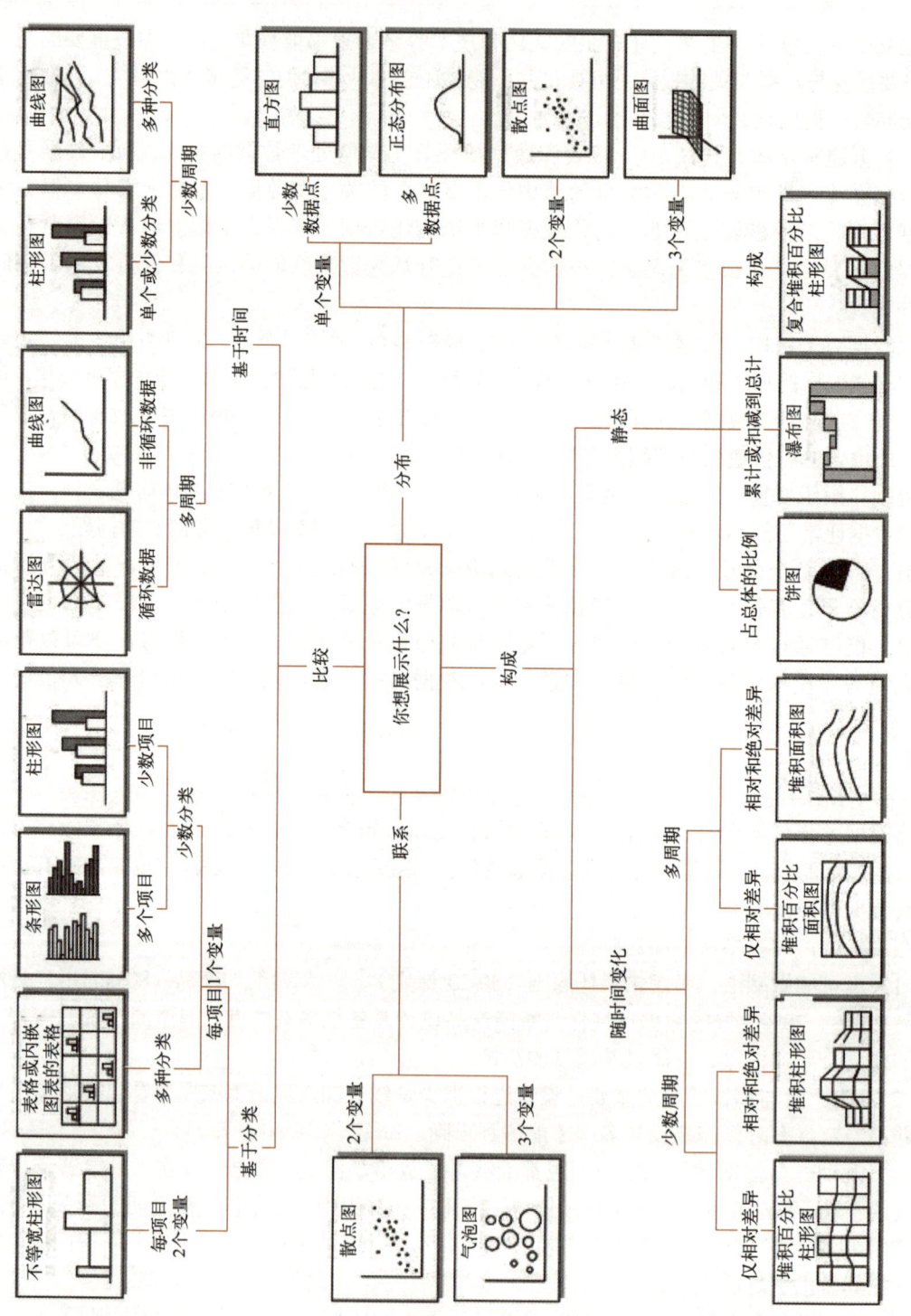

图 6-6 图表建议

6.5.4 技术提示

数据和设计需要有强大技术做支撑。对于无数组织来说，ETL 仍在起作用，大多数组织都将兼顾多种数据采集手段。另一方面，由于具有强有力、高速和灵活等特点，API（应用程序接口）越来越流行。API 支撑对具体业务的封装，将促进整体维护和应用。写得好的 API 能够帮助对具体任务进行分解，因此提升了扩展性和重用率。API 的本质特点是对信息提供直接接口，尤其是具有专业领域专家的开发和维护，因此数据质量得以提升。

大多数组织还只是利用为处理结构化交易型信息所设计的应用来进行大量工作。不过，诸如 Hadoop、NoSQL、阿里云、腾讯云等服务，已成为处理 PB 级非结构化数据的更好的技术装备。

要将数据可视化放在合适的商业背景中，它只有与大数据及其他应用结合在一起才能起作用。对可视化组织来说，更多地，还需要相应的心态、文化以及思考数据的方式。

6.5.5 管理提示

成为可视化组织，组织文化和员工态度都是关键因素，换言之，不能忽视管理。

（1）鼓励自助服务、探索和数据民主。数据可视化并不能代替决策，决策还得由人来做。可视化组织的员工总体上较其对手对于新的想法会更开放些，也更乐于探索。

（2）提出正面怀疑。在大数据时代，数据可视化价值无限，但这并不意味着数据全能并通悉一切。可视化组织的员工发现问题的能力变得前所未有地关键。在理想情况下，数据可视化可以促进更广泛的研究、更精准的问题和最终更明智的答案。

（3）相信过程，而非结论。任何一个具体的数据可视化结果并不能产生开创性的创新、全新产品或客户洞见，但发现新趋势的信息可视化过程是值得推崇的。可视化的过程是其构成的一个根本部分。

（4）综合型人才。全部员工都应该将数据运用作为其工作的一部分，因此可以推论，数据可视化应该更广泛地加以部署和获取。

【习题】

1. 除了视觉呈现部分，数据可视化系统的另一个核心要素是（　　），它是用户通过与系统之间的对话和互动来操纵与理解数据的过程。
   　A．数据整合　　　B．递归分析　　　C．信息处理　　　D．用户交互

2. 为可视化系统设计或选择交互时，除了需要符合数据类别和所要完成的任务，还要遵守一些普遍适用的准则。例如，（　　）。
   　① 实现及时的视觉反馈　　　② 迎合社会需要的数据政策性调整
   　③ 有效控制用户交互成本　　　④ 交互中适度的场景变化
   　A．①③④　　　B．①②④　　　C．①②③　　　D．②③④

3. 具体而言，交互操作在（　　）两个方面让数据可视化更有效。
   　① 缓解有限的可视化空间和数据过载之间的矛盾
   　② 对数据进行降维和特征提取，提高理解分析能力

③ 让用户更好地参与对数据的理解和分析
④ 回顾数据积累的历史进程，加强上下文作用
　　A．①④　　　B．②④　　　C．①③　　　D．②③

4．（　　）是指从用户操作的发生到系统返回结果所经过的时间，是决定交互有效性的重要因素之一，它在很大程度上决定了一个可视化系统的可用性及用户体验。
　　A．任务规模　　B．交互延时　　C．交互成本　　D．场景变化

5．感知处理是指用户感知交互效果的过程。这类交互操作一般需要在（　　）内完成，否则用户会感觉到明显的滞后。
　　A．10s　　　B．30s　　　C．1s　　　D．0.1s

6．立即反应是指用户和可视化系统之间的对话交互。例如，不同可视化视图间的转换。对这样的交互操作，用户的延时忍耐度是（　　）。
　　A．10s　　　B．30s　　　C．1s　　　D．0.1s

7．基本任务是指用户在交互中指令系统完成一个相对复杂的任务。此时用户对于延时的忍耐度大大增加，一般的期望是（　　）。
　　A．10s　　　B．30s　　　C．1s　　　D．0.1s

8．交互延时可以细分为三个部分，包括（　　）。此外，交互延时也可能来自用户输入。
　　① 操作延时　　② 反馈延时　　③ 追溯延时　　④ 系统更新延时
　　A．①③④　　B．①②④　　C．①②③　　D．②③④

9．互动操作使用户能探索更大的信息空间，但用户需要花费更多的时间与精力去浏览和探索数据——这种情况被称为"（　　）"。
　　A．任务规模　　B．交互延时　　C．交互成本　　D．场景变化

10．通常情况下，交互操作会引发可视化（　　）的变化，此时需要依赖用户的视觉和感知记忆避免交互出错。
　　A．动画　　　B．延时　　　C．成本　　　D．场景

11．（　　）常被用来帮助减轻交互中场景变化对用户造成的负担，它的转换比突然切换更能帮助用户对场景中发生变化的部分进行跟踪。
　　A．动画　　　B．延时　　　C．成本　　　D．场景

12．场景切换时，如果有很多变化同时发生，用户将难以识别。由于大脑和感知系统的局限，人们通常只能关注有限的焦点区域内的变化，这种现象被称为"（　　）"。
　　A．动画死角　　B．变化盲视　　C．视觉弱视　　D．场景缺陷

13．分析数据可视化的框架，它通常执行七个基本任务，即概览、缩放、过滤、关联和（　　）。
　　① 按需细化　　② 理解分析　　③ 历史（记录）　　④ 提取
　　A．①③④　　B．①②④　　C．①②③　　D．②③④

14．考虑将交互定义为操作符和操作空间的组合。其中，交互操作符包括（　　）。大多数可视化交互技术都可以按照操作符和操作空间来表示。
　　① 导航　　② 选择　　③ 变形　　④ 整合
　　A．①③④　　B．①②④　　C．①②③　　D．②③④

15．大多数交互操作都基于鼠标来设计。鼠标支持的基本操作包括移动、点击和拖拽，

这就决定了（　　）等交互技术在计算机上的实现方法。
① 整合　　　② 选择　　　③ 缩放　　　④ 导航
A. ①③④　　B. ①②④　　C. ①②③　　D. ②③④

16. 有很多方式可以评估一个组织是否为数据驱动的，如（　　）。其中有效地使用庞大的用户数据是关键。
① 产生的数据量　　　　② 选择数据的目的
③ 使用数据的程度　　　④ 内化数据的过程
A. ①③④　　B. ①②④　　C. ①②③　　D. ②③④

17. 事实上，很少有公司真的喜欢信息透明和信息共享。但是，越来越多的高级管理层及公司创始人相信透明度越高带来的效益越显著。数据透明度高会带来的三大好处是（　　）。
① 企业数据质量的提升　　　② 避免不必要的冒险
③ 企业业务范围的缩放自如　④ 支撑全组织层面的共享和协同
A. ①③④　　B. ①②④　　C. ①②③　　D. ②③④

18. 在成熟网站这个行家里手云集的环境里，差异化是必需的，而优秀的（　　）则成了潜在的终极手段。
A. 企业规模　　B. 专业水平　　C. 特色功能　　D. 用户体验

19. . 建立数据可视化，虽然设计、企业文化和技术等诸因素都很重要，但其中最重要的是（　　），需要重视与其相关的提示。
A. 数据　　　B. 水平　　　C. 特色　　　D. 用户

20. 在努力成为可视化组织的过程中，组织文化和员工态度都是关键因素，换言之，不要忽视了管理，其中包括的重要内容是（　　）以及积聚综合型人才。
① 鼓励自助服务、探索和数据民主　② 相信过程，而非结论
③ 重视企业文化和发展历史　　　　④ 提出正面怀疑
A. ①③④　　B. ①②④　　C. ①②③　　D. ②③④

【实验与思考】建立数据可视化组织

1. 实验步骤

（1）请简单分析阐述：实现交互本身也有额外成本。在什么情况下，交互也就不需要了？
答：（提示：AI）_____

（2）为什么说：网络的很多变化都是因数据驱动而发生的？
答：_____

（3）数据透明可以给组织带来什么好处？
答：_____

（4）什么是元数据？什么是源数据？请举例说明之。

答：_____

（5）建立可视化组织，除了部署数据可视化软件，还需要哪些方面的经验？
答：_____

2. 实验总结

3. 实验评价（教师）

第 7 章　Excel 数据可视化方法

【导读案例】亚马孙丛林的变迁

亚马孙盆地位于南美洲北部，包括巴西等多个国家的广大地区。亚马孙雨林是世界上最大的热带雨林，其面积有 700 万 km^2，占地球上热带雨林总面积的 50%，其中有 480 万 km^2 在巴西境内，从安第斯山脉低坡延伸到巴西的大西洋海岸（见图 7-1）。

图 7-1　亚马孙雨林

亚马孙雨林对于全世界以及生存在世界上的一切生物的健康都是至关重要的。树木能够吸收二氧化碳（CO_2），而二氧化碳气体的大量存在会使地球变暖，危害气候，以致极地冰盖融化，引起洪水泛滥。树木也产生氧气，它是人类及所有动物生存所必需的。有些雨林的树木长得极高，超过 60m。它们的叶子形成"篷"，像一把雨伞，将光线挡住。因此树下几乎不会生长什么低矮的植物。这里自然资源丰富，物种繁多，生态环境纷繁芜杂，生物多样性保存完好，被称为"生物科学家的天堂"。

然而，亚马孙雨林却并没有因为它的富有而得到人类的厚爱。人们从 16 世纪起开始开发森林。1970 年，巴西为了解决其东北部的贫困问题，做出了开发亚马孙地区的决策。这一决策使该地区每年约有 8 万 km^2 的原始森林遭到破坏，1969—1975 年，巴西中西部和亚马孙地区的森林被毁掉了 11 万 km^2，巴西的森林面积同 400 年前相比大幅减少（30 年变迁示意图见图 7-2）。

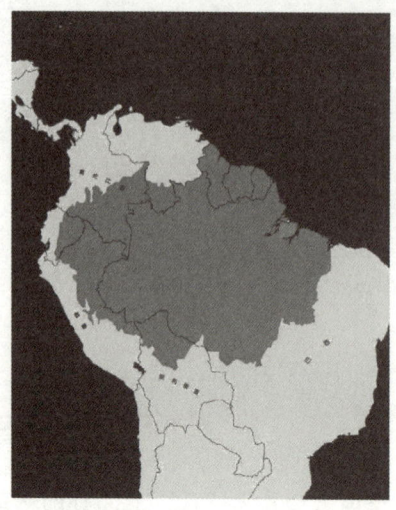 

图 7-2 亚马孙雨林 30 年变迁

热带雨林的减少不仅意味着森林资源的减少,而且意味着全球范围内的环境恶化。因为森林具有涵养水源、调节气候、消减污染、减少噪声、减少水土流失及保持生物多样性的功能。

热带雨林像一个巨大的吞吐机,每年吞噬全球排放的大量二氧化碳,又制造大量的氧气,亚马孙雨林由此被誉为"地球之肺"。如果亚马孙的树木被砍伐殆尽,地球上维持人类生存的氧气将减少 1/3。

热带雨林又像一个巨大的抽水机,从土壤中吸取大量的水分,再通过蒸腾作用,把水分散发到空气中。另外,森林土壤有良好的渗透性,能吸收和滞留大量的降水。亚马孙雨林储蓄的淡水占地表淡水总量的 23%。森林的过度砍伐会使土壤侵蚀、土质沙化,引起水土流失。巴西东北部的一些地区就因为毁掉了大片的森林而变成了巴西最干旱、最贫穷的地方。

除此之外,森林还是巨大的基因库,地球上约 1000 万个物种中,有 200 万～400 万种都生存于热带、亚热带森林中。在亚马孙河流域的仅 $0.08km^2$ 左右的取样地块上,就可以得到 4.2 万个昆虫种类。亚马孙雨林中每平方公里不同种类的植物达 1200 多种,地球上动植物的 1/5 都生长在这里。然而由于热带雨林的砍伐,那里每天都至少消失一个物种。有人预测,随着热带雨林的减少,许多年后,至少将有 50 万～80 万种动植物种灭绝。雨林基因库的丧失将成为人类最大的损失之一。

阅读上文,请思考、分析并简单记录:

(1)湿地有强大的生态净化作用,因而又有"地球之肾"的美名。请通过网络搜索学习,了解湿地对自然的意义,并请简单记录。

答:＿＿＿＿＿＿＿＿＿＿＿＿＿＿＿＿＿＿＿＿＿＿＿＿＿＿＿＿＿＿＿＿＿＿

(2)请通过网络搜索学习,了解亚马孙雨林对全人类的意义,并简单记录。

答:＿＿＿＿＿＿＿＿＿＿＿＿＿＿＿＿＿＿＿＿＿＿＿＿＿＿＿＿＿＿＿＿＿＿

(3)图 7-2 以地图数据可视化方式形象地表现了亚马孙雨林的变迁,请简单分析在这个案例中文字描述与数据可视化方法的不同。

答：_____

电子表格软件（如 Microsoft Excel）提供了创建电子表格的工具。它就像一张"聪明"的纸，可以自动计算上面的整列数字，还可以根据用户输入的简单等式或者软件内置的更加复杂的公式进行其他计算。另外，电子表格软件还可以将数据转换成各种形式的彩色图表，它有特定的数据处理功能，如为数据排序，查找满足特定标准的数据以及打印报表等。

大多数电子表格软件为预先设计的工作表提供了一些模板或向导，例如，发货清单、收支报表、资产负债表和贷款还款计划，还可以在 Web 上得到其他模板。这些模板一般由专业人员设计，里面包含所有必要的标签和公式。使用模板时，只需填入数值就可进行计算。

7.1　Excel 的函数与图表

在计算机操作系统菜单中单击"Excel"命令，打开 Excel 工作界面如图 7-3 所示，从上到下依次是：标题栏、菜单栏、常用工具栏、格式栏、编辑栏，最后一行是状态行。

扫码看视频

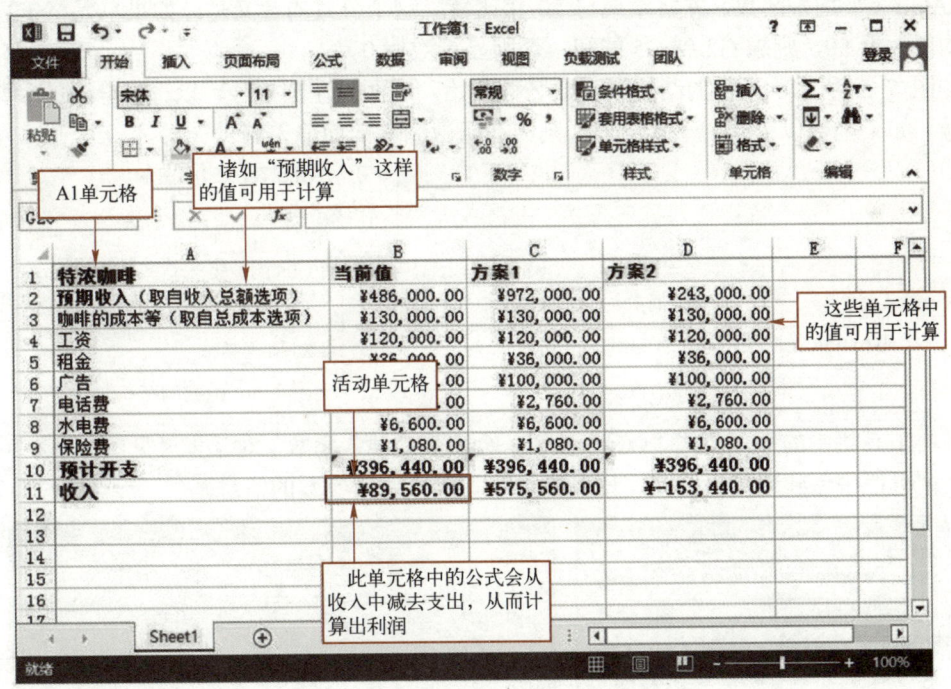

图 7-3　Excel 工作界面

7.1.1　Excel 函数

Excel 的函数功能是其数据处理的重要手段之一，在生活和工作实践中可以有多种应用，用户甚至可以用 Excel 来设计复杂的统计管理表格或者小型的数据库系统。

Excel 的函数实际上是一些预定义的公式计算程序，它们使用一些参数按特定的顺序或结构进行计算。用户可以直接用来对某个区域内的数值进行一系列运算，如分析和处理日期值与时间值、确定贷款支付额、确定单元格中的数据类型、计算平均值、排序显示和运算文本数据等。

（1）参数。参数可以是数字、文本、逻辑值、数组、错误值或单元格引用等，给定的参数必须能产生有效的值。参数也可以是常量、公式或其他函数。

（2）数组。数组用于建立可产生多个结果，或可对存放在行和列中的一组参数进行运算的单个公式。Excel 有两类数组：区域数组和常量数组。区域数组是一个矩形的单元格区域，该区域中的单元格共用一个公式；常量数组将一组给定的常量用作某个公式中的参数。

（3）单元格引用。单元格引用用于表示单元格在工作表所处位置的坐标值。例如，显示在第 B 列和第 3 行交叉处的单元格，其引用形式为"B3"（相对引用）或"$B$3"（绝对引用）。

（4）常量。常量是直接输入到单元格或公式中的数字或文本值，或由名称所代表的数字或文本值。例如，日期"8/8/2023"、数字"210"和文本"Quarterly Earnings"都是常量。公式或由公式得出的数值都不是常量。

一个函数还可以是另一个函数的参数，这就是嵌套函数。所谓嵌套函数，是指在某些情况下，可能需要将某函数作为另一个函数的参数使用。例如，图 7-4 中的公式使用了嵌套的 AVERAGE（平均）函数，并将结果与 50 相比较。这个公式的含义是：如果单元格 F2 到 F5 的平均值大于 50，则求 G2 到 G5 的和，否则显示数值 0。

如图 7-5 所示，函数的结构以函数名称开始，后面是左圆括号、以逗号分隔的参数和右圆括号。如果函数以公式的形式出现，则应在函数名称前面输入等号（=）。

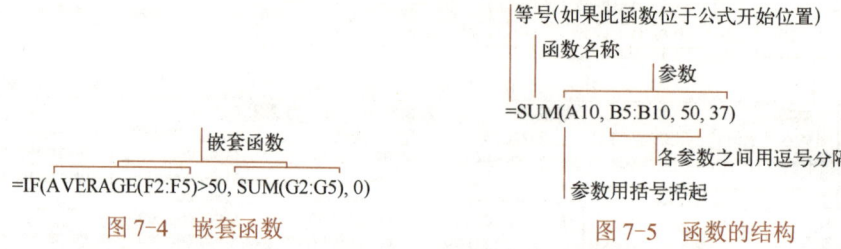

图 7-4 嵌套函数　　　　　图 7-5 函数的结构

单击工具栏中的插入公式"(fx)"按钮，会出现"插入函数"对话框（见图 7-6）。可在对话框或编辑栏中创建或编辑公式，还可提供有关函数及其参数的信息。

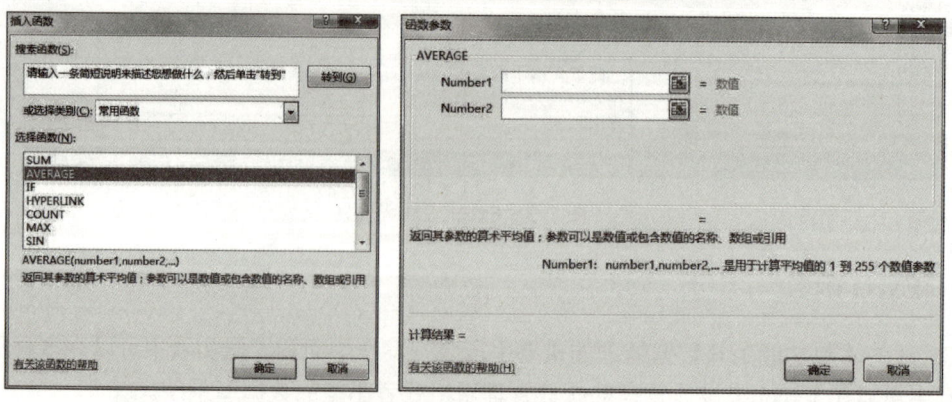

图 7-6 插入与编辑函数

Excel 的函数一共有 13 类，分别是数据库函数、日期与时间函数、工程函数、财务函数、信息函数、逻辑函数、查找与引用函数、数学和三角函数、统计函数、文本函数、多维数据集函数、兼容性函数和 Web 函数。

7.1.2　Excel 图表

Excel 的数据分析图表可用于将工作表数据转换成图片，具有较好的可视化效果，可以快速表达绘制者的观点，方便用户查看数据的差异、图案和预测趋势等。例如，用户不必分析工作表中的多个数据列就可以立即看到各个季度销售额的升降，或很方便地对实际销售额与销售计划进行比较（见图 7-7）。

为创建图表，需要先在工作表中为图表输入数据，然后执行以下过程。

步骤 1：选择要为其创建图表的数据（见图 7-8）。

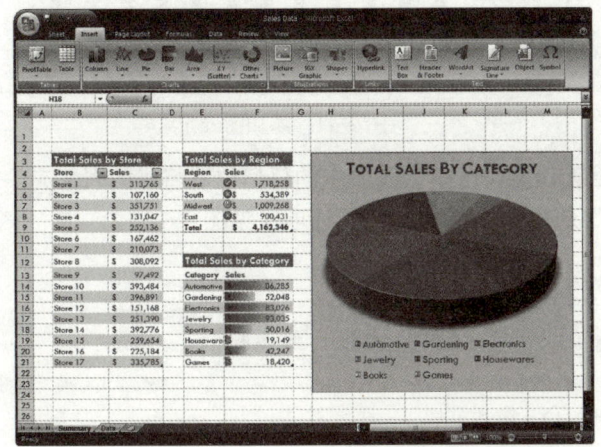

图 7-7　Excel 图表示例　　　　　　　　图 7-8　选择数据

步骤 2：单击"插入"菜单中的"推荐的图表"。在选项卡（见图 7-9）上滚动浏览 Excel 为用户推荐的图表列表，然后单击任意图表以查看数据的呈现效果。

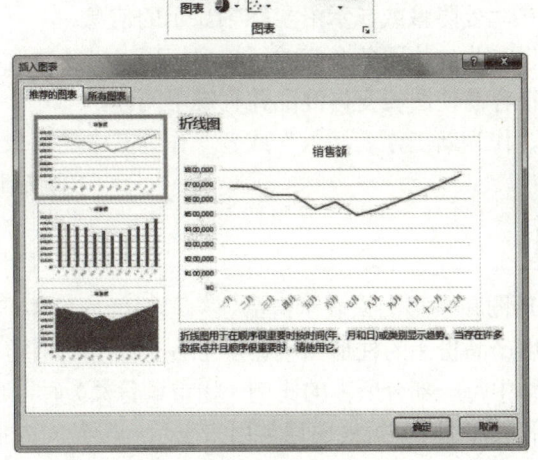

图 7-9　"推荐的图表"选项卡

如果没有看到自己喜欢的图表，可单击"所有图表"以查看可用的图表类型（见图 7-10）。

步骤 3：找到所需的图表时，单击该图表，然后单击"确定"按钮。

步骤 4：使用图表右上角附近的"图表元素""图表样式"和"图表筛选器"按钮（见图 7-11），添加坐标轴标题或数据标签等图表元素，自定义图表的外观或更改图表中显示的数据。

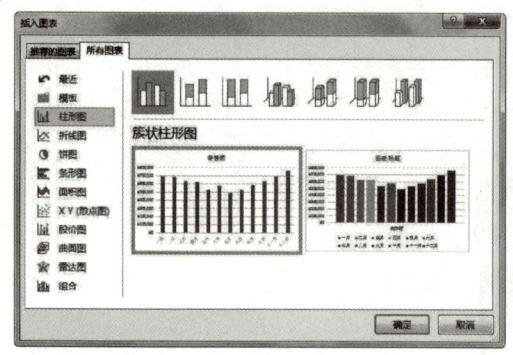

图 7-10　在"所有图表"中选择图表类型

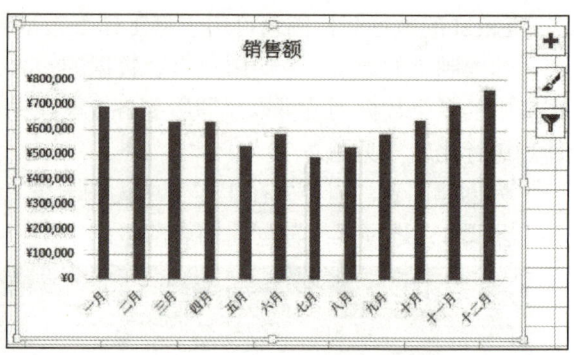

图 7-11　添加图表元素等

步骤 5：若要访问其他设计和格式设置功能，可单击图表中的任何位置将"图表工具"添加到功能区，然后在"设计"和"格式"选项卡上单击所需的选项（见图 7-12）。

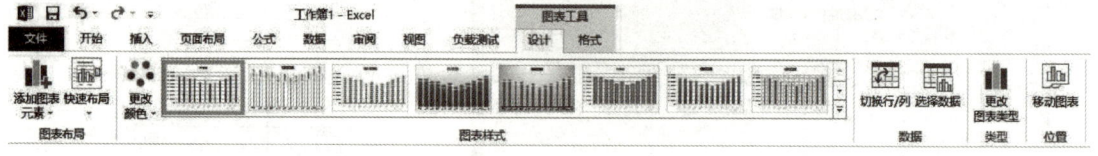

图 7-12　图表工具

各种图表类型提供了一组不同的选项。例如，对于簇状柱形图而言，选项包括：

（1）网格线：可以在此处隐藏或显示贯穿图表的线条。

（2）图例：可以在此处将图表图例放置于图表的不同位置。

（3）数据表：可以在此处显示包含用于创建图表的所有数据的表。用户也可能需要将图表放置于工作簿中的独立工作表上，并通过图表查看数据。

（4）坐标轴：可以在此处隐藏或显示沿坐标轴显示的信息。

（5）数据标志：可以在此处使用各个值的行和列标题（以及数值本身）为图表加上标签。这里要小心操作，因为很容易使图表变得混乱并且难于阅读。

（6）图表位置：如"作为新工作表插入"或者"作为其中的对象插入"。

实验确认：□ 学生　　　□ 教师

7.1.3　选择图表类型

工作中经常使用柱形图和条形图来表示产品在一段时间内的生产和销售情况的变化或数量的比较，如表示分季度产品份额的柱形图就显示了各个品牌的市场份额的比较和变化。

如果要体现的是整体中每一部分所占的比例（如市场份额）时，通常使用"饼图"。此外，比较常用的就是折线图和散点图了。折线图通常用来表示一段时间内某种数值的变化，常见的如股票价格的折线图等。散点图主要用在科学计算中。

例如，为选择正确的图表类型，可按以下步骤操作。

步骤 1：选定需要绘制图表的数据单元，在"插入"菜单中单击"推荐的图表"选项，打开"插入图表"对话框（见图 7-13）。

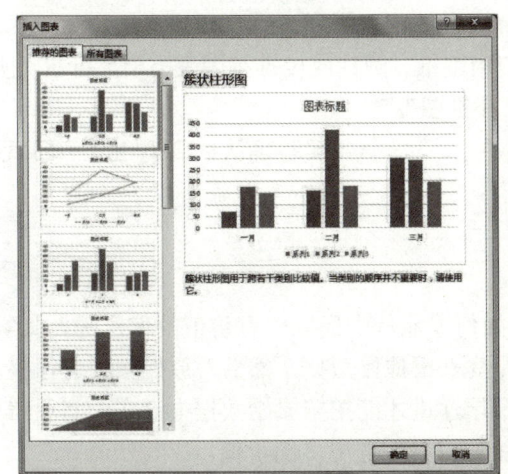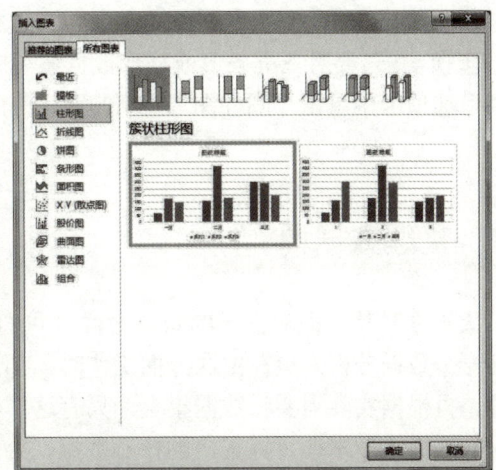

图 7-13 "插入图表"对话框

步骤 2：在"插入图表"对话框"所有图表"选项卡的左窗格中单击选择"XY（散点图）"项，在右窗格中选择"带平滑线的散点图"项（见图 7-14）。

步骤 3：单击"确定"按钮，完成散点图绘制（见图 7-15）。

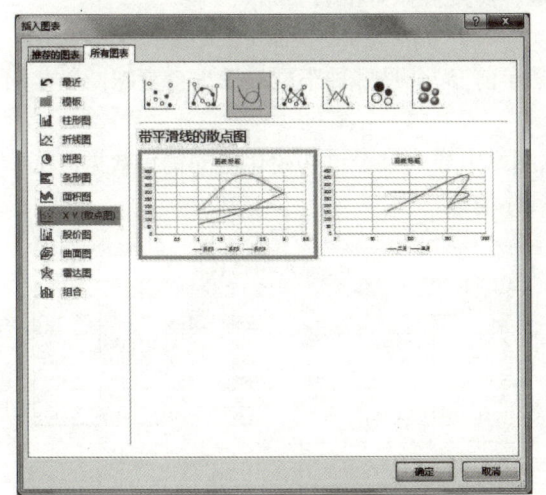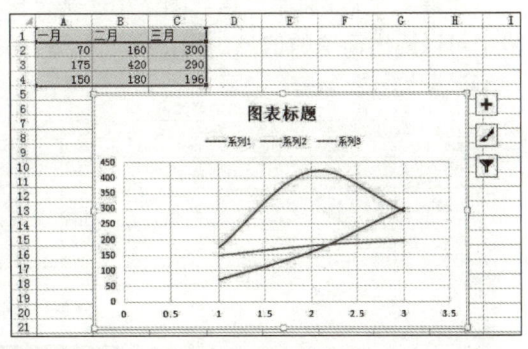

图 7-14 选择散点图　　　　　　　　图 7-15 绘制散点图

对于大部分二维图表，既可以更改数据系列的图表类型，也可以更改整张图表的图表类型。对于气泡图，只能更改整张图表的类型。对大部分三维图表，更改图表类型将影响到整张图表。

所谓"数据系列"是指在图表中绘制的相关数据点，这些数据源自数据表的行或列。图表中的每个数据系列具有唯一的颜色或图案，并且在图表的图例中表示。可以在图表中绘制一个或多个数据系列。饼图只有一个数据系列。对于三维条形图和柱形图，可以将有关数据系列更改为圆锥、圆柱或棱锥图表类型。

步骤 1：若要更改图表类型，可单击整张图表或单击某个数据系列。

步骤 2：在右键菜单中选择"更改图表类型"命令。

步骤 3：在"所有图表"选项卡上单击选择所需的图表类型。

步骤 4：若要对三维条形或柱形数据系列应用圆锥、圆柱或棱锥等图表类型，可在"所有图表"选项卡中单击"圆柱图""圆锥图"或"棱锥图"。

实验确认：☐ 学生　　☐ 教师

7.2　整理数据源

大数据时代，面对浩瀚的数据海洋，我们如何才能从中提炼出有价值的信息呢？其实，任何一个数据分析人员在做这方面工作时，都是先获得原始数据，然后对原始数据进行整合、处理，再根据实际需要将数据集合。只有这样层层递进才能挖掘原始数据中潜在的商业信息，也只有这样才能掌握目标客户的核心数据，为企业自身创造更多的价值。

7.2.1　数据提炼

所谓数据集成是把不同来源、格式、特点、性质的数据在逻辑上或物理上有机地集中，从而提供全面的数据共享。在 Excel 中，用户可以执行数据的排序、筛选和分类汇总等操作，按一定规则对数据进行整理、排列，为数据的进一步处理做好准备。

实例 7-1：某年比亚迪汽车销量情况。

根据每月记录的不同车型销量情况，评判某年前 5 个月哪种车型最受大众青睐，以此向更多客户推荐合适的车型。

步骤 1：获取原始数据。图 7-16a 是一份从网站中导入且经过初始化后的销售数据，从表格中可以读出简单的信息，如不同车型每月的具体销量。

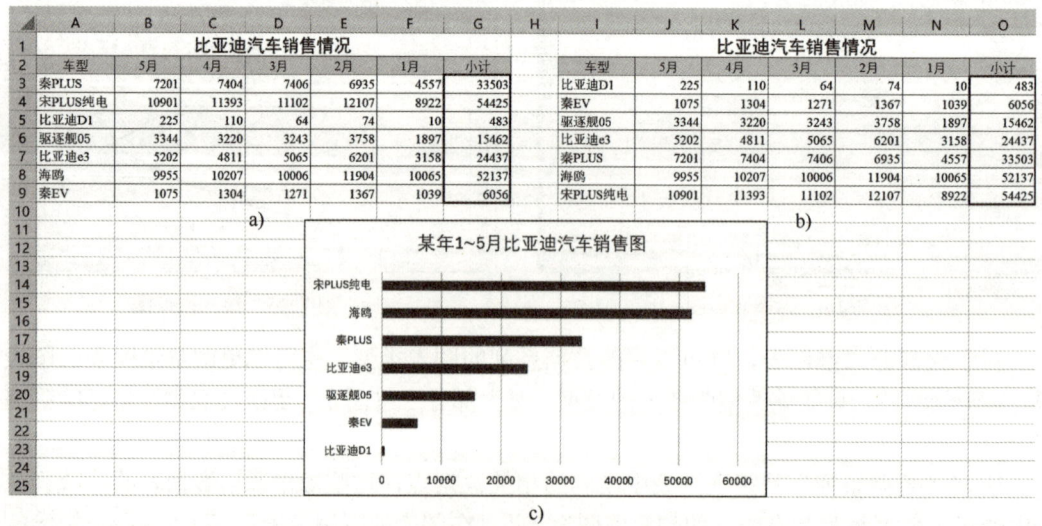

图 7-16　数据的排序

步骤 2：排序数据。将月份销量进行升序排列，即选定 G3 单元格，然后在"数据"选项

第 7 章 Excel 数据可视化方法

卡下的"排序和筛选"组中单击"升序"按钮,数据将自动按从小到大排列(见图 7-16b)。

步骤 3:制作图表。先选取 A3:A9 单元格区域,然后按住〈Ctrl〉键同时选取 G3:G9 单元格区域,在"插入"选项卡下插入图表,接着选择簇状条形图,系统就会按数据排列的顺序生成有规律的图表(见图 7-16c)。

实验确认:□ 学生　　□ 教师

实例 7-2:产品月销售情况。

自动筛选一般用于简单的条件筛选,筛选时将不满足条件的数据暂时隐藏起来,只显示符合条件的。高级筛选一般用于条件较复杂的筛选操作,其筛选的结果可显示在原数据表格中,可以在新的位置显示筛选结果,不符合条件的记录保留在数据表中而不会被隐藏起来。

本例中,统计某月不同系列的产品的月销量和月销售额,观察销售额在 25000 以上的产品系列。在保证不亏损的情况下,扩展产品系列的市场。

步骤 1:统计月销售数据。将产品的销售情况按月份记录下来,然后抽取某月的销售数据来调研(见图 7-17a)。

步骤 2:筛选数据。单击"销售额"栏目,再单击"数据"选项卡下的"筛选"按钮,利用筛选功能下的"数字筛选",从下拉菜单中选择"大于或等于"条件,设置大于或等于 25000 的筛选条件(见图 7-17b)。

步骤 3:制作图表。将筛选出的产品系列和销售额数据生成图表,系统默认结果大于或等于 25000 的产品系列,并只针对满足条件的产品进行分析(见图 7-17c)。

	A	B	C	D
1	×××公司产品月销售情况			
2	产品系列	单价	销售量	销售额
3	A	199	56	11144
4	A1	219	45	9855
5	A2	249	40	9960
6	B	255	102	26010
7	B1	288	85	24480
8	B2	333	76	25308
9	C	308	88	27104
10	C1	328	71	23288
11	C2	358	66	23628
12	D	399	76	30324
13	D1	425	55	23375
14	D2	465	39	18135

a)

A	B	C	D
×××公司产品月销售情况			
产品系列	单价	销售量	销售额
B	255	102	26010
B2	333	76	25308
C	308	88	27104
D	399	76	30324

b)

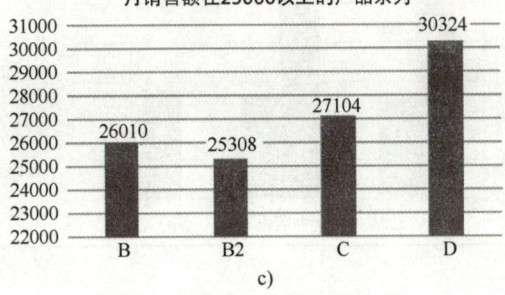

c)

图 7-17 数据统计与图表

实验确认:□ 学生　　□ 教师

实例 7-3：公司货物运输费情况表。

在对数据进行分类汇总前，必须确保分类的字段是按照某种顺序排列的，如果分类的字段杂乱无序，分类汇总将会失去意义。

在本例中，假设总公司从库房向成华区、金牛区和锦江区的卖点送达货物，记录下在运输过程中产生的汽车运输费和人工搬运费，通过分类汇总制作三个地区的运输费对比图。

步骤 1：排序关键字。如图 7-18a 所示，单击"送达店铺"栏，再单击"数据"选项卡下"排序和筛选"组中的"排序"按钮，打开"排序"对话框，设置"送达店铺"关键字按"升序"排列。

步骤 2：分类汇总。同样在"数据"选项卡下，单击"分级显示"组中的"分类汇总"按钮，打开"分类汇总"对话框。然后，设置分类字段为"送达店铺"，汇总方式为"求和"，在"选定汇总项"列表中勾选"汽车运输费"和"人工搬运费"，结果如图 7-18b 所示。

步骤 3：制作图表。单击"分类汇总"后按左上角的级别"2"按钮，选取各地区的汇总结果生成柱状图表。图表中显示了各地区的汽车运输费和人工搬运费对比情况（见图 7-18c）。

	A	B	C	D
1	×××公司货物运输费			
2	商品编码	送达店铺	汽车运输量	人工搬运费
3	JK001	成华店	650	200
4	JK005	成华店	650	300
5	JK006	成华店	650	180
6	JK002	成华店	650	230
7	JK008	成华店	650	380
8	JK001	金牛店	600	260
9	JK008	金牛店	600	220
10	JK005	金牛店	600	200
11	JK006	金牛店	600	195
12	JK002	金牛店	600	160
13	JK004	金牛店	600	260
14	JK006	锦江店	700	260
15	JK001	锦江店	700	180

a)

	A	B	C	D
1	×××公司货物运输费			
2	商品编码	送达店铺	汽车运输量	人工搬运费
3	JK001	成华店	650	200
4	JK005	成华店	650	300
5	JK006	成华店	650	180
6	JK002	成华店	650	230
7	JK008	成华店	650	380
8	成华店 汇总	0	3250	1290
9	JK001	金牛店	600	260
10	JK008	金牛店	600	220
11	JK005	金牛店	600	200
12	JK006	金牛店	600	195
13	JK002	金牛店	600	160
14	JK004	金牛店	600	260
15	金牛店 汇总	0	3600	1295
16	JK006	锦江店	700	260
17	JK001	锦江店	700	180
18	锦江店 汇总	0	1400	440
19	总计	0	8250	3025

b)

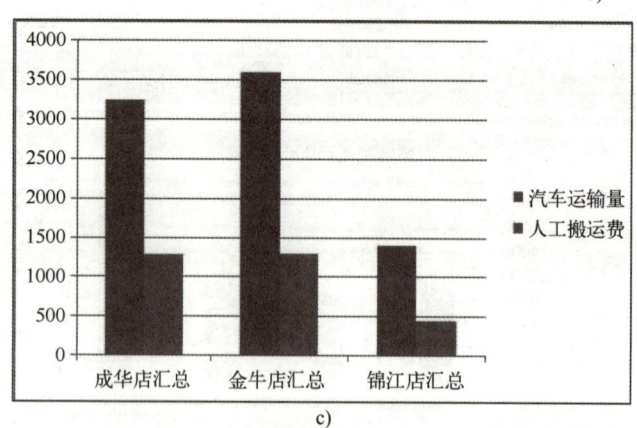

c)

图 7-18 排序关键字并分类汇总

实验确认：□ 学生　　□ 教师

对于一份庞大的数据来说，无论是手动录制还是从外部获取，难免会出现无效值、重复值、缺失值等情况，这时数据就需要进行清洗，此外还有数据一致性检查等操作。

7.2.2 抽样产生随机数据

做数据分析、市场研究、产品质量检测，通常不可能像人口普查那样进行全面的研究，常常需要用到抽样分析技术。在 Excel 中使用"抽样"工具，必须先启用"开发工具"选项，然后再加载"分析工具库"。

抽样方式包括周期模式和随机模式。所谓周期模式即等距抽样，需要输入周期间隔。输入区域中位于间隔点处的数值以及此后每一个间隔点处的数值将被复制到输出列中。当到达输入区域的末尾时，抽样将停止。而随机模式适用于分层抽样、整群抽样和多阶段抽样等。随机抽样需要输入样本数，计算机自行进行抽样，不受间隔规律的限制。

实例 7-4：随机抽样客户编码。

步骤 1：加载"分析工具库"。单击"文件"→"选项"→"自定义功能区"（见图 7-19），然后在"自定义功能区"面板中勾选"开发工具"，单击"确定"按钮，这样，在 Excel 工作表的主菜单中就显示了"开发工具"选项卡（见图 7-20）。

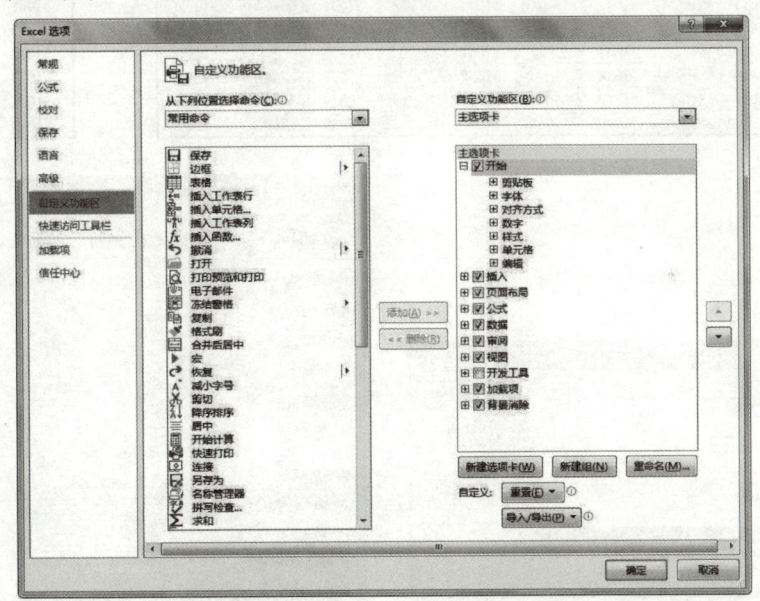

图 7-19 文件→选项→自定义功能区

图 7-20 "开发工具"选项卡

步骤 2：单击"开发工具"→"加载项"，在弹出的对话框列表中勾选"分析工具库"，单击"确定"按钮，就可成功加载"数据分析"功能。这时，在"数据"选项卡的"分析"组中可以看到"数据分析"选项。

现有从 51001 开始的 100 个连续的客户编码，需要从中抽取 20 个客户编码进行电话拜访，用抽样分析工具产生一组随机数据。

步骤 3：获取原始数据。如图 7-21a 所示，将编码从 51001 开始按列依次排序到 51100，并对间隔列填充相同颜色。

步骤 4：使用抽样工具。在"数据"选项卡下的"分析"组中单击"数据分析"按钮，打开"数据分析"对话框，然后在"分析工具"列表中选择"抽样"项，如图 7-21b 所示。

步骤 5：设置输入区域和抽样方式。在弹出的"抽样"对话框中，设置"输入区域"为"\$A\$1:\$I\$10"，设置"抽样方法"为"随机"，样本数为 20，再设置"输出区域"为"\$K\$1"，如图 7-21c 所示。

步骤 6：抽样结果。单击对话框中的"确定"按钮后，K 列中随机产生了 20 个样本数据，将产生的后 10 个数据剪切到 L 列，然后利用突出显示单元格规则下的重复值选项，将重复结果用不同颜色标记出来，结果如图 7-21d 所示。

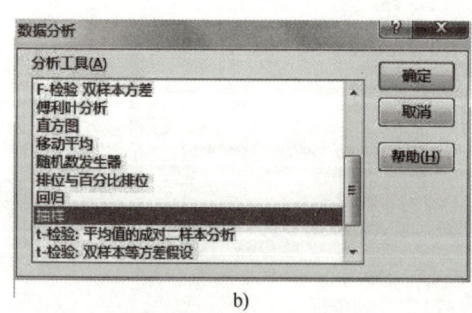

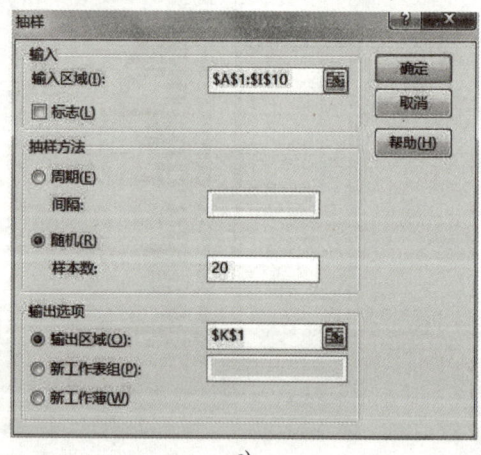

图 7-21　使用抽样工具

实验确认：□ 学生　　□ 教师

7.3　数理统计中的常见统计量

人们在描述事物或过程时习惯性地偏好于接受数字信息以及对各种数字进行整理和分析，而统计学就是基于现实经济社会发展的需求而不断发展的。

7.3.1 比平均值更稳定的中位数和众数

在统计学领域有一组统计量是用来描述样本的集中趋势的,即平均值、中位数和众数。
(1) 平均值:在一组数据中,所有数据之和再除以这组数据的个数。
(2) 中位数:将数据从小到大排序之后的样本序列中,位于中间的数值。
(3) 众数:一组数据中,出现次数最多的数。

平均数涉及所有的数据,中位数和众数只涉及部分数据,它们互相之间可以相等也可以不相等,也没有固定的大小关系。一般来说,平均数、中位数和众数都是一组数据的代表,分别代表这组数据的"一般水平""中等水平"和"多数水平"。

实例 7-5:员工工作量统计。

在本例中,统计员工 7 月的工作量,对整个公司的工作进度进行分析,并评价姓名为"陈科"的员工的工作情况。

如图 7-22a 所示,在工作表中分别利用 AVERAGE 函数、MEDIAN 函数和 MODE 函数求出"业绩"组的平均值、中位数和众数。

如图 7-22b 所示,用"姓名"列和"业绩"列作为数据源,将其生成图表,并用不同颜色填充系列"中位数"和"众数",再手绘一个"平均值"的柱形图置于图表中。

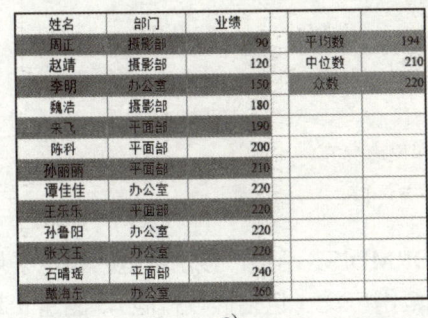 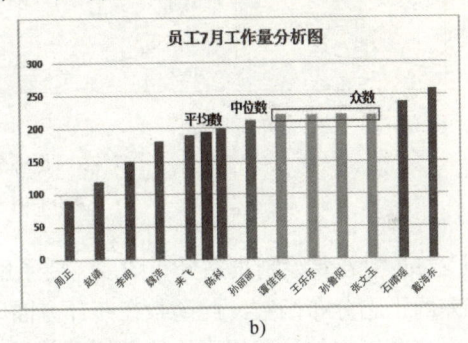

图 7-22 使用统计函数

从图表中可以看出,若要体现公司的整体业绩,平均值最具代表性,它反映了总体中的平均水平,即公司 7 月员工的平均业绩为 194。而中位数是一个趋向中间值的数据,其处于总体中的中间位置,所以有一半的样本值小于该值,还有一半的样本值大于该值。相对于平均值来讲,本例中的中位数 210 更具考察意义,因为平均值的计算受到了最大值和最小值两个极端异常值的影响,中位数虽然不能反映公司的一般水平,但是却反映了公司的集中趋势——中等水平。将本例中出现次数最多的众数 220 与平均值和中位数对比后会发现,在所有数据中,220 是多数人的水平,它反映了整个公司大多数人的工作状态,也是数据集中趋势的一个统计量。

例如,单独考察"陈科"的工作状况,他 7 月的工作业绩是 200,并没有达到公司的"中等水平"和"多数水平",但参考这两个统计量并不能否定他这个月的成绩,因为他的业绩高于整个公司的"平均水平"。

实验确认:□ 学生   □ 教师

7.3.2 概率统计中的正态分布和偏态分布

概率可以理解为随机出现的相对数。随机现象是相对于决定性现象而言的。在一定条件下必然发生某一结果的现象称为决定性现象。随机现象则是指在基本条件不变的情况下，每一次试验或观察前，不能肯定会出现哪种结果，呈现出偶然性，如常见的掷骰子试验。事件的概率是衡量该事件发生的可能性的度量。虽然在一次随机试验中某个事件的发生是带有偶然性的，但那些可在相同条件下大量重复的随机试验却往往呈现出明显的数量规律，其中正态分布和偏态分布就是数据有规律出现的两个代表。

正态分布（见图 7-23a）是一种对称概率分布，而偏态分布（见图 7-23b）是指频数分布不对称、集中位置偏向一侧的分布。若集中位置偏向数值小的一侧，称为正偏态分布；若集中位置偏向数值大的一侧，称为负偏态分布。在 Excel 中通过折线图或散点图可以模拟出如图 7-23 所示的效果。

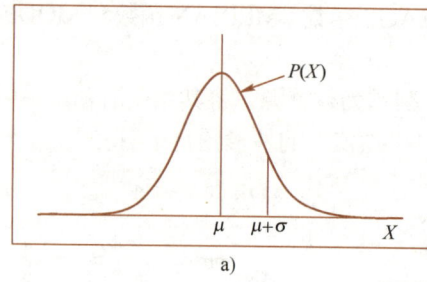
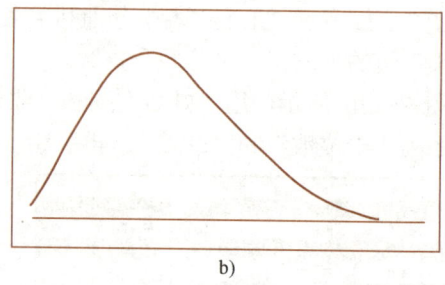

图 7-23　正态分布和偏态分布

a) 正态分布图　b) 偏态分布图

在 Excel 中若要绘制正态分布图，需要了解 NORMDIST 函数。该函数返回指定平均值和标准偏差的正态分布函数。此函数在统计方面应用范围广泛（包括假设检验），能建立起一定数据频率分布直方与该数据平均值和标准差所确定的正态分布数据的对照关系。

实例 7-6：计算学生考试成绩的正态分布图。

一般考试成绩具有正态分布现象。现假设某班有 45 个学生，在一次英语考试中学生的成绩分布在 54～95 分（假设他们的成绩按着学号依次递增），计算该班学生成绩的累积分布函数图和概率密度函数图（具体分数见图 7-24a，图中在第 27 行有折叠）。

步骤 1：计算均值和方差。在 C2 单元格中输入计算学生成绩的均值公式 "= AVERAGE(B3:B47)"，按〈Enter〉键后显示结果。然后在 D2 单元格中输入公式 "= STDEVP(B3:B47)" 计算学生成绩的方差。

步骤 2：计算累积分布函数。在 E3 单元格中输入正态分布函数的公式 "= NORMDIST(B3, $C$2, $D$2, TRUE) "。输入该函数的 cumulative（累积）参数时，选择 TRUE 选项表示累积分布函数。

步骤 3：计算概率密度函数。在 F3 单元格中输入与步骤 2 一样的函数公式，只是最后一个 cumulative 参数设置为 FALSE，即概率密度函数。

步骤 4：填充单元格公式。选取单元格 E3:F3，拖动鼠标填充 E4:F47 单元格区域。

步骤 5：绘制概率密度函数图。选取 F 列数据，插入折线图，显示如图 7-24b 所示。

步骤 6：绘制累积分布函数图。选取 E 列数据，插入面积图，显示如图 7-24c 所示。

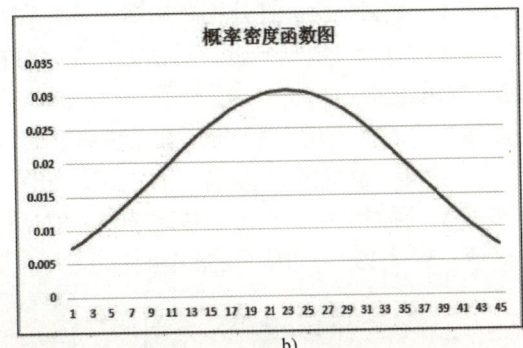

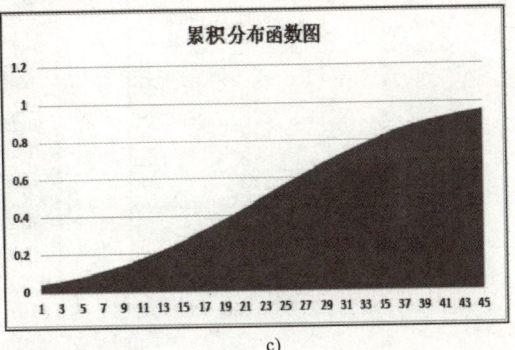

图 7-24 绘制正态分布图

实验确认：□ 学生   □ 教师

7.3.3 应用在财务预算中的分析工具

预测分析是大数据的核心，但同时也是一个很困难的任务。我们尝试在 Excel 中实现数据的分析和预测。在 Excel 中包括三种预测数据的工具，即移动平均法、指数平滑法和回归分析法。

（1）移动平均法适用于近期预测。当产品需求既不快速增长也不快速下降，且不存在季节性因素时，移动平均法能有效地消除预测中的随机波动。

（2）指数平滑法是生产预测中常用的一种方法，也用于中短期经济发展趋势预测。它不舍弃过去的数据，但是仅给予逐渐减弱的影响程度，即随着数据的远离，赋予逐渐收敛为零的权重。

（3）回归分析法在掌握大量观察数据的基础上，利用数理统计方法建立因变量与自变量之间的回归关系函数表达式。回归分析法不能用于分析与评价工程项目风险。

移动平均法根据预测时使用的各元素的权重不同，可以分为简单移动平均法和加权移动平均法。简单移动平均法的各元素的权重都相等；加权移动平均法给固定跨越期限内的每个变量值以不相等的权重。加权的原理是：历史各期产品需求的数据信息对预测未来的需求量的作用是不一样的。

实例 7-7：移动平均法预测。

如图 7-25a 所示，这是一份某企业 2015 年 12 个月的销售额情况表，表中记录了 1～12

月每个月的具体销售额,按移动期数为 3 来预测企业下个月的销售额。

步骤 1:数据分析。打开销售额情况表,在"数据"选项卡下单击"分析"组中的"数据分析"按钮,打开"数据分析"对话框,在"分析工具"列表中选择"移动平均"工具,单击"确定"按钮。

步骤 2:"移动平均"对话框。在"移动平均"对话框中设置"输入区域"为"$B$2:$B$13","输出区域"为"$C$3","间隔"为"3",如图 7-25b 所示。

步骤 3:预测结果。单击"移动平均"对话框中的"确定"按钮后,运行结果会显示在单元格区域 C5~C13 中,图 7-25a 中的第 14 行预测数据即是下个月的预测值。

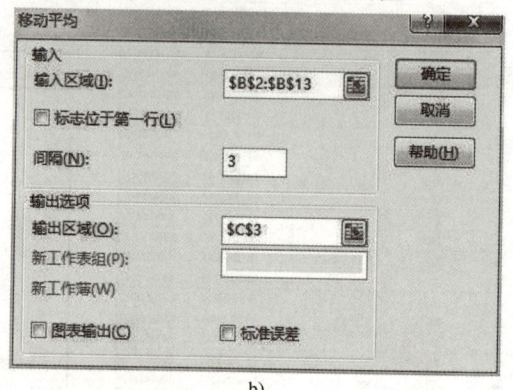

图 7-25 移动平均法预测

实验确认:□ 学生　　□ 教师

实例 7-8:指数平滑法预测。

如图 7-26a 所示,这是某企业 2013 年销售额数据,用指数平滑法预测下个月的销售额。

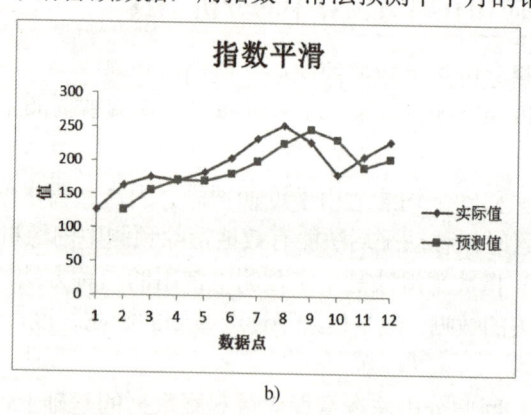

图 7-26 指数平滑法预测

步骤 1:打开"指数平滑"对话框,设置"输入区域"为"$B$2:$B$13","输出区域"为"$C$3",然后输入"阻尼系数"为"0.2",再勾选"图表输出"复选框,单击"确定"按钮。

步骤 2:预测结果。工作表 C14 单元格中的数据就是指数平滑法预测出的结果。

步骤 3:图表输出。除了工作表中会显示预测数据外,由于勾选了"图表输出"选项,所以系统还会将预测结果用图表的形式输出(见图 7-26b)。

实验确认:□ 学生　　□ 教师

7.4 改变数据形式引起的图表变化

在 Excel 中，数据单位是否合理直接影响了图表的表达形式，如果设置不恰当，制作的图表不但不能准确传递数据信息，还可能误导用户对图表的使用，或者使设计的图表失去意义。

7.4.1 用负数突出数据的增长情况

在计算产值、增加值、产量、销售收入、实现利润和实现利税等项目的增长率时，经常使用的计算公式为

增长率(%) = (报告期水平−基期水平) /基期水平×100% = 增长量/基期水平×100%

其中，报告期和基期构成一对相对的概念。报告期是基期的对称，是指在计算动态分析指针时，需要说明其变化状况的时期；基期是作为对比基础的时期。

实例 7-9：数据如图 7-27a 所示，用"销售额"来表达数据增长情况并不为过（见图 7-27b），从图表中可以看出某年销售额的增长趋势。

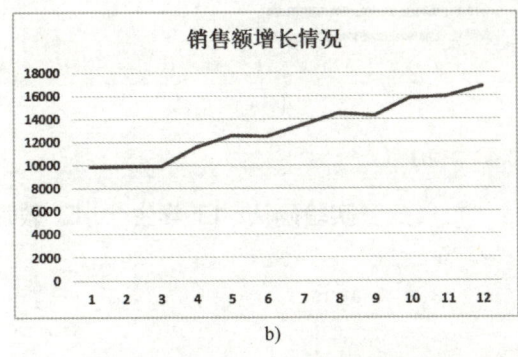
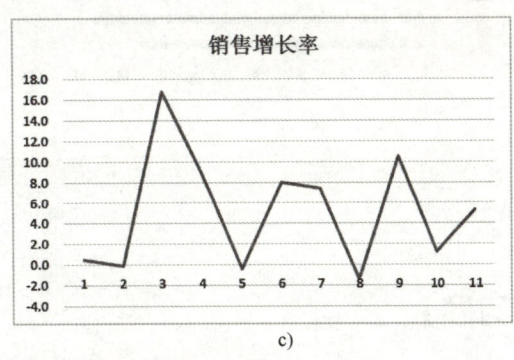

图 7-27 用"销售额"来表达数据增长情况

在 C3 单元格中输入计算增长率的公式"= (B3−B2) / B2"，然后拖动鼠标填充 C3。

用增长额来分析，使数据波动的大小和负增长的情况并不那么显而易见。而在图 7-27c 中，折线的起伏不定表示了数据的波动情况，而且在零基线上方展示了数据的正增长，还有一小部分在零基线下方，说明该年的销售额数据有负增长的情况——这就是用增长率来分析数据的优势。

实验确认：□ 学生   □ 教师

7.4.2 重排关键字顺序使图表更合适

条形图和柱形图最常用于说明各组之间的比较情况。条形图是水平显示数据的唯一图表类型。因此，该图常用于表示随时间变化的数据，并带有限定的开始和结束日期。另外，由于类别可以水平显示，因此它还常用于显示分类信息。

实例 7-10： 在图 7-28a 中，选定 B2 单元格，切换至"数据"选项卡，在"排序和筛选"组中单击"升序"按钮，便可得到图 7-28b 所示的结果。

从图 7-28c 可知源数据的凌乱无序，无论是数据还是关键字都毫无规律可言。条形图与柱状图一样，在表示项目数据大小时，一般都会先对数据排序。图 7-28d 是对数值按从大到小的顺序排列后的效果。对于条形图，人们习惯将类别按从大至小的次序排列，也就是要将源数据按降序排列才会达到此效果。

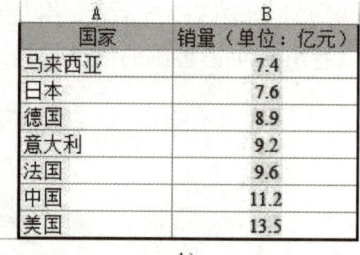

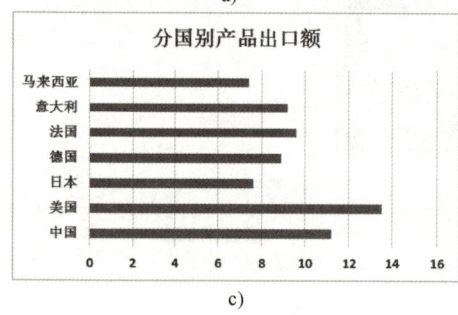

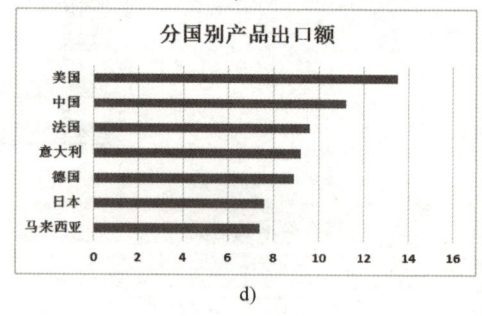

图 7-28 重排关键字顺序

实验确认：□ 学生　　□ 教师

【习题】

1. 电子表格软件可以自动执行复杂的（　　），还可以将数据转换成各种形式的彩色图表，它有特定的数据处理功能。

　　A．项目管理　　　B．演示文稿　　　C．文字处理　　　D．公式计算

2. Excel 的（　　）功能是其数据处理的重要手段之一，它实际上是一些预定义的公式计算程序，甚至可以用来设计复杂的统计管理表格或者小型的数据库系统。

　　A．字处理　　　　B．函数　　　　　C．图像　　　　　D．机器学习

3. Excel 中的（　　）可以是数字、文本、逻辑值、数组、错误值或单元格引用等，也可以是常量、公式或其他函数。它给定后必须能产生有效的值。

A. 参数　　　　　B. 单元格　　　　C. 数组　　　　D. 常量

4. Excel 的（　　）用于建立可产生多个结果，或者可对存放在行和列中一组参数进行运算的单个公式。

A. 参数　　　　　B. 单元格　　　　C. 数组　　　　D. 常量

5. 在 Excel 有两类数组。（　　）数组是一个矩形的单元格区域，该区域中的单元格共用一个公式；（　　）数组将一组给定的常量用作某个公式中的参数。

A. 物理，逻辑　　B. 逻辑，物理　　C. 常量，区域　　D. 区域，常量

6. 在 Excel 中，（　　）引用用于表示所在工作表所处位置的坐标值，包括相对引用和绝对引用两种形式。

A. 参数　　　　　B. 单元格　　　　C. 数组　　　　D. 常量

7. Excel 中的（　　）是直接输入到单元格或公式中的数字或文本值，或由名称所代表的数字或文本值。公式或由公式得出的数值都不属于这一类。

A. 参数　　　　　B. 单元格　　　　C. 数组　　　　D. 常量

8. Excel 中的一个函数还可以是另一个函数的参数，这就是（　　），它是指在某些情况下，可能需要将某函数作为另一个函数的参数使用。

A. 参数变量　　　B. 单元组合　　　C. 嵌套函数　　　D. 数组集合

9. Excel 的数据分析图表可用于将工作表数据转换成图片，具有较好的可视化效果，可以快速表达绘制者的观点，方便用户查看数据的（　　）等。

① 差异　　　　② 图案　　　　③ 关联性　　　　④ 预测趋势

A. ①②④　　　B. ①③④　　　C. ①②③　　　D. ②③④

10. Excel 的各种图表类型提供了一组不同的选项。例如（　　）。

① 网格线　　　② 图例　　　　③ 坐标轴　　　　④ 标尺

A. ①③④　　　B. ①②③　　　C. ②③④　　　D. ①②④

11. 应用 Excel，在工作中经常使用（　　）来表示产品在一段时间内的生产和销售情况的变化或数量的比较。

A. 折线图　　　B. 散点图　　　C. 条形图　　　D. 饼图

12. 应用 Excel，如果要体现整体中每一部分所占的比例（如市场份额）时，通常使用（　　）。

A. 折线图　　　B. 散点图　　　C. 条形图　　　D. 饼图

13. 在 Excel 中，所谓"（　　）"是指在图表中绘制的相关数据点，它们源自数据表的行或列。

A. 数据系列　　B. 元素集合　　C. 数组项　　　D. 单元集合

14. 可以在 Excel 的图表中绘制一个或多个数据系列。饼图只有一个数据系列。对于三维条形图和柱形图，可以将有关数据系列更改为（　　）图表类型。

① 平行线　　　② 圆锥　　　　③ 圆柱　　　　④ 棱锥

A. ①②③　　　B. ②③④　　　C. ①②④　　　D. ①③④

15. 在 Excel 中，用户可以执行数据的（　　）等操作，按一定规则对数据进行整理、排列，为数据的进一步处理做好准备。

① 筛选　　　　② 聚合　　　　③ 排序　　　　④ 分类汇总

A. ①②③　　　B. ②③④　　　C. ①②④　　　D. ①③④

16. 在 Excel 中，（　　）一般用于简单的条件筛选，筛选时将不满足条件的数据暂时隐藏起来，只显示符合条件的。

　　　A．高级筛选　　B．组合筛选　　C．自动筛选　　D．顺序排列

17. 在 Excel 中，（　　）一般用于条件较复杂的筛选操作，其筛选的结果可显示在原数据表格中，也可以在新的位置显示筛选结果，且不符合条件的记录也同时保留。

　　　A．高级筛选　　B．组合筛选　　C．自动筛选　　D．顺序排列

18. 在对数据进行分类汇总前，必须确保分类的字段是（　　）的，如果分类的字段杂乱无序，分类汇总将会失去意义。

　　　A．高级筛选　　B．组合筛选　　C．自动筛选　　D．顺序排列

19. 对于一份庞大的数据集合来说，无论是手动录制还是从外部获取，难免会出现（　　）等情况，这样的数据就需要进行清洗，此外还有数据一致性检查等操作。

　　　① 无效值　　② 重复值　　③ 极小值　　④ 缺失值

　　　A．①③④　　B．①②④　　C．①②③　　D．②③④

20. 做数据分析、市场研究、产品质量检测，常常需要用到抽样分析技术。在 Excel 中使用"抽样"工具，必须先启用"开发工具"选项，然后再加载"（　　）"。

　　　A．筛选条件库　　B．组合抽样库　　C．分析工具库　　D．抽样函数

【实验与思考】体验 Excel 数据可视化方法

1．实验步骤

请仔细阅读本章的课文内容，对其中的各个实例执行具体操作。

（1）熟悉 Excel 电子表格的基本操作。

（2）通过课文中实例的实验操作，熟悉 Excel 数据分析和数据可视化方法。

注意：完成每个实例操作后，在对应的"实验确认"栏中打勾（√），并请实验指导教师指导和确认。

请问：是否完成了各个实例的实验操作？如果不能顺利完成，请分析可能的原因是什么。

答：_____

_____

2．实验总结

_____

_____

3．实验评价（教师）

_____

_____

第 8 章　Excel 数据可视化应用

【导读案例】包罗一切的数字图书馆

1996 年，斯坦福大学计算机科学系的两位研究生正在做一个项目——斯坦福数字图书馆，目标是展望图书馆的未来，构建一个能够将所有书籍和互联网整合起来的图书馆。他们打算开发一个工具，能够让用户浏览图书馆的所有藏书。但是，这个想法在当时难以实现，因为只有很少一部分书是数字形式的。于是，他们将该想法和相关技术转移到文本上，将大数据实验延伸到互联网上，开发出了一个让用户能够浏览互联网上所有网页的工具，他们最终开发出了一个搜索引擎，并将其称为"谷歌"。

到 2004 年，谷歌"组织全世界的信息"的使命进展得很顺利，这就使其创始人拉里·佩奇有暇回顾他的"初恋"——数字图书馆。令人沮丧的是，当时仍然只有少数书是数字形式的。不过，那几年间某些事情已经改变了：佩奇已经是亿万富翁。于是，他决定让谷歌涉足扫描图书并对其进行数字化的业务。尽管他的公司已经在做这项业务了，但他认为谷歌应该为此竭尽全力。

谷歌最终成功了。在公开宣称启动该项目的 9 年后，谷歌完成了 3000 多万本书的数字化，相当于历史上出版图书总数的 1/4。其收录的图书总量超过了哈佛大学（1700 万册）、斯坦福大学（900 万册）、牛津大学（1100 万册）以及其他任何大学的图书馆，甚至还超过了俄罗斯国家图书馆（1500 万册）、德国国家图书馆（2500 万册）。

当"谷歌图书"项目启动时，人们是从新闻中得知的。但是，两年后的 2006 年这一项目的影响才显现出来。当时，有研究者正在写一篇关于英语语法历史的论文。为了该论文，他们对一些古英语语法教科书做了小规模的数字化。

现实问题是，与该研究最相关的书被"埋藏"在哈佛大学魏德纳图书馆（见图 8-1）里。为找到这些书，首先，到达图书馆东楼的二层，走过罗斯福收藏室和美洲印第安人语言部，会看到一个标有电话号码"8900"和向上标识的过道，这些书被放在从上数的第二个书架上。多年来，伴随着研究的推进，研究者经常来翻阅这个书架上的书，但除了他们之外，也许没有人在意这个书架。

图 8-1　哈佛大学魏德纳图书馆

有一天，有人注意到研究中经常使用的一本书可以在网上看到了。那是由"谷歌图书"项目实现的。出于好奇，研究者就开始在"谷歌图书"项目中搜索魏德纳图书馆那个书架上的其他书，而那些书同样也可以在"谷歌图书"项目中找到。

谷歌的大量藏书代表了一种全新的大数据，其有可能会转变人们看待过去的方式。大多数大数据虽然大，但时间跨度却很短，常常是有关近期事件的新近记录。这是因为这些数据是由互联网催生的，而互联网只是一项新兴的技术。如果研究目标是文化变迁，由于文化变迁通常会跨越很长的时间段，当探索历史上的文化变迁时，短期数据是没有多大用处的，不管它有多大。

"谷歌图书"项目的规模可以和数字媒体时代的任何一个数据集相媲美。谷歌数字化的书并不只是当代的（不像电子邮件、RSS订阅等），有些书甚至可以追溯到几个世纪前。因此，"谷歌图书"不仅是大数据，而且是长数据。

"谷歌图书"包含了如此长的数据，因此和大多数大数据不同。这些数字化的图书不局限于描绘当代人文图景，还反映了人类文明在相当长一段时期内的变迁，其时间跨度比一个人的生命更长，甚至比一个国家的寿命还长。"谷歌图书"的数据集也由于其他原因而备受青睐——它涵盖的主题范围非常广泛。浏览如此大量的书籍可以被认为是在咨询大量的人，而其中有很多人都已经去世了。在历史和文学领域，关于特定时间和地区的书是了解那个时间和地区的重要信息源。

大数据为我们认识周围世界创造了新机遇，同时也带来了新的挑战，即"数据越多，问题越多"。

第一个主要的挑战是，大数据和数据科学家们之前运用的数据在结构上差异很大。科学家们喜欢采用精巧的实验推导出一致的准确结果，回答精心设计的问题。但是，大数据是杂乱的数据集，典型的数据集通常会混杂很多事实和测量数据。数据搜集过程往往比较随意，并非出于科学研究的目的，因此，大数据集经常错漏百出、残缺不全，甚至缺乏科学家们需要的信息。而这些错误和遗漏即便在单个数据集中也往往不一致。那是因为大数据集通常由许多小数据集融合而成。处理大数据的一部分工作就是熟悉数据，以便能反推出产生这些数据的工程师们的想法。但是，我们和多达1拍字节的数据又能熟悉到什么程度呢？

第二个主要的挑战是，大数据和我们通常认为的科学方法并不完全吻合。科学家们想通过数据证实某个假设，将他们从数据中了解到的东西编织成具有因果关系的故事，并最终形成一个数学理论。当在大数据中探索时，你会不可避免地有一些发现，例如，公海的海盗出现率和气温之间的相关性。这种探索性研究有时被称为"无假设"研究，因为我们永远不知道会在数据中发现什么。但是，当需要按照因果关系来解释从数据中发现的相关性时，大数据便显得有些无能为力了。是海盗造成了全球变暖吗？是炎热的天气使更多的人从事海盗行为的吗？如果二者是不相关的，那么近几年在全球变暖加剧的同时，海盗的数目为什么会持续增加呢？我们难以解释，而大数据往往却能让我们去猜想这些事情中的因果链条。

当我们继续收集这些未做解释或未做充分解释的发现时，有人开始认为相关性正在威胁因果性的科学基石地位。甚至有人认为，大数据将导致理论的终结，这样的观点有些让人难以接受。现代科学最伟大的成就是在理论方面，譬如爱因斯坦的广义相对论、达尔文的自然选择进化论等。理论可以通过看似简单的原理来解释复杂的现象，如果我们停止理论探索，那么我们将会忽视科学的核心意义。当我们有了数百万个发现而不能解释其中任何一个时，这意味着什么？这并不意味着我们应该放弃对事物的解释，而是意味着很多时候我们只是为了发现而发现。

第三个主要挑战是，数据产生和存储的地方发生了变化。科学家习惯于通过在实验室中做实验得到数据，或者记录对自然界的观察数据。可以说，某种程度上，数据的获取是在科学家的控制之下的。但是，在大数据的世界里，大型企业甚至政府拥有着最大规模的数据集，而它们自己、消费者和公民们更关心的是如何使用数据。支付宝的商家不希望它们完整的交易数据被公开，或者让研究生随意使用。搜索引擎日志和电子邮件更是涉及个人隐私权和保密权。各个公司对所控制的数据有着强烈的产权诉求，它们分析自己的数据是期望产生更多的收入和利润，而并不愿意和外人共享其核心竞争力，一些学者和科学家也是如此。

出于所有这些原因，一些最强大的关于人类"自我知识"的数据资源基本未被使用过。人们发现，永无止境的学习欲望和探索欲望与这些数据之间的鸿沟大得惊人。这类似于数代天文学家们一直在探索遥远的恒星，却由于法律原因而不被允许研究太阳。然而，只要知道太阳在那里，人们对它的研究欲望就不会消退。如果要分析谷歌的图书馆，我们就必须找到应对上述挑战的方法。数字图书所面临的挑战并不是独特的，只是今天大数据生态系统的一个缩影。

阅读上文，请思考、分析并简单记录：

（1）"谷歌"的诞生最初源自于什么项目？作为一个数据相关专业的学生，你有多大勇气来开始属于自己的数字研究项目并将其作为事业？

答：_____

_____

（2）如今，互联网上可以搜索到很多图书项目，请通过搜索浏览，寻找几个你心仪的图书阅读网站，并记录。

答：_____

_____

（3）"数据越多，问题越多"，那么，我们面临的主要挑战是什么？

答：_____

_____

在数据分析中，为了让数据更直观地展示，会将数据进行可视化。Excel 的数据可视化功能有众多展现方式，不同的数据类型要选择适合的展现方法（见图 8-2）。

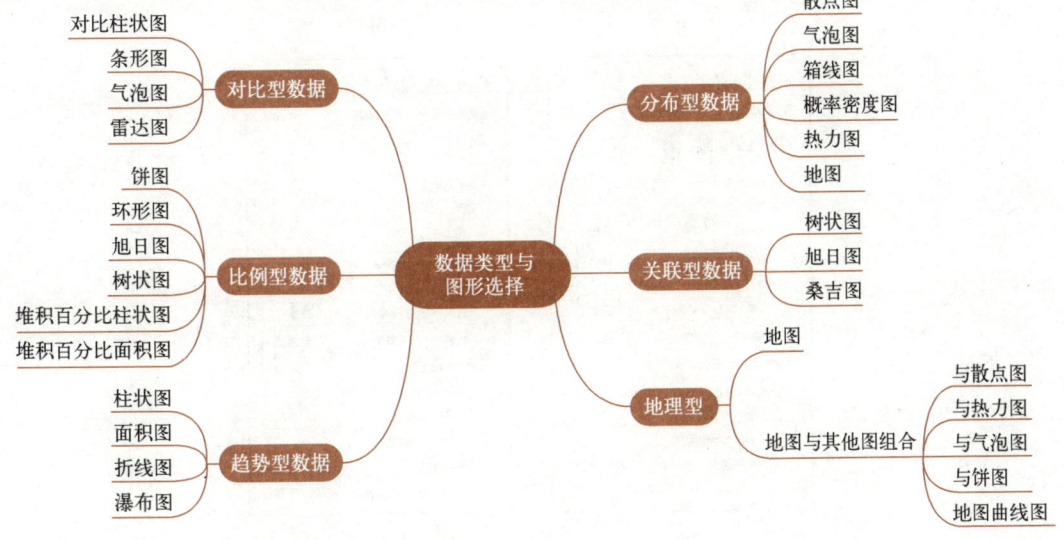

图 8-2　统计图表按数据类型分类

8.1 直方图：对比关系

直方图是一种统计报告图，是表示资料变化情况的主要工具。直方图用一系列高度不等的纵向条纹或线段表示数据分布的情况，一般用横轴表示数据类型，纵轴表示分布情况。作直方图的目的就是通过观察图的形状，判断生产过程是否稳定，预测生产过程的质量。

8.1.1 以零基线为起点

零基线，是以零作为标准参考点的一条线，在零基线的上方规定为正数，下方为负数，它相当于十字坐标轴中的水平轴。Excel 中的零基线通常是图表中数字的起点线，一般只展示正数部分。若是水平条形图，则零基线与水平网格线平行；若是垂直条形图，则零基线与垂直网格线平行。

零基线在图表中的作用很重要。在绘图时，要注意零基线的线条要比其他网格线的线条粗、颜色重。如果直条的数据点接近于零，还需要将其数值标注出来。

实例 8-1 零基线为起点。

如图 8-3a 所示，数据起点是 2 000 元，从中可以读出每个部门的日常开支。而图 8-3b 的数据起点是 0，即把零基线作为起点。图 8-3a 的不足在于不便于对比每个直条的总价值，乍看该图感觉人事部的开支是财务部的两倍还多，而事实上人事部的数据只比财务部多了 1 500 元。这种错误性的导向就是数据起点的设定不恰当造成的。

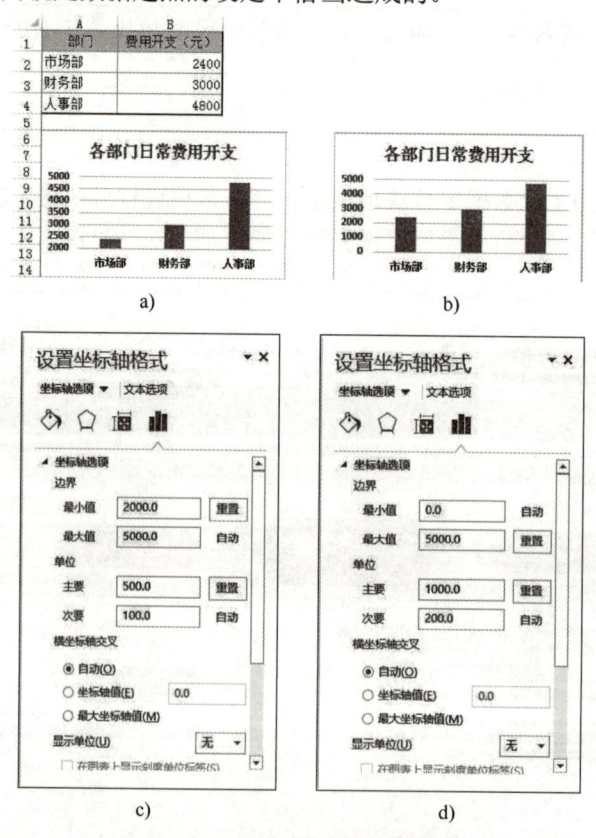

图 8-3 以零基线为起点绘制图表

步骤1：绘制图表（见图8-3a）。

步骤2：右键单击图表左侧的坐标轴数据，在弹出的快捷菜单中选择"设置坐标轴格式"命令，打开"设置坐标格式"面板（见图8-3c），在"坐标轴选项"下，将"边界"组中的"最大值""最小值"和"单位"组中的"主要""次要"数字设置如图8-3d所示，从而得到图8-3b所示的效果。

实验确认：□ 学生　　□ 教师

此外，要看懂图表，必须先认识图例。图例是集中于图表一角或一侧的各种形状和颜色所代表内容与指标的说明。它具有双重任务：在编图时是图解表示图表内容的准绳，在用图时是必不可少的阅读指南。无论是阅读文字还是图表，人们习惯于从上至下地去阅读，这就要求信息的因果关系应明确。在图表中，这一点也必须有所体现。例如，在默认情况下图例都是在底部显示的，而根据阅读习惯，应该将图例放在图信息的上方，这样就自然而然地加快了阅读速度。

如果想删除多余标签，只显示部分的数据标签，可单击选中所有的数据标签，然后再双击需要删除的数据标签即可；或选中单独的某个标签，再按〈Del〉键来删除。

8.1.2　垂直直条的宽度要大于条间距

柱状或条形图中直条的宽度与相邻直条间的间隔决定了整个图表的视觉效果。即便表示同一内容，也会因为直条的不同宽度及间隔而给人以不同的印象。如果直条宽度小于条间距，会形成一种空旷感，这时阅读图表时注意力会集中在空白处，而不是在数据系列上。在一定程度上会误导读者的阅读方式。

网格线的作用是方便读者在读图时进行值的参考，Excel默认的网格线是灰色的，显示在数据系列的下方。一个图表中必不可少的元素是数据元素，其余元素称为非数据元素。在Excel中，网格线属于非数据元素，这类元素应尽量减弱甚至直接删除。例如，应该避免在水平条形图中使用网格线。

实例8-2　调整直条的宽度。

如图8-4所示，两组图表中，图8-4a中直条宽度明显小于条间距，虽然能从中读出想要的数据结果，但其表达效果不如图8-4b中的图形。直条是用来测量零散数据的，如果其中的直条过窄，视线就会集中在直条之间不附带数据信息的留白空间上。因此，将直条宽度绘制在条间距的一倍以上、两倍以下最为合适。

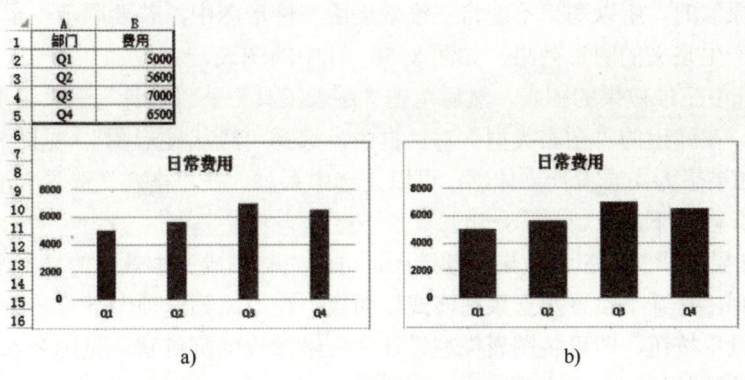

图8-4　调整直条的宽度

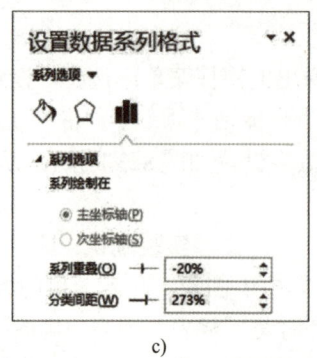

c)　　　　　　　　　　　　　　d)

图 8-4　调整直条的宽度（续）

步骤：双击图中直条形状，打开的"设置数据系列格式"面板（见图 8-4c），在"系列选项"下设置"分类间距"的百分比大小（见图 8-4d）。分类间距百分比越大，直条形状就越细，条间距也就越大，所以将分类间距调为小于或等于 100% 较为合适。

实验确认：□ 学生　　　□ 教师

8.1.3　慎用三维效果的柱形图

在大多数情况下，三维效果是为了体现立体感和真实感的。但是，这并不适用于柱状图，因为柱状图顶部的立体效果会让数据产生歧义，导致其失去正确的判断。

如果想用 3D 效果展示图表数据，可以选用圆锥图表类型。圆锥效果将圆锥的顶点指向数据，也就是在图表中每个圆锥的顶点与水平网格线只有一个交点，使指向的数据是唯一、确定的。

在图表制作中，图表系列的颜色也很重要。例如，使用相似的颜色填充柱形图中的多直条，使系列的颜色由亮至暗地进行过渡布局，这样，较之于颜色鲜艳分明，得到的图表具有更强的说服力。因为在多直条种类中（一般保持在四种或四种以下），前者在同一性质（月份）下会使阅读更轻松，因为它们的颜色具有相似性，不会因为颜色繁多而眼花缭乱。

实例 8-3　建立柱形图的三维效果。

图 8-5a 中使用了三维效果展示四家店一季度的销售额，细心的读者会疑惑直条的顶端与网格线相交的位置在哪里？也就是直条对应的数据到底是多少并不明确，这种错误在图表分析过程中是不可原谅的。所以切记不能将三维效果用在柱形图中，若要展示一定程度的立体感，可以选用不会产生歧义的阴影效果，如图 8-5b、d 中的图表。

步骤 1：选中三维效果的图表，然后单击"图表工具"→"设计"→"类型"→"更改图表类型"按钮，在弹出的"图表类型"对话框中，选择"簇状柱形图"（见图 8-5c）。

步骤 2：如果想为图表设计立体感，可以先选中系列，在"格式"选项卡下设置形状效果为"阴影-内部-内部下方"（见图 8-5b）。

步骤 3：如果需要制作三维效果的圆锥图，可以先制作成三维效果的柱状图，然后双击图表中的数据系列，打开"设置数据系列格式"面板，在"系列选项"下有一组"柱体形状"，单击"完整圆锥"按钮，即可将图表类型设计为三维效果的圆锥状（见图 8-5d）。

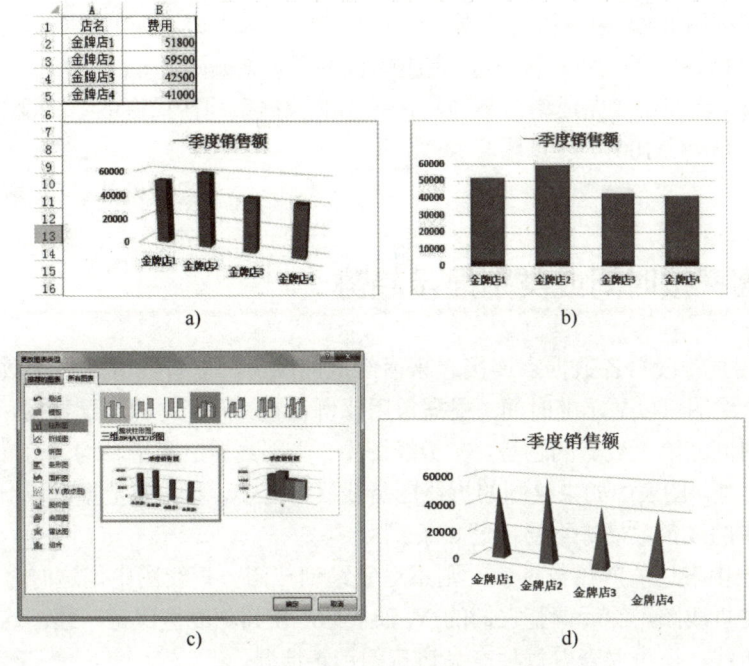

图 8-5　建立柱形图的三维效果

实验确认：□ 学生　　□ 教师

8.1.4　用堆积图表示百分数

柱形图按数据组织的类型分为簇状柱形图、堆积柱形图和百分比堆积柱形图，簇状柱形图用来比较各类别的数值大小；堆积柱形图用来显示单个项目与整体间的关系，比较各个类别的每个数值占总数值的大小；百分比堆积柱形图用来比较各个类别的每个数值占总数值的百分比。

实例 8-4　百分比柱形堆积图。

如图 8-6 所示，图表中数据要表达的是 4 个月中某个新员工实际完成的工作量占目标工作量的百分比。图 8-6a 中单色直条所代表的 100%数值完全多余，将其去掉会让图表更简洁。如果想保留这一目标百分数，可以将"完成率"与"目标值"直条重合在一起，结果就是图 8-6b 中的效果。图 8-6b 中的图表从形式上加强了百分数的表达、特别是部分与整体的百分数效果更明确。

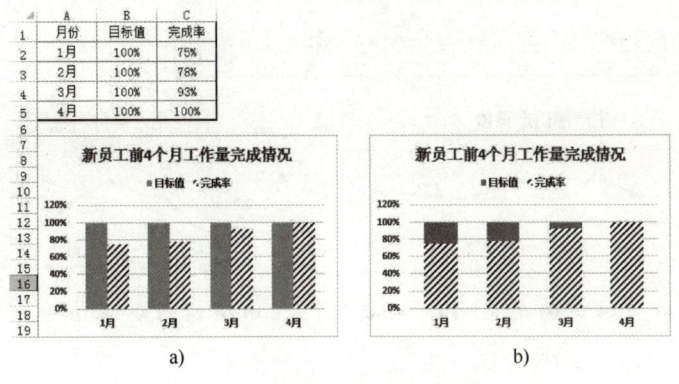

图 8-6　百分比柱形堆积图

步骤 1：根据图 8-6a 中表格的数据，绘制并调整，选中该系列上的数据标签，在"标签选项"下设置"标签位置"为"居中"，完成的直方图效果如图 8-6a 所示。

步骤 2：双击图表中"完成率"系列，在弹出的数据系列格式窗格中，设置"系列选项"下"系列重叠"值为"100%"（见图 8-6b）。

实验确认：□ 学生　　　□ 教师

8.2　折线图：按时间或类别显示趋势

折线图是用直线段将各数据点连接起来而组成的图形，以折线方式显示数据的变化趋势和对比关系。折线图可以显示随时间（根据常用比例设置）而变化的连续数据，因此非常适用于显示在相等时间间隔下数据的趋势。在折线图中，类别数据沿水平轴均匀分布，数据沿垂直轴均匀分布。但是，图表中如果绘制的折线图折线线条过多，会导致数据难以分析。与柱状图一样，折线图中的线条数最好不要超过 4 条。

如果在图表中表达的产品数过多，则不适宜绘制在同一折线图中，这时，可以将每种产品各绘制成一种折线图，然后调整它们的 Y 轴坐标，使其刻度值保持一致。这样不仅可以直接对比不同的折线，还可以查看每种产品自身的销售情况。

8.2.1　减小 Y 轴刻度单位增强数据波动情况

在折线图中，可以显示数据点以表示单个数据值，也可以不显示这些数据点，而表示某类数据的趋势。当有很多数据点且它们的显示顺序很重要时，折线图尤其有用。当有多个类别或数值是近似的，一般使用不带数据标签的折线图较为合适。

实例 8-5　减小 Y 轴刻度单位。

在图 8-7a 中，图表 Y 轴边界是以 0 为最小值、60 为最大值设置的边界刻度，并按 10 为主要刻度单位递增。而图 8-7b 中的图表 Y 轴是以 30 作为基准线，主要刻度单位按照 5 增加的。由于刻度值的不同使得图 8-7a 中折线位置过于靠上，给人悬空感，并且折线的变化趋势不明显；而图 8-7b 中的折线占了图表的三分之二左右，既不拥挤也不空旷，同时能反映出数据的变化情况。通过对比发现，在适当时候更改折线图中的起点刻度值可以让图表表现得更深刻。

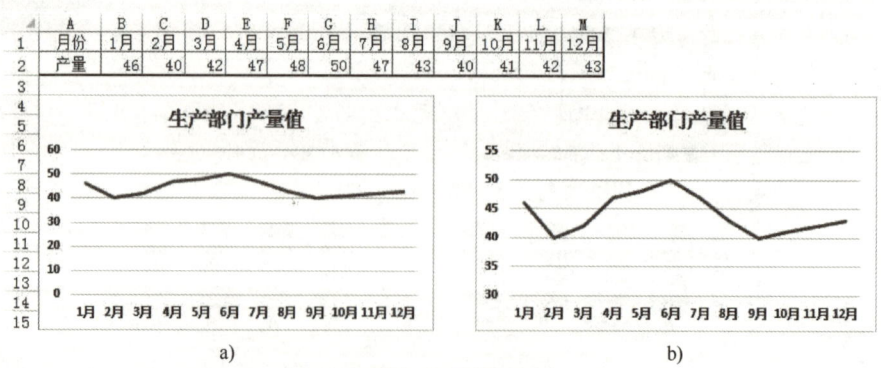

图 8-7　减小 Y 轴刻度单位

步骤 1：根据图 8-7 中的表格数据，绘制折线图如图 8-7a 所示。

步骤 2：单击 Y 轴坐标，打开坐标轴格式窗格，在"坐标轴选项"下输入边界最小值"30"，边界最大值"50"，然后输入主要单位值"5"，结果如图 8-7b 所示。

在折线图中，Y 轴表示的是数值，X 轴表示的是时间或有序类别。在对 Y 轴刻度进行优化后，还应该对 X 轴的一些特殊坐标轴进行编辑。例如，常见的带年月的日期横坐标轴，如果是同年内一般只显示月份即可，如果是不同年份的数据点，就需要显示哪年哪月。

图 8-8a 中的横坐标显得冗长，这时若将相同年份中的月份省略年数，显示就会轻松很多。可在数据源中重新编辑，重新制作的图表效果如图 8-8b 所示。对比两张图表，后者横轴的日期文本确实更清楚，一看就能明白月份属于何年。

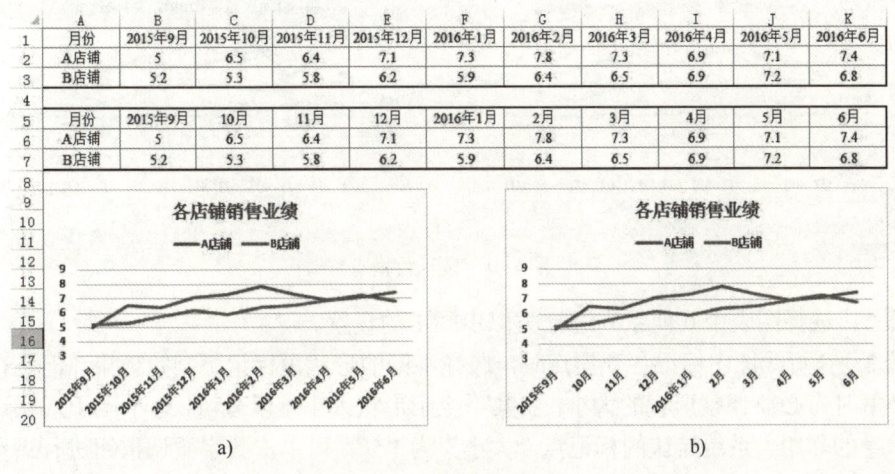

图 8-8　调整刻度单位

实验确认：□ 学生　　　□ 教师

8.2.2　突出显示折线图中的数据点

在图表中单击，进而在图表右侧单击出现的"图表元素"项，勾选"数据标签"，可为图表加上数据标签，也可以点选出现的数据标签，删除个别不需要出现的数据标签。

除了数据标签能直接分辨出数据的转折点外，还有一个方法，就是在系列线的拐弯处用一些特殊形状标记出来，这样就可轻易分辨出每个数据点了。

虽然折线图和柱状图都能表示某个项目的趋势，但是柱状图更加注重直条本身长度即直条所表示的值，因此一般都会将数据标签显示在直条上。而若在较多数据点的折线图中显示数据点的值，不但数据之间难以辨别所属系列，而且整个图表也失去了美观性。只有在数据点相对较少时，显示数据标签才可取。

实例 8-6　显示数据点。

为了表示数据点的变化位置，需要特意将转折点标记出来。图 8-9a 中用数据标签标注各转折点的位置，但并不直接，而且不同折线的数据标签容易重叠，使得数字难以辨认。而图 8-9b 中在各转折点位置显示比折线线条更大、颜色更深的圆点形状，整个图表的数据点之间不仅容易分辨，而且图表也显得简单。除此之外，还特意将每条折线的最高点和最低点用数据标签显示出来。

步骤 1：双击图表中的任意系列打开数据系列格式窗格，在"系列选项"组中单击填充图标，然后切换至"标记"选项列表下，单击"数据标记选项"展开下拉列表，在展开的列表中单击"内置"单选按钮，再设置标记"类型"为圆形。同样在"标记"列表下，单击"填充"按钮展开列表，在列表中设置颜色为深蓝色。

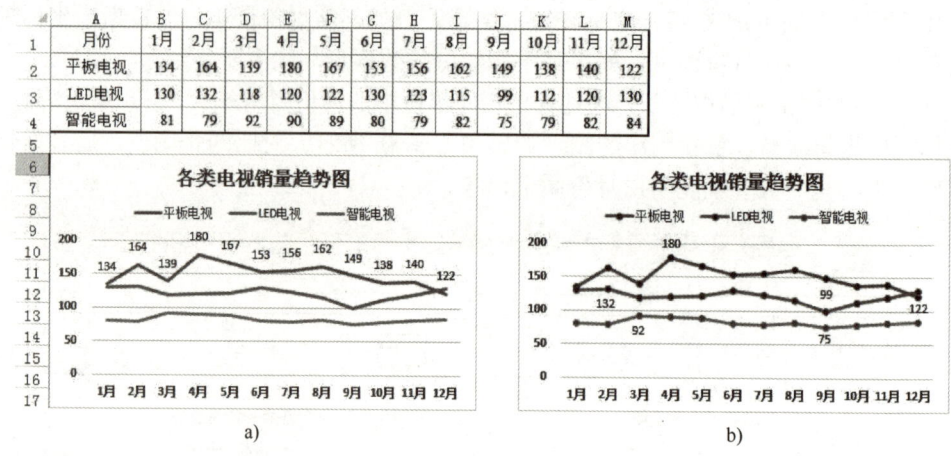

图 8-9 显示数据点

步骤 2：选择图表中其他系列进行类似步骤 1 的设置。

步骤 3：在折线图中标记各数据点时，选择不同的形状可标记不同的效果。但是在设置标记点的类型时有必要调整形状的大小，使其不至于形状太小难以分辨，也不至于形状过大削弱了折线本身的作用。系统默认的标记点"大小"为"5"，可单击数字微调按钮进行调整（如将大小调整为 10）。

选择好标记数据点的形状类型后，根据折线的粗细调整形状大小，再为形状填充不同于折线本身的线条颜色加以强调。

实验确认：☐ 学生 　　　☐ 教师

8.2.3 通过面积图显示数据总额

在折线图中添加面积图，属于组合图形中的一种。面积图又称区域图，它强调数量随时间而变化的程度，可引起人们对总值趋势的注意。例如，表示随时间而变化的利润的数据可以在绘制的折线图中添加面积图以强调总利润。

实例 8-7 面积图。

图 8-10a 中的折线图展示了 1 月 A 产品不同单价的销售量差异情况，从图表中可看出这段时间的销售额波动不大；而图 8-10b 中的折线图＋面积图不仅显示了这段时间内销量的差异情况，而且在折线下方有颜色的区域还强调了这段时间内销售总额的情况，即销售额等于横坐标值乘以纵坐标值。从对比结果中可发现，在分析利润额数据时，为折线图添加面积图会有一个更直接、更明确的效果。

步骤 1：依据图 8-10 表格中的单价、销售额（一行）数据，绘制折线图如图 8-10a 所示。注意设置坐标轴、标题，突出显示折线图中的数据点。

步骤 2：增加一组与数据源中"销售额"一样的数据（见图 8-10 中表格），然后用两组一模一样的销售额数据和日期数据绘制折线图,两个系列完全重合,结果如图 8-10a 所示。选中图表,在"图表工具"→"设计"选项卡下,单击"类型"组中的"更改图表类型"按钮,在弹出的对话框中,系统默认在"组合"选项下,设置其中一个销售额系列为"带数据标记的折线图",设置另一个销售额系列为"面积图"(见图 8-10b)。

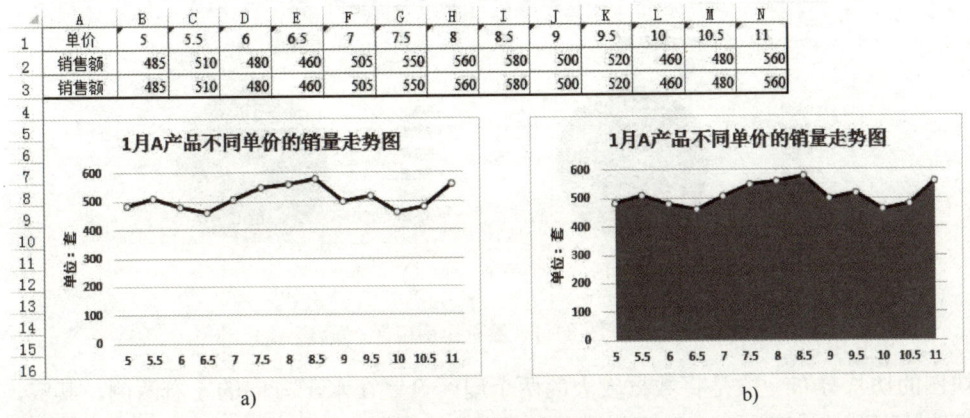

图 8-10 绘制面积图

步骤 3:将添加的折线图改为面积图后,删除图例,双击图表中的面积区域,弹出"设置数据系列格式"面板,在"系列选项"下单击"填充"按钮,然后在展开的下拉列表中为面积图选择一种浅色填充,并设置其"透明度"为"50%",效果如图 8-10b 所示。

如果需要在同一图表中绘制多组折线,同样可以参考上面的方法和样式进行设计制作,但在操作过程中需要注意数据系列的叠放顺序问题。

实验确认:□ 学生　　　□ 教师

8.3 饼图:部分占总体的比例

饼图是用扇形面积,也就是圆心角的度数来表示数量。在饼状统计图形中仅有一个要绘制的数据系列,要绘制的数值没有负值,也几乎没有零值,各类别分别代表总体的一部分,各个部分需要标注百分比,且各部分百分比之和必须是 100%。饼图可以根据圆中各个扇形面积的大小,来判断某一部分在总体中所占比例的多少。

8.3.1 重视饼图扇区的位置排序

实例 8-8 饼图扇区。

在图 8-11a 中,数据是按降序排列的,所以饼图中切片的大小以顺时针方向逐渐减小。这其实不符合读者的阅读习惯。人们习惯从上至下地阅读,并且在饼图中,如果按规定的顺序显示数据,会让整个饼图在垂直方向上有种失衡的感觉,正确的阅读方式是从上往下阅读的同时还会对饼图左右两边切片大小进行比较。所以需要对数据源重新排序,使其呈现出如图 8-11b 所示的效果。

步骤 1:为了让饼图的切片排列合理,需要将原始的表格数据重新排序,其排序结果如图 8-11b 中的表所示,这样排序的目的是将切片大小合理地分配在饼图的左右两侧。

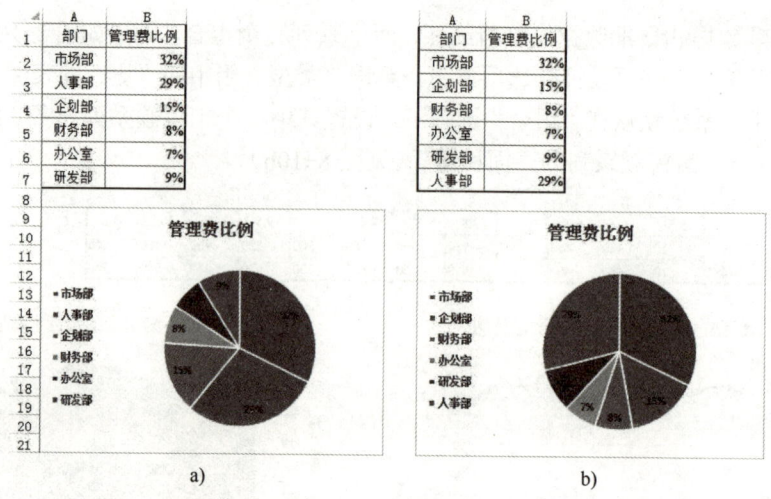

图 8-11　绘制饼图扇区

饼图的切片分布一般是将数据较大的两个扇区设置在水平方向的左右两侧。其实，除了通过更改数据源的排序顺序来改变饼图切片的分布位置外，还可以对饼图切片进行旋转，使饼图的两个较大扇区分布在左右两侧。

步骤2：双击饼图的任意扇区，打开"设置数据系列格式"面板，在"系列选项"组中调整"第一扇区起始角度"为"240°"，即将原始饼图第一个数据的切片按顺时针旋转240°后的结果。

实验确认：□ 学生　　　□ 教师

8.3.2　分离饼图扇区强调特殊数据

用颜色反差来强调需要关注的数据在很多图表中是较适用的，但是饼图中，有一种更好的方式来表达，那就是将需要强调的扇区分离出来。

实例8-9　分离饼图。

在图 8-12b 中，为了强调空调在一季度所有家电销售额中的占比情况，将空调所代表的扇区单独分离出来，这不但能抢夺读者的眼球，而且整个饼图在颜色的搭配上也不失彩，效果显得比图 8-12a 要好。

步骤1：依据图中表格的数据绘制饼图，如图 8-12a 所示。

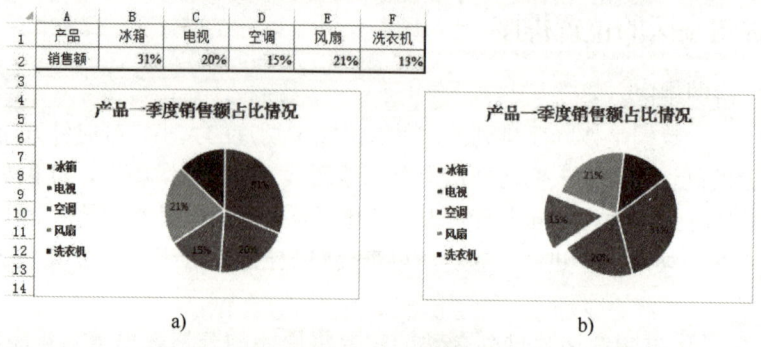

图 8-12　分离饼图

步骤 2： 双击饼图打开"设置数据系列格式"面板，再单击需要被强调的扇区（系列为"空调"），然后在"系列选项"组下设置"点爆炸型"的百分比值为"22%"，即将所选中的扇区单独分离出来。由于分离的扇区显示在图表下方，需要调整"第一扇区起始角度"值为"53°"来改变扇区位置，使其显示在图表的左边区域，如图 8-12b 所示。

在饼图中，为了显示各部分的独立性，可以将饼图的每个部分独立分割开，这样的图表在形式上胜过没有被分开的扇区。

步骤 3： 分割饼图中的每个扇区与单独分离某个扇区的原理是一样的，首先选中整个饼图，在"设置数据系列格式"面板中，单击"系列选项"图标，在"系列选项"组中调整"饼图分离程度"百分比值为"8%"。

"饼图分离程度"值越大，扇区之间的空隙也就越大。注意，由于选取的是整个饼图，所以在"第一扇区起始角度"下方显示的是"饼图分离程度"；如果选中的是某个扇区，则"第一扇区起始角度"下方显示的就是"点爆炸型"。

实验确认：□ 学生　　　□ 教师

8.3.3　用半个饼图刻画半期内的数据

一个圆形无论从时间上还是空间上都给读者一种完整感，当圆形缺失某个角时，会让人产生"有些数据不存在"的感觉。在此基础上，可以对饼图进行升级处理，将表示半期内的数据用饼图的一半去展示，这样在时间上就会引导读者联想到后半期的数据。

常见的饼图有平面饼图、三维饼图、复合圆饼图、复合条饼图和圆环图，它们在表示数据时各有千秋。但无论对于哪种类型的饼图，它们都不适于表示数据系列较多的数据，数据点较多只会降低图表的可读性，不利于数据的分析与展示。

实例 8-10　半个饼图。

在图 8-13a 中，数据的表现形式是准确无误的，而图 8-13b 的整个饼图只显示了一半，但是从三维效果中可以看出这个图形是完整的，其表示的数据之和与图 8-13a 中一致。而且正是因为图 8-13b 只展示了一半，其在图表意义上就比图 8-13a 更胜一筹。半个饼图表示公司上半年的销售额比使用一个整体的饼图更有意义，这半个饼图不是数据只有一半，而是表示在一个完整的时期内的前半期数据。

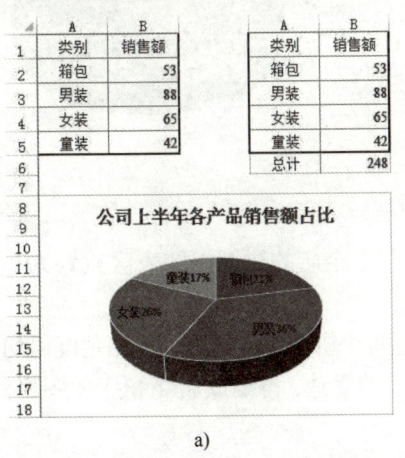
a)

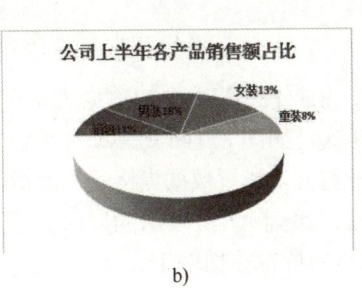
b)

图 8-13　半个饼图

步骤 1：根据图 8-13 中左边表格的数据绘制饼图，如图 8-13a 所示。

步骤 2：将数据源中各类别的销售额汇总，如右边表格所示，在制作图表时，需要将"总计"项作为源数据。

步骤 3：选中饼图，打开"设置数据系列格式"面板，在"系列选项"组下设置"第一扇区起始角度"值为"270°"。然后单击图表中"总计"系列所在扇区，在窗格中单击"填充"组中的"纯色填充-白色"（或"无填充"）单选按钮，效果如图 8-13b 所示。

这样，图表中不仅展示了公司上半年的销售额情况，还指出需要被关注的下半年的销售额。

实验确认：☐ 学生　　☐ 教师

8.3.4 让多个饼图对象重叠展示对比关系

任何看似复杂的图形都是由简单的图表叠加、重组而成的。有时为了凸显信息的完整性，需要将分散的点聚集在一起，在图表的设计中也需要利用这一思想来优化图表，让图表在表达数据时更直接有效。

实例 8-11　堆叠饼图。

在图 8-14a 中，用了三个独立的图表展示三个店的利润结构，如果将这三个店看作一个整体，这样分散的展示不方便读者进行对比。若将三个图表进行叠加组合在一起，如图 8-14b 所示，则不仅能表示出整个公司是一个整体，还使各店之间形成一种强烈的对比关系，视觉效果和信息传递的有效性比图 8-14a 的要强。所以在图表的展示过程中，不仅需要数据的清晰表达，还需要在形式上做到"精益求精"。

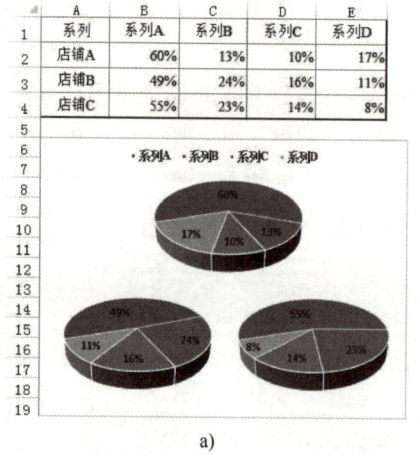
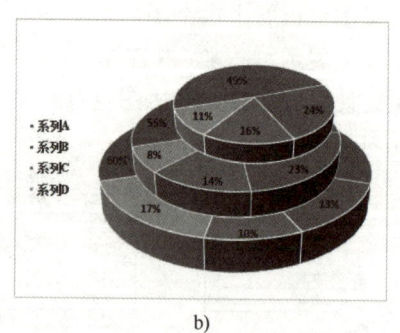

a)　　　　　　　　　　　　b)

图 8-14　堆叠饼图

步骤 1：依据图 8-14 中的数据表格分别绘制三个店的饼图，图表区设置为"无填充"和"无线条"样式，如图 8-14a 所示。

步骤 2：打开"设置数据点格式"面板，设置每个饼图中第一扇区起始角度值均为"180°"，使三个饼图的"系列 A"所表示的扇区显示在图表的里边。再缩放店 2 和店 3 图表到合适比例，然后依次层叠地放置在饼图上。

步骤 3：将三个饼图重叠在一起后（按〈Ctrl〉键选择三个饼图），单击"图表工具"→"格式"选项下"排列"组中的"组合"按钮,效果如图 8-14b 所示。

实验确认:□ 学生　　□ 教师

8.4 散点图:表示分布状态

在回归分析中,散点图是数据点在直角坐标系平面上的分布图;通常用于比较跨类别的聚合数据。散点图中包含的数据越多,比较的效果就越好。

散点图通常用于显示和比较数值,如科学数据、统计数据和工程数据。当不考虑时间的情况而比较大量数据点时,散点图是最好的选择。散点图中包含的数据越多,比较的效果就越好。在默认情况下,散点图以圆点显示数据点。如果在散点图中有多个序列,可考虑将每个点的标记形状更改为方形、三角形、菱形或其他形状。

8.4.1 用平滑线联系散点图增强图形效果

实例 8-12　用平滑线联系散点图。

图 8-15a 是普通的散点图,数据点的分布展示了不同年龄段的月均网购金额,从图表中可以分析出月均网购金额较高的人群主要集中 30 岁左右;但是对比图 8-15b,发现在连续的年龄段上,图 8-15a 中的数据较密的点不容易区分,而图 8-15b 中将所有数据点通过年龄的增加联系起来,不但表示了数据本身的分布情况,还表示了数据的连续性。用带平滑线和数据标记的散点图来表示这样的数据,比普通的散点效果更好。

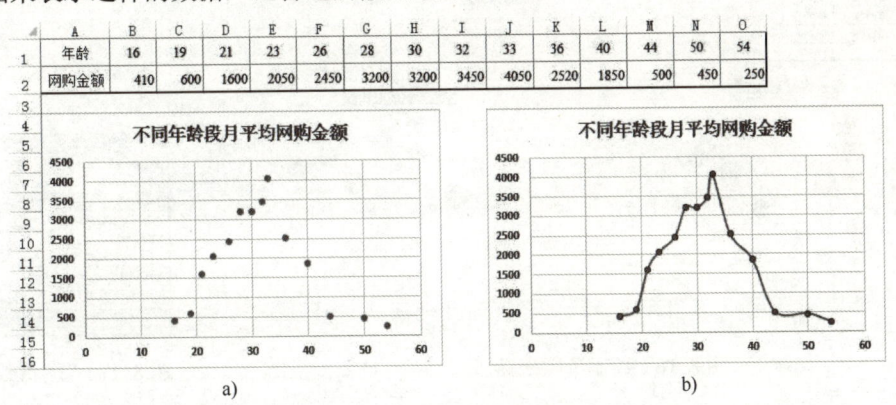

图 8-15　用平滑线联系散点图

步骤 1:依据图 8-15 中表格的数据绘制散点图,如图 8-15a 所示。

步骤 2:选中图表,在"图表工具"→"设计"选项卡下的"类型"组中单击"更改图表类型"按钮,然后在弹出的对话框中,单击"XY(散点图)"中的"带平滑线和数据标记的散点图"即可。

步骤 3:更改图表类型后,单击图表中的数据系列,在"设置数据系列格式"面板中,单击"填充"图标下的"标记"按钮,将线条颜色改为与标记点相同的深蓝色,效果如图 8-15b 所示。

实验确认:□ 学生　　□ 教师

8.4.2 将直角坐标改为象限坐标凸显分布效果

气泡图与XY散点图类似，不同之处在于，XY散点图对成组的两个数值进行比较；而气泡图允许在图表中额外加入一个表示大小的变量，所以气泡图是对成组的三个数值进行比较，且由第三个数值确定气泡数据点的大小。

制作气泡图一般是为了查看被研究数据的分布情况，所以在设计气泡图时，运用数学中的象限坐标来体现数据的分布情况是最直接的效果。这时图表被划分的象限虽然表示了数据的大小，但不一定出现负数，这需要根据实际被研究数据本身的范围来确定。

实例8-13　绘制象限坐标。

对比图8-16a、b可以发现，前者虽然能看出每个气泡（地区）的完成率和利润率，但是没有后者的效果明显。因为在图8-16b中将完成率和利润率划分为四个范围（四个象限），通过每个象限出现的气泡判断各地区的、项目进度和利润情况，而且根据气泡所在象限位置地区之间的、对比也更加明显。另外，在图8-16b中的气泡上显示了地区名称，这一点在图8-16a中没有体现出来。

步骤1：选定数据区域中的任意单元格，插入散点图中的气泡图（见图8-16a）。

步骤2：打开"选择数据源"对话框，单击对话框中的"编辑"按钮，在"编辑数据系列"对话框中设置各项内容，如图8-17所示。

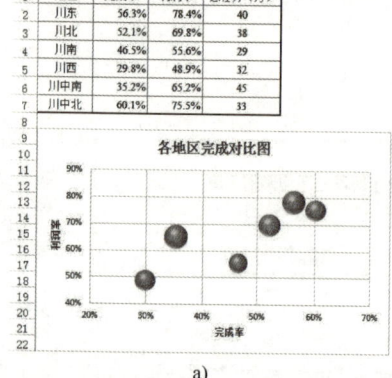
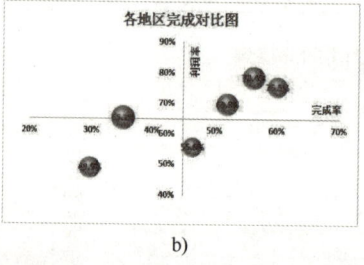
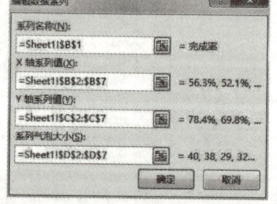

图8-16　绘制象限坐标　　　　　　图8-17　"编辑数据系列"对话框

步骤3：双击纵坐标轴，在"设置坐标轴格式"面板中，单击"坐标轴选项"，在展开的列表中单击"横坐标轴交叉"组中的"坐标轴值"单选按钮，并在右侧的文本框中输入"0.65"；双击图表中的横坐标，同样步骤设置"纵坐标轴交叉"组中的"坐标轴值"为"0.45"。

步骤4：选中图表中的气泡右击，在弹出的快捷菜单中单击"添加数据标签"，然后选中标签右击，再单击快捷菜单中的"设置数据标签格式"命令，在弹出的对话框中，取消"标签包括"组中的"Y值"，重新勾选"单元格中的值"复选框，并在弹出的对话框中选择表格中的"地区"列，这一操作是将地区名称显示出来。然后设置"标签位置"为"居中"方式，最终效果如图8-16b所示。

实验确认：□ 学生　　　□ 教师

8.5 侧重点不同的特殊图表

除了直方图、折线图、饼图、散点图等传统数据分析图表外，还有一些特殊的数据图表可用于不同的数据分析和可视化要求，如子弹图、温度计、滑珠图、漏斗图等。

8.5.1 用子弹图显示数据的优劣

在 Excel 中做子弹图，能清晰地看到计划与实际完成情况的对比，常常用于销售、营销分析、财务分析等。用子弹图表示数据，使数据相互的比较变得十分容易。同时读者也可以快速地判断数据和目标及优劣的关系。为了便于对比，子弹图的显示通常采用百分比而不是绝对值。

实例 8-14 绘制子弹图。

图 8-18d 是一张子弹图，看似复杂的样式却隐藏了更多的信息。如果读者清楚子弹图的表达意义，就能很快地从图中分析出每月的销售额完成情况与目标值的差异，还能看出每月销售额的优劣等级。子弹图所要表达的内容是通过填充不同颜色来实现的，此外还需要辅助使用系列选项的分类间隔。

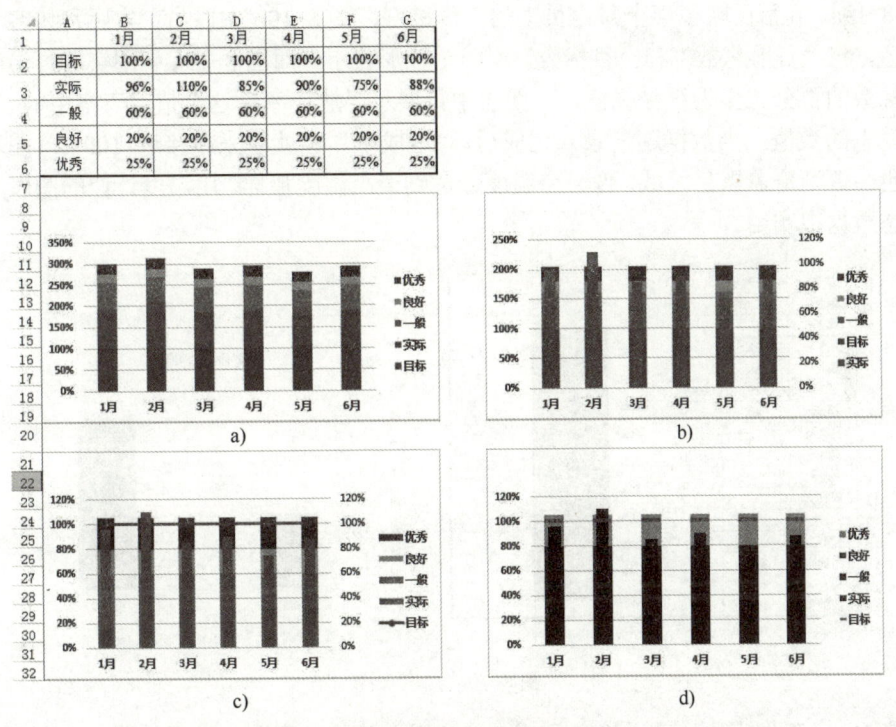

图 8-18 绘制子弹图

步骤 1：图 8-18 的表格数据中的"一般""良好""优秀"三行数据主要是根据需要显示的堆积柱形图的直条长度而设定输入的。选取单元格区域 A1:G6，插入堆积柱形图，结果如图 8-18a 所示。

步骤 2：双击图表中的"实际"系列，在"设置数据系列格式"面板中的"系列选项"下选择"次坐标轴"，并设置"分类间距"值为"300%"，此时图表的样式如图 8-18b 所示。

步骤 3：打开"更改图表类型"对话框，设置"目标"系列的图表类型为"带直线和数据标记的散点图"。此操作是让目标数据以数据标记的形式显示出来，与其他系列的柱形加以区别，如图 8-18c 所示。

步骤 4：删除次要坐标轴，然后选中带数据标记的散点图，在数据系列格式窗格中，单击"填充图标"下的"标记"→"数据标记选项"，然后设置标记的"类型"（短横）和"大小"（15）。回到图表中，分别将数据系列"一般""良好""优秀""实际"由深至浅地填充颜色，得到图 8-18d 所示的效果。最后对图表进行深度优化，如标题名称、字体样式等。

实验确认：□ 学生　　□ 教师

8.5.2　用温度计展示工作进度

温度计式的 Excel 图表以比较形象的动态显示某项工作完成的百分比，指示出工作的进度或某些数据的增长。这种图表就像一个温度计一样，会根据数据的改动随时发生直观的变化。要实现这样一个图表效果，关键是用一个单一的单元格（包含百分比值）作为一个数据系列，再对图表区和柱形条填充具有对比效果的颜色。

实例 8-15　温度计图。

图 8-19a、b 都反映了半个月内员工的工作进度，图 8-19b 中以员工实际拜访客户数作为纵坐标值，将"目前总数"和"目标数"用两个柱形表示。而图 8-19a 中用实际拜访的客户数除以目标数的百分比作为纵坐标值，在图表中只展示"达成率"这个值。表格中的"达成率"是一个动态的数值，当数据逐渐录入完成后，"达成率"也就越来越接近 100%，图表中的红色区域也会逐渐掩盖黑色区域，像一个温度计达到最高温度那样。用温度计似的图表来表示这样的动态数据很实用。

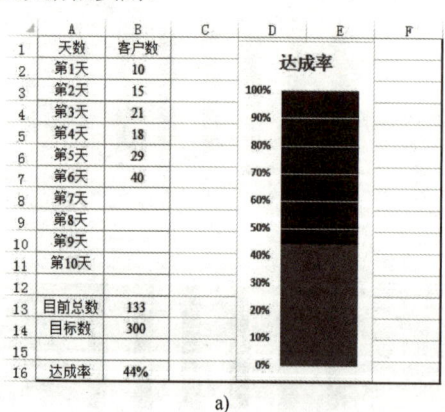
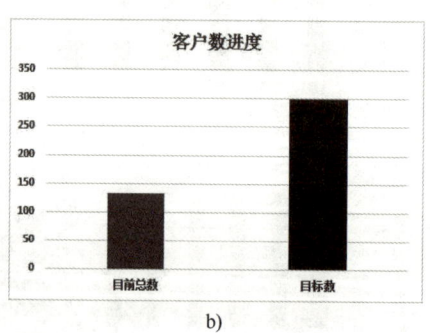

图 8-19　温度计图

步骤 1：在工作表中选点单个单元格 B18，插入簇状柱形图，结果如图 8-20a 所示。

步骤 2：选中图表，在"图表工具"→"格式"选项卡下的"大小"组中设置图表的高度为"9.74 厘米"，宽度为"4.04 厘米"，再删除横坐标轴，图表样式变为图 8-20b 所示。

步骤 3：选中图表中的柱形，在"设置数据系列格式"面板中的"系列选项"下设置"分类间距"为"0"（系列重叠为-27%）。再单击纵坐标轴，切换至"设置坐标轴格式"下，在"坐标轴选项"组中设置边界"最大值"为 1.0，"主要"刻度单位为 0.1。设置完坐标轴选项后图表样式变为图 8-20c 所示。

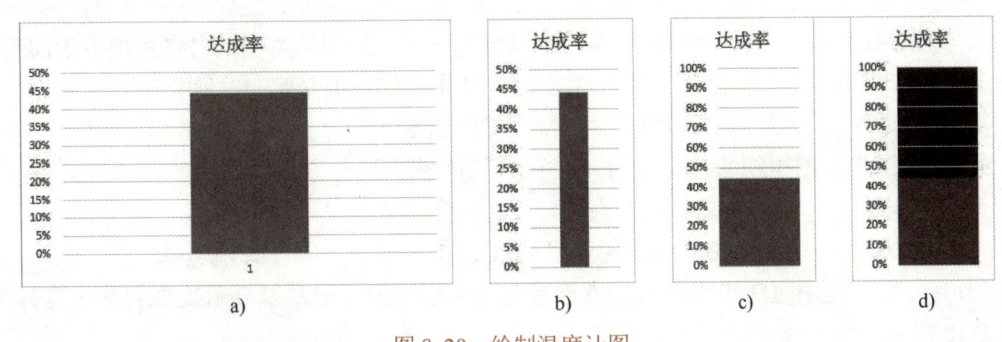

图 8-20　绘制温度计图

步骤 4：选中图表中的数据系列，在"设置数据系列格式"面板中设置"纯色填充"，并使用红色。再选中图表中的绘图区，并设置为"纯色填充"，使用黑色，效果如图 8-20d 所示。

实验确认：□ 学生　　　□ 教师

【习题】

1. 在数据可视化应用中，按数据分类，可以将统计图表区分为六大类别。例如，对比型数据对应就有对比柱状图、（　　）等子类别。
   ① 饼图　　　　② 条形图　　　　③ 气泡图　　　　④ 雷达图
   A．①②③　　　B．②③④　　　C．①②④　　　D．①③④

2. 在数据可视化应用中，按数据分类，可以将统计图表区分为六大类别。例如，趋势型数据对应就有柱状图、（　　）等子类别。
   ① 面积图　　　② 折线图　　　③ 瀑布图　　　④ 雷达图
   A．①②③　　　B．②③④　　　C．①②④　　　D．①③④

3. （　　）是一种统计报告图，是表示资料变化情况的主要工具。它由一系列高度不等的纵向条纹或线段表示数据分布的情况，一般用横轴表示数据类型，纵轴表示分布情况。
   A．饼图　　　　B．折线图　　　C．面积图　　　D．直方图

4. （　　）在图表中的作用很重要，它是作为标准参考点的一条线，其上方规定为正数，下方为负数，相当于十字坐标轴中的水平轴。在 Excel 中，它通常是图表中数字的起点线。
   A．限高线　　　B．中线　　　C．零基线　　　D．等高线

5. 要看懂统计图表，必须先认识（　　），它是集中于图表一角或一侧的各种形状和颜色所代表内容与指标的说明，它在编图时是图解表示图表内容，在用图时是必不可少的阅读指南。
   A．图例　　　　B．模型　　　C．模块　　　D．案例

6. 在统计图形中，柱状或条形图中直条的（　　）与相邻直条间的（　　）决定了整个图表的视觉效果。即便表示同一内容，也会因为它们而给人以不同的印象。
   A．大小，高低　　B．宽度，间隔　　C．间隔，宽度　　D．高低，大小

7. 在大多数情况下，三维效果是为了体现立体感和真实感的，这（　　）柱状图，因为其顶部的立体效果会影响判断效果。
   A．可随机用在　　B．无法用于　　C．很适用于　　D．并不适用于

8. 如果想用3D效果展示图表数据，可以选用（　　）图表类型，它将其顶点指向数据，使图表中每个顶点与水平网格线只有一个交点，使指向的数据是唯一、确定的。
  A．箭头　　　　B．平面　　　　C．圆锥　　　　D．圆柱

9. 柱形图按数据组织的类型分为（　　）三种图形。
  ① 簇状　　　② 堆积　　　③ 百分比　　　④ 线形
  A．①②③　　　B．②③④　　　C．①②④　　　D．①③④

10. （　　）是用直线段将各数据点连接起来而组成的图形，以显示数据的变化趋势和对比关系。
  A．饼图　　　　B．折线图　　　C．面积图　　　D．直方图

11. 折线图可以显示随时间而变化的连续数据，因此非常适用于显示在相等时间间隔下数据的趋势。但是，其中的线条数最好不要超过（　　）条。
  A．15　　　　　B．6　　　　　C．10　　　　　D．4

12. 在折线图中，通常Y轴表示的是（　　），X轴表示的是（　　）。在对Y轴刻度进行优化后，还应该对X轴的一些特殊坐标轴进行编辑。
  A．虚数，实数　B．数值，类别　C．类别，数值　D．实数，虚数

13. 在Excel图表中单击，进而在图表右侧单击出现的"（　　）"项，可以勾选"数据标签"，可为图表加上数据标签，也可以点选出现的数据标签，选择删除个别不需要出现的数据标签。
  A．文件管理　　B．数值统计　　C．页面布局　　D．图表元素

14. 为了表示数据点的变化位置，需要特意将（　　）标示出来。在折线图中标记各数据点时，选择不同的形状可标记不同的效果。
  A．转折点　　　B．极值点　　　C．异常点　　　D．综合点

15. （　　）是一种统计报告图，它强调数量随时间而变化的程度，以引起人们对总值趋势的注意。
  A．饼图　　　　B．折线图　　　C．面积图　　　D．直方图

16. （　　）是用扇形面积，也就是圆心角的度数来表示数量。
  A．饼图　　　　B．折线图　　　C．面积图　　　D．直方图

17. 在饼状统计图形中，仅有一个要绘制的数据系列，要绘制的数值没有负值，要绘制的数值几乎没有零值，各类别分别代表整个饼图的一部分，且各部分百分比之和必须是（　　）。
  A．<100%　　　B．100%　　　C．>100%　　　D．不等于100%

18. 用颜色反差来强调需要关注的数据在很多图表中是较适用的，但是饼图中，有一种更好的方式来表达，那就是将需要强调的扇区（　　）出来。
  A．随机　　　　B．缺失　　　　C．聚拢　　　　D．分离

19. （　　）通常用于显示和比较数值，如科学数据、统计数据和工程数据。当不考虑时间的情况而比较大量数据点时，它就是最好的选择。
  A．漏斗图　　　B．子弹图　　　C．散点图　　　D．爆炸图

20. （　　）适用于业务流程比较规范、周期长、环节多的流程分析。通过漏斗各环节业务数据的比较，能够直观地发现和说明问题所在。
  A．漏斗图　　　B．子弹图　　　C．散点图　　　D．爆炸图

【实验与思考】熟悉 Excel 数据图表的分析作用

1. 完成课文中的实验

（1）理解和熟悉直方图、折线图、饼图、散点图等不同的数据图表的数据分析作用。

（2）通过对课文中实例的实验操作，掌握 Excel 数据分析和数据可视化方法技巧。

（3）体验和掌握大数据可视化分析的应用操作。

请对课文中的各个实例进行具体操作，从中体验 Excel 数据统计分析与可视化方法。

注意：完成每个实例操作后，在对应的"实验确认"栏中打钩（√），并请实验指导教师指导和确认。

如果实验操作不能顺利完成，请分析可能的原因是什么？

答：

2. 用 Excel 完成南丁格尔玫瑰图

南丁格尔玫瑰图又称极区图（见图 8-21）。在 Excel 中绘制南丁格尔玫瑰图非常简单，而且应用领域也比较广泛。

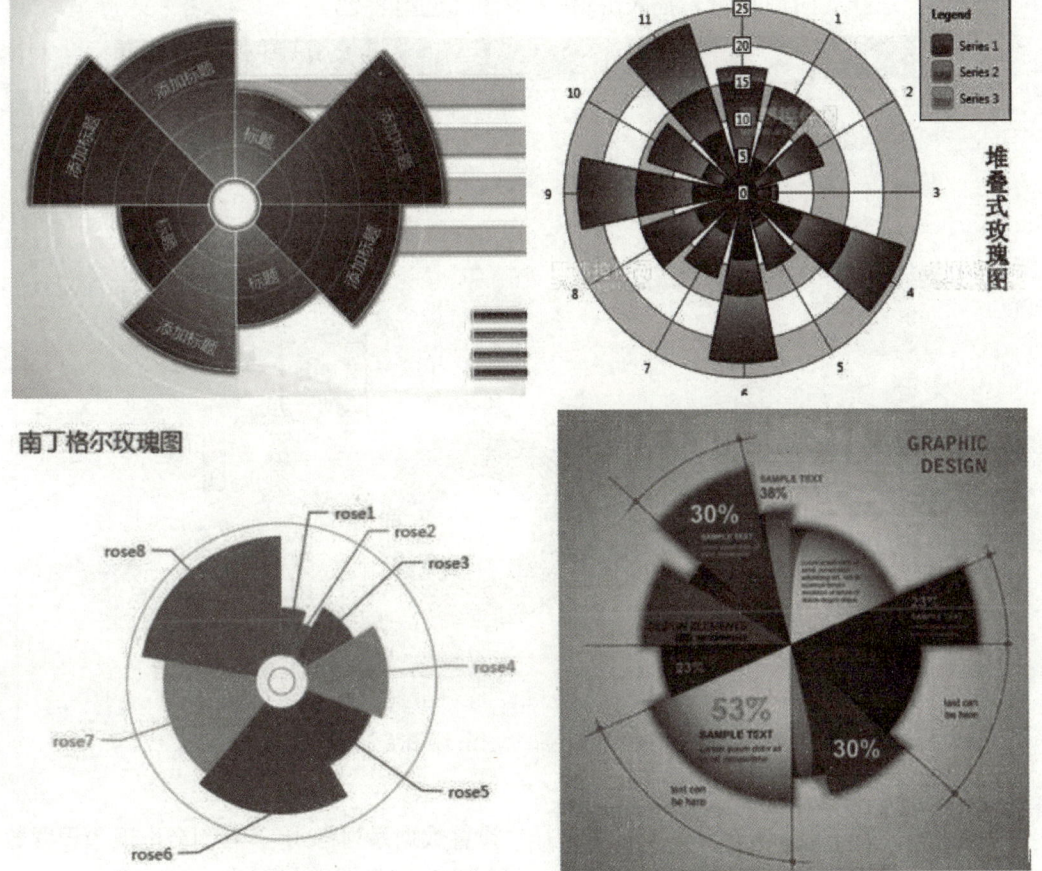

图 8-21 南丁格尔玫瑰图示例

步骤 1：创建一组 12 行 9 列的数据，数据值为 1（见图 8-22）。

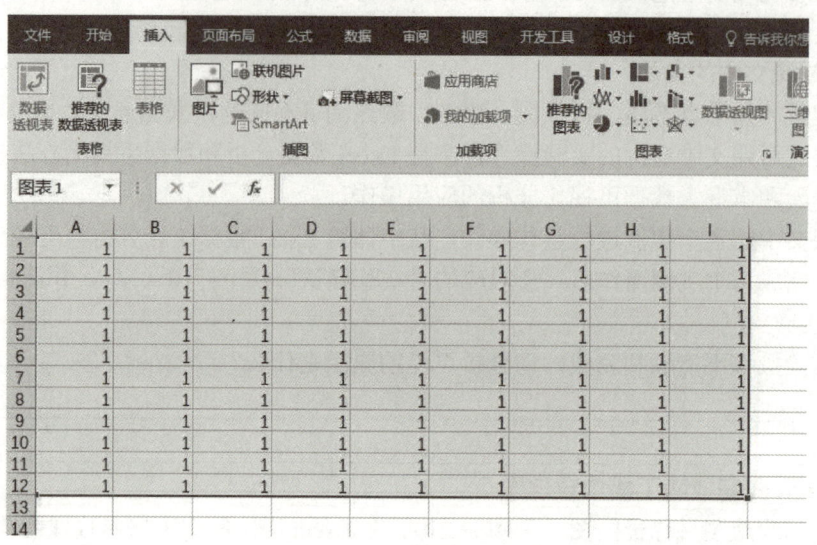

图 8-22　整理绘图数据

步骤 2：选择 A1:I12 区域，插入饼图-环形图（见图 8-23）。

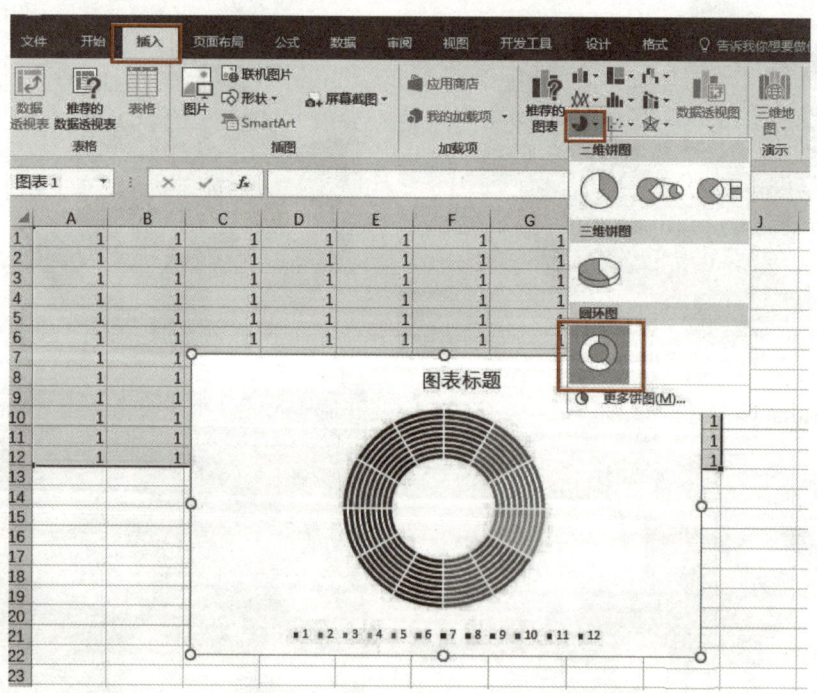

图 8-23　插入饼图-环形图

步骤 3：在"图表样式"中选择"样式 7"。

步骤 4：右击环形图，出现下拉菜单选择"设置数据系列格式"，右侧会出现"设置数据系列格式"面板，找到"圆环图内径大小"，设置为 2%（见图 8-24）。

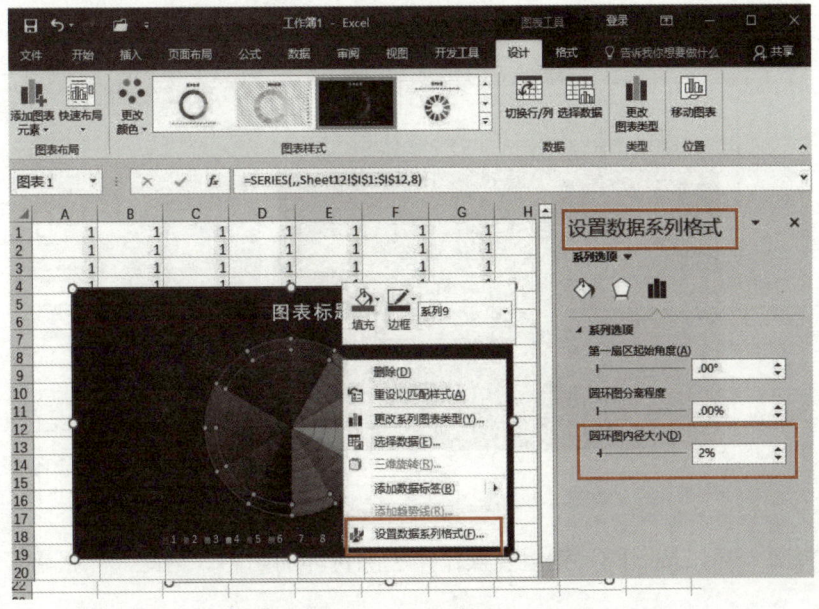

图 8-24 选择样式

步骤 5：选中环形图上的其中一小块，在"设置数据点格式"面板上选择"无填充"（见图 8-25）。

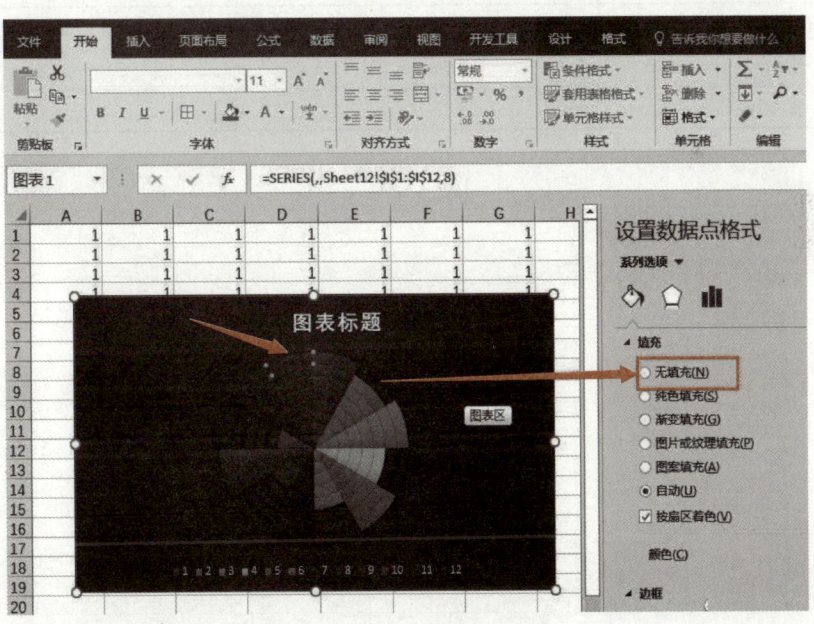

图 8-25 "设置数据点格式"面板上选择"无填充"

步骤 6：选中不需要的颜色块，按〈F4〉键（重复上次操作），不断地进行无色填充，直到显示出期望达到的效果。

最后，把一环一环的阴影纹理去除，选择最外边的环形，在"设置数据系列格式"面板选择"菱形图标"（效果），把"透明度""模糊""角度""距离值"均设置为 0，"大小"设置为 1%（见图 8-26）。

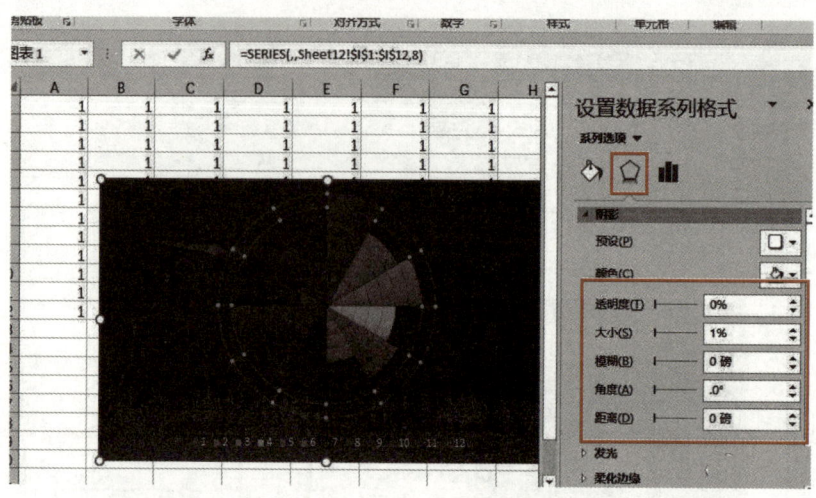

图 8-26 选择颜色块

逐一选择每一环，按〈F4〉键重复操作，去除每环的阴影。至此，一张南丁格尔玫瑰图做成了。

3. 实验总结

4. 实验评价（教师）

第 9 章　Tableau 可视化基础

【导读案例】Tableau 案例分析：世界指标——人口（2012 年）

为帮助用户观察和理解，Tableau 软件自带了精心设计的世界指标、中国分析和示例超市三个典型应用案例，这些案例全面展示了 Tableau 强大的大数据可视化分析功能。

有条件的读者，请打开 Tableau 软件，在其开始页面中单击打开典型案例"世界指标"，以研究性态度动态地观察和阅读。在"世界指标"工作界面的下方，列举了 8 个工作表，即人口、健康指标、医疗支出、技术、经济、旅游业、商业和全球指标，分别展示了现实世界的若干侧面。

打开其中的人口工作表视图。在窗口右侧"数据指南"选项组显示了相关的数据项选择，"出生率数据桶"选项组提示了视图中三种颜色分别代表低于 1.5%、1.5～3%和高于 3%的出生率信息。

阅读视图，通过移动鼠标，分析和钻取相关信息并简单记录：

（1）美国：人口：_____M（10^6），出生率：_____%。
　　　德国：人口：_____M（10^6），出生率：_____%。
　　　中国：人口：_____M（10^6），出生率：_____%。

（2）符号地图中，圆面积越大，说明什么？
答：_____

2012 年世界上人口数最大的 5 个国家是：
答：_____

（3）符号地图中，2012 年人口出生率较高的 3 个国家是：
答：_____

人口出生率较高的国家主要分布在世界上哪些地区？这些国家的共同特点是什么？
答：_____

（4）通过信息钻取，你还获得了哪些信息或产生了什么想法？
答：_____

大数据时代使人类有机会和条件，在很多领域深层次地获得和使用数据，深入探索现实世界的规律,获取过去不可能获取的知识,得到过去无法企及的商机。Tableau Software 正是一家提供大数据可视化技术服务的公司(见图 9-1)。

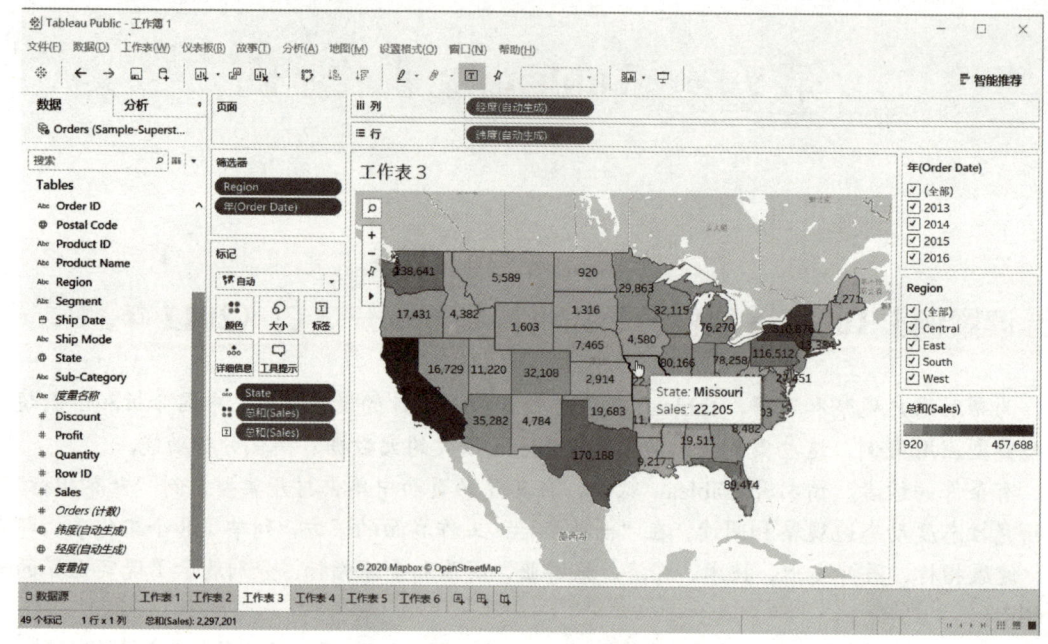

图 9-1 Tableau 实例

9.1 Tableau 概述

Tableau 成立于 2003 年,来自斯坦福的三位校友克里斯蒂安·查博特(首席执行官)、克里斯·斯托尔(开发总监)以及帕特·汉拉汉(首席科学家)在西雅图注册成立了这家公司。其中,克里斯·斯托尔是计算机博士;而帕特·汉拉汉是皮克斯动画工作室的创始成员之一,曾负责视觉特效渲染软件的开发,两度获得奥斯卡最佳科学技术奖,曾在斯坦福担任教授职位,教授计算机图形课程。三人都对数据可视化怀有很大的热情。

扫码看视频

Tableau 是一家商业智能软件提供商,主要面向企业数据提供可视化服务。企业运用 Tableau 软件对数据进行处理和展示,其他任何机构及个人都能很好地运用 Tableau 软件进行数据分析工作。数据可视化是数据分析的完美结果,让枯燥的数据以简单友好的图表形式展现出来。Tableau 抢占的是一个细分市场,即大数据处理末端的可视化市场。

Tableau 的业务主要分为两部分:一是数据可视化软件授权,二是软件维护和服务。

Tableau 软件的基本理念是,**界面上的数据越容易操控,公司对自己在所在业务领域里的所作所为到底是正确还是错误,就能了解得越透彻。**

9.1.1 Tableau 可视化技术

"所有人都能学会的业务分析工具",这是 Tableau 官网上对 Tableau Desktop(桌面)的描述。Tableau Desktop 简单、易用,这是 Tableau 的最大特点,使用者不需要精通复杂的编程和统计原理，只需要 drag and drop——把数据直接拖放到工具簿中，通过一些简单的设置就可以得到自己想要的数据可视化图形，即使不具备专业背景，人们也可以创造出美观的交互式图表，从而完成有价值的数据分析。所以，Tableau Desktop 的学习成本很低，使用者可以快速上手，这对于日渐追求高效率和成本控制的企业来说具有巨大的吸引力。Tableau 特别适合于日常工作中需要绘制大量报表、经常进行数据分析或需要制作精良的图表以在重要场合演讲的人。但简单、易用并没有妨碍 Tableau Desktop 拥有强大的性能，其不仅能完成基本的统计预测和趋势预测，还能实现数据源的动态更新。

Tableau 有一套自己特有的数据处理和数据可视化核心技术。在简单、易用的同时，Tableau Desktop 极其高效，其数据引擎的速度极快，处理上亿行数据只需几秒的时间。

作为最早研究可视化技术的公司之一，Tableau 有一组集复杂的计算机图形学、人机交互和高性能的数据库系统于一身的跨越领域的数据可视化技术，主要包括以下两个方面：

（1）独创的 VizQL 数据库可视化查询语言和混合数据架构。Tableau 的初创合伙人是来自斯坦福大学的数据科学家，他们为了实现卓越的可视化数据获取与后期处理，并没有像普通数据分析类软件那样简单地调用和整合现在主流的关系型数据库，而是进行大尺度创新，独创了 VizQL 数据库。

（2）用户体验良好且易用的表现形式。Tableau 提供了一个新颖而易于使用的界面，使得处理规模巨大、多维的数据时，可以即时地从不同角度和设置看到数据所呈现出的规律。Tableau 通过数据可视化技术，使得数据挖掘易于操作，能自动生成和展现出高质量的图表。正是这个特点奠定了其广泛的用户基础。

Tableau 专注于处理简单的结构化数据，即那些已整理好的数据——Excel、数据库等。结构化的数据处理在技术上难度较低，这就使得 Tableau 有精力在快速、简单和可视上做出更多改进。

Tableau 具有完美的数据整合能力，可以将两个数据源整合在同一层，甚至还可以将一个数据源筛选作为另一个数据源，并在数据源中突出显示，这种强大的数据整合能力非常实用。

Tableau Desktop 还有一项独具特色的数据可视化技术，就是嵌入了地图，使用者可以用经过自动地理编码的地图呈现数据，这对于企业产品市场定位、营销策略制定等有非常大的帮助。

9.1.2 Tableau 主要特性

Tableau 的出色表现在以下几个方面：

（1）极速高效。传统 BI 通过 ETL 过程处理数据，数据分析往往会延迟一段时间。而 Tableau 通过内存数据引擎，不但可以直接查询外部数据库，还可以动态地从数据仓库抽取数据，实时更新连接数据，大大提高了数据访问和查询的效率。

此外，用户通过拖放数据列就可以由 VizQL 数据库转化成查询语句，从而快速改变分析内容；单击就可以突出变亮显示，并可随时下钻或上卷来查看数据；添加一个筛选器、创建一个组或分层结构就可变换一个分析角度，实现真正灵活、高效的即时分析。

（2）简单易用。这是 Tableau 的一个重要特性。Tableau 提供了友好的可视化界面，用户通过轻点鼠标和简单拖放，就可以迅速创建出智能、精美、直观和具有强交互性的报表及仪表盘。

Tableau 的简单易用性具体体现在以下两个方面。

1）易学。对使用者不要求 IT 背景，也不要求统计知识，只通过拖放和点击（点选）的方式就可以创建出精美、交互式的仪表盘。它可以帮助用户迅速发现数据中的异常点，对异常点进行明细钻取，还可以实现异常点的深入分析，定位异常原因。

2）操作极其简单。对于传统 BI，业务人员和管理人员主要依赖 IT 人员定制数据报表和仪表盘，并且需要花费大量时间与 IT 人员沟通需求、设计报表样式，而只有少量时间真正用于数据分析。Tableau 具有友好且直观的拖放界面，操作上简单如 Excel 数据透视表，IT 人员只需开放数据权限，业务人员或管理人员就可以连接数据源自己来做分析。

（3）可连接多种数据源，轻松实现数据融合。在很多情况下，用户想要展示的信息分散在多个数据源中，有的存在于文件中，有的存放在数据库服务器上。Tableau 允许从多个数据源访问数据，包括带分隔符的文本文件、Excel 文件、SQL 数据库、Oracle 数据库和多维数据库等。Tableau 也允许用户查看和结合使用多个数据源，在不同的数据源间来回切换分析。

此外，Tableau 还允许在使用关系数据库或文本文件时，通过创建链接（如左侧链接、右侧链接和内部链接等）来组合多个表或文件中存在的数据，以允许分析相互有关系的数据。

（4）高效接口集成，具有良好可扩展性，提升数据分析能力。Tableau 提供多种应用编程接口，包括数据提取、页面集成和高级数据分析等，具体包括：

1）数据提取 API。Tableau 可以连接使用多种格式数据源，但由于业务的复杂性，数据源的格式多种多样，Tableau 所支持的数据源格式不可能面面俱到。为此，Tableau 提供了数据提取 API，使用它们可以在 C、C++、Java 或 Python 中创建用于访问和处理数据的程序，然后使用这样的程序创建 Tableau 数据提取（.tde）文件。

2）JavaScript API。通过 JavaScript API，可以把 Tableau 制作的报表和仪表盘嵌入到已有的企业信息化系统或企业商务智能平台中，实现与页面和交互的集成。

3）与数据分析工具 R 的集成接口。R 是一种用于统计分析和预测建模分析的开源软件编程语言与软件环境，具有非常强大的数据处理、统计分析和预测建模能力。Tableau 支持与 R 的脚本集成，大大提升了 Tableau 在数据处理和高级分析方面的能力。

9.1.3 Tableau 产品线

Tableau Desktop 是设计和创建美观的视图与仪表板、实现快捷数据分析功能的桌面分析工具，它能帮助用户生动地分析实际存在的任何结构化数据，以快速生成美观的图表、坐标图、仪表盘与报告。利用 Tableau 简便的拖放式界面，用户可以自定义视图、布局、形状、颜色等，帮助展现自己的数据视角。

Tableau Desktop 适用于多种数据文件与数据库，具有良好的数据可扩展性，不受限于所处理数据的大小，将数据分析变得轻而易举。

Tableau Desktop 包括个人版和专业版两个版本，支持 Windows 和 Mac 操作系统。

Tableau Desktop 个人版仅允许连接到文件和本地数据源，分析成果可以发布为图片、PDF 和 Tableau Reader 等格式；而 Tableau 专业版除了具备个人版的全部功能外，支持的数据源更加丰富，能够连接到几乎所有格式的数据和数据库系统，包括以 ODBC 方式新建数据源库，分析成果还可以发布到企业或个人的 Tableau Server（服务器）、Tableau Online Server（在线服务器）和 Tableau Public Server（公共服务器）上，实现移动办公。因此，专业版比个人版更加通用。

Tableau 产品线很丰富，除了制作报表、视图、仪表板的桌面设计和分析工具 Tableau Desktop 之外，还包括适用于企业部署的 Tableau Server 产品及其托管版本 Tableau Online（在线），适用于网页上创建和分享数据可视化内容的免费服务 Tableau Public 产品，基于 iOS 和 Android 平台移动终端的应用程序 Tableau Mobile（移动）以及免费的桌面应用软件 Tableau Reader（阅读器）。

Tableau Desktop 用户创建了交互式数据可视化内容并发布为工作簿打包文件（.twbx）。利用阅读器，同一企业的同事们可以使用过滤、排序以及调查得到的数据结果进行交流，将数据可视化、数据分析与数据整合的优点延伸到团队与工作组。用户也可以与工作簿中的视图和仪表板进行交互操作，如筛选、排序、向下钻取和查看数据明细等。打包工作簿文件可以从 Tableau Public 服务器下载。Tableau Reader 不能创建工作表和仪表板，也无法改变工作簿的设计和布局。

9.1.4 下载、安装与注册

在网上搜索并登录 Tableau 中文简体官方网站（https://www.tableau.com/zh-cn，见图 9-2），指向"产品"菜单项，在其中找到 Tableau Desktop 选项，选择"免费试用 Tableau"项，可在此下载 Tableau Desktop，安装后可获得 14 天免费的使用权限。

安装 Tableau 软件应注意应用环境的系统配置（可到页面下方单击"查看系统要求"）。若操作系统版本过低，在安装时会给出提示并退出安装。

请记录： 在本次学习中，你选择了解和安装的 Tableau 软件的版本是：

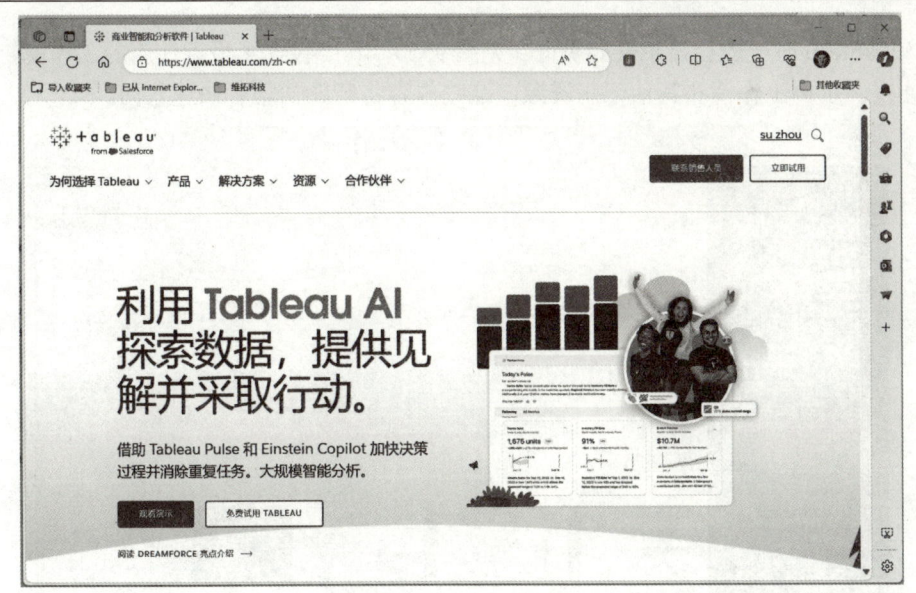

图 9-2　Tableau 主界面

双击下载的 Tableau Desktop 安装软件，屏幕显示 Tableau 版本号并按引导安装。

查看阅读软件的产品"许可条款"，勾选接受本许可协议，单击"安装"按钮，可在本地计算机上简单和顺利地安装该软件产品。安装后，安装软件会在桌面上留下启动 Tableau 软件的快捷图标。双击该图标，启动 Tableau Desktop 软件（见图 9-3）。第一次使用 Tableau，即使是试用也需要进行用户注册（见图 9-4），填写各项，然后单击"注册"按钮。

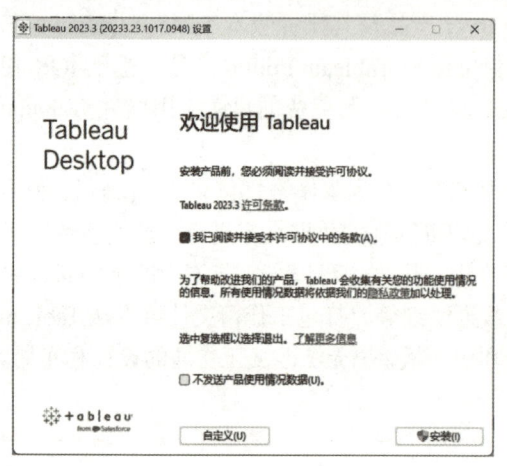

图 9-3　Tableau 启动引导页面

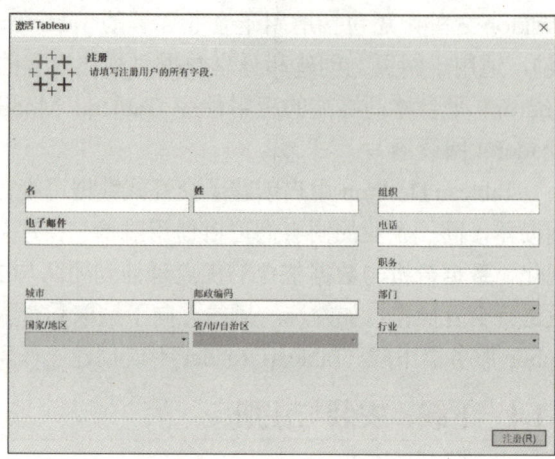

图 9-4　Tableau 用户注册

Tableau 以"学术研究计划"的名义支持对所有学生和教师的免费使用，若需要，可在安装页面中浏览选择。此外，如果仅用于软件学习，可合理选择软件的安装时机（免费试用 14 天）。

实验确认：□ 学生　　　□ 教师

9.2　Tableau 工作区

进入 Tableau 时一般会显示开始页面（见图 9-5），其中包含了最近使用的工作簿、已保存的数据连接、示例工作簿和其他一些资源，这些内容将帮助初学者快速入门。

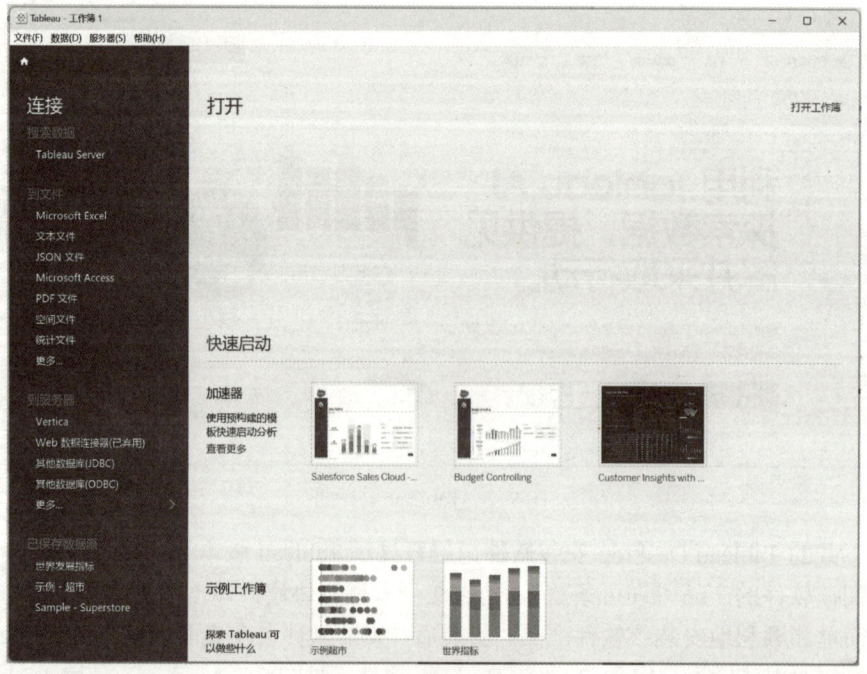

图 9-5　Tableau 开始页面

Tableau 工作区是制作视图、设计仪表板、生成故事、发布和共享工作簿的工作环境，包括工作表、仪表板和故事等工作区，还有菜单栏和工具栏。

（1）工作表：又称为视图，是可视化分析的最基本单元。

（2）仪表板：是多个工作表和一些对象（如图像、文本、网页和空白等）的组合，可以按照一定方式对其进行组织和布局，以便揭示数据关系和内涵。

（3）故事：是按顺序排列的工作表或仪表板的集合，故事中各个单独的工作表或仪表板称为"故事点"。可以使用创建的故事，向用户叙述某些事实，或者以故事方式揭示各种事实之间的上下文或事件发展的关系。

（4）工作簿：包含一个或多个工作表以及一个或多个仪表板和故事，是用户在 Tableau 中工作成果的容器。用户可以把工作成果组织、保存或发布为工作簿，以便共享和存储。

9.2.1　工作表工作区

在主界面的菜单栏单击"文件"→"新建"命令，打开工作表工作区（见图 9-6）。工作表工作区包含菜单、工具栏、"数据"窗格、功能区和图例，可以在工作表工作区中连接数据，通过将字段拖放到功能区上来生成数据视图（用于创建单个视图）。

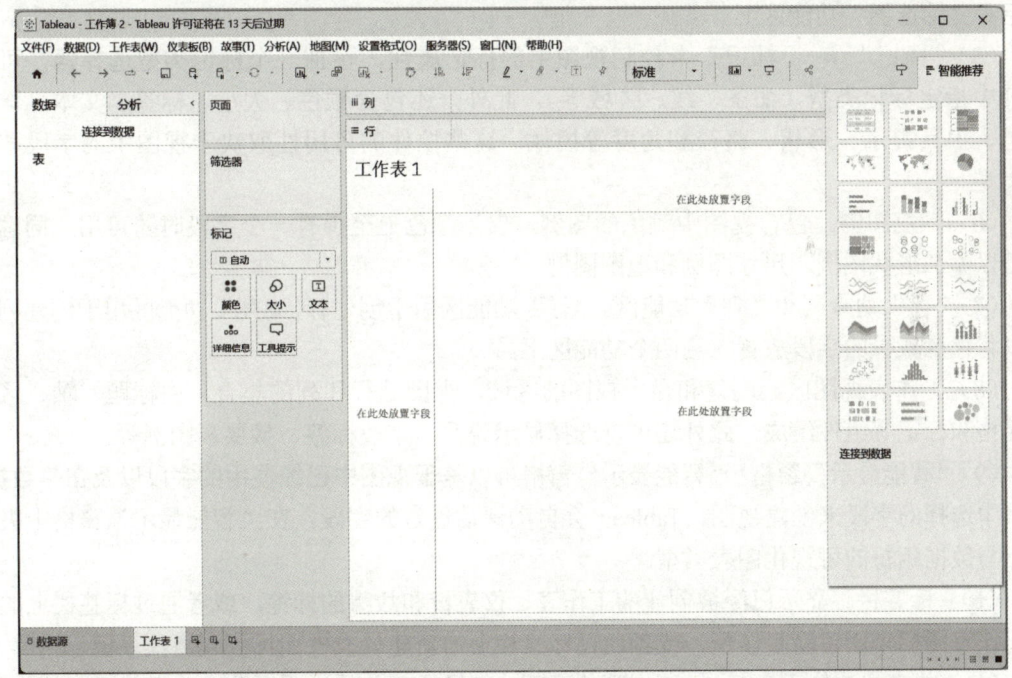

图 9-6　Tableau 工作表工作区

工作表工作区中的主要部件如下。

（1）"数据"窗格。"数据"窗格位于工作表工作区的左侧。可以通过单击"数据"窗格右上角的折叠箭头来隐藏和显示"数据"窗格，这样"数据"窗格会折叠到工作区底部，再次单击折叠箭头可显示"数据"窗格。通过单击，然后在文本框中输入内容，可在"数据"窗格中搜索字段。通过再次单击，可以查看数据。"数据"窗格由"数据源""维度""度量""集"和"参数"等区域组成。

"数据源"区域：包括当前使用的数据源及其他可用的数据源。

"维度"区域：包含诸如文本和日期等类别数据的字段。

"度量"区域：包含可以聚合的数字的字段。

"集"区域：定义的对象数据的子集，只有创建了集，此区域才可见。

"参数"区域：可替换计算字段和筛选器中的常量值的动态占位符，只有创建了参数，此区域才可见。

（2）"分析"窗格。"分析"窗格将菜单中常用的分析功能进行了整合，方便快速使用，主要包括"汇总""模型"和"自定义"三个区域。

"汇总"区域：提供常用的参考线、参考区间及其他分析功能，包括常量线、平均线、含四分位点的中值和合计等，可直接拖放到视图中应用。

"模型"区域：提供常用的分析模型，包括平均值、趋势线和预测等。

"自定义"区域：提供参考线、参考区间、分布区间和盒须图的快捷使用。

（3）"页面"功能区。可在此功能区上基于某个维度成员或度量值，将一个视图拆分为多个视图。

（4）"筛选器"功能区。该功能区可以指定要包含和排除的数据。所有经过筛选的字段都显示在"筛选器"功能区上。

（5）"标记"卡。"标记"卡控制视图中的标记属性，包括一个标记类型选择器，可以在其中指定标记类型（如条、线、区域等）。此外，还包含颜色、大小、标签、文本、详细信息、工具提示、形状、路径和角度等控件，这些控件的可用性取决于视图中的字段和标记类型。

（6）颜色图例。包含视图中颜色的图例，仅当颜色上至少有一个字段时才可用。同理，也可以添加形状图例、尺寸图例和地图图例。

（7）"行"功能区和"列"功能区。"行"功能区用于创建行，"列"功能区用于创建列，可以将任意数量的字段放置在这两个功能区上。

（8）工作表视图区。创建和显示视图的区域，视图是行和列的集合，由标题、轴、区、单元格和标记等组件组成，此外还可以选择显示说明、字段标签、摘要和图例等。

（9）"智能显示"窗格。"智能显示"窗格可以基于视图中已经使用的字段以及在"数据"窗格中选择的字段来创建视图。Tableau 会自动评估选定的字段，在"智能显示"窗格中突出显示与数据相符的可视化图表类型。

（10）标签栏。显示已经被创建的工作表、仪表板和故事的标签，或者通过标签栏上的新建工作表图标来创建新工作表，或者通过标签栏上的新建仪表板图标创建新仪表板。

（11）状态栏。位于 Tableau 工作簿的底部，它显示菜单项说明以及有关当前视图的信息。可以通过选择"窗口"→"显示状态栏"来隐藏状态栏。有时 Tableau 会在状态栏的右下角显示警告图标，以指示错误或警告。

9.2.2 仪表板工作区

仪表板工作区（见图 9-7）使用布局容器把工作表和一些像图片、文本、网页类型的对象按一定的布局方式组织在一起。在工作区页面单击"新建仪表板"图标，或者在主界面选择"仪表板"→"新建仪表板",打开仪表板工作区,"仪表板"窗格将替换工作表左侧的"数据"窗格。

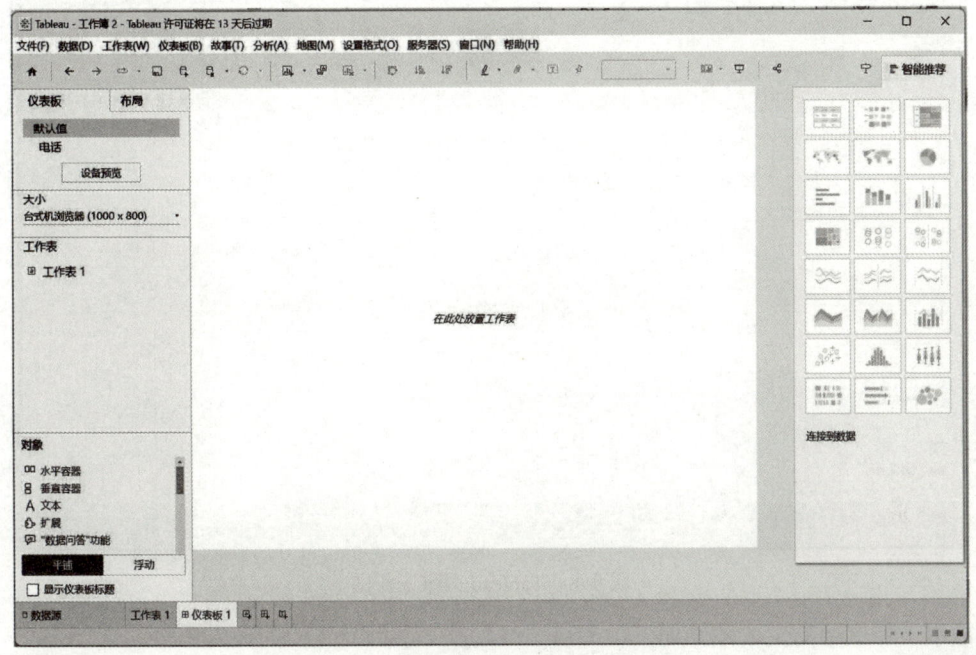

图 9-7 Tableau 仪表板工作区

(1)"仪表板"窗格。该窗格中主要部件如下:

"工作表"列表:列出了在当前工作簿中创建的所有工作表,可以选中工作表并将其拖至右侧的仪表板视图区中,一个灰色阴影区域将指示出可以放置该工作表的各个位置。在将工作表添加至仪表板视图区后,"仪表板"窗格中会用复选标记来标记该工作表。

"对象"列表:包含仪表板支持的对象,如文本、图像、网页和空白区域。从仪表板"对象"列表拖放所需对象至右侧的仪表板视图区中,可以添加仪表板对象。

"平铺"和"浮动"选项:决定工作表和对象被拖放到仪表板后的效果和布局方式。默认情况下仪表板使用平铺布局,这样每个工作表和对象都排列到一个分层网格中。可以将布局更改为浮动,以允许视图和对象重叠。

仪表板设置区域:设置创建的仪表板的大小,也可以设置是否显示仪表板标题。仪表板的大小可以从预定义的大小中选择一个,或以像素为单位设置自定义大小。

(2)"布局"窗格。"布局"窗格以树形结构显示当前仪表板中用到的所有工作表及对象的布局方式。

(3)仪表板视图区。这是创建和调整仪表板的工作区域,可以添加工作表及各类对象。

9.2.3 故事工作区

Tableau 通常将故事用作演示工具,按顺序排列视图或仪表板。在主界面选择"故事"→"新建故事",或者单击工具栏上的"新建工作表"图标,然后选择"新建故事"。故事工作区与创建工作表和仪表板工作区有较大区别(见图 9-8)。

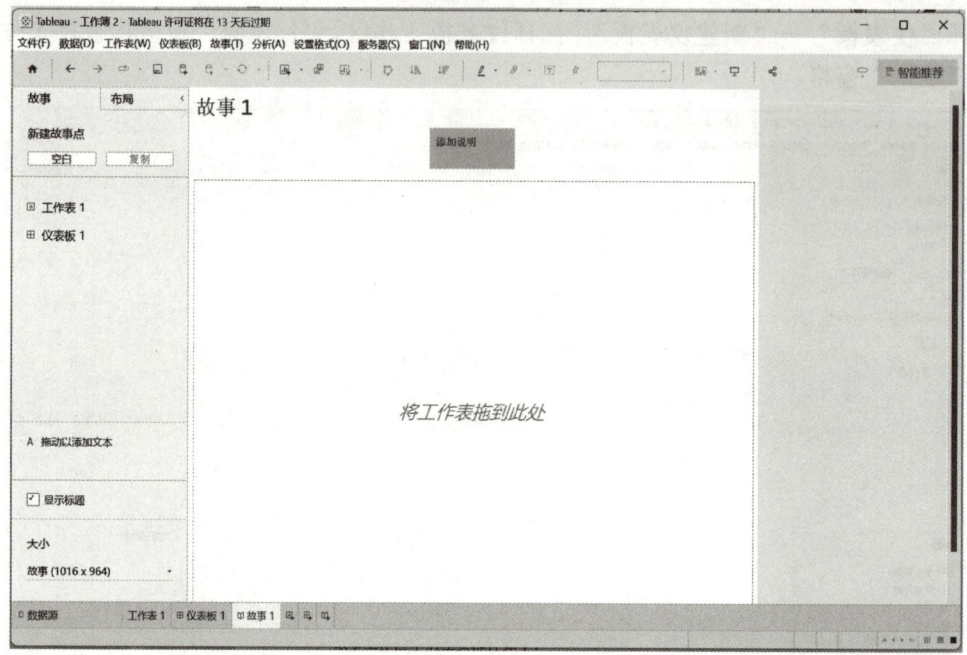

图 9-8 Tableau 故事工作区

故事工作区中的主要部件如下：

（1）仪表板和工作表列表：显示在当前工作簿中创建的仪表板和工作表的列表，将其中的一个仪表板或工作表拖到故事区域（导航框下方），即可创建故事点，单击可快速跳转至所在的仪表板或工作表。

（2）说明：可以添加到故事点中的一种特殊类型的注释。若要添加说明，只需双击此处。可以向一个故事点添加任何数量的说明，放置在故事中的任意所需位置上。

（3）导航器：设置是否显示导航框中的后退/前进按钮。

（4）故事设置区域：设置创建的故事的大小，也可以设置是否显示故事标题。故事的大小可以从预定义的大小中选择一个，或以像素为单位设置自定义大小。

（5）导航器：用户进行故事点导航的窗格，可以利用左侧或右侧的按钮顺序切换故事点，也可以直接单击故事点进行切换。

（6）"空白"按钮：单击此按钮可以创建新故事点，使其与原来的故事点有所不同。

（7）"复制"按钮：可以将当前故事点用作新故事点的起点。

（8）说明框：通过说明，为故事点或者故事点中的视图或仪表板添加的注释文本框。

（9）故事视图区：是创建故事的工作区域，可以添加工作表、仪表板或者说明框对象。

9.2.4 菜单栏和工具栏

除了工作表、仪表板和故事工作区，工作区环境还包括位于其顶部的菜单栏和工具栏。

1. 菜单栏

菜单栏包括"文件""数据""工作表""仪表板""故事""分析""地图""设置格式""服务器""窗口""帮助"等子菜单，每个子菜单下包含一些命令选项。

（1）"文件"菜单：包括"打开""保存"和"另存为"等选项。其中常用的有："打印为

PDF"选项，它允许把工作表或仪表板导出为 PDF；"导出打包工作簿"选项允许把当前工作簿以打包形式导出；如果记不清文件存储位置，或者想要改变文件的默认存储位置，可以使用"存储库位置"选项来查看文件存储位置和改变文件的默认存储位置。

（2）"数据"菜单：其中的"粘贴"选项非常方便。如果在网页上发现了一些 Tableau 的数据，并且想要使用 Tableau 进行分析，可以从网页上复制下来，然后使用此选项把数据导入到 Tableau 中进行分析。一旦数据被粘贴，Tableau 将从 Windows 粘贴板中复制这些数据，并在"数据"窗格中增加一个数据源。

"编辑混合关系"选项在数据融合时使用，它可以用于创建或修改当前数据源关联关系，并且如果两个不同数据源中的字段名不相同，此选项将非常有用，它允许明确地定义相关的字段。

（3）"工作表"菜单：常用的是"复制"和"导出"选项。使用"复制"→"复制为交叉表"选项会创建一个当前工作表的交叉表版本，并把它存放在一个新的工作表中；而"导出"选项允许把工作表导出为一个图像、Excel 交叉表或者 Access 数据库文件（.mdb）。

（4）"仪表板"菜单：此菜单中的选项只有在仪表板工作区环境下可用。

（5）"故事"菜单：此菜单中的选项只有在故事工作区环境下可用，可以利用其中的选项新建故事，利用"设置格式"选项设置故事的背景、标题和说明，还可以利用"导出图像"选项把当前故事导出为图像。

（6）"分析"菜单：在熟悉了 Tableau 的基本视图创建方法后，可以使用"分析"菜单中的一些选项来创建高级视图，或者利用它们来调整 Tableau 中的一些默认行为，如利用"聚合度量"选项来控制对字段的聚合或解聚，也可以利用"创建计算字段"或"编辑计算字段"选项创建当前数据源中不存在的字段。"分析"菜单在故事工作区不可见，在仪表板工作区仅部分功能可用。

（7）"地图"菜单：将引导用户完成在 Tableau 中创建地图时可能执行的一些常见任务，例如，学习如何链接地理数据，在 Tableau 中设置数据格式，创建位置分层结构，构建和呈现基本地图视图，以及在路线上应用关键地图特征。

由于涉及一些敏感的地图边界数据资源，建议谨慎使用 Tableau 的地图功能。

（8）"设置格式"菜单：在视图或仪表板上的某些特定区域右击可以更快捷地调整格式，因此这个菜单很少使用。但其中的某些选项通过快捷键方式无法实现，例如，想要修改一个交叉表中单元格的尺寸，只能利用"设置格式"菜单中的"单元格大小"选项来调整；如果不喜欢当前工作簿的默认风格，可利用"工作簿主题"选项切换至"现代"或"经典"。

（9）"服务器"菜单：如果想要把工作成果发布到开放的公共服务器 Tableau Public 上，或者下载打开工作簿，可以使用"服务器"菜单中的"Tableau Public"选项；如果需要登录到 Tableau 服务器，或者需要把工作成果发布到 Tableau 服务器上，需要使用服务器菜单中的"登录"选项。

（10）"窗口"菜单：如果工作簿很大，其中包含了很多工作表，要想把其中某个工作表共享给别人，可以使用"窗口"菜单中的"书签"选项创建一个书签文件（.tbm），还可以通过"窗口"菜单中的其他选项，来决定显示或隐藏工具栏、状态栏和边条。

（11）"帮助"菜单：可以直接链接到 Tableau 的在线帮助文档、培训视频、示例工作簿和示例库，也可以设置工作区语言。此外，如果加载仪表板时比较缓慢，可以使用"设置和性能"

选项中的子选项"启动性能记录"激活 Tableau 的性能分析工具，优化加载过程。

2．工具栏

工具栏包含"新建数据源""新建工作表"和"保存"等命令。另外，该工具栏还包含"排序""分组"和"突出显示"等分析及导航工具。通过选择"窗口"→"显示工具栏"可隐藏或显示工具栏。工具栏有助于快速访问常用工具和操作，其中有些命令仅对工作表工作区有效，有些命令仅对仪表板工作区有效，有些命令仅对故事工作区有效。

实验确认：☐ 学生　　　☐ 教师

9.3 Tableau 数据

简便、快速地创建视图和仪表板是 Tableau 的最大优点之一，下面通过案例来展示 Tableau 创建、设计、保存视图和仪表板的基本方法及主要操作步骤，了解 Tableau 支持的数据角色和字段类型的概念，熟悉 Tableau 工作区中各功能区的使用方法和操作技巧，最终利用 Tableau 快速创建基本的视图。

实例 9-1：案例样本数据中，指标为售电量，统计周期为 2023 年 1 月—2023 年 6 月，数据存储为 Excel 文件，其结构如图 9-9 所示。

省市	地市	统计周期	用电类别	当期值	累计值	同期值	同期累计值	月度计划值
重庆	市区	2023/1/31	大工业	38567.77	38567.77	37153.40	37153.40	38567.77
重庆	江北	2023/1/31	大工业	24650.62	24650.62	22143.34	22143.34	24857.33
江苏	盐城	2023/5/31	大工业	2473806.39	2473806.39	1801205.88	1801205.88	1801205.88
江苏	南通	2023/6/30	电厂直供	2459465.16	2459465.16	1815454.48	1815454.48	1815454.48
江苏	扬州	2023/3/31	大工业	2299171.73	2299171.73	1646656.54	1646656.54	1646656.54
江苏	泰州	2023/4/30	大工业	2266469.52	2266469.52	1659679.50	1659679.50	1659679.50
江苏	常州	2023/1/31	大工业	2092388.83	2092388.83	1643401.00	1643401.00	1643401.00
江苏	无锡	2023/2/28	农业	1897061.34	1897061.34	1062801.77	1062801.77	1062801.77
山东	菏泽	2023/5/31	大工业	1607161.75	1607161.75	1303711.00	1303711.00	1303711.00
山东	青岛	2023/4/30	大工业	1594860.10	1594860.10	1313730.00	1313730.00	1313730.00
山东	烟台	2023/6/30	非居民	1565942.58	1565942.58	1302881.00	1302881.00	1302881.00
浙江	温州	2023/4/30	大工业	1565738.35	1565738.35	1484657.43	1484657.43	1484657.43
浙江	台州	2023/6/30	大工业	1564680.49	1564680.49	1488011.76	1488011.76	1488011.76
浙江	绍兴	2023/5/31	商业	1514825.81	1514825.81	1478757.19	1478757.19	1478757.19
山东	威海	2023/3/31	大工业	1486366.42	1486366.42	1271142.00	1271142.00	1271142.00
浙江	衢州	2023/2/28	大工业	1387124.19	1387124.19	1422112.20	1422112.20	1422112.20
浙江	金华	2023/3/31	大工业	1354949.99	1354949.99	1190055.11	1190055.11	1190055.11
山东	济宁	2023/1/31	其他	1234932.57	1234932.57	1396797.50	1396797.50	1396797.50
山东	济南	2023/2/28	大工业	1161511.46	1161511.46	1178342.07	1178342.07	1178342.07
河南	南阳	2023/1/31	趸售	1015447.12	1015447.12	976051.00	976051.00	976051.00
河南	驻马店	2023/4/30	大工业	975631.36	975631.36	918596.54	918596.54	918596.54
河南	安阳	2023/2/28	大工业	911216.46	911216.46	897400.36	897400.36	897400.36
河南	洛阳	2023/3/31	大工业	907300.51	907300.51	869560.82	869560.82	869560.82
辽宁	大连	2023/2/28	大工业	835727.00	835727.00	856460.00	856460.00	856460.00
辽宁	鞍山	2023/1/31	居民	196408.00	196408.00	207754.00	207754.00	207754.00
辽宁	沈阳	2023/1/31	非普工业	159107.00	159107.00	169438.00	169438.00	169438.00
河南	开封	2023/2/28	趸售	869885.60	869885.60	828267.00	828267.00	828267.00
河南	漯河	2023/6/30	大工业	867164.57	867164.57	920423.61	920423.61	920423.61
山西	太原	2023/1/31	大工业	849845.56	849845.56	841130.00	841130.00	841130.00

图 9-9　Excel 数据源：2023 年分省市售电量明细表

Excel 表中共有 6 列变量，用电类别是对售电量市场的进一步细分，包括大工业、居民、非居民、商业等 9 类；当期值为统计周期对应时间的售电量；同期值为上一年相同月份的售电量；月度计划值为当月的计划值。

步骤 1：打开 Microsoft Excel，在其中输入数据建立数据源的 Excel 表格，另存为"实例 9-1.xlsx"（或者直接获取相关实验素材）。

步骤 2：打开 Tableau Dasktop，在 Tableau 开始页面的"连接到-文件"栏中单击"Excel"，将 Excel 数据表"实例 9-1"导入到 Tableau 中（见图 9-10）。

第 9 章　Tableau 可视化基础

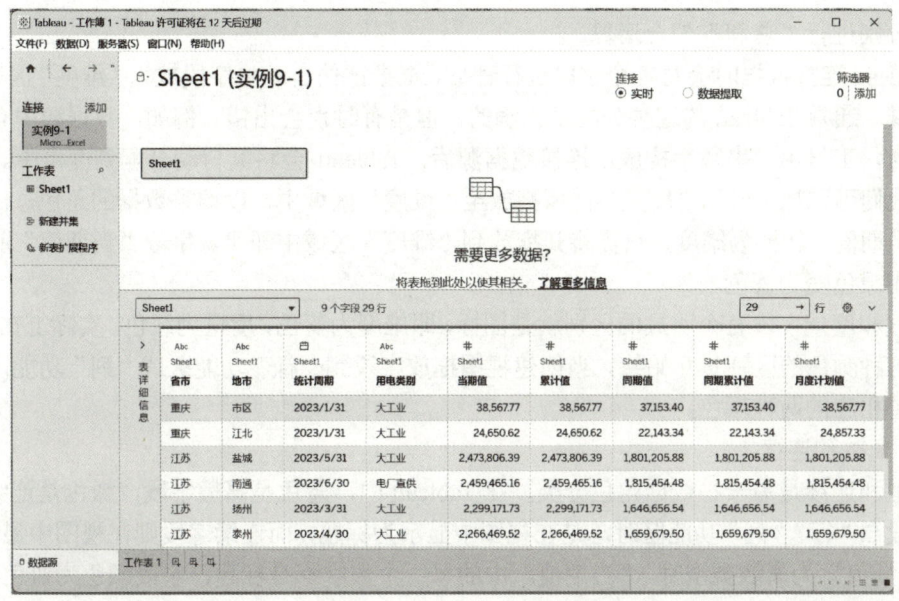

图 9-10　导入 Excel 数据源

步骤 3：在界面的左下方单击"工作表 1"按钮，进入 Tableau 工作表工作区。

实验确认：□ 学生　　□ 教师

9.3.1　数据角色

Tableau 连接数据后会将数据显示在工作区的左侧，称之为"数据"窗格（见图 9-11）。"数据"窗格的上方是"数据源"区域，其中显示了连接到 Tableau 的数据源。Tableau 支持连接多个数据源，"数据源"区域的下方为"表"内容区域，用来显示导入的维度字段和度量字段（Tableau 将数据表中的一列变量称为字段）。

维度和度量是 Tableau 的一种数据角色划分方式，离散和连续是另一种划分方式。Tableau 功能区对不同数据角色操作处理方式是不同的，因此了解 Tableau 数据角色十分必要。

1. 维度和度量

"度量"显示的数据角色往往是数值字段，将其拖放到功能区时，Tableau 默认会进行聚合运算，同时，视图区将产生相应的轴。

"维度"显示的数据角色往往是一些分类、时间方面的定性字段，将其拖放到功能区时，Tableau 不会对其进行计算，而是对视图区进行分区，维度的内容显示为各区的标题。例如，想展示各省售电量当期值，这时"省市"字段就是维度，"当期值"为度量，"当期值"将依据

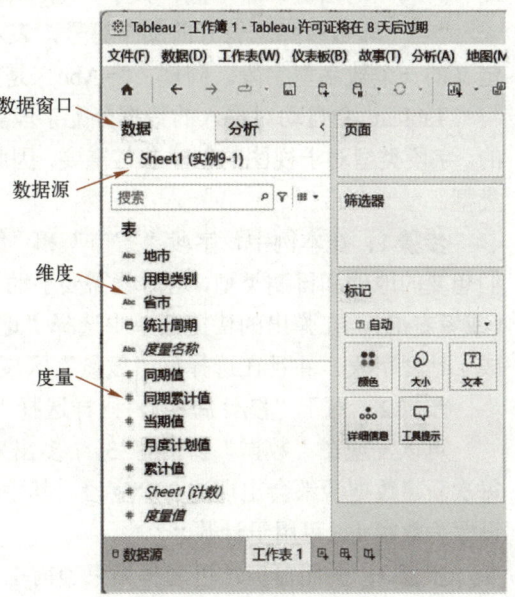

图 9-11　"数据"窗格

各省市分别进行"总和"聚合运算。

Tableau 连接数据时会对各个字段进行评估，根据评估自动将字段放入"维度"区域或"度量"区域。通常 Tableau 的这种分配是正确的，但是有时也会出错。例如，数据源中有员工工号字段时，工号由一串数字构成，连接数据源后，Tableau 会将其自动分配到度量中。这种情况下，我们可以把工号从"度量"区域拖放至"维度"区域中，以调整数据的角色。例如，将字段"当期值"转换为维度，只需将其拖放到"维度"区域中即可。字段"当期值"前面的图标也会由绿色变为蓝色。

维度和度量字段有个明显的区别就是图标，即维度为蓝色，度量为绿色。实际上在 Tableau 作图时这种颜色的区别贯穿始终，当创建视图拖放字段到"行"功能区或"列"功能区时，依然会保持相应的两种颜色。

2. 离散和连续

离散和连续是另一种数据角色分类，在 Tableau 中，蓝色是离散字段，绿色是连续字段。离散字段在"行""列"功能区时总是在视图中显示为标题，而连续字段则在视图中显示为轴。

"当期值"为离散类型时，"当期值"中的每一个数字都是标题，字段颜色为蓝色。"当期值"为连续类型时，下方出现的是一条轴，轴上是连续刻度，"当期值"是轴的标题，字段颜色为绿色。离散类型和连续类型也可以相互转换：右击字段，在弹出框中就有"离散"和"连续"的选项，单击即可实现转换。

9.3.2 字段类型

"数据"窗格中各字段前的符号用以标示字段类型。Tableau 支持的数据类型包括文本、日期和时间、地理值、布尔值、数字、地理编码等。

"=#"即数字标志符号前加个等号，表示这个字段不是原数据中的字段，而是 Tableau 自定义的一个数字型字段。同理，"=Abc"是指 Tableau 自定义的一个字符串型字段。

Tableau 会自动对导入的数据分配字段类型，但有时自动分配的字段类型不是我们所希望的。字段类型对于视图的创建非常重要，因此一定要在创建视图前调整一些分配不规范的字段类型。

步骤 1：在本例中，字段"省市"和"统计周期"显示的字段类型都为字符串，而不是我们想要的地理和日期类型，这时就需要手动调整。调整方法为指向并单击右侧出现的小三角形（或者右击），在弹出的快捷菜单中选择"地理角色"→"州/省/市/自治区"，这时"省市"便成了地理字段，并且在选择后"度量"区域会自动显示相应的经纬度字段。

步骤 2：对于"统计周期"，同样选择"更改数据类型"→"日期"即可。

可以发现在"数据"窗格有 3 个多出来的字段：记录数、度量名称和度量值。实际上，每次新建数据源都会出现这 3 个字段，其中记录数是指 Tableau 自动生成的计算字段，该字段设置为数字 1，可用于计数。

步骤 3：关闭窗口，可选择结束当前工作。

实验确认：☐ 学生　　☐ 教师

9.3.3 文件类型

可以使用多种不同的 Tableau 文件类型，如工作簿、打包工作簿、数据提取、数据源和书签等,来保存和共享工作成果与数据源(见表 9-1)。

表 9-1 Tableau 文件类型

文件类型	大小	使用场景	内容
Tableau 工作簿(.twb)	小	Tableau 默认保存工作的方式	可视化内容,但无源数据
Tableau 打包工作簿(.twbx)	可能非常大	与无法访问数据源的用户分享工作	创建工作簿的所有信息和资源
Tableau 数据源(.tds)	极小	频繁使用的数据源	包含新建数据源所需的信息,如数据源类型和数据源链接信息,数据源上的字段属性,以及在数据源上创建的组、集和计算字段等
Tableau 数据源(.tdsx)	小	频繁使用的数据源	包括数据源(.tds)文件中的所有信息以及任何本地文件数据源(如 Excel、Access、文本和数据提取)
Tableau 书签(.tbm)	通常很小	工作簿间分享工作表时使用	如果原始工作簿是一个打包工作簿,创建的书签就包含可视化内容和书签
Tableau 数据提取(.tde)	可能非常大	提高数据库性能	部分或整个数据源的一个本地副本

下面对常用的文件类型进行介绍。

(1) Tableau 工作簿(.twb):将所有工作表及其连接信息保存在工作簿中,不包括数据。

(2) Tableau 打包工作簿(.twbx):是一个 zip 文件,保存所有工作表、连接信息以及任何本地资源(如本地文件数据源、背景图片、自定义地理编码等)。这种格式最适合对工作进行打包,以便与不能访问该数据的其他人共享。

(3) Tableau 数据源(.tds):具有.tds 文件扩展名,是快速连接经常使用的数据源的快捷方式。数据源文件不包含实际数据,只包含新建数据源所必需的信息以及在"数据"窗格中所做的修改,如默认属性、计算字段、组、集等。

(4) Tableau 数据源(.tdsx):如果连接的数据源不是本地数据源,则 tdsx 文件与 tds 文件没有区别;如果连接的数据源是本地数据源,则数据源(.tdsx)不但包含数据源(.tds)文件中的所有信息,还包括本地文件数据源(如 Excel、Access、文本和数据提取)。

(5) Tableau 书签(.tbm):包含单个工作表,是快速分享所做工作的简便方式。

(6) Tableau 数据提取(.tde):具有.tde 文件扩展名,是部分或整个数据源的一个本地副本,可用于共享数据、脱机工作和提高数据库性能。

这些文件可保存在"我的 Tableau 存储库"目录的关联文件夹中,该目录是安装 Tableau 时在"我的文档"文件夹中自动创建的。工作文件也可保存在其他位置。

9.4 数据架构与连接

连接数据源是利用 Tableau 进行数据分析的第一步。Tableau 拥有强大的数据连接能力,支持几乎所有的主流数据源类型,并支持多表联接查询和多数据源数据关联。

Tableau 的元数据管理可以细分为数据连接层、数据模型层和数据可视化层(VizQL)。其中,可视化层中使用的 VizQL 是以数据连接层和数据模型层为基础的 Tableau 核心技术,对数据源(包括数据连接层和数据模型层)非常敏感。Tableau 的三层设计既可以让不了解元数据管理的普通业务人员进行快速分析，又方便了专业技术人员进行一定程度的扩展。

9.4.1 数据连接层

数据连接层决定如何访问源数据和获取哪些数据。数据连接层的数据连接信息包括数据库、数据表、数据视图、数据列，以及用于获取数据的表连接和 SQL 脚本，但是数据连接层不保存任何源数据。

在 Tableau 的各个版本中，数据连接层支持的数据类型都非常丰富，用户可以方便地对 Tableau 工作簿的数据连接进行修改，例如，将一系列仪表板的数据连接从测试数据库切换到生产数据库，只需要编辑数据连接，变更连接信息，Tableau 就会自动处理所有字段的实现细节。

Tableau 支持传统的关系数据源（如 MySQL、Oracle、IBM DB2）、多维数据源（如 Oracle Essbase、Microsoft Analysis Services、Teradata OLAP Connector）、Hadoop 系列产品中的数据源（如 Cloudera Hadoop、Hortonworks Hadoop Hive、MapR Hadoop Hive）、Tableau 数据提取、Web 数据源（如 Google Analysis、Google BigQuery）、本地文件（如 Excel、文本文件）等多种类别。可通过 Tableau Desktop、Tableau Server 新建数据源，还可以把数据源发布到 Tableau Server。

9.4.2 数据模型层

关系数据库中的数据可以在 Tableau 的数据模型层进行一定程度的数据建模工作，主要内容包括管理字段的数据类型、角色、默认值、别名，以及用户定义的计算字段、集和组等。如果在数据库中删除字段，那么在 Tableau 工作表中对应的字段会被自动移除，或者自动映射到别的替代字段。

不论数据源来自哪种服务器，在完成数据连接后，Tableau 都会自动判断字段的角色，把字段分为维度字段和度量字段两类。如果连接的是多维数据源，Tableau 会直接获取数据立方体维度和度量信息；如果连接的是关系数据源，Tableau 会根据其数据来判断该字段是维度字段还是度量字段。

Tableau 可以识别出多维数据源中预先定义好的分层结构。由于多维数据源的特性，Tableau 引入的多维数据源本身已经是一种聚合的形式，无法再进行进一步的聚合，并且维度字段将不能随意改变组织形式（如分组、创建分层结构、角色转换）和参与计算，同时度量字段也不能使用分级和改变角色。

9.4.3 数据连接

在 Tableau 中创建视图，首先需要新建数据源。打开 Tableau 软件后，在开始页面左上角"连接"字符上方单击"Home"符号，进入 Tableau 工作表工作区。之后，在工具栏单击"新建数据源"按钮，也可以在菜单栏单击"数据"→"新建数据源"命令，在显示的下级界面中会看到 Tableau 支持的数据源类型（见图 9-12）。

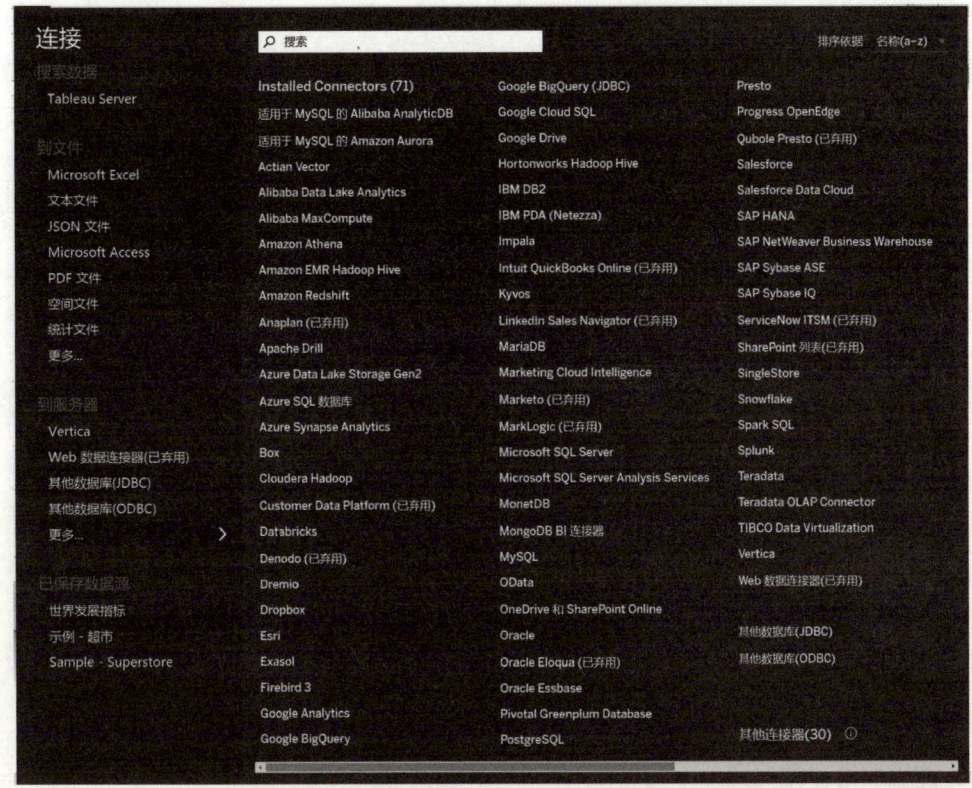

图 9-12　Tableau 支持的数据源类型

1. 连接文件数据源

为通过 Tableau 快速连接到电子表格、Access、Tableau 工作簿等各类文件数据源，可按以下步骤执行。

步骤 1：连接到电子表格。在文件数据源中最常用的是电子表格。以 Excel 文件为例，在界面左侧单击 "Microsoft Excel"，在 "打开" 对话框的左窗格中选择 "文档"，在右窗格中双击 "我的 Tableau 存储库" → "数据源" → "23.3"（23.3 版） → "zh_CN-China"（简体中文版），双击打开其中的 Excel "示例-超市" 文件。

步骤 2：根据界面上方 "将表拖到此处" 的提示，把界面左侧的表 "订单" 拖入中部框内（双击此表也可），这时可在界面下方看到 "订单" 工作表的数据（见图 9-13）。

步骤 3：单击下方 "工作表 1" 即进入工作区界面，此时已成功连接到了 Excel 数据源。

步骤 4：如果需要在下次使用时快速打开数据连接，可以将该数据连接添加到 "已保存数据源" 中，为此，单击 "数据" → "<数据源名称>" → "添加到已保存的数据源" 命令，在弹出的对话框中选择 "保存"。再次打开 Tableau 时，在开始界面就可以直接连接到已保存的数据源。

步骤 5：连接到 Access 文件。其操作步骤与连接到 Excel 文件基本类似。所不同的是，在选定数据表的界面左下方会出现 "新自定义 SQL" 选项，熟悉 SQL 的用户可以选择使用 SQL 查询连接数据。

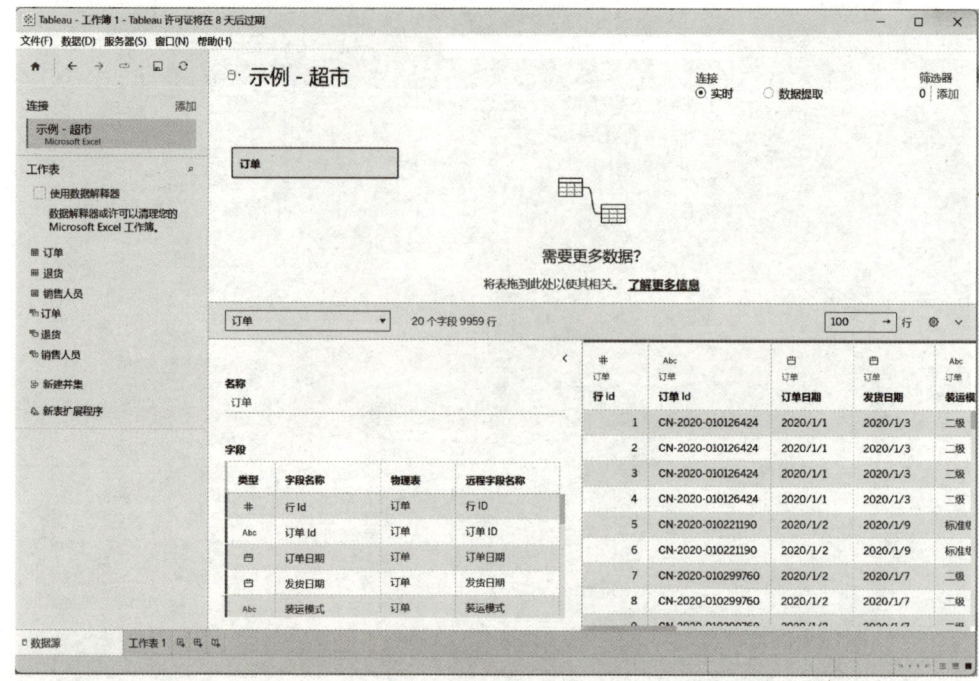

图 9-13　连接 Excel 示例

2．连接服务器数据源

在新建数据源界面中,"到服务器"栏中列出了 Tableau 所支持的各类服务器数据源,用户可以根据需要进行选择。Tableau 新版本支持对 Web 数据源及当前热门的几类云端数据库(如 Amazon Aurora、Google Cloud SQL、Microsoft Azure)的连接。

9.4.4　组织数据

创建数据源的另外一种方式是将数据复制粘贴到 Tableau 中,Tableau 会根据复制数据自动创建数据源。用户可以直接复制的数据包括 Microsoft Excel 和 Word 在内的 Office 应用程序数据、网页中 HTML 格式的表格、用逗号或制表符分隔的文本文件数据。

直接使用数据源的全量数据,在视图设计时可能会导致工作表响应迟缓。如果仅希望对部分数据进行分析,可以使用数据源筛选器。可以在新建数据源时选择筛选器,也可以在完成数据连接后,对数据源添加筛选器。

步骤 1:在数据连接时应用筛选器。单击工作界面左下方的"数据源"返回,再单击右上方"筛选器"下方的"添加"→"确定"项。

在"编辑数据源筛选器"对话框中单击"添加"按钮,随即进入"添加筛选器"对话框。例如,选择"订单日期"作为筛选字段(见图 9-14),接着在"筛选器字段(订单日期)"对话框中选择"年",再指定年份(如 2023),单击"确定"按钮后回到"编辑数据源"界面,可以预览筛选后的数据。

步骤 2:针对数据源应用筛选器。

在完成数据连接后,可以单击"数据"→"<数据源名称>"→"编辑数据源筛选器"命令,后续步骤与在数据连接时应用筛选器的步骤一致。

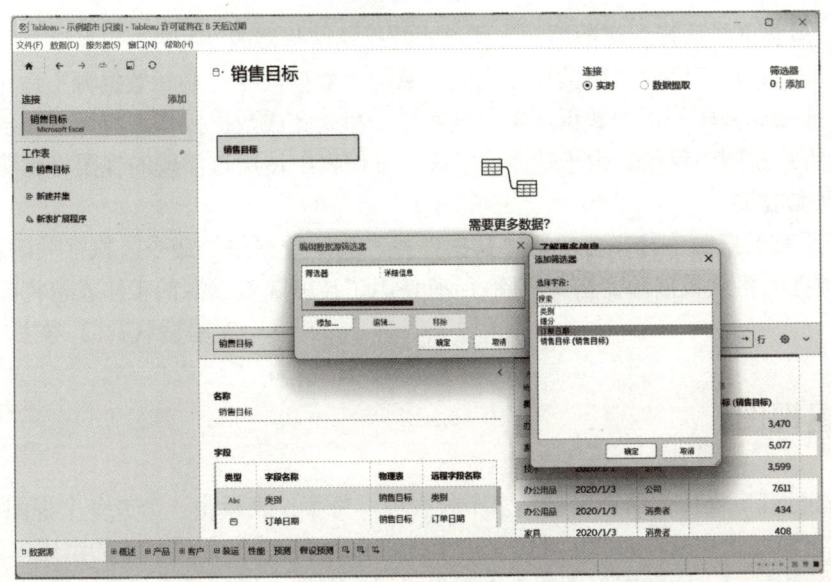

图 9-14　添加筛选器

实验确认：☐ 学生　　☐ 教师

9.4.5　实现多表联接

在实际可视化分析过程中，数据可能来自多张数据表，也可能来自不同的文件或者服务器。Tableau 的数据整合功能可实现同一数据源的多表联接、多个数据源的数据融合。

在分析中，已经添加了数据源信息，但要开展进一步数据分析需要新的信息，可通过单击"数据"→"<数据源名称>"→"编辑数据源"命令，将相关信息表加入到中心区域，Tableau 会自动建立信息表的联接。当两表之间无法自动生成表联接时，会显示警示信息。

如果不希望按照 Tableau 默认的方式进行表间数据联接，用户也可以选择指定表联接方式。有 4 种联接类型，默认选择的是"内部"联接，其他选项还包括"左侧""右侧""完全外部"联接等。其中，"内部"只列出与联接条件匹配的数据行；"左侧"表示不仅包含查询结果集合中符合联接条件的行，而且还包括左表的所有数据行；"右侧"表示不仅包含查询结果集合中符合联接条件的行，而且还包括右表的所有数据行；"完全外部"表示包含查询结果集合中包含左、右表的所有数据行。

9.5　数据维护

新建数据源是数据准备的第一步，后续用户需要通过查看数据，验证数据连接是否成功。数据维护的工作内容还包括：通过添加数据源筛选器，限定分析的数据范围；通过刷新数据源操作，保持分析的数据更新。

1. 刷新数据源

单击"数据"→"复制数据源"命令，可将数据复制到粘贴板。

当数据源中的数据发生变化后（包括添加新字段或行、更改数据值或字段名称、删除数据或字段），需要重新执行新建数据源操作，才能反映这些修改。另外，也可以执行刷新操作，在不断开连接的情况下即时更新数据。为此，单击"数据"→"刷新数据源"命令即可。

如果工作簿中视图使用的数据源字段被移除，那么完成数据操作后将显示一条警告消息，说明该字段将从视图中移除。由于缺少该字段，工作表中使用该字段的视图将无法正确显示。

2. 关闭数据源

为关闭原有数据源连接，可单击"数据"→"关闭数据源"命令。执行关闭数据源操作后，被关闭数据源将从数据源窗格中移除，所有使用了被删除数据源的工作表也将被一同删除。

实验确认：□ 学生　　□ 教师

9.6　创建视图

一个 Tableau 可视化作品通常包括多个仪表板，每个仪表板由一个或多个视图（工作表）按照一定的布局方式构成，因此，视图是一个 Tableau 可视化产品最基本的组成单元。视图中的图形单元称为标记，比如圆形图的一个圆点或柱形图的一根柱子，都是标记。

我们继续以本章 9.3 节的实例 9-1 为例。

步骤：打开 Tableau Dasktop，在 Tableau 开始页面中将 Excel 数据表"实例 9-1"导入到 Tableau 中。在界面的左下方单击"工作表 1"按钮，进入 Tableau 工作表工作区（见图 9-15）。

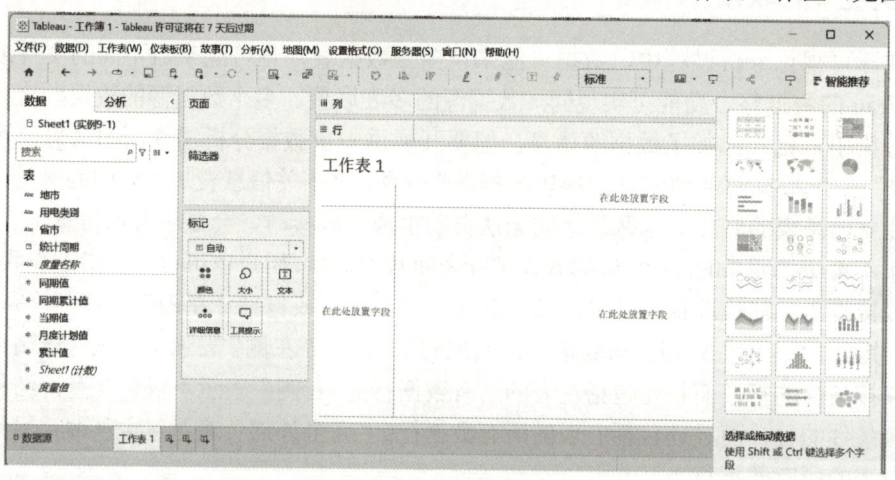

图 9-15　视图工作区

Tableau 作图非常简单，可以利用"数据"窗格中的数据字段来创建视图。将"数据"窗格中的字段拖放到"行""列"功能区，Tableau 就会自动依据相关功能将图形显示在下方视图区中，并显示相应的轴或标题。当使用"页面""筛选器""标记"卡和"行""列"功能区进行操作时，图形的变化都会即时显示在视图区。

9.6.1　"行""列"功能区

"行""列"功能区在工作表的上方，在 Tableau 的数据可视化制作中具有重要的作用。

步骤 1：为制作各省当期售电量柱形图，选定字段"省市"，拖放到"列"功能区，这时横轴就按照各省名称进行分区，各省市成为分区标题。同理，拖放字段"当期值"到"行"功能区，这时字段会自动显示成"总和（当期值）"，视图区显示的便是售电量各省累计值柱形图。

步骤 2："行""列"功能区可以拖放多个字段，例如，可以将字段"同期值"拖放到"总和（当期值）"的左边，Tableau 这时会根据度量字段"当期值"和"同期值"分别做出对应的轴（见图 9-16）。

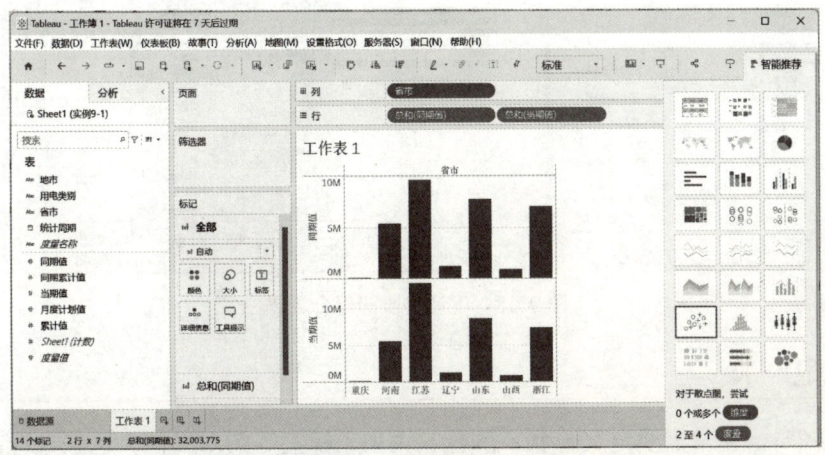

图 9-16 在"行""列"功能区添加多个字段

步骤 3：维度和度量都可以拖放到"行"功能区或"列"功能区，只是横轴、纵轴的显示信息会相应地改变，例如，可以单击工具栏上的"交换行和列"按钮，将行、列上的字段互换，这时"省市"显示在纵轴，横轴变成了"当期值"和"同期值"（见图 9-17）。

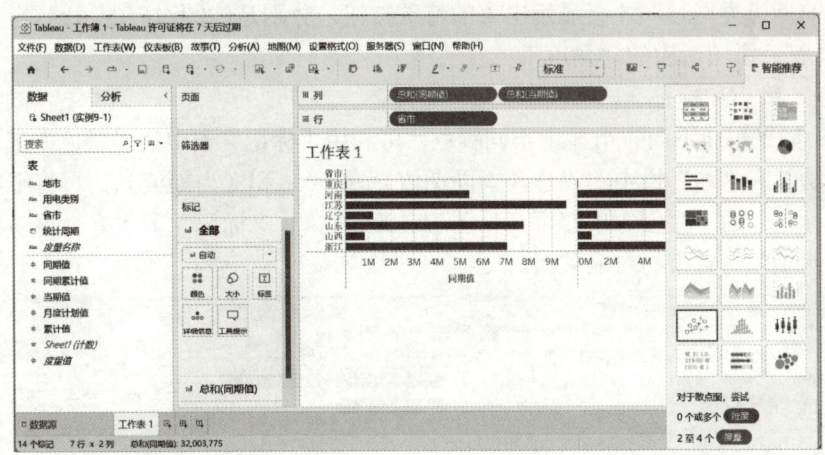

图 9-17 交换行列字段

前面拖放度量字段"当期值"到功能区，字段自动显示成"总和（当期值）"，这反映 Tableau 对度量字段进行了聚合运算（总和）。Tableau 支持多种不同的聚合运算，如总和、平均值、中位数、最大值、计数等。

步骤 4：如果想改变聚合运算的类型，例如，想计算各省的平均值，只需在"行"功能区或"列"功能区的度量字段上，右击"总和（当期值）"或单击右侧小三角形，在弹出的快捷菜单中选择"度量"→"平均值"即可（见图 9-18）。Tableau 求平均值就是对行数的平均。

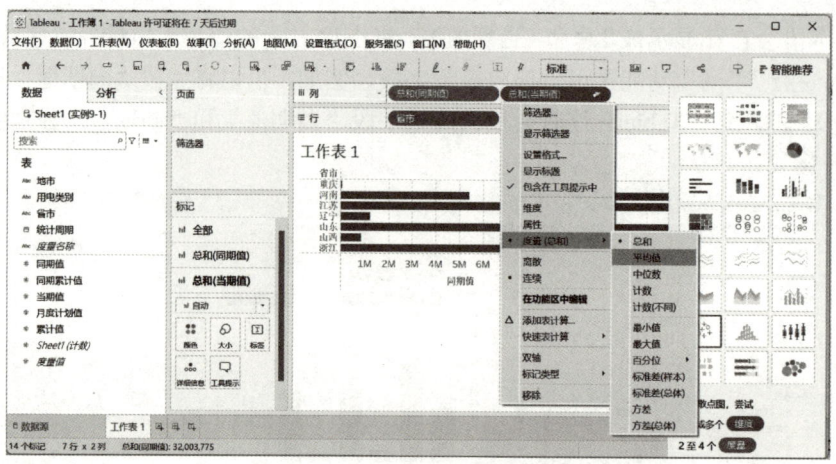

图 9-18　度量字段的聚合运算

9.6.2 "标记"卡

创建视图时，经常需要定义形状、颜色、大小、标签等图形属性。这些过程都通过操作"标记"卡来完成，其上部为标记类型，用于定义图形的形状。Tableau 提供了多种类型的图以供选择，默认状态下为条形图。标记类型下方有 5 个像按钮一样的图标，分别为"颜色""大小""标签""详细信息"和"工具提示"。这些按钮的使用非常简单，只需把相关的字段拖放到按钮上即可，同时单击按钮还可以对细节、方式、格式等进行调整。此外，还有 3 个只有在选择了对应的标记类型时，才会显示出来的特殊按钮，分别是线图对应的"路径"、形状图形对应的"形状"、饼图对应的"角度"。

1. 颜色、大小和标签

步骤 1：如果想让不同省市显示不同颜色，可利用"标记"卡中的"颜色"来完成，这只需分别单击功能区"列"栏中的"总和（同期值）"或"总和（当期值）"，再将维度字段"省市"拖放到标记卡的"颜色"项即可（见图 9-19）。这时，"标记"卡下方会自动出现颜色图例，用于说明颜色与省市的对应关系。

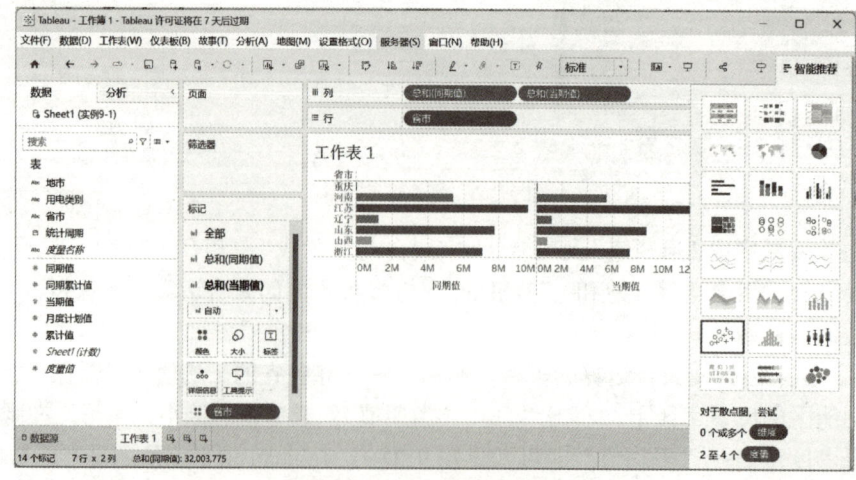

图 9-19　设置颜色标记

步骤2：单击颜色图例左侧或右侧，可在弹出框中选择进一步的操作，如排序、设置格式等。

步骤3：如果要对视图中的标记添加标签，如将"当期值"添加为标签显示在图上，只需将度量字段"当期值"拖放到标签即可（见图9-20）。

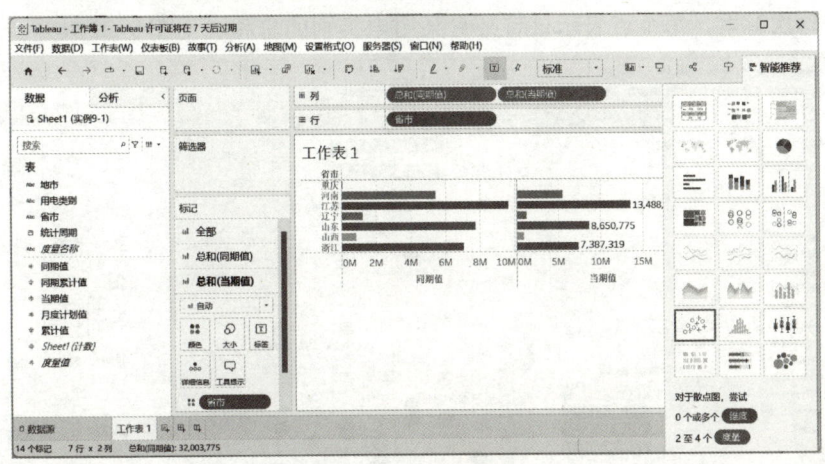

图9-20　添加标签

步骤4：标签显示的是各省的当期值总和，如果想让标签显示各省当期值的总额百分比，可右击"标记"卡中的"总和（当期值）"或单击"总和（当期值）"右侧小三角标记，在弹出的快捷菜单中选择"快速表计算"→"总额百分比"命令，这时视图中的标签将变为总额百分比。此外，单击标签，可对标签的格式、表达方式等进行设置。

步骤5：设置大小和颜色与此类似，拖放字段到"大小"，视图中的标记会根据该字段改变大小。需要注意的是，颜色和大小只能放一个字段，但是标签可以放多个字段。

2．详细信息

"详细信息"功能是依据拖放的字段对视图进行分解细化。

步骤1：以圆形图为例，将"省市"拖放到"列"功能区，"当期值"拖放到"行"功能区，标记类型选择"圆"（见图9-21）。这时每个圆点所代表的值其实是各个用电类别6个月的总和。

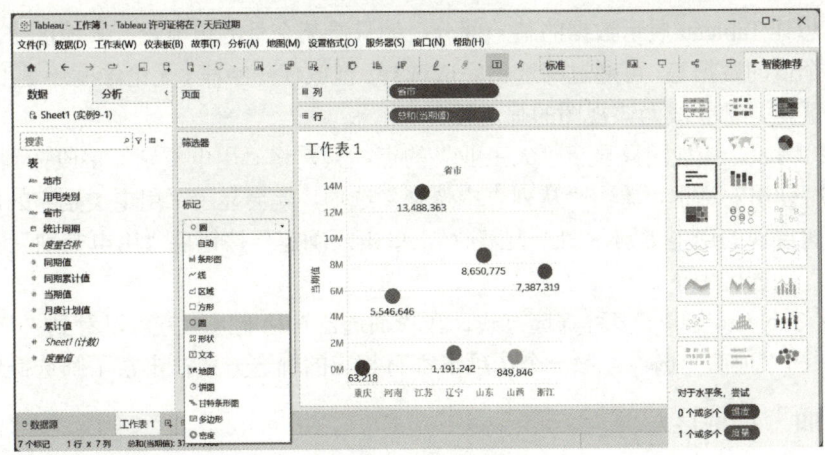

图9-21　设置详细信息

步骤 2：将维度字段"用电类别"拖放到标记卡的"详细信息"项，Tableau 会依据"用电类别"进行分解细化，这时每个圆点变为多个圆点，每个点代表相应省市某一用电类别的总和。将维度字段"统计周期"拖放到"详细信息"项并选择按"月"（Tableau 默认的是按"年"），这时每个点再次解聚，每个点表示该省某月某用电类别的总和（见图 9-22）。

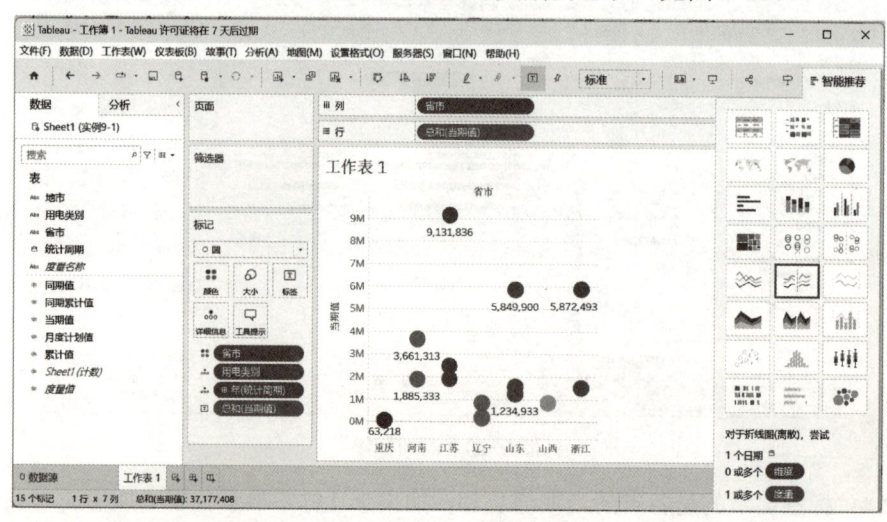

图 9-22 依据"用电类别"和"月（统计周期）"的详细信息

其实，直接将字段拖放到"标记"卡的下方就可以表示详细信息，并且颜色、大小、标签都具有与详细信息搭配使用的功能。

3．工具提示

当鼠标指针移至视图中的标记上时，会自动跳出一个显示该标记信息的框，出现提示信息。单击"工具提示"可以看到其内容，可对内容进行删除、更改格式、排版等操作。Tableau 会自动将"标记"卡和"行""列"功能区的字段添加到工具提示中，如果还需要添加其他信息，只需将相应的字段拖放到"标记"卡中。

9.6.3 "筛选器"功能区

如果只想让 Tableau 展示数据的某一部分，如只看某个月的售电量、某地区分省情况、用电量大于某个值的数据等，可通过筛选器完成选择。拖放任一字段（无论维度还是度量）到"筛选器"功能区里，都会成为该视图的筛选器。

步骤 1：例如，让视图只显示"大工业"的点，只需将"用电类别"字段拖到"筛选器"功能区，这时弹出对话框，单击"从列表中选择"选项，就会显示"用电类别"的内容，这里可直接勾选想展现的用电类别，如"大工业"，单击"确定"按钮后"用电类别"字段就显示在"筛选器"功能区中了。

步骤 2：Tableau 提供了多种筛选方式，在"筛选器"功能区上方可以看到"常规""通配符""条件"和"顶部"选项，每一个选项下都有相应的筛选方式，丰富了筛选操作形式。

9.6.4 "页面"功能区

将一个字段拖放到"页面"功能区会形成一个页面播放器，播放器可让工作表更灵活。

步骤 1：为了更好地展示页面功能，单击屏幕下方的"新建工作表"按钮新建一个工作表。

步骤 2：将维度字段"统计周期"拖放到"列"功能区，Tableau 默认"统计周期"为"年"，将其调整为"月"，将度量字段"当期值"拖放到"行"功能区，标记类型选择为"圆"。

步骤 3：将维度字段"统计周期"拖放到"页面"功能区，这时"页面"功能区中会出现"年（统计周期）"播放器（见图 9-23）。

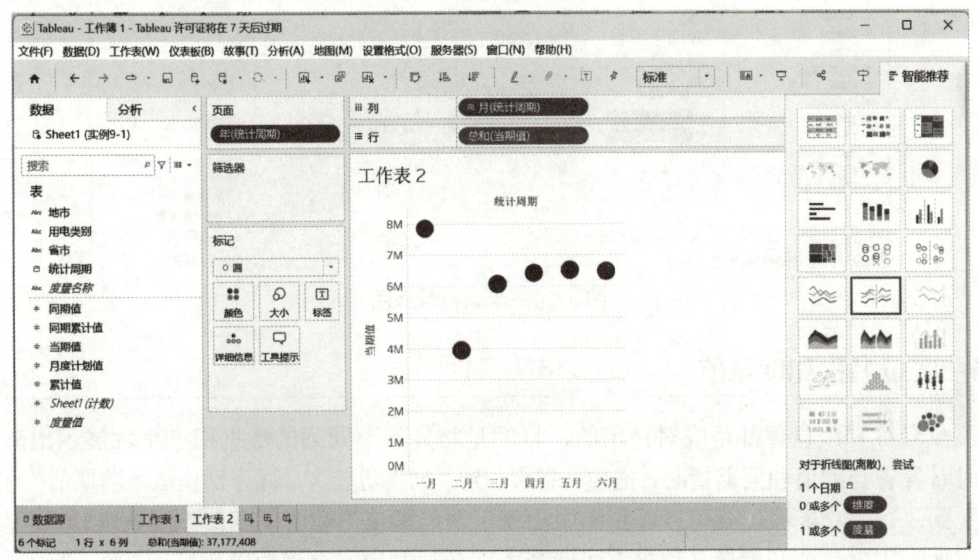

图 9-23　设置页面播放器（按年）

步骤 4：将播放器日期显示的"年（统计周期）"调整为"月（统计周期）"。在工具栏中单击"演示模式"按钮，可以让视图在屏幕右侧动态播放出来，按〈Esc〉键可退出演示模式。

9.6.5　智能显示

单击 Tableau 工具栏右端的"智能显示"按钮，可打开和关闭"智能显示"栏，其中显示了 24 种可以快速创建的基本图形。将鼠标指针移动到任意图形上，栏目下方都会显示作该图需要的字段要求。如将鼠标指针移动到符号地图上，下方会显示"1 个地理维度，0 个或多个维度，0 至 2 个度量"，这表明创建该视图必须有一个地理类型的字段类型，度量不能超过 2 个。

步骤 1：新建一个工作表。

步骤 2：单击维度字段"省市"右侧的小箭头按钮，在弹出的快捷菜单中指向"地理角色"项，单击"州/省/市/自治区"项，将"省市"字段设置为地理数据类型。

步骤 3：将地理维度字段"省市"拖到"行"功能区，度量字段"当期值"拖放到"列"功能区，这时候发现智能显示栏的某些图形高亮了，表示用目前的字段可以快速创建的图形。单击"智能显示"栏中的"符号地图"，符号地图就创建完成了。这时，"行""列"功能区的内容变为"经度（自动生成）""纬度（自动生成）"字段，"标记"卡中"详细信息"显示为"省市"，"大小"显示为"总和（当期值）"（见图 9-24）。

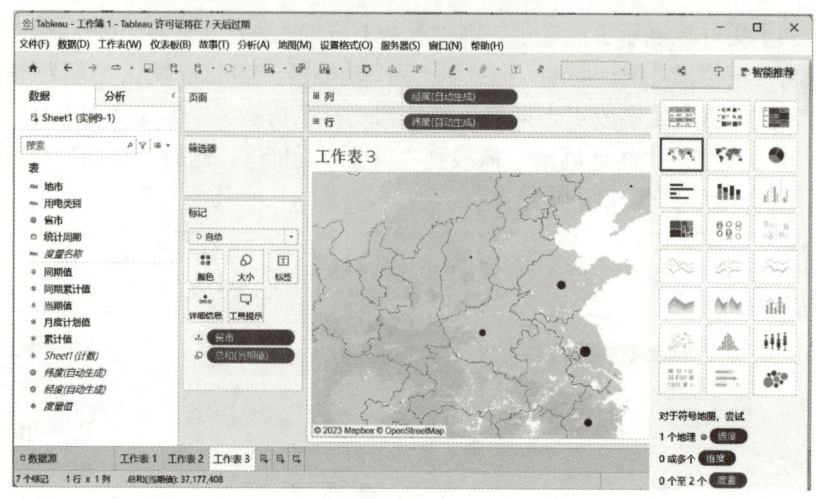

图 9-24　绘制符号地图

9.6.6　度量名称和度量值

度量名称和度量值都是成对使用的，目的是将处于不同列的数据用一个轴展示出来。当想同时看各省当期值和同期值时，拖放"省市"到"列"功能区，再分别拖放"当期值"和"同期值"到"行"功能区，就可以看到图中出现了"当期值"和"同期值"两条纵轴。

下面利用度量值和度量名称来完成两列不同数据共用一个轴的操作。

步骤1：新建一个工作表。

步骤2：将维度字段"省市"拖放到"列"功能区，将度量字段"度量值"拖放到"行"功能区，这时在窗口左下方"度量值"区域会显示出所包含的那些度量值，Tableau 默认包含所有度量值。由于我们只需要当期值和同期值，因此，单击"行"域中"度量值"右边的小三角形，在弹出的快捷菜单中单击"筛选器"命令，在"筛选器"对话框中只保留勾选了"当期值"和"同期值"。

步骤3：将"度量名称"拖放到"标记"卡上的"颜色"，这时柱状图按颜色分成了当期值和同期值，二者共用一个纵轴（见图9-25）。如果习惯将当期值和同期值分开为两个柱子，只需将"度量名称"拖放到"列"功能区，放置在"省市"的右边（见图9-26）。

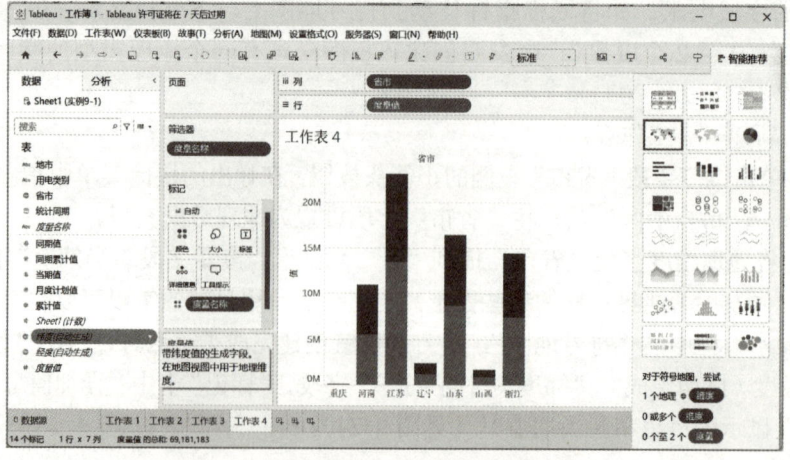

图 9-25　度量名称与度量值（共用纵轴）

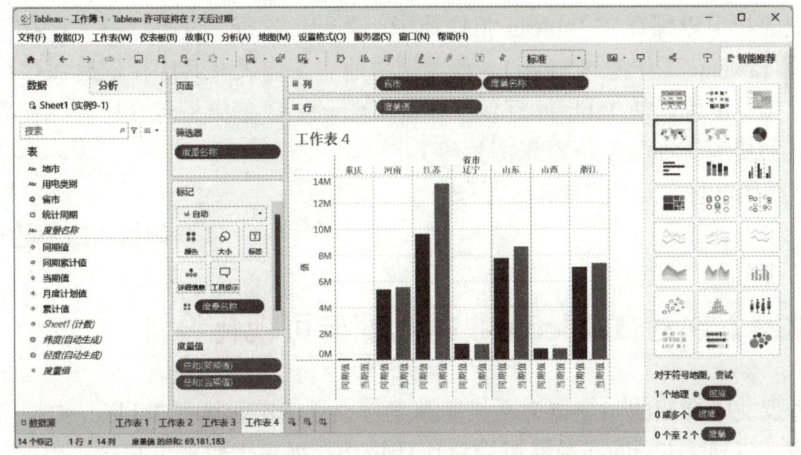

图 9-26 度量名称与度量值(分开表达)

实际上我们也可以利用"智能显示"功能快速完成双柱(并排)图形。把鼠标指针放在"智能显示"窗格"并排图"图标上会显示完成该图需要"1 个或多个维度,1 个或多个度量,至少需要 3 个字段"。将维度字段"省市"拖放到"列"功能区,将"当期值"和"同期值"拖放到"行"功能区,"并排图"被高亮,单击即可完成。

9.6.7 组织视图

完成所有工作表的视图后,便可以将其组织在仪表板中了。

步骤 1:单击工作界面下方的"新建仪表板"按钮,即进入仪表板工作区。

步骤 2:创建仪表板也是用拖放的方法,将创建好的工作表拖放到右侧排版区,并按照一定的布局排版好(见图 9-27)。

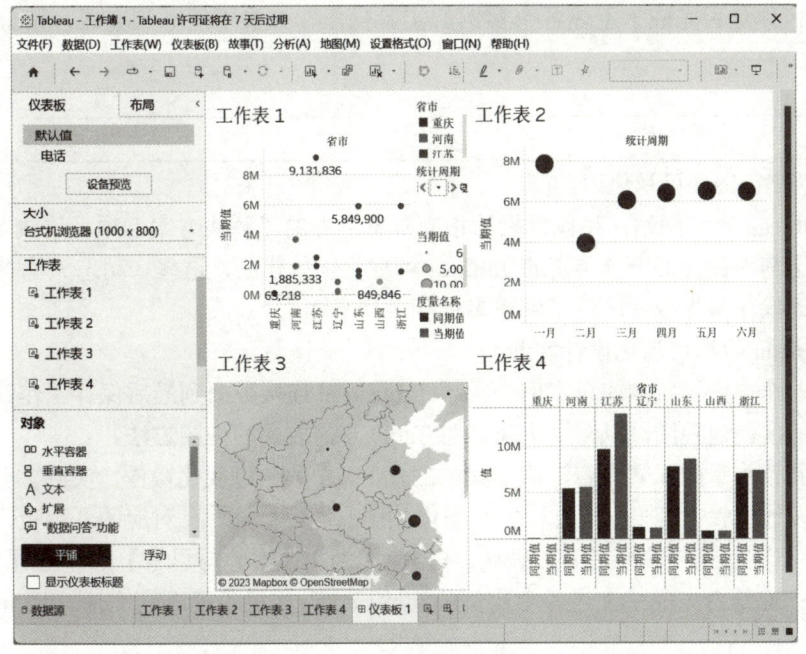

图 9-27 创建简单仪表板

建立的仪表板可以保存在 Tableau 工作簿中。为此，选择"文件"→"保存"命令。保存的类型可以是 Tableau 工作簿（*.twb），该类型将所有工作表及其连接信息保存在工作簿文件中但不包括数据；也可以是 Tableau 打包工作簿（*.twbx），该类型包含所有工作表、其连接信息以及任何其他资源（如数据、背景图片等）。

步骤 3：关闭文件，退出 Tableau 系统。

实验确认：□ 学生　　□ 教师

【实验与思考】熟悉 Tableau 数据管理与可视化设计

（1）通过课文中介绍的一个电力系统简单案例，尝试实际执行 Tableau 数据可视化设计的各项基本步骤，以熟悉 Tableau 数据可视化设计技巧，提高大数据可视化应用能力。

（2）以 Tableau 系统提供的 Excel"示例-超市"文件作为数据源，依照本章内容，循序渐进地完成 Tableau 数据管理各个案例，熟悉 Tableau 数据处理技巧，提高大数据可视化应用能力。

（3）欣赏 Tableau 数据可视化优秀作品，了解 Tableau 数据可视化设计能力。

1. 实验内容与步骤

（1）体验课文中关于 Tableau 数据管理的各项功能。

这一章中，我们以 Tableau 系统自带的 Excel"示例-超市"文件为数据源，介绍了 Tableau 数据管理的各项操作。

请仔细阅读本章的课文内容，执行其中的 Tableau 数据管理操作，实际体验 Tableau 数据管理的处理方法与步骤。请在执行过程中对操作关键点做好标注，在对应的"实验确认"栏中打勾（√），并请实验指导教师指导和确认。（据此作为本【实验与思考】的作业评分依据。）

请记录：你是否完成了上述各个实例的实验操作？如果不能顺利完成，请分析可能的原因是什么？

答：＿＿＿＿＿＿＿＿＿＿＿＿＿＿＿＿＿＿＿＿＿＿＿＿＿＿＿＿＿＿＿＿＿＿＿＿＿＿＿

（2）浏览 Tableau 可视化库。

登录 Tableau 官方网站，将鼠标指针指向屏幕上方的"解决方案"项，请浏览 Tableau 可视化成果。这其中包含了十分丰富的 Tableau 可视化优秀作品，这些（动态）优秀作品都可以让人通过互动操作深入或者广泛了解更多的相关信息。

（3）Tableau 数据可视化设计实践

我们以一个电力系统的简单案例介绍了 Tableau 从连接数据到最后保存工作簿的过程，介绍了利用功能区创建视图，以帮助大家熟悉 Tableau 拖放式的作图方法。

请仔细阅读本章的课文内容，执行其中的 Tableau 数据可视化操作，实际体验 Tableau 数据可视化的设计步骤。请在执行过程中对操作关键点做好标注，在对应的"实验确认"栏中打勾（√），并请实验指导教师指导和确认。（据此作为本【实验与思考】的作业评分依据。）

请记录：你是否完成了上述各个实例的实验操作？如果不能顺利完成，请分析可能的原因是什么？

答：

2. 实验总结

3. 实验评价（教师）

第 10 章　Tableau 可视化设计

【导读案例】Tableau 案例分析：世界指标——医疗支出

有条件的读者，请打开 Tableau 软件，在其开始页面中单击打开典型案例"世界指标"，以研究性态度动态地观察和阅读，以深入了解 Tableau。

在典型案例"世界指标"工作界面的下方，列举了 8 个工作表，即人口、健康指标、医疗支出、技术、经济、旅游业、商业和全球指标，分别展示了现实世界的若干侧面，其中医疗支出工作表视图如图 10-1 所示。

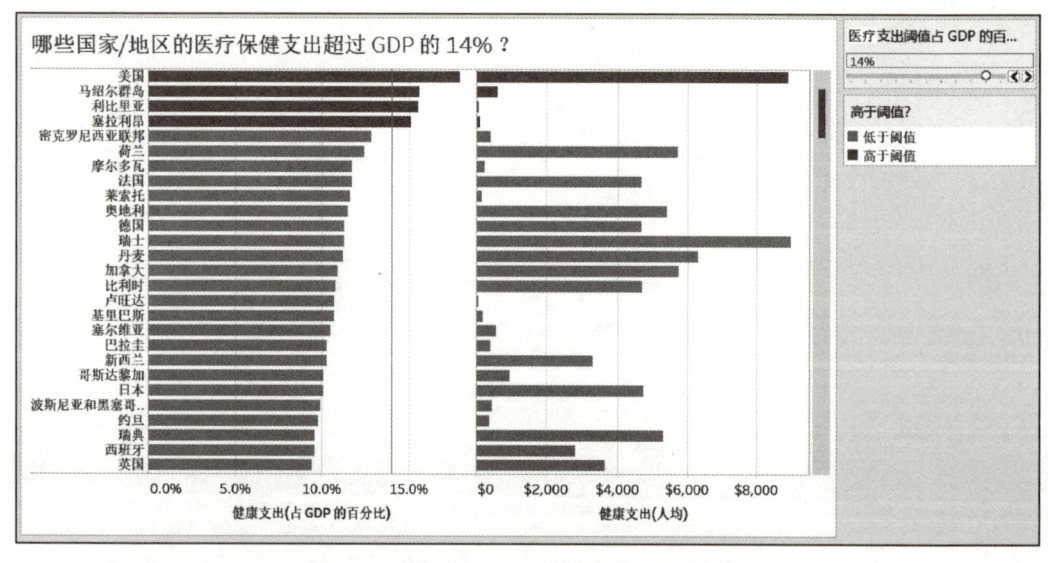

图 10-1　世界指标——医疗支出工作表视图

图 10-1 右侧有个"健康费用阈值"栏，拖动或者单击其中的游标，可以设定不同的阈值。注意观察视图，当调整阈值设定时，视图内标题、参考线、条形图的颜色等都会随之变动，反映不同的分析结果。视图中用不同颜色来直观地区分低于选值和高于选值的不同数据。视图左右分别显示了健康支出（占 GDP 的百分比）和健康支出（人均）。

阅读视图，通过移动鼠标指针，分析和钻取相关信息并简单记录。

（1）所谓 GDP，是指什么？

答：

请记录：美国：人均健康支出：＿＿＿＿＿＿＿＿（美元），占 GDP:＿＿＿＿＿＿＿＿%。
　　　　德国：人均健康支出：＿＿＿＿＿＿＿＿（美元），占 GDP:＿＿＿＿＿＿＿＿%。
　　　　中国：人均健康支出：＿＿＿＿＿＿＿＿（美元），占 GDP:＿＿＿＿＿＿＿＿%。
　　　　塞浦路斯：人均健康支出：＿＿＿＿＿＿＿＿（美元），占 GDP:＿＿＿＿＿＿＿＿%。
你认为健康支出占 GDP 百分比低，可能是因为：
　□ 社会福利好，人民享受免费医疗　　□ 自然环境好，不生病医疗开销少
（2）通过信息钻取，你还获得了哪些信息或产生了什么想法？
答：＿＿＿＿＿＿＿＿＿＿＿＿＿＿＿＿＿＿＿＿＿＿＿＿＿＿＿＿＿＿＿＿＿＿

数据准备：本章中，我们以 Tableau 系统提供的 Excel "示例-超市" 文件作为数据源，来学习和练习各种数据分析图表的 Tableau 可视化分析方法。在 Tableau 开始界面单击 Excel，选择 "示例-超市" Excel 文件。在 "数据源" 窗格中，将左侧订单工作表拖到窗格中（参见图 9-14）。

10.1　条形图与直方图

条形图，又称柱状图、柱形图等，是最常使用的图表类型之一，它通过垂直或水平的条形展示维度字段的分布情况。其中，垂直方向的条形图通常称为柱形图。

直方图，又称质量分布图、柱状图，是一种统计报告图，它由一系列高度不等的纵向条纹或线段表示数据分布的情况，一般用横轴表示数据类型，纵轴表示分布情况。作直方图的目的就是通过观察图的形状，判断生产过程是否稳定，预测生产过程的质量。

10.1.1　条形图与直方图的区别

直方图与条形图不同。条形图的横轴为单个类别，不用考虑纵轴上的度量值，用条形的长度表示各类别数量的多少；而直方图的横轴为对分析类别的分组（Tableau 中称为分级 bin），横轴宽度表示各组的组距，纵轴表示每级样本数量的多少。

由于分组数据具有连续性，直方图的各矩形通常是连续排列，而条形图则是分开排列。条形图主要用于展示分类数据，而直方图则主要用于展示数据型数据。虽然可以用条形图来近似地模拟直方图，但由于条形图的横轴是分类轴，不是刻度轴，因此，它不是严格意义上的直方图。使用直方图分析时，样本数据量最好在 50 个以上。

10.1.2　条形图

条形图最适宜比较不同类别的大小，需注意纵轴应从 0 开始，否则很容易产生误导。

为创建一个用于查看销售额对比的水平/垂直条形图，步骤如下。

步骤 1：单击下方 "工作表 1"，调整国家/地区、城市、省/自治区等维度属性为 "地理角色"。

步骤 2：在工作表界面中，将维度 "订单日期" 字段拖到 "筛选器" 功能区，在弹出的 "筛

选器字段"对话框中选择日期类型为"年/月",单击"下一步"按钮,再在弹出的对话框中把"统计周期"勾选限制为"2023 年 12 月",单击"确定"按钮。

步骤 3:将维度"省/自治区"拖至"行"功能区,将度量"销售额"拖至"列"功能区(见图 10-2)。

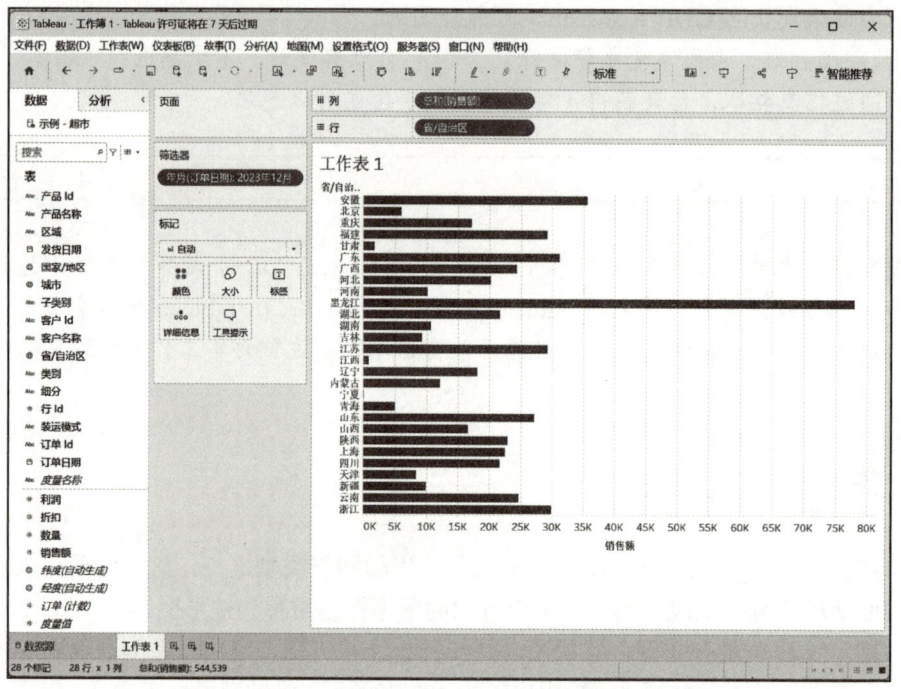

图 10-2　2023 年 12 月部分省/自治区销售额对比

步骤 4:单击工具栏中的"交换行和列"按钮,将水平条形图转置为垂直条形图,单击"降序排序"按钮,分省销售额将按降序排列(见图 10-3)。

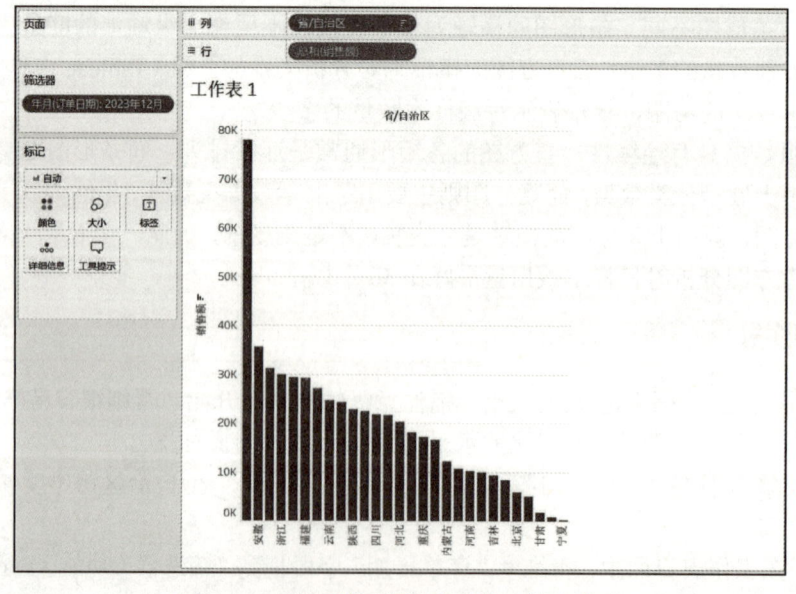

图 10-3　对水平条形图进行交换、降序排列

步骤 5：将维度"类别"拖至"标记"卡上的"颜色"，生成堆积条形图，继续查看分省销售额按类别的分布情况（见图 10-4）。

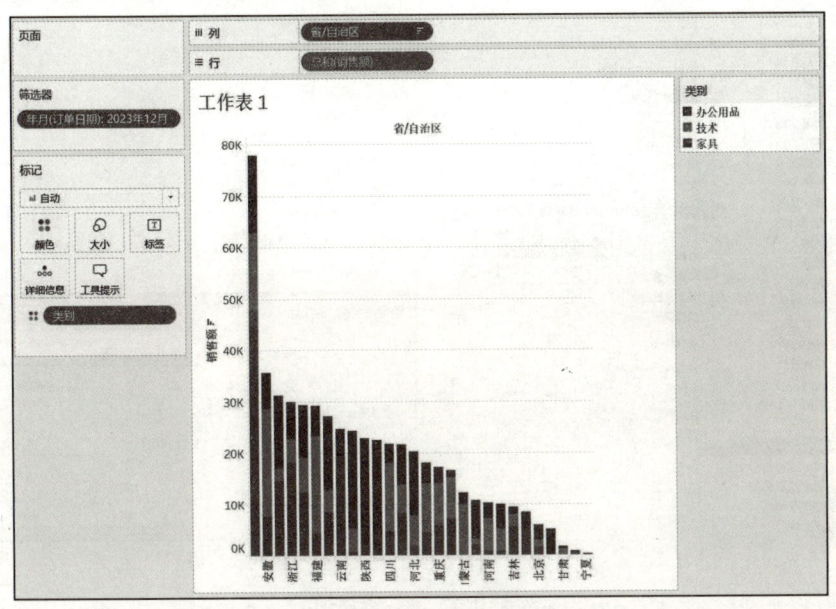

图 10-4　2023 年 12 月分省销售额按类别分布

可以发现，当"省/自治区"维度字段的参数过多时，生成的堆积条形图不够直观，为此，可对堆积条形图中各类别进行升降排序。

步骤 6：鼠标指针指向"图例"卡上的"类别"，单击其右侧的下拉菜单按钮，单击"排序"命令，在出现的排序窗格中对排序进行设置。窗格中显示有多种排序方式，包括升序、降序以及升降排序的依据，此外，还可以手动编辑顺序等。此外，为使图表颜色更好看，还可对各用电类别颜色进行编辑。

10.1.3　直方图

直方图与条形图类似。直方图的横轴是对分析类别的分组，横轴宽度表示各组的组距，纵轴表示每级样本数量的多少。直方图对类别进行分组统计。分组的原因可能是因为类别是连续的，或者类别虽然离散但是数量过多，可以视为近似于连续，当然也可以基于某种业务需要。

例如，比较分析示例超市的销售结构，可考虑将销售额分级为不同的组别，再对各组别的销售额进行统计，具体步骤如下。

步骤 1：以 Excel "示例-超市"文件作为数据源并创建级。

在"数据"窗格中选择度量"销售额"，在右键快捷菜单中选择"创建"→"数据桶"（见图 10-5a）。在弹出的"编辑数据桶（销售额）"对话框中，编辑新字段的名称和组距。为帮助确定最佳组距，"加载"显示"值范围"窗格，包括最大值、最小值和差异（最大值-最小值）。值范围可以帮助调整设定数据桶大小（默认为 10），数据桶大小也就是直方图的组距，这里设定为 1000（见图 10-5b）。

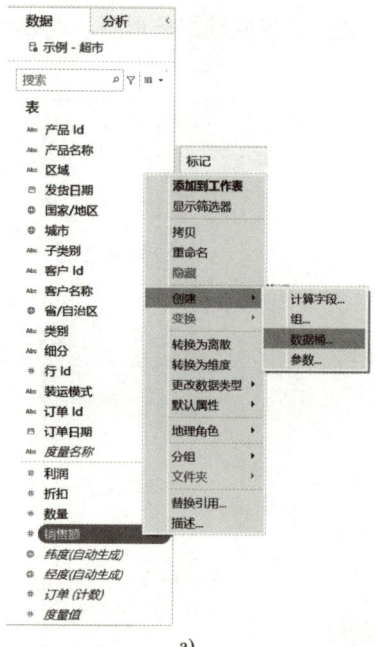
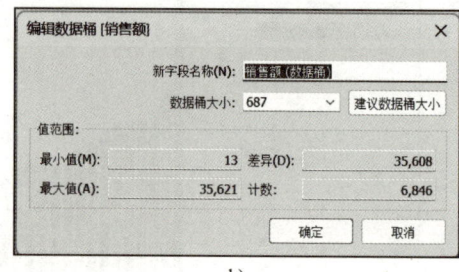

图 10-5　编辑数据桶

因对度量分级创建的"销售额（数据桶）"字段为维度字段，故该级字段显示在"数据"窗格的"维度"区域中，并在字段名称前附有字段图标。

步骤 2：将度量"销售额"拖至"行"功能区，将新建的级"销售额（数据桶）"字段拖至"列"功能区，生成如图 10-6 所示的图表。

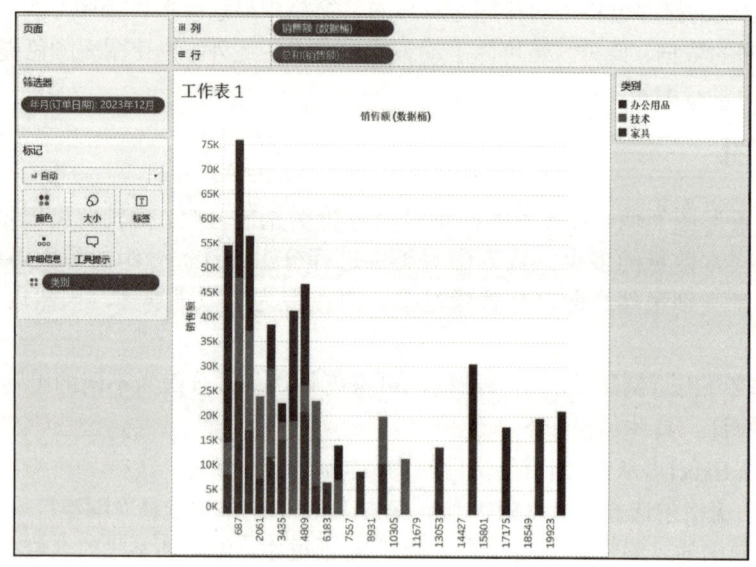

图 10-6　销售额分组统计直方图

图 10-6 中，每个级标签代表的是该级所分配的数字范围的下限（含下限）。例如，标签为"1K"的级的含义是：销售额大于或等于 1000 但小于 2000 的销售额组。可通过修改数据桶大小来调整直方图的分级。还可以自动创建直方图，方法是：①在"数据"窗格中选择一个

度量；②单击工具栏上的"智能显示"按钮；③选择"直方图"选项。

步骤 3：为各级编辑别名。因为自动生成的级仅显示该级的下限，容易产生误导。以修改"18K"的标签为例，右击"18K"级标签，在弹出的快捷菜单中选择"编辑别名"，修改为"18-19K"。

实验确认：☐ 学生　　　☐ 教师

10.2　饼图

饼图又称圆饼图。相对于饼图，多数统计学家更推荐使用条形图或折线图，因为相对于面积，人们对长度的认识往往更精确。在使用饼图进行可视化分析时，需要注意的事项包括：

（1）分块越少越好，最好不多于 4 块，且每块必须足够大。

（2）确保各分块占比的总和是 100%。

（3）避免在分块中使用过多标签。

下面以分析"销售额中分类别占比情况"为例，介绍创建饼图的操作步骤。

步骤 1：在"示例-超市"中，商品大类分为"办公用品""技术""家具"三类。

如果认为类别分类过多，直接画出的饼图就不够直观，这时可以利用分组来降低类别的成员数量。例如，将部分类别成员归为一组"其他类别"，可右击"维度"区域里的"类别"，在弹出的快捷菜单中单击"创建"→"组"命令，在"创建组 [类别]"对话框中按住〈Ctrl〉键选择要分为一组的成员，单击"分组"按钮即可。

步骤 2：将字段"订单日期"拖放到"筛选器"功能区，选择"2020 年"。

步骤 3：将字段"类别"拖至"标记"卡的"颜色"，并设置"标记"类型为"饼图"，这时"标记"卡中出现"角度"选项。

步骤 4：将度量"销售额"拖至"角度"后，饼图将根据该度量的数值大小改变饼图的扇形角度的大小，从而生成占比图。

步骤 5：为饼图添加占比信息。将维度"类别"及度量"销售额"拖至"标记"卡中的"标签"，并右击"销售额"标签，在弹出的快捷菜单中选择"快速表计算"→"总额百分比"命令，添加占比信息后的图表如图 10-7 所示。

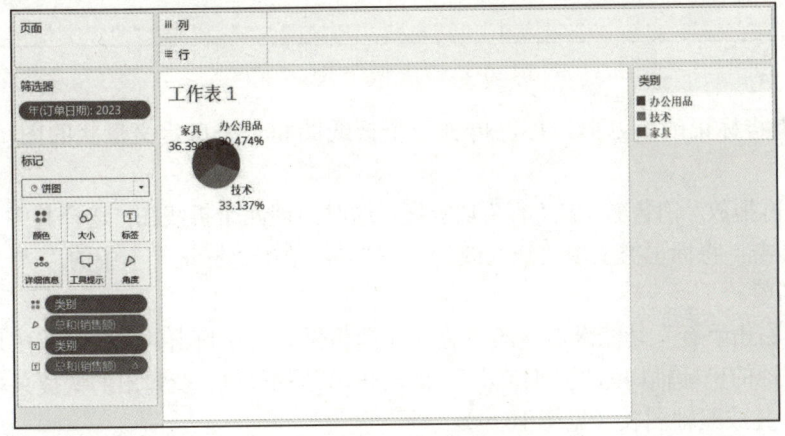

图 10-7　添加占比信息后的图表

绘制图表后,可在饼图各个扇区单击,分别关注不同的扇区。

实验确认:□ 学生　　□ 教师

10.3 折线图

折线图是一种使用率很高的统计图形,它以折线的上升或下降来表示统计数量的增减变化趋势,最适用于时间序列的数据。与条形图相比,折线图不仅可以表示数量的多少,而且可以直观地反映同一事物随时间序列发展变化的趋势。

下面以分析示例-超市的"月销售额趋势"为例,介绍创建基本折线图的操作步骤。

步骤1:将"销售额"拖至"行"功能区,"订单日期"拖至"列"功能区,并通过右键快捷菜单将其日期级别设为"月"。设置"标记"类型为"线",这时"标记"卡中出现"路径"选项。

步骤2:单击"标记"卡处的"颜色",在弹出的对话框的"标记"选项组中选择中间的"全部"项,这时图表中的线段上将出现小圆的标记符号(见图10-8)。

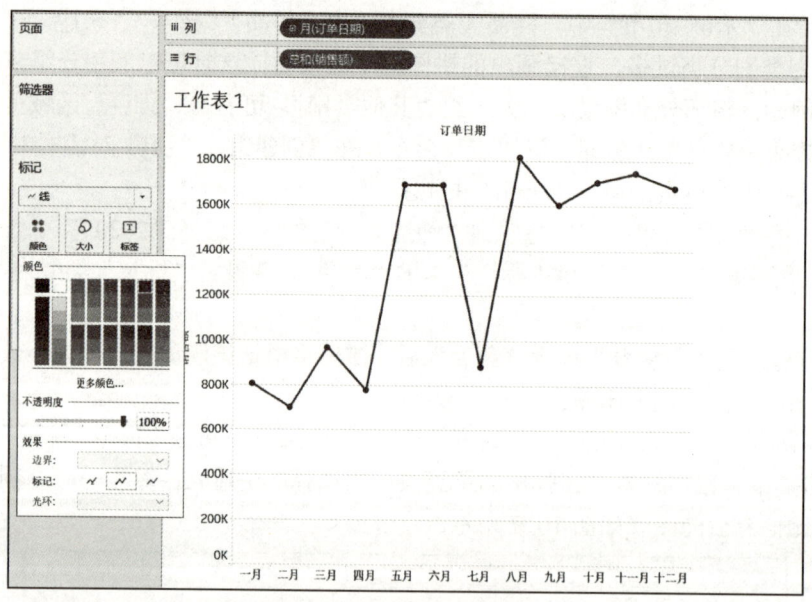

图10-8　为折线图添加标记

如果希望将标记改为方形,可以再画一个折线图和一个自定义形状的图,通过双轴来完成。

步骤3:再拖放"销售额"到"行"功能区,这时出现两个折线图,选择其中一个,在"标记"卡右侧单击,将标记类型由"线"改为"方形",单击"标记"卡中的"大小"按钮对方形大小进行调整。

步骤4:右击"行"功能区右端的"总计(销售额)",在弹出的快捷菜单中选择"双轴"命令。由于两轴的坐标轴均为"当期值",因此右击右边的纵轴,在弹出的快捷菜单中选择"同步轴"命令,完成双轴图表(见图10-9)。

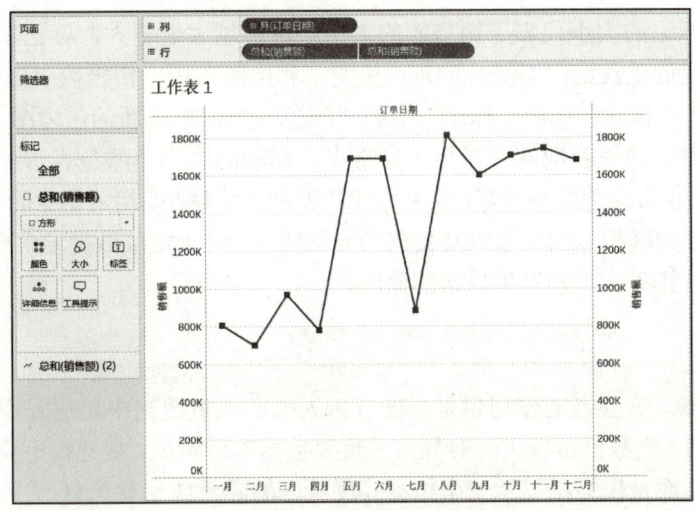

图 10-9 完成的双轴图表

实验确认：□ 学生　　□ 教师

10.4 压力图与突显表

当数据量较大时，可以选择使用压力图（包括突显表）或树形图来进行分析。如果需要利用表格展示数据的同时又需要突出重点信息，可选择使用突显表。

10.4.1 压力图

压力图（又称热图、热力图）是表格中数字的可视化表示，通过对较大的数字编码为较深的颜色或较大的尺寸，对较小的数字编码为较浅的颜色或较小的尺寸，来帮助用户快速地在众多数据中识别异常点或重要数据。

步骤1：将"省/自治区"拖至"行"功能区，将"销售额"拖至"标记"卡的"大小"上（见图 10-10）。

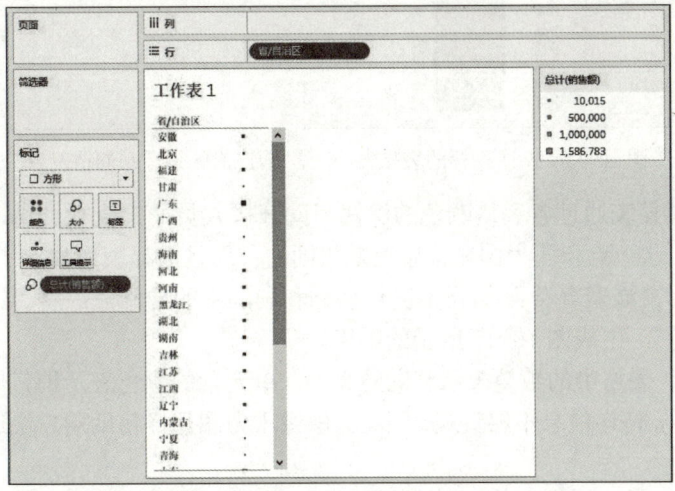

图 10-10 压力图——分省销售额分析

可以看出，标记的大小代表了销售额的大小，标记越大值越大，标记越小值越小。在图中可以快速地发现重要数据，例如，广东、黑龙江和山东在所有销售额中居于前三位。

步骤 2：可将"利润"拖至"标记"卡的"颜色"上，生成新的压力图。

新的压力图可以快速获取两个指标的异常点。利润的大小由颜色表示，绿色越深代表利润值越大，相关企业的经营成果越好；红色越深代表利润值越小，相关企业的亏损情况越严重。图表能够快速展现关联指标的关系以及数据的异常情况，快速定位数据异常点，并可结合对明细的钻取以及实际业务，找到发生异常的原因。

10.4.2 突显表

与压力图类似，突显表的作用也是帮助分析人员在大量数据中迅速发现异常情况，但因其显示出具体数值，当数据量较大时对异常及重要数据难以辨识，故建议不要用突显表表示相关联指标的情况，而是仅突出显示一个指标（度量）的异常或重要信息。

步骤 1：将"省/自治区"拖至"行"功能区，将"利润"分别拖至"标记"卡的"文本"及"颜色"上，将标记类型改为"方形"（这时"文本"项改为"标签"），得到图 10-11 所示的突显表。

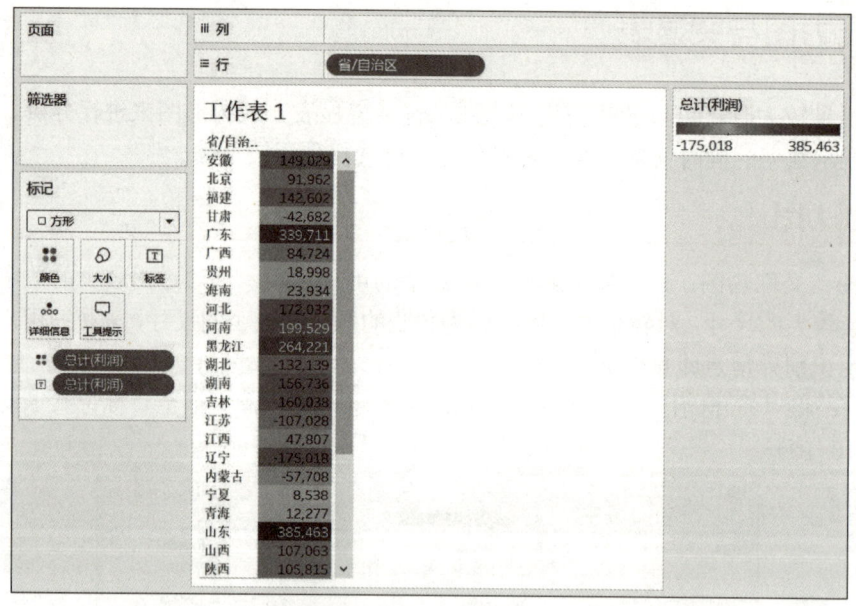

图 10-11 一个指标的突显表——各省/自治区累计利润情况表

可以看出，突显表通过各表格颜色的深浅帮助分析人员非常直观、迅速地从大量数据中定位到关键数据，这一点和压力图在本质上是相同的；而且突显表还显示了各项的值。

步骤 2：使用突显表查看各省/自治区销售额和利润中的异常点。将"销售额"拖至"标记"卡中的"颜色"，生成图 10-12 所示的图表。

图 10-12 中，表格中的数值表示利润的大小，单元格的颜色表示销售额的大小。由于利润由数值直接表达，传递信息不够直观，因此无法像压力图那样帮助用户快速看出两个相关联指标的异常情况。

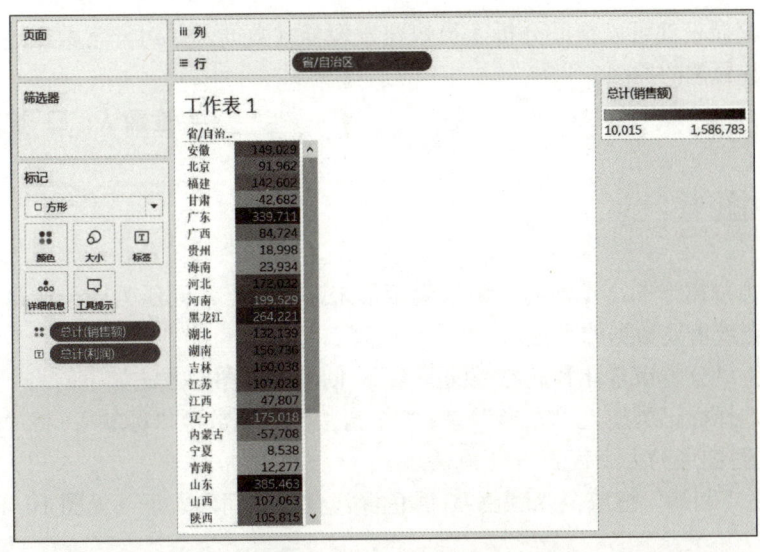

图 10-12　两个指标的突显表——各省/自治区销售额与利润情况表

当有部分省/自治区的利润为负值时,假设只想将利润为负的数据突出显示,可以进行下列操作。

步骤 3:将"省/自治区"拖至"行"功能区,将"利润"分别拖至"标记"卡的"文本"及"颜色"上,生成图 10-13 左侧所示的图表。

步骤 4:在"标记"卡上单击"颜色",在弹出的面板上选择"编辑颜色",再在弹出的对话框中单击"色板"右侧的下拉按钮,选择最后的"自定义发散"颜色,并将两端设置为红色和黑色,"渐变颜色"设定为 2,这时只有红和黑两种颜色。按照分析元素需要,让负数显示为红色,正数显示为黑色,即划分两种颜色的依据是正负,于是单击"高级",设定"中心"为 0,单击"确定"按钮(见图 10-13 右侧)。可以看出,负值已用红色突出显示。

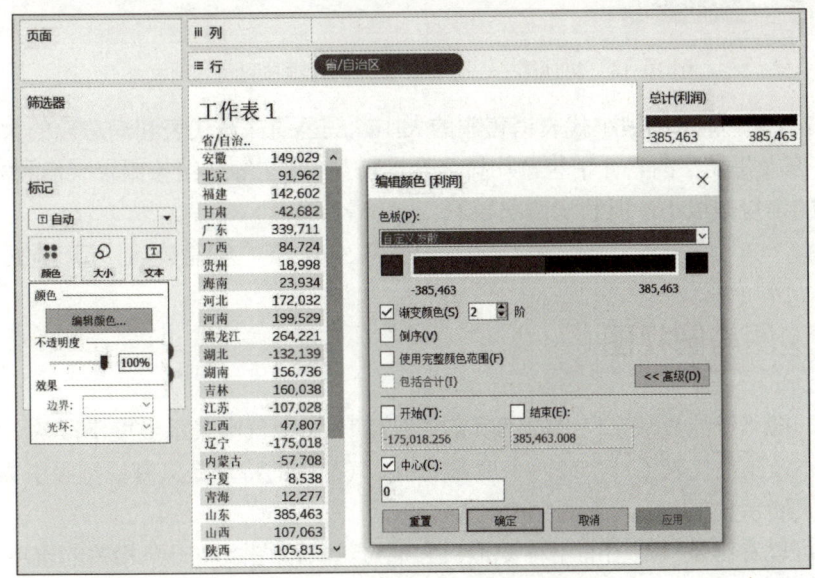

图 10-13　利润按数值大小用不同颜色显示

压力图和突显表都可以帮助分析人员快速发现异常数据，并对异常数据进行下钻，从而查看和分析引起异常的原因。

实验确认：☐ 学生　　☐ 教师

10.5　树地图

树地图，也称树形图，是使用一组嵌套矩形来显示数据，同压力图一样，也是一种突出显示异常数据点或重要数据的方法。

下面来分析"分省市累计利润总额的关系"，创建树地图的方法如下：

步骤1：选择标记类型为"方形"，将"省/自治区"拖放至"标签"；将"销售额"拖放至"大小"，这时图形的大小代表销售额累计。

步骤2：将"利润"拖放至"颜色"，颜色深浅代表利润额大小（见图10-14）。

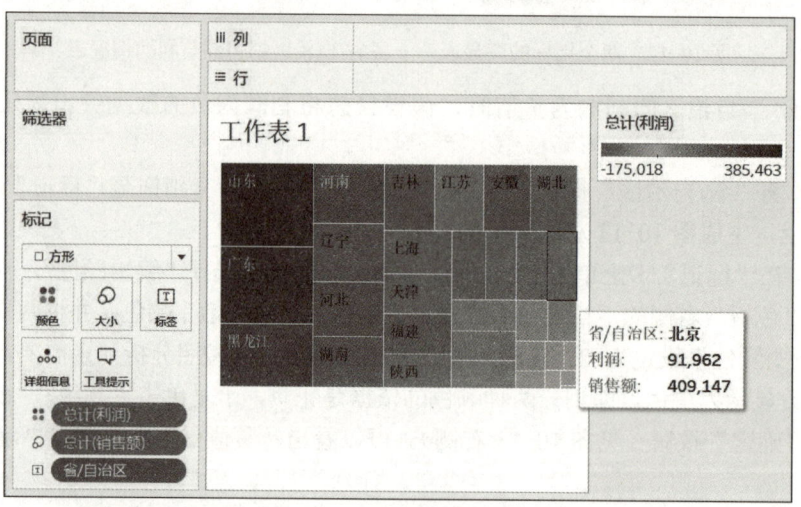

图10-14　树地图——分省市累计销售额与利润总额关系

图10-14中，矩形的大小代表销售额的大小，颜色的深浅代表利润总额的大小。可以看出，山东、广东及黑龙江的累计销售额均排名全国前列；辽宁等地销售额较大但利润情况不佳；而一些省份的销售额虽小，但利润情况较好。

实验确认：☐ 学生　　☐ 教师

10.6　气泡图与圆视图

气泡图，即"智能显示"栏上的"填充气泡图"。每个气泡表示维度字段的一个取值，各个气泡的大小及颜色代表了一个或两个度量的值。气泡图的特点是具有视觉吸引力，能够以非常直观的方式展示数据。

圆视图可以看作是气泡图的一种变形，它通过给气泡图添加一个相关的维度，按不同的类别分析气泡，并依据度量的大小，将所有气泡有序地排列起来，表现较气泡图更为清晰。

10.6.1 气泡图

下面以分析"分省市销售额的大小"为例,介绍创建填充气泡图的操作步骤及分析方法。

步骤1:加载数据源,将"省/自治区"分别拖至"标记"卡的"颜色"和"标签",将"销售额"拖至"标记"卡的"大小",并更改标记类型为"圆"(见图10-15)。

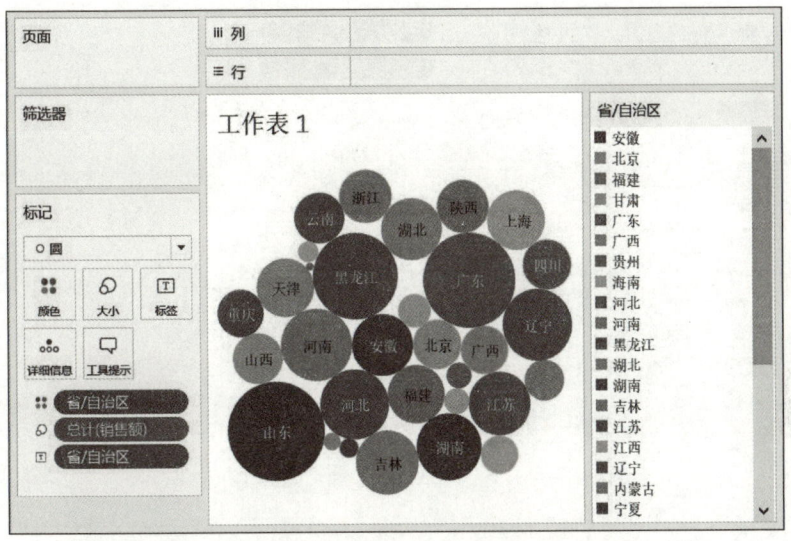

图10-15 填充气泡图——分省市销售额情况

Tableau会自动用不同的颜色标示出每个省份,并用气泡的大小标示出各省市销售额的大小。

步骤2:将填充气泡图的标记类型由"圆"改为"文本"时,图表将由填充气泡图变为文字云。例如将步骤1中标记类型的"圆"改为"文本"后,效果如图10-16所示。

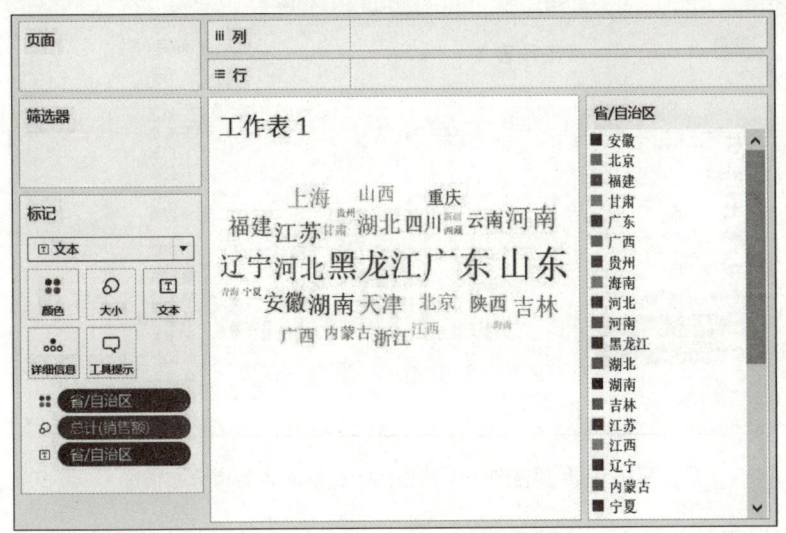

图10-16 文字云——分省市销售额情况

可以看出,文字云和填充气泡图的本质相同,但"文本"与"圆"相比,直观性较差。

10.6.2 圆视图

下面以分析"销售额按类别的各省市分布情况"为例,介绍圆视图的创建方法。

步骤1:将"子类别"拖至"列"功能区,将"销售额"拖至"行"功能区,并修改标记的类型为"形状",得到累计销售额按类别的圆视图(见图10-17)。

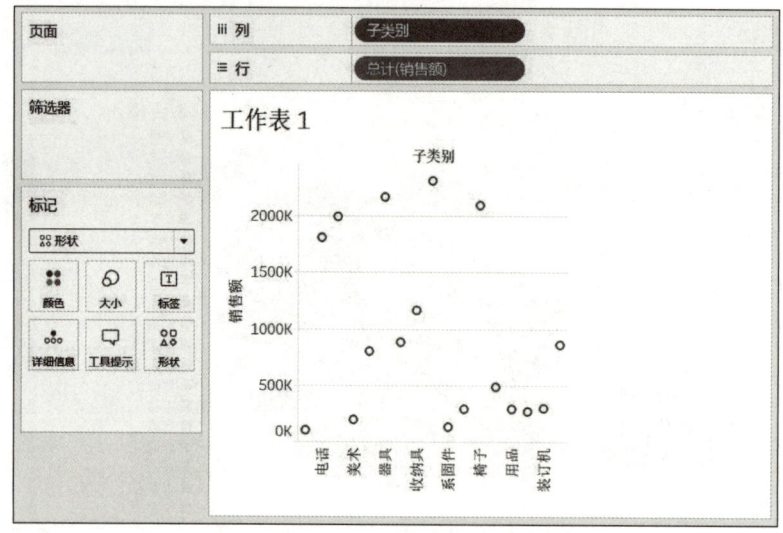

图 10-17 圆视图——销售额按类别情况

步骤2:分别将"省/自治区"拖至"标记"卡上的"大小"和"颜色",将"子类别"拖至"标记"卡上的"颜色",结果如图10-18所示。

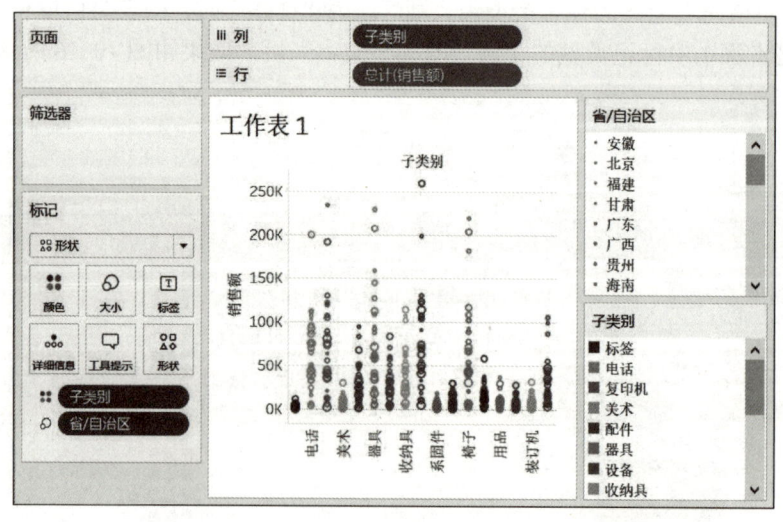

图 10-18 圆视图——销售额按类别的各省市分布情况

圆视图可以帮助分析人员快速发现每一个类别中的异常点或突出数据。

实验确认:□ 学生　　□ 教师

10.7 标靶图

标靶图是指通过在基本条形图上添加参考线和参考区间，可以帮助分析人员更加直观地了解两个度量之间的关系，常用于比较计划值和实际值。

下面以"各省市利润总额计划的完成情况"为例，介绍创建标靶图的操作步骤及分析方法。

步骤1：在系统提供的数据源 Excel "示例-超市"文件中，没有类似"计划数"这样的数据。为此，建立一个数据字段，以完成标靶图的制作。

在"数据"窗格"维度"右侧单击向下三角，在下拉列表框中单击"创建计算字段"命令，在输入框中建立字段"计划数"（+=自定义字段），在字段下方输入定义的公式为[销售额] * 0.95，单击"确定"按钮。

步骤2：将"省/自治区"拖至"行"功能区，将"销售额"拖至"列"功能区，并将"计划数"拖到"标记"卡的"详细信息"上，选择标记类型为"条形图"，创建标靶图所需的条形图。

步骤3：添加参考线和参考区间。右击视图区横轴的任意位置，在弹出的快捷菜单上单击"添加参考线"命令，在弹出的对话框中选择类型为"线"，并对参考线的范围、值及格式进行设置（见图10-19a）；再对参考区间进行设置，在"编辑参考线、参考区间或框"对话框中选择类型"分布"，并对范围、区间的取值和格式进行设置（见图10-19b）。

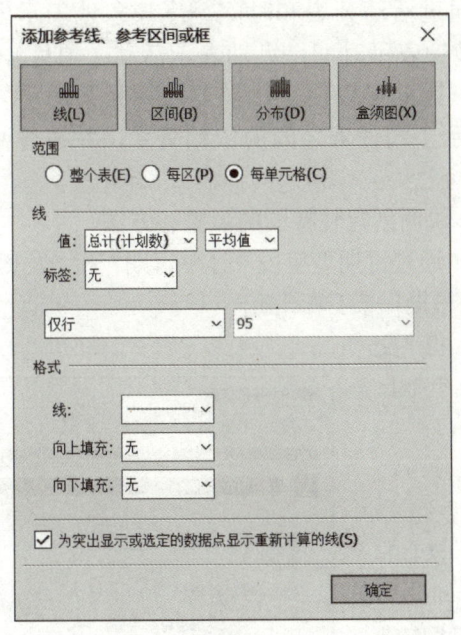 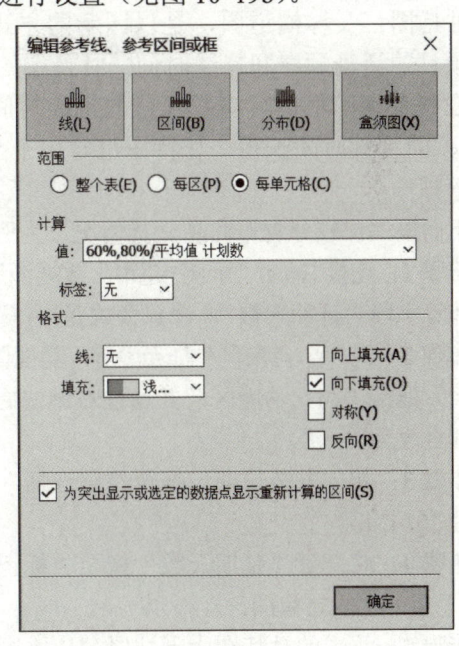

a)   b)

图 10-19 编辑参考线及参考区间或框

步骤4：调整标记的大小后，得到标靶图（见图10-20）。

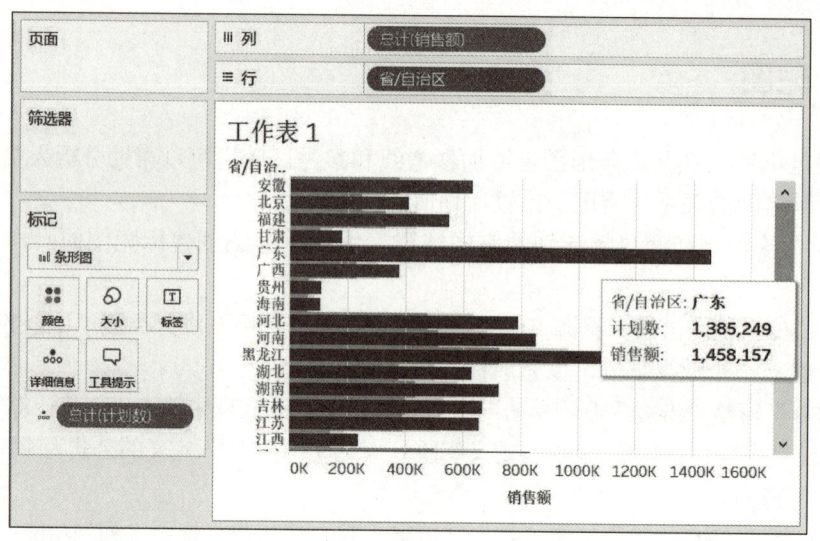

图 10-20 添加参考线、参考区间后的标靶图

实验确认：□ 学生　　□ 教师

10.8 甘特图

甘特图，又称横道图，是以图示的方式通过活动列表和时间刻度形象地表示出任何特定项目的活动顺序和持续时间。甘特图的横轴表示时间，纵轴表示活动（项目），线条表示在整个期间上该活动或项目的持续时间，因此可以用来比较与日期相关的不同活动（项目）的持续时间长短。甘特图也常用于显示不同任务之间的依赖关系，并被普遍用于项目管理中。

下面以"比较分省市商品交货情况"为例，说明创建甘特图的步骤和方法。

步骤 1：连接 Excel "示例-超市"数据源后，通过日期型字段"订单日期"和"发货日期"创建计算字段"延期天数"，计算公式是：[发货日期] - [订单日期]。

步骤 2：将"省/自治区"拖至"行"功能区，将"交货日期"拖至"列"功能区，并通过右键快捷菜单把日期级别更改为"月"。

步骤 3：将"发货日期"拖至"筛选器"选项卡，限定为 2014 年。

步骤 4：将度量"延期天数"拖至"标记"卡上的"大小"后，生成甘特图。

步骤 5：生成的甘特图尚无法区分出不同省市的延期交货情况。可将"延期天数"拖至"标记"卡的"颜色"上，并对其进行编辑（见图 10-21），其中色板为"红色绿色发散"。编辑颜色后的图表如图 10-22 所示。

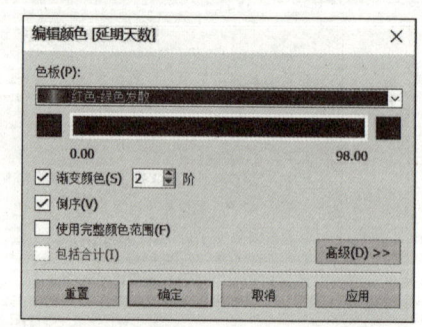

图 10-21 编辑"延期天数"颜色

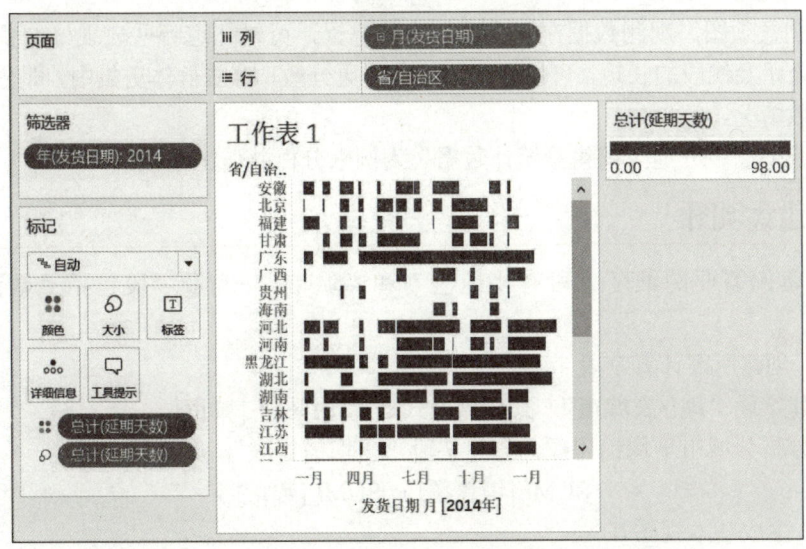

图 10-22 供应商及时供货情况分析

实验确认：□ 学生　　□ 教师

10.9 盒须（箱线）图

盒须图，又叫箱线图，是一种常用的统计图形，用以显示数据的位置、分散程度、异常值等。箱线图主要包括 6 个统计量：下限、第一四分位数、中位数、第三四分位数、上限和异常值（见图 10-23）。

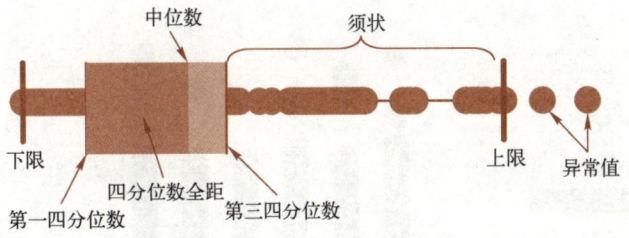

图 10-23 盒须图的统计量

（1）中位数：数据按照大小顺序排列，处于中间位置，即总观测数 50%的数据。

（2）第一四分位数、第三四分位数：数据按照大小顺序排列，处于总观测数 25%位置的数据为第一分位数，处于总观测数 75%位置的数据为第三分位数。四分位全距是第三分位数与第一分位数之差，简称 IQR。

（3）上限、下限：可设置上限和下限的计算方式，一般上限是第三分位数与 1.5 倍的 IQR 之和的范围内最远的点，下限是第一分位数与 1.5 倍的 IQR 之差的范围内最远的点。也可直接设置上限为最大值，设置下限为最小值。

（4）异常值：在上限和下限之外的数据。

一般来说，上限与第三四分位数之间以及下限与第一四分位数之间的形状称为须状。

通过绘制盒须图，观测数据在同类群体中的位置，可以知道哪些表现好，哪些表现差；比较四分位全距及线段的长短，可以看出哪些群体更分散，哪些群体更集中，即分析数据的中心位置及离散情况。

这里，我们以"分地区销售额统计数据"为例来分析并作出盒须图。

10.9.1 创建盒须图

完成本案例需要的维度字段有"地区"和"城市"，度量字段包括"数量"和"销售额"。

步骤 1：创建所需计算字段。

（1）创建字段"地区&城市"，其计算公式是：[地区] + [城市]。

（2）为分析分城市平均销售额，创建字段"平均销售额"，其计算公式为

$$SUM([销售额])/SUM([数量])$$

步骤 2：生成基本视图。

（1）将创建好的字段"平均销售额"和"地区"分别拖放到"行"功能区和"列"功能区。

（2）将"城市"拖放到"标记"卡，标记类型选择"圆"。这时视图中每一个圆点即代表一个城市，字段"平均销售额"会对每一个城市计算其平均销售额（见图 10-24）。

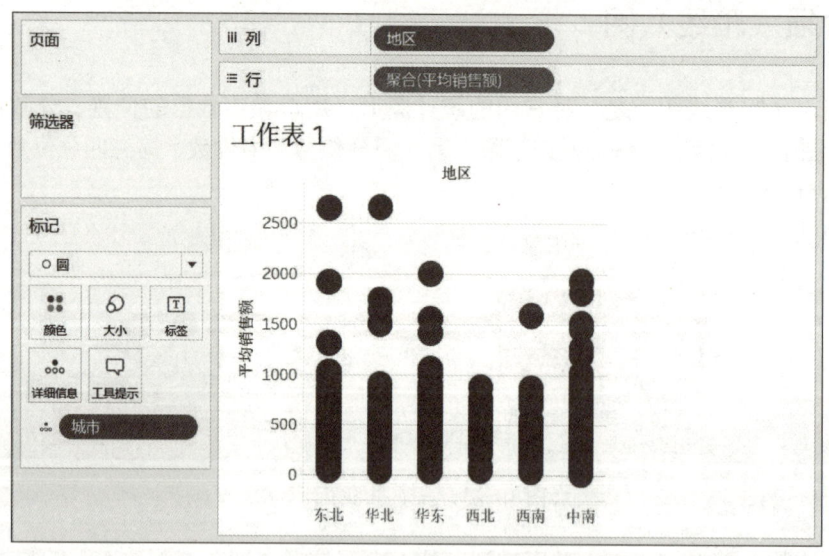

图 10-24　生成基本视图

步骤 3：单击"智能显示"→"盒须图"，完成创建盒须图。单击工具栏"适合"→"整个视图"。

步骤 4：在盒须图上右击纵轴，弹出快捷菜单选择"编辑参考线"，在弹出的对话框中设置盒须图的格式，如设置"格式"→"填充"→"极深灰色"；或直接单击盒须图，选择"编辑"命令进行设置。

步骤 5：单击"确定"按钮，生成盒须图（见图 10-25）。

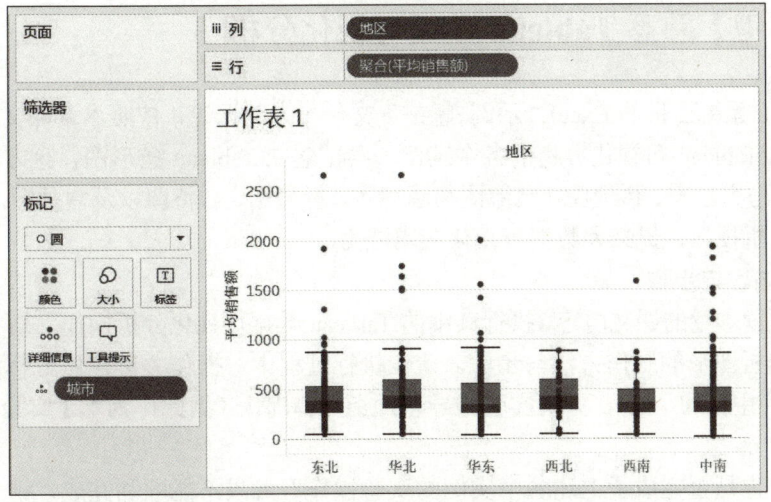

图 10-25　生成盒须图

10.9.2　图形延伸

图 10-25 中所有点都落在了一条垂直线上，一个点代表一个城市，由于城市较多，很多点都是重叠覆盖的，不能直观地展示各城市之间数量的比较，也无法直观显示其分布。这时，可以采用将点水平铺开的方法。

步骤 1：创建自定义计算字段"将点散开"，计算公式为：index( ) %30。

步骤 2：将计算字段"将点散开"拖放到"列"功能区"地区"的右边，右击"将点散开"将其"计算依据"设置为"城市"，各个圆点即水平展开，展开幅度为 30。可以调整公式"将点散开"来调整散开的幅度。

步骤 3：为了分析平均销售额的异常点问题所在，将"销售额"拖放到"标记"卡中的"大小"，同时为了使图形更美观，将"城市"拖放到"颜色"，结果如图 10-26 所示。

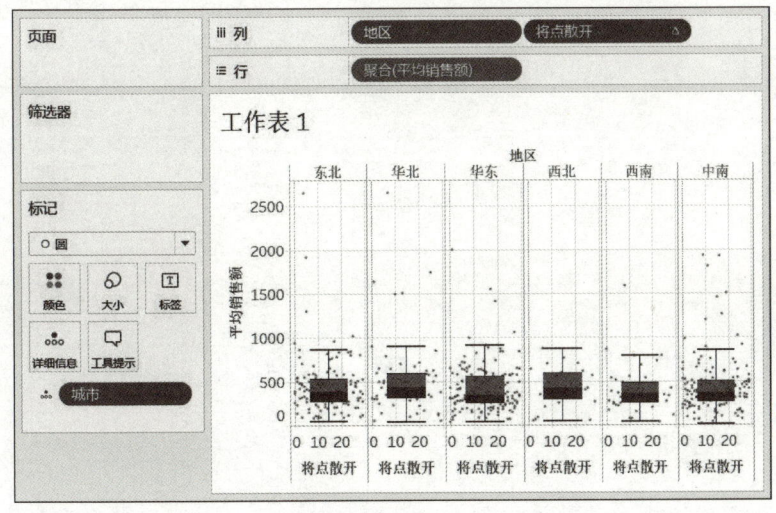

图 10-26　设置将点散开效果

实验确认：□ 学生　　□ 教师

【实验与思考】熟悉 Tableau 数据可视化分析

以 Tableau 系统提供的 Excel "示例-超市"文件作为数据源，依照本章课文内容，循序渐进地实际完成 Tableau 可视化分析的各个案例，尝试建立 Tableau 条形图、直方图、饼图、折线图、压力图与突显表、树地图、气泡图与圆视图、标靶图、甘特图以及盒须图，熟悉 Tableau 数据可视化分析技巧，提高大数据可视化应用能力。

1. 实验内容与步骤

请仔细阅读本章的课文内容，执行其中的 Tableau 数据可视化分析操作，实际体验 Tableau 数据可视化分析图形的制作方法与步骤。请在执行过程中对操作关键点做好标注，在对应的"实验确认"栏中打勾（√），并请实验指导教师指导和确认（据此作为本【实验与思考】的作业评分依据）。

请记录：你是否完成了上述各个实例的实验操作？如果不能顺利完成，请分析可能的原因是什么？

答：_____

_____

2. 实验总结

_____

_____

3. 实验评价（教师）

_____

_____

第 11 章　Tableau 可视化组织

【导读案例】Tableau 案例分析：世界指标——旅游业

有条件的读者，可以在阅读这部分时，打开 Tableau 软件，在其开始页面中单击，打开典型案例"世界指标"，以研究性的态度动态地观察和阅读，从而理解 Tableau。

在"世界指标"工作界面的下方，列举了 8 个工作表，即人口、健康指标、医疗支出、技术、经济、旅游业、商业和全球指标，分别展示了现实世界的若干侧面。其中，旅游业工作表的界面如图 11-1 所示。

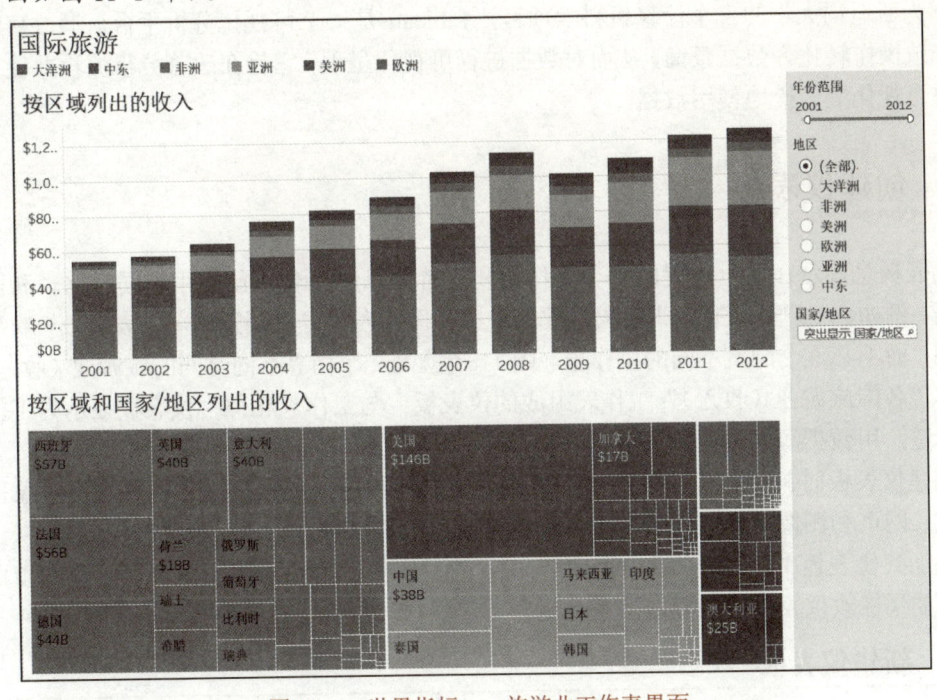

图 11-1　世界指标——旅游业工作表界面

图 11-1 右侧"年份范围"栏可左右拖动游标来选择限定的分析年份，可在"地区"选项组单选全部、大洋洲、非洲、美洲、欧洲、亚洲或中东。Tableau 用了 6 种不同颜色来区分 6 个地区。

图 11-1 的上部以堆叠条图反映了 2001—2012 年不同地区的国际旅游业收入情况；下部以树地图形式反映了 6 个地区的国际旅游收入情况。

阅读视图，通过移动鼠标指针，分析和钻取相关信息并简单记录：

（1）由视图可见，国际旅游收入最多的前10个国家（地区）是：

第1名：_____，旅游业收入：$_____ B。
第2名：_____，旅游业收入：$_____ B。
第3名：_____，旅游业收入：$_____ B。
第4名：_____，旅游业收入：$_____ B。
第5名：_____，旅游业收入：$_____ B。
第6名：_____，旅游业收入：$_____ B。
第7名：_____，旅游业收入：$_____ B。
第8名：_____，旅游业收入：$_____ B。
第9名：_____，旅游业收入：$_____ B。
第10名：_____，旅游业收入：$_____ B。

（2）通过信息钻取，你还获得了哪些信息或产生了什么想法？
答：_____

作为斯坦福大学的一个计算机科学项目，Tableau是一个可视化分析平台，通过直观的界面将拖放操作转化为数据查询，从而对数据进行可视化呈现，它旨在改善分析流程并让人们能够通过可视化更轻松地使用数据。

11.1 创建仪表板

仪表板是显示在单一位置的多个工作表和支持信息的集合，便于用户同时比较和监视各种数据。例如，用户可能有一组每天都要查看的视图，为此可以创建一个仪表板，一次显示所有视图，而不必逐个浏览不同的工作表。图11-1就是一个由"不同时间的旅游业（收入）"工作表和"各国旅游业（收入）"工作表组成的仪表板。与工作表相似，仪表板显示为工作簿底部的标签，用数据源的最新数据进行更新。

创建仪表板时，可从工作簿的任何工作表中添加视图。还可以添加各种支持对象，如文本区域、网页和图像。在仪表板中可以设置格式、添加注释、向下钻取、编辑轴等。

添加到仪表板中的每个视图都连接至相应的工作表。如果修改工作表，则会同步更新仪表板；如果修改仪表板中的视图，也会更新工作表。

11.1.1 新建仪表板

仪表板的创建方式与新工作表的创建方式大致相同，创建仪表板后可以添加和移除视图及对象。单击"仪表板"→"新建仪表板"命令，或者单击工作簿底部的"新建仪表板"图标。之后，工作表的底部会添加一个仪表板标签，切换到新仪表板，可添加视图和对象（参见图9-7）。

打开仪表板时，"仪表板"窗格将替换工作簿左侧的"数据"窗格，列出了当前工作簿中的各个工作表。创建新工作表时,"仪表板"窗格会同步得到更新,这样,在添加至仪表板时,所有工作表都始终可用。

(1) 向仪表板中添加视图交互功能,可以通过仪表板中的视图实现交互。其操作步骤如下。

步骤1: 启动 Tableau 软件,在开始界面单击"示例-超市"图标,软件以"只读"方式打开超市示例。单击菜单栏"文件"→"另存为"命令,为该示例建立一个副本。

步骤2: 在建立的"示例-超市"工作簿副本的界面中,单击菜单栏"仪表板"→"新建仪表板"命令,或者单击工作簿底部的"新建仪表板"图标,新建一个仪表板。

步骤3: 在"仪表板"窗格中单击某个工作表(如"假设预测"),并将其从"仪表板"窗格拖到右侧的仪表板中。在仪表板中拖动(按住鼠标左键)工作表时,一个灰色阴影区域将提示可以放置该工作表的各个位置。

步骤4: 根据需要,继续将不同工作表拖至仪表板中。

将视图添加至仪表板后,"仪表板"窗格中会在该工作表标记上增加"复选"标记。另外,为工作表打开的任何图例或筛选器都会自动添加到仪表板中。

默认情况下,仪表板使用"平铺"布局,这样每个视图和对象都排列到一个分层网格中。可以将布局更改为"浮动",以允许视图和对象重叠(在"布局"窗格中选择)。

对于很大或很复杂的数据源,可能难以查看详细的视图。为此,可以创建交互仪表板来限制所显示的数据。利用 Tableau 的交互功能,可以使用一个概览工作表来筛选感兴趣的自定义级别详细信息。

(2) 创建概览工作表,通过使用热图来简单地显示分类离散点,此过程包括4个步骤。

步骤1: 连接到 Excel"示例-超市"数据源,将"订单"工作表拖入工作界面。

步骤2: 在新工作表界面中,按住〈Ctrl〉键选择"类别""子类别""细分""销售额"和"利润",然后在"智能显示"对话框中选择"热图"(压力图)项(见图11-2)。

步骤3: 右击"类别"中"细分"标签的任何一个,在弹出的快捷菜单中单击"旋转标签"命令,可调整标签显示,使之完整清晰。

步骤4: 右击屏幕下方的工作表标签(如"工作表1"),在弹出的快捷菜单中单击"重命名工作表"命令,改名为"压力图"。

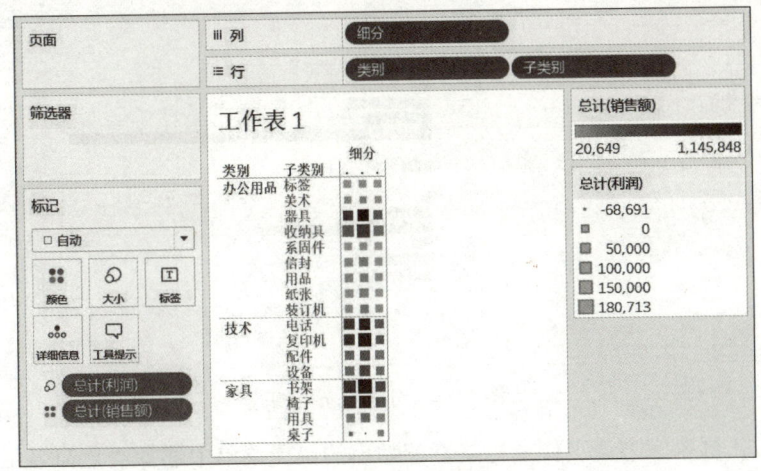

图11-2 新工作表界面

（3）继续创建详细工作表，可以下钻到基于客户的详细信息中。实现此目的的一种方式是集中显示销售额位居前列的客户。

步骤 1：选择"工作表"→"新建工作表"命令。

步骤 2：将维度字段"客户名称"和"省/自治区"拖到"行"功能区，将度量字段"销售额"拖到"列"功能区（见图 11-3）。

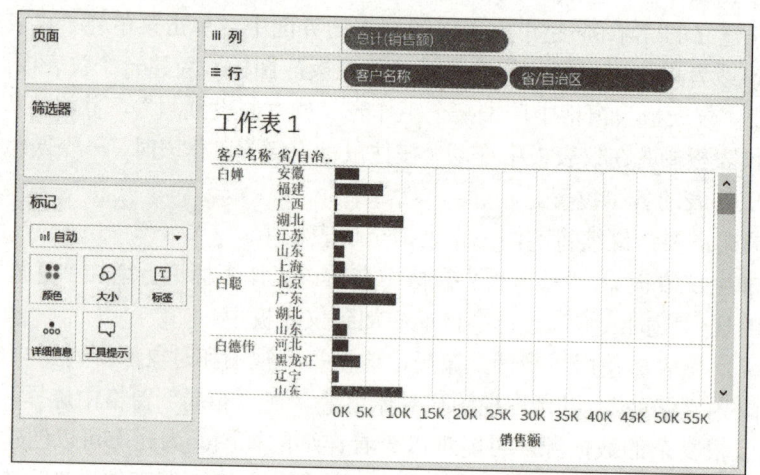

图 11-3 设置"行""列"功能区

步骤 3：在"行"功能区上，右击"客户名称"，并选择"排序"，在"排序"对话框中执行以下任务：

1）在"排序顺序"下，选择"降序"。

2）在"排序依据"下，选择"字段"。保留"销售额"和"总计"的默认设置。

步骤 4：单击"确定"按钮，得到一个很长的条形图，其中包含"示例-超市"中的每个客户，以及这些客户所花费的金额（见图 11-4）。

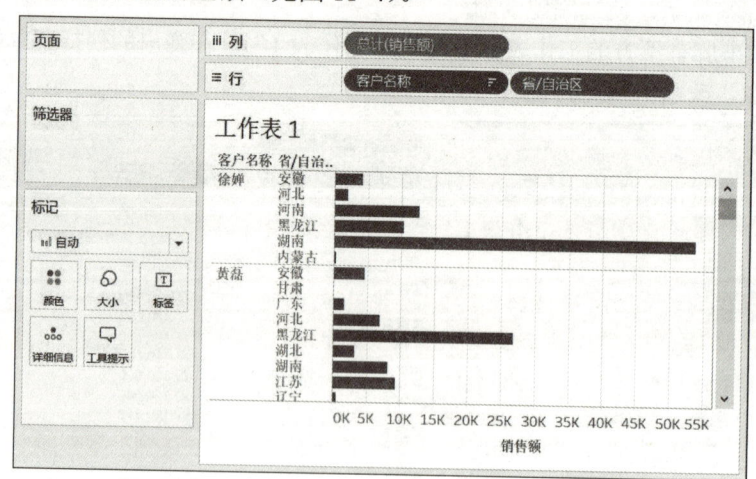

图 11-4 分客户条形图

步骤 5：右击屏幕下方该工作表标签，在弹出的快捷菜单中选择"重命名工作表"命令，输入"客户详细信息"。

(4) 接下来，创建仪表板。创建一个用于筛选客户的列表，以仅显示所需结果的仪表板。

步骤 1：选择"仪表板"→"新建仪表板"命令，从"仪表板"窗格中将"压力图"拖至仪表板。

步骤 2：从"仪表板"窗格中将"客户详细信息"拖至仪表板中压力图的右侧。

步骤 3：单击屏幕右侧的颜色图例"销售额"，将其拖到压力图的底部，以使压力图易于理解，调整压力图的边框（见图 11-5）。

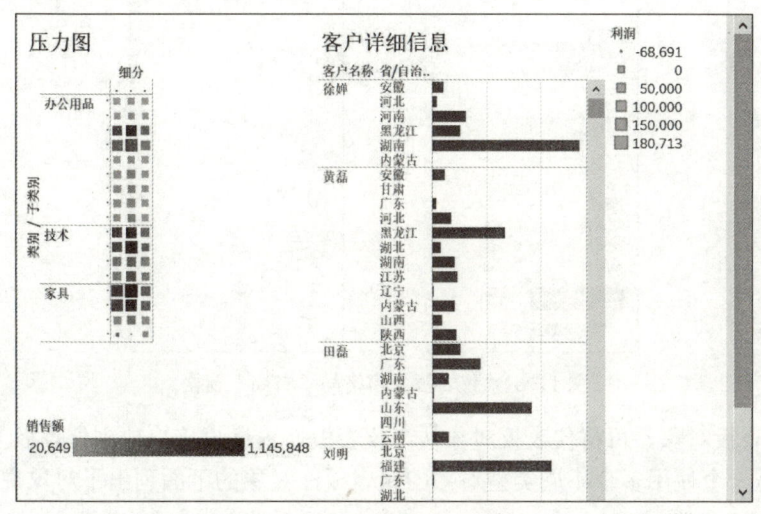

图 11-5　调整压力图边框

步骤 4：选择压力图，单击压力图上右方的"用作筛选器"图标。"客户详细信息"已基于压力图上所选的内容进行筛选。

步骤 5：单击压力图中任一轴上的任何标签，将看到"客户详细信息"视图刷新以显示与之相关的数据内容。

请回答：

（1）谁的纸张购买量最大，在哪个地区？

答：_____

（2）谁的配件购买量最大，在哪个地区？

答：_____

（3）谁的装订机购买量最大，在哪个地区？

答：_____

（4）谁的复印机购买量最大，在哪个地区？

答：_____

（5）谁的椅子购买量最大，在哪个地区？

答：_____

实验确认：□ 学生　　　□ 教师

11.1.2　添加仪表板对象

仪表板用于监视和分析相关的视图与信息的集合，而仪表板对象则是仪表板中的一个区域，可以包含非 Tableau 视图的支持信息。例如，可以添加文本区域来增加详细说明、可能需要添加作为超链接目标的网页等。仪表板对象列在"仪表板"窗格中，可以添加文本、图像、网页和空白区域等（见图 11-6）。

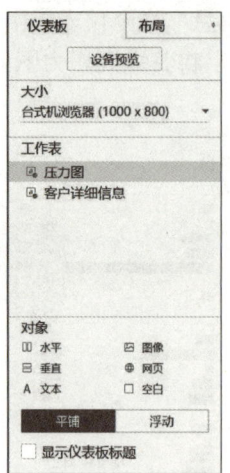 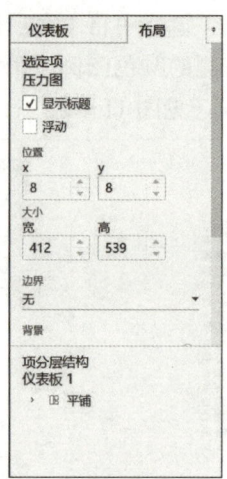

图 11-6 "仪表板"窗格与"布局"窗格

为添加仪表板对象，可将仪表板对象从"仪表板"窗格直接拖放到仪表板上。
图 11-7 是一个使用多个不同类型对象的仪表板，对象的下面列出了对象说明。

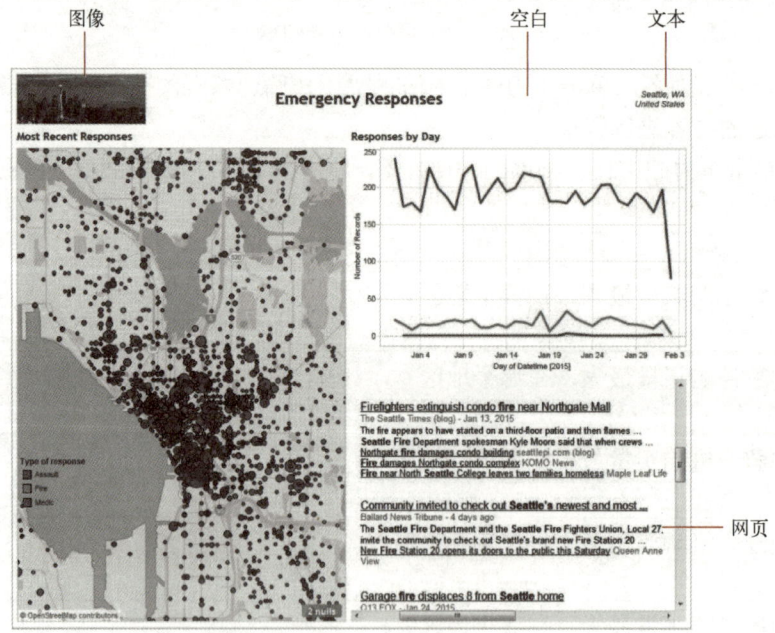

图 11-7 使用多个不同类型对象的仪表板

（1）图像。可向仪表板添加静态图像文件，如用户可能需要添加徽标或描述性图表。在添加图像对象时，系统会提示从计算机中选择图像，也可以输入联机图像的 URL。

向仪表板添加图像时，可通过选择"图像"菜单中的选项来自定义图像的显示方式。例如，可以选择是否"适合图像"，这会将图像缩放为仪表板上的图像对象的大小。还可以选择是否"使图像居中",这会将图像与仪表板上的图像对象的中心对齐。最后,可以设置 URL,将图像转化为仪表板上的活动超链接。

(2)空白。通过空白对象,可向仪表板添加空白区域以优化布局。通过单击并拖动区域的边缘,可以调整空白对象的大小。

(3)文本。通过文本对象,可向仪表板添加文本块,这对于添加标题、说明以及版权信息等很有用。文本对象将自动调整大小,以适合在仪表板中的放置位置。也可以通过拖动文本对象的边缘来手动调整文本区域的大小。默认情况下,对象是透明的,要改变这种情况,可右击仪表板中的文本对象,在弹出的快捷菜单中选择"格式"。

(4)网页。通过网页对象,可将网页嵌入到仪表板中,以便将 Tableau 内容与其他应用程序中的信息进行组合。可以使用"数据"→"超链接"命令设置超链接,这对网页对象特别有用。如果视图中包含网页超链接,通过添加网页对象可以在仪表板中显示这些页面,这些链接随后会在仪表板而不是浏览器窗口中打开。

在添加网页对象时,系统会提示指定 URL。如果将仪表板发布到服务器,最佳做法是将 HTTP 协议与 URL 动作一起使用。

将仪表板打印为 PDF 时则不会包含网页的内容。

11.1.3 从仪表板中移除视图和对象

将工作表或对象添加至仪表板之后,可通过许多不同方式将其移除,如将其拖出仪表板。

为拖动移除视图或对象,可以选择要从视图中移除的视图,再单击视图顶部的移动控柄,将其拖离仪表板。

为使用"仪表板"窗格移除工作表,可在"仪表板"窗格中右击工作表,在弹出的快捷菜单中选择"从仪表板移除",也可以使用仪表板视图菜单移除工作表或对象。

11.1.4 仪表板 Web 视图安全选项

网页对象允许在仪表板中嵌入网页。默认情况下,当向仪表板中添加网页对象时,将会启用若干 Web 视图安全选项以改进嵌入网页的功能和安全性。

为调整默认 Web 视图安全选项,可选择"帮助"→"设置和性能"→"设置仪表板 Web 视图安全性"命令,然后清除下面列出的一个或多个选项。

(1)启用 JavaScript。如果选择此选项,则会在 Web 视图中启用 JavaScript 支持。清除此选项可能会导致某些需要 JavaScript 的网页在仪表板中工作不正常。

(2)启用插件。如果选择此选项,则会启用网页使用的任何插件,如 Adobe Flash 或 Quick Time 播放器。

(3)阻止弹出窗口。如果选择此选项,则会阻止弹出窗口。

(4)启用 URL 悬停动作。如果选择此选项,则会启用 URL 悬停动作。

对安全选项进行的任何更改将应用于工作簿中的所有网页对象,包括创建的新网页对象,以及在 Tableau Desktop 中打开的所有后续工作簿。若要查看所做的更改,可能需要保存并重新打开工作簿。

实验确认:□ 学生   □ 教师

11.2 布局容器

创建仪表板后，可向其中添加工作表和其他对象。"仪表板"窗格中的布局容器是一种仪表板对象，它有助于在仪表板中组织工作表和其他对象。这些容器在仪表板中创建一个区域，在此区域中的对象可以根据容器中的其他对象自动调整自己的大小和位置。例如，具有主-详细信息筛选器（可更改目标视图的大小）的仪表板在应用筛选器时可以使用布局容器自动调整其他视图。

1. 添加布局容器

添加水平布局容器以调整仪表板对象的宽度，添加垂直布局容器以调整仪表板对象的高度。

步骤 1：将水平或垂直布局容器拖至仪表板，向布局容器中添加工作表和对象。

将光标悬停于布局容器上时，会有一个蓝色框指示正在将该对象添加到布局容器中。

步骤 2：在对象移动和调整大小时进行观察。

步骤 3：可以根据需要添加任意多个布局容器，甚至可在其他容器内添加布局容器。

2. 移除布局容器

移除布局容器时，会从仪表板中移除容器及其所有内容。

步骤 1：在要删除的布局容器中选择一个对象。

步骤 2：打开选定对象右上角的下拉菜单，选择"布局容器"。

步骤 3：打开选定布局容器的下拉菜单，选择"从仪表板移除"。

3. 设置布局容器的格式

可为布局容器指定阴影和边框样式，从而直观地对仪表板中的对象分组。默认情况下，布局容器是透明的，并且没有边框样式。

步骤 1：打开要设置格式的布局容器的下拉菜单，选择"设置容器格式"。

步骤 2：在"设置容器格式"对话框中，从"阴影"控件中指定颜色和不透明度。

步骤 3：从"边框"控件中指定边框的线条样式、粗细和颜色。

4. 缩放布局容器

布局容器对各种仪表板都有用，增加了对应用筛选器时对象在仪表板中的自动移动方式的控制。而且，在比较多个条形图或标靶图时，也可以使用布局容器。这种情况下，条形高度会自动调整，使两个工作表中的条形保持对齐。

实验确认：☐ 学生　　☐ 教师

11.3 组织仪表板

可通过多种方式来组织仪表板以突出显示重要信息、讲述故事或为查看者添加交互功能。例如：

（1）重新排列或隐藏视图及项。

（2）指定每个视图或项在仪表板上的大小和位置。

（3）为仪表板指定平铺或浮动布局。
（4）使用布局容器，以便仪表板可基于数据显示动态调整和调整大小。
（5）通过创建工作表选择器控件，使查看器能够在仪表板上显示个别工作表。

11.3.1　平铺和浮动布局

仪表板上的每个对象都可以使用以下两个布局类型之一：平铺或浮动。平铺对象排列在一个单层网格中，该网格会根据总仪表板大小和它周围的对象来调整大小。浮动对象可以层叠在其他对象上面，而且可具有固定大小和位置。

1．切换布局

默认情况下，仪表板设置为使用"平铺"布局。所有视图和对象都以平铺的形式添加。若要将对象切换为"浮动"，可执行以下操作。

步骤1：在仪表板中选择视图或对象，然后选择"仪表板"窗格底部的"浮动"选项。

步骤2：按住〈Shift〉键的同时将新工作表或对象拖动到该视图。或者，在仪表板中选择现有视图或对象，然后在按住〈Shift〉键的同时将该对象拖动到仪表板上的新位置。

同样，可通过上面所列的方法将浮动对象重新转换为平铺对象。

步骤3：若要更改整个仪表板的默认布局，可单击"仪表板"窗格中间的"浮动"按钮。当仪表板设置为"浮动"布局时，任何新工作表和对象都会以浮动布局添加。

2．对浮动对象重新排序和调整大小

仪表板中的所有项都列在"布局"窗格，可在一个分层结构中显示平铺对象和所有浮动对象，可执行以下操作。

步骤1：在分层结构中单击并拖动各项可更改它们在仪表板中的层叠顺序。显示在列表顶部的项位于前面，而显示在列表底部的项位于后面。注意：无法重新排列平铺布局的项的顺序。

步骤2：右击"布局"窗格中的项，可自定义对象以及隐藏和显示工作表的组成部分。

步骤3：使用"布局"窗格中的"位置"字段可指定浮动对象的精确位置。将以像素为单位的位置定义为与仪表板左上角的偏移。x 值和 y 值指定对象左上角的位置。例如，若要将对象放在仪表板的左上角，应指定 x = 0 和 y = 0。如果要将对象向右移动 10 个像素，则应将 x 值更改为 10。同样，若要将对象向下移动 10 个像素，应将 y 值更改为 10。输入的值可以是正或负，但必须是整数。

步骤4：使用"布局"窗格中的"大小"字段可指定浮动对象的精确尺寸。以像素为单位来定义大小，其中 w 为对象宽度，h 为对象高度。还可以调整浮动对象的大小，方法是在仪表板中单击并拖动选定对象的一个边缘或角。

11.3.2　显示和隐藏工作表的组成部分

将工作表拖到仪表板时，会自动显示工作表中的视图、图例和筛选器。但是，用户可能需要隐藏工作表的某些部分，如图例、标题、说明和筛选器。使用仪表板视图右上角的下拉菜单可以显示和隐藏工作表的这些部分。

步骤：在仪表板中选择一个视图。单击选定视图右上角的下拉菜单，选择要显示的项，可以显示标题、说明、图例以及各种筛选器。

或者，可以在右击"布局"窗格中的某项来访问所有这些命令。筛选器只能用于原始视图中使用的字段。

11.3.3　重新排列仪表板视图和对象

在仪表板中重新排列视图、对象、图例和筛选器，以使它们适合于所做的分析或演示。可以使用选定的视图、图例或筛选器顶部的移动控柄来重新安排仪表板的某些部分。

步骤：选择要移动的视图或对象，单击选定项顶部的移动控柄，将其拖至新位置。

在仪表板中拖动对象时，可以放置该对象的各个位置显示为灰色阴影。

11.3.4　设置仪表板大小

可以使用"仪表板"窗格中的"大小"区域来指定仪表板的整体尺寸。取消选择仪表板中的所有项时会显示"仪表板"区域。默认情况下，仪表板设置为"台式机浏览器"预设，即1000×800像素。使用下拉菜单来选择新的尺寸大小。

可选的选项如下：

（1）自动：仪表板自动调整大小，以填充应用程序窗口。

（2）精确：仪表板始终保持固定大小。如果仪表板比窗口大，仪表板将变为可滚动。

（3）范围：仪表板在指定的最小和最大尺寸之间进行缩放，之后将显示滚动条或空白。

（4）预设：从各种固定大小预设中选择，如"信纸""小型博客"和"iPad"。如果选择的预设大小比窗口大，仪表板将变为可滚动。

11.3.5　了解仪表板和工作表

仪表板中的视图连接到它们所表示的工作表，这意味着当更改工作表时，仪表板会同步得到更新，并且对仪表板进行的更改也会影响该工作表。对仪表板中的视图添加注释、设置格式和调整大小时，应注意交互性。

仪表板是可以方便地汇总和监视，用户还可以通过跳转至选定工作表以返回编辑原始视图。此外，还可以直接从仪表板复制工作表，以执行深入分析，这样不会影响仪表板。最后，可以隐藏仪表板中所用的工作表，使其不在缩图、工作表排序程序或工作簿底部的标签中显示。

（1）为了转到工作表，可以选择要查看完整大小的视图，然后在仪表板视图右上角的下拉菜单选择"转到工作表"。

（2）为了复制工作表，可以选择要复制的视图，然后在仪表板视图右上角的下拉菜单选择"复制工作表"。

（3）为了隐藏工作表，可以右击工作簿底部的工作表选项卡，在弹出的快捷菜单中选择"隐藏工作表"。

（4）为了显示隐藏的工作表，可以打开使用隐藏工作表的仪表板，在其中选择隐藏的工作表，然后在仪表板视图右上角的下拉菜单中选择"转到工作表"。或者可在"仪表板"窗格中右击隐藏的工作表，并选择"转到工作表"。该工作表将打开，其标签再次显示在工作簿底部。

实验确认：□ 学生　　□ 教师

11.4 故事工作区

故事是一个包含一系列传达信息的工作表或仪表板工作表（见图 11-8）。用户可以创建故事以揭示各种事实之间的关系，提供上下文，演示决策与结果，或者创建一个极具吸引力的案例。

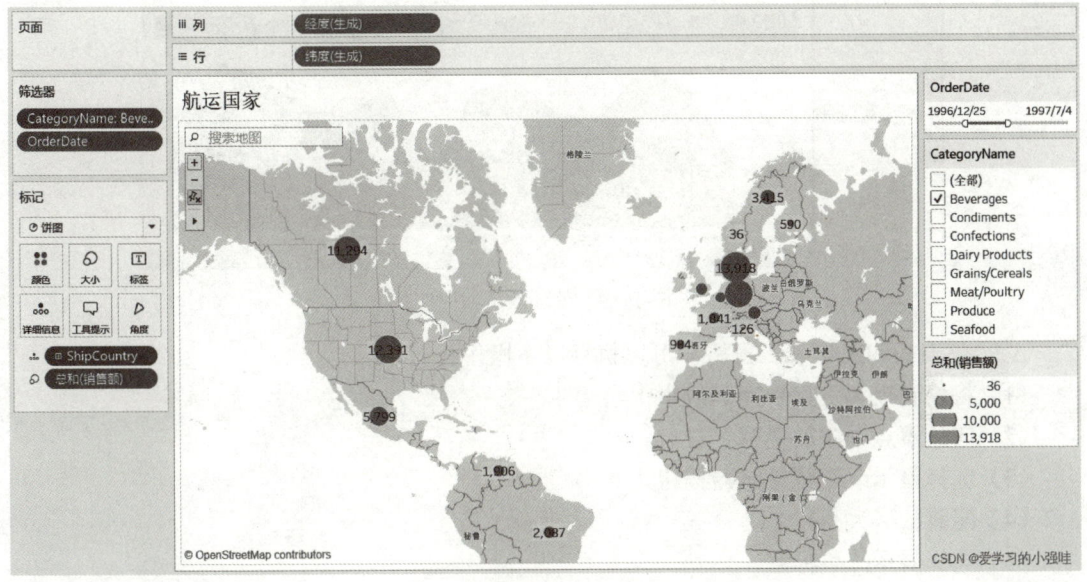

图 11-8 Tableau 可视化故事

11.4.1 故事工作表

用于创建、命名和以其他方式管理工作表或仪表板的方法同样适用于故事。同时，故事还是按顺序排列的工作表集合，故事中各个单独的工作表称为"故事点"。

Tableau 故事不是静态屏幕截图的集合，事实上，各故事点仍与基础数据保持连接并随基础数据的更改而更改，或随故事更改中所用视图和仪表板的更改而更改。当分享故事（例如，通过将工作簿发布到 Tableau Server 或 Tableau Online）时，用户也可以与故事进行交互，以揭示新的发现结果或提出有关数据的新问题。

用户可通过许多不同方式使用故事，例如：

（1）使用故事来构建有序协作分析，供自己或与同事协作时使用。显示数据随时间变化的效果，或执行假设分析。

（2）将故事用作演示工具，向受众叙述某个事实。就像仪表板提供相互协作的视图的空间排列一样，故事可按顺序排列视图或仪表板，以便为受众创建一种叙述流。

可通过许多不同方式构建故事。例如，故事中的每个故事点都可以基于不同工作表或仪表板。反之，每个故事点都可以基于一个为每个故事点自定义的工作表或仪表板，这可能会在每个新故事点中添加更多信息。通常需要结合这些方法，对某些故事点使用新工作表，并为其他故事点自定义同一个工作表。

处理故事时，可以使用以下控件、元素和功能（见图 11-9）。下面列出了相关说明。

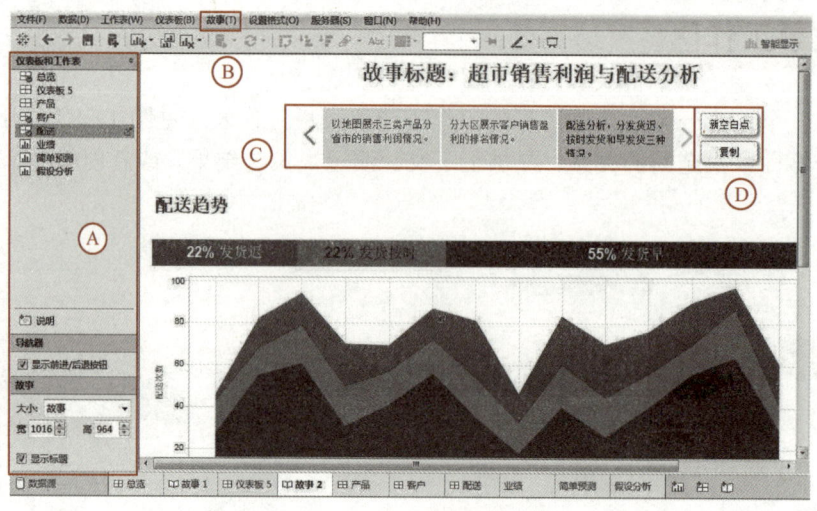

图 11-9 处理故事的控件

A:"仪表板和工作表"窗格。可以执行以下操作:

(1) 将仪表板和工作表拖到故事中。

(2) 向故事点中添加说明。

(3) 选择显示或隐藏导航器按钮。

(4) 配置故事大小。

(5) 选择显示故事标题。

B:"故事"菜单。可以执行以下操作:

(1) 打开"设置故事格式"窗格。

(2) 将当前故事点复制为图像。

(3) 将当前故事点导出为图像。

(4) 清除整个故事。

(5) 显示或隐藏导航器按钮和故事标题。

C:导航器。可用来编辑、组织和标注所有故事点,也可以使用导航器按钮在整个故事中移动。

(1) 导航器按钮。单击导航器右侧的向前箭头,向前移到一个故事点;单击导航器左侧的向后箭头,向后移到一个故事点。也可以使用将鼠标指针悬停在导航器时出现的滑块上在所有故事点之间快速滚动,然后选择一个故事点以查看或编辑。

(2) 故事点。导航器中的当前故事点将以不同颜色突出显示,指明它处于选定状态。

在添加故事点或对其进行更改时,可以选择更新故事点以保存更改、恢复任何更改或删除故事点。

D:用于添加新故事点的选项。创建故事点之后,可以选择若干不同的选项来添加另一个点。若要添加新故事点,可以执行以下操作:

(1) 添加新的空白点。

(2) 将当前故事点保存为新点。

(3) 复制当前故事点。

11.4.2 创建故事

从现有工作表和仪表板创建故事，可按以下步骤进行。

步骤 1：在屏幕右下角单击"新建故事"按钮，打开一个新故事输入界面作为切入点。

步骤 2：在屏幕的左下角"故事"栏中选择故事的大小。从预定义的大小中选择一个（见图 11-10），或以像素为单位设置自定义大小。选择大小时要考虑到目标平台，而不是在其中创建故事的平台。

步骤 3：若要向故事添加标题，可双击"故事标题"以打开"编辑标题"对话框。可以在对话框中输入标题，选择字体、颜色和对齐方式。单击"应用"命令查看所做的更改。

步骤 4：从"仪表板和工作表"窗格将一个工作表拖到故事中，并放置到视图中心位置。

步骤 5：单击"添加标题"以概述故事点。如果想要提供更多信息，可在每个故事点内添加说明和注释。

步骤 6：自定义故事点。可以通过以下任一方式自定义故事点：

（1）通过选择标记范围。

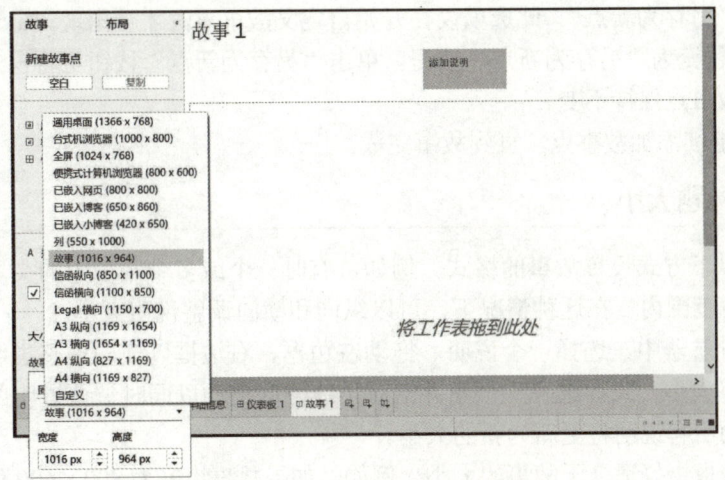

图 11-10　打开一个新故事并设置故事大小

（2）通过筛选视图中的字段。

（3）通过对视图中的字段进行排序。

（4）通过放大或平移地图。

（5）通过添加描述框。

（6）通过添加注释。

（7）通过更改视图中的参数值。

（8）通过编辑仪表板文本对象。

（9）通过在视图内的分层结构中下钻或上钻。

步骤 7：从"仪表板和工作表"窗格中将工作表拖到故事点后，该工作表仍然保持与原始工作表的连接。如果修改原来的工作表，所做的更改将会自动反映在使用此工作表的故事点上。但是，在故事点中所做的更改不会自动更新原来的工作表。

步骤 8：向故事点中添加说明。为此，可在左侧"仪表板和工作表"窗格中双击"说明"。

可以向一个故事点添加任何数量的说明。

说明不会附加到故事点中的标记、点或区域上，可将它们放到任意所需位置。此外，说明仅存在于向其中添加说明的故事点上，它们不会影响基础工作表或故事中的任何其他故事点。

步骤9：在添加描述框后，单击它以选择并放置它。选择说明框时，可以通过单击其边框上的下拉箭头打开菜单，编辑说明、设置说明格式、设置其相对于它可能覆盖的其他任何说明框的浮动顺序、取消选择，或将其从故事点移除。

步骤10：修改故事点之后，可单击其边框上的"更新"按钮保存所做的更改，或者单击"回退"（圆圈箭头）将故事点还原为其以前的状态。

步骤11：添加另一个故事点。可以通过多种方式添加另一个故事点：

（1）如果想将另一个工作表用于下一个故事点，则单击"新建故事点"下的"空白"按钮。

（2）如果希望将当前故事点用作新故事点的起点，则单击"复制"按钮。随后自定义第二个故事点中的视图或工作表，使其与原来的故事点有所不同。

（3）单击"另存为新点"。此选项仅在开始自定义故事点时才会出现。自定义故事点完成后，"复制"按钮变为"另存为新点"按钮。单击"另存为新点"按钮可将自定义项另存为新故事点。原始故事点保持不变。

步骤12：继续添加故事点，直到故事完成。

11.4.3　调整标题大小

可以通过以下方式设置故事的格式。例如，有时一个或多个选项中的文本太长，无法放在导航器的高度范围内。在这种情况下，可以纵向和横向调整说明大小。

步骤：在导航器中，选择一个说明。拖动左边框、右边框以横向调整说明大小，拖动下边框以纵向调整大小，或者选择一个角并沿对角线方向拖动以同时调整说明的横向和纵向大小。导航器中的所有说明将更新为新的大小。

可以使仪表板恰好适合于故事的大小。例如，如果故事恰好为800×600像素，则可以缩小或扩大仪表板以适合放在该空间内。要使仪表板适合放在故事中，可在仪表板中单击"大小"下拉菜单，并选择想要使仪表板适合于放在其中的故事。

11.4.4　"设置故事格式"窗格

要打开"设置故事格式"窗格，可选择"格式"→"故事"命令。在"设置故事格式"窗格中，可以设置故事的以下部分的格式。

（1）故事阴影：若要为故事选择阴影，可在"设置故事格式"窗格中单击"故事阴影"下拉控件。也可以选择故事的颜色和透明度。

（2）故事标题：可以调整故事标题的字体、对齐方式、阴影和边框。若要设置标题格式，请单击"设置故事格式"窗格的"故事标题"部分中的下拉控件。

（3）导航器：可以在"故事标题"的"导航器"部分中调整导航器的字体和阴影。

（4）字体：要调整导航器字体，请单击"字体"下拉控件。可以调整字体的样式、大小和颜色。

（5）阴影：要为导航器选择阴影，请单击"阴影"下拉控件。可以选择导航器的颜色和透明度。

在导航器中移动时，标题颜色和字体将更新，以指示当前选择的故事点。

如果故事包含任何说明，可以在"设置故事格式"窗格中设置所有说明的格式。可以调整字体，以及向说明中添加阴影边框。

（6）清除所有格式设置：若要将故事重置为默认格式设置，可单击"设置故事格式"窗格底部的"清除"按钮。若要清除单一格式设置，可在"设置故事格式"窗格中右击要清除的格式设置，然后在弹出的快捷菜单中选择"清除"命令。例如，如果要清除故事标题的对齐，可在"故事标题"部分右击"对齐"，然后在弹出的快捷菜单中选择"清除"命令。

11.4.5 更新与演示故事

可以通过以下任一方式更新故事：

（1）修改现有故事点。为此，可在导航器中单击故事点，然后进行更改。用户甚至可以替换基础工作表，方法是将不同的工作表从"仪表板和工作表"区域拖到故事窗格中。

（2）删除故事点。为此，可在导航器中单击故事点，然后单击紧靠框上方的"删除"图标。如果意外删除了一个故事点，还可单击"撤销"按钮将其还原。

（3）插入故事点。若要在故事末尾以外的某个位置插入新故事点，可添加一个故事点，然后将其拖到导航器中的所需位置并放下，故事点将插入到指定位置。

或者，将工作表拖到故事中，将其放置在导航器中两个现有的故事点之间。

（4）重新排列故事点。可以根据需要，使用导航器在故事内拖放故事点。

要演示故事，可使用演示模式。单击工具栏上的"演示模式"按钮可进入和退出演示模式。要退出演示模式，可按〈Esc〉键。

也可以将包含故事的工作簿发布到 Tableau Server、Tableau Online，或将其保存到 Tableau Public。在发布故事之后，用户可以打开故事并在故事点之间导航，或者与故事交互，就像他们与视图和仪表板交互那样。但是，Web 用户无法创作故事或永久修改已发布的故事。

实验确认：☐ 学生　　☐ 教师

11.5 地理角色与地图

地图可视化是以计算机科学、地图学、认知科学与地理信息系统为基础，以屏幕地图形式，直观、形象与多维、动态地显示空间信息的方法与技术。Tableau 的地图分析功能十分强大，可编辑经纬度信息，实现世界、地区、国家、省/市/自治区、城市等不同等级的地图展示，实现对地理位置的定制化。Tableau 的地理位置识别功能能够自动识别国家、省/自治区/直辖市、地市级别的地理信息，并能识别名称、拼音或缩写。

11.5.1 定义地理角色

Tableau 将每一级地理位置信息定义为"地理角色"，"地理角色"包括"国家/地区""省/市/自治区""城市"等（见表 11-1）。

表 11-1 Tableau 地理角色定义

地理角色	说明
国家/地区	全球国家/地区，包括名称、FIPS 10、2 字符（ISO 3166-1）或 3 字符（ISO 3166-1） 示例：AF、CD、Japan、Australia、BH、AFG、UKR
省/市/自治区	全世界的省/市/自治区，可识别名称和拼音 示例：河南、jiangsu、AB、Hesse
城市	全世界的城市名称，城市范围为人口超过 1 万，政府公开地理信息的城市，可识别中文、英文的城市名称 示例：大连、沈阳、Seattle、Bordeaux

一般情况下，Tableau 会将"数据源"中包含地理信息的字段自动分配给相应的地理角色，并在"维度"区域中标识，表示 Tableau 已自动对该字段中的信息进行地理编码并将每个值与纬度值、经度值进行关联，两个字段"纬度（生成）"和"经度（生成）"将自动添加到"度量"区域。在创建地图时，可以拖放这两个字段进行展示。

有时，Tableau 会把地理信息字段识别成字符串字段，这种情况下，需要手动为其分配地理角色。可以在"维度"区域中右击该字段，然后在弹出的快捷菜单中选择"地理角色"，为其分配对应的地理角色，之后该字段的图标将变换。

11.5.2 创建符号地图

将 Tableau 连接到包含地理信息的数据源，并分配对应的地理角色后，Tableau 可通过简单的拖放和单击来生成地图。Tableau 包含两种地图类型：符号地图和填充地图，同时也可制作包含两者的混合地图以及多维度地图。

其中，符号地图以地图为背景，在对应的地理位置上以多种形状展示信息。为使用符号地图功能，在打开 Tableau、连接相关数据后，应先对数据分配地理角色（例如"示例-超市"样例文件中的国家/地区、城市、省/市/自治区字段）。

11.5.3 设置地理信息

Tableau 中的背景地图选项为使用者提供了地图源的多种选择，用户可以选择不使用地图源，或选择 Tableau 自带的地图源"Tableau"，或脱机使用地图，或使用 WMS 服务器实现自定义地图源"WMS 服务器（W）"，并可设置哪种地图源为默认地图源。

（1）联机地图。默认情况下，所有新建工作表都会自动连接到 Tableau 的联机地图源"Tableau"，其地理位置信息由开源地图供应商 OpenStreetMap 提供。用户可指定某地图源为 Tableau 默认地图源，操作方式为在"地图"→"背景地图"命令下选择地图源，然后可设置默认地图源。

（2）地图存储和脱机工作。在使用联机地图创建地图视图时，Tableau 会将构成地图的图像存储在缓存中。这样在进行分析时，就不必等待检索地图。同时，通过存储地图，可以在设备脱机时仍使用部分地图进行分析。地图的缓存将随 IE 浏览器的因特网文件一起存储，删除 IE 浏览器中的临时文件即清除了地图缓存。

（3）WMS 服务器。如果具有提供特定行业的 WMS 服务器，Tableau 可以添加该服务器作为地图源。在添加了 WMS 地图服务器之后，可以导出地图源与他人共享，或导入共享的地图源。

当有大量 Tableau 无法识别的地理位置时，可通过导入自定义地理编码扩充 Tableau 的地理信息库。自定义地理编码只能绘制符号地图。

11.6 导出和发布数据（源）

Tableau 对于导出一个工作表所使用的部分或者全部数据提供了多种方法，而导出工作簿中所使用的数据源也有多种方式，如导出成.tds（数据源）文件、.tdsx（打包数据源）文件或者.tde（数据提取）文件。有时也可能需要把不同类型的数据源发布到 Tableau 服务器上，以便让更多的人可以查看、使用、编辑或者更新。

11.6.1 通过剪贴板导出数据

启动 Tableau 软件，在开始页面单击"示例-超市"图标，打开超市示例。导出数据（源）的操作方法如下：

方法一：在视图上右击，在弹出的快捷菜单上选择"复制"→"数据"命令，或者通过单击"工作表"→"复制"→"数据"命令，把视图中的数据复制到剪贴板中，然后打开 Excel 工作表，将数据粘贴到新工作表中即可导出数据。

方法二：在视图上右击，在弹出的快捷菜单上选择"查看数据"命令，此时会弹出"查看数据"对话框（见图 11-11）。在对话框中选择要复制的数据，单击对话框右上角的"复制"命令即会把视图中的数据复制到剪贴板中。然后打开 Excel 工作表，将数据粘贴到新工作表中即可导出数据。

方法三：单击"查看数据"对话框右上角的"全部导出"将会打开"导出数据"对话框（见图 11-12），可在这里选择一个用于保存导出数据的位置，然后单击"保存"按钮，把全部数据导出为文本文件（逗号分隔）。

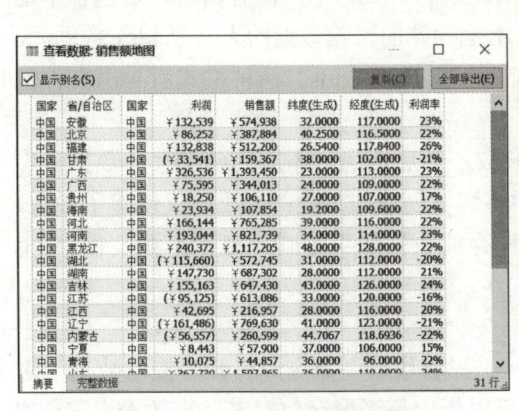

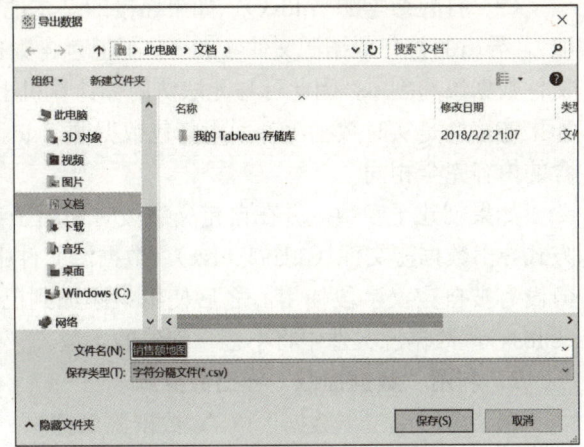

图 11-11 "查看数据"对话框　　　　图 11-12 导出数据为文本文件（.csv）

方法四：在视图上右击，在弹出的快捷菜单上选择"复制"→"交叉表"命令，从而把交叉表（文本表）形式的视图数据复制到剪贴板。然后，打开 Excel 工作表，将数据粘贴到新工作表中即可导出数据。

方法五：以交叉分析（Excel）方式导出数据。单击菜单栏中"工作表"→"导出"→"交叉表到 Excel"命令，将自动创建一个 Excel 文件，并把当前视图中的交叉表数据粘贴到这个新的 Excel 工作表中。

方法六：以 Access 数据库文件的方式导出当前工作表中的数据。单击菜单栏中"工作表"→"导出"→"数据"命令，在弹出的对话框中为待导出的 Access 数据库文件指定存放路径和文件名（Access 数据库的文件扩展名为.mdb）。

11.6.2 导出数据源

有两种方法可以将所有数据或数据子集导出到新数据源。

1. 利用"添加到已保存的数据源"导出数据源

在菜单栏单击"数据"→"<数据源名称>"→"添加到已保存的数据源"命令，可以导出数据源文件（.tds）和打包数据源文件（.tdsx）。使用这种方式导出的数据源不必在每次需要使用该数据源时都创建新连接，因此，如果经常多次连接同一数据源，推荐用这种方式导出数据源。

在"添加到已保存的数据源"对话框中选择一个用于保存数据源文件的位置。默认情况下，数据源文件存储在 Tableau 存储库的数据源文件夹中。如果不更改存储位置，新.tds 或.tdsx 文件将在开始页面中的"数据"区域的"已保存数据源"部分中列出。

可以采用以下两种格式来导出数据源。

（1）数据源（.tds）。如果连接的是本地文件数据源（Excel、Access、文本、数据提取），导出的数据源文件（.tds）将包含数据源类型和文件路径。如果连接的是实时数据源，导出的数据源文件（.tds）将包含数据源类型和数据源连接信息（服务器地址、端口、账号）。无论连接到本地文件还是数据库服务器数据源，数据源文件（.tds）都包括数据源的默认属性（如数字格式、聚合方式和排序顺序等）和自定义字段（如组、集、计算字段和分级字段）。

（2）打包数据源（.tdsx）。如果连接的是本地文件数据源（Excel、Access、文本、数据提取），导出的打包数据源文件（.tdsx）不但包含数据源文件（.tds）中的所有信息，还包含本地文件数据源的副本，因此可与无法访问你计算机上本地存储的原始数据的人共享.tdsx 数据源。如果连接的是实时数据源，采用打包数据源（.tdsx）和数据源（.tds）两种格式所导出文件包含的内容完全相同。

如果创建了参数，并在自定义字段时使用了参数，之后使用"添加到已保存的数据源"方式导出数据源文件（.tds 或.tdsx），数据源文件中将包含创建的参数；如果仅仅创建了参数，但没有被自定义字段使用，之后使用"添加到已保存的数据源"方式导出数据源文件（.tds 或.tdsx），数据源文件中将不包含创建的参数。

2. 利用"数据提取"导出数据源

在菜单栏单击"数据"→"<数据源名称>"→"提取数据"命令，打开"提取数据"对话框，可从中定义筛选器来限制将提取的数据，也可以指定是否聚合数据来进行数据提取（如果对数据进行聚合，可以最大限度地减小数据提取文件的大小并提高性能，如按照月度聚合数据），还可以选定想要提取的数据行数，或者指定数据刷新方式（增量刷新或者完全刷新），完成后请单击"数据提取"按钮。在随后显示的对话框中选择一个用于保存提取数据的位置，然后为该数据提取文件指定文件名称，最后单击"保存"按钮便可创建数据提取文件（.tde）并完成数据源的导出。

用这种方式导出数据源可以避免频繁连接数据库，从而减轻数据库负载；若进行包含数据样本的数据提取，在制作视图时，不必在每次将字段放到功能区上时都执行耗时的查询，因而可以提高性能；在不方便新建数据源服务器时，数据提取可提供对数据的脱机访问，进行脱机分析；当基础数据发生改变时，还可以刷新提取数据，与数据库服务器端的数据保持一致。

使用数据提取方式导出的数据源文件（.tde），包括数据源类型、数据源连接信息、默认属性（如数字格式、聚合方式和排序顺序等）和自定义字段（如组、集、计算字段和分级字段），但不包含参数。如果创建自定义字段时使用了参数，并且之后进行了数据提取，那么再使用数据提取时，使用了参数的自定义字段将变成无效字段。

11.6.3 发布数据源

可以将本地文件数据源或实时连接的数据库数据源发布到 Tableau Online 服务器或 Tableau Server 服务器。将数据源发布到 Tableau Server 和发布到 Tableau Online 服务器上的方法类似。

在"数据"菜单上选择数据源，然后单击"发布到服务器"命令。如果尚未登录 Tableau Server，则会弹出"Tableau Server 登录"对话框，要在对话框中输入服务器名称或 URL、用户名和密码。

成功登录 Tableau Server 服务器后，会看到"将数据源发布到 Tableau Server"对话框。在对话框中需要指定以下内容：

（1）项目。一个项目就像是一个可包含工作簿和数据源的文件夹，在 Tableau Server 上创建。Tableau Server 自带一个名为"默认值"的项目，所有数据源都必须发布到项目中。

（2）名称。在"名称"文本框中提供数据源的名称，使用下拉列表选择服务器上的现有数据源。使用现有数据源名称进行发布时，服务器上的数据源将被覆盖，发布者必须具有"写入/另存到 Web"权限才能覆盖服务器上的数据源。

（3）身份验证。如果数据源需要用户名和密码，则可以指定将数据源发布到服务器上时身份验证的方式。可用选项取决于所发布数据源的类型：当发布数据源是本地文件时，身份验证只有"无"选项；当发布数据提取数据源时，身份验证有"无"和"嵌入式密码"两个选项；当发布的数据源是实时新建数据源时，身份验证有"提示用户"和"嵌入式密码"两个选项。

（4）添加标记。可以在"标记"文本框中输入一个或多个描述数据源的关键字。在服务器上浏览数据源时，标记可帮助查找数据源。各标记应通过逗号或空格来分隔，如果标记中包含空格，则输入该标记时应将其放在引号中（如"Profit Data"）。

所发布数据源的类型不同，"将数据源发布到 Tableau Server"对话框中的选项也会略有差异。

实验确认：□ 学生　　□ 教师

11.7 导出图像和 PDF 文件

通过复制图像、导出图像以及打印为 PDF 三种方式，可将 Tableau 动态交互文件转换为打印的静态文件，以导出 Tableau 页面。

11.7.1 复制图像

在工作表工作区环境下，单击菜单栏中"工作表"→"复制"→"图像"命令，在弹出的"复制图像"对话框中选择要包括在图像中的内容以及图例布局（如果该视图包含图例），然后单击"复制"按钮，此时 Tableau 会将当前视图复制到剪切板中。

在仪表板工作区环境下单击"仪表板"→"复制图像"命令，或者在故事工作区环境下单击"故事"→"复制图像"命令，可以将仪表板中的整个视图或故事中当前故事点的整个视图复制到剪贴板。用这两种方法复制图像均不会弹出"复制图像"对话框。

把视图复制至剪贴板中后，可以打开目标应用程序，然后从剪贴板粘贴视图。

11.7.2 导出图像

在菜单栏中单击"工作表"→"导出"→"图像"命令，在弹出的"导出图像"对话框中选择要包括在图像中的内容以及图例布局（如果该视图包含图例），然后单击"保存"按钮，此时弹出"保存图像"对话框。还可以在仪表板工作区环境下单击"仪表板"→"导出图像"命令，或者在故事工作区环境下单击"故事"→"导出图像"命令，同样会看到"保存图像"对话框。

导出图像与复制图像不同，导出图像会弹出"保存图像"对话框，在对话框中可以对导出图片的类型（如 jpg、png、bmp 等）、名称和路径进行设置。

11.7.3 打印为 PDF

在菜单栏单击"文件"→"打印为 PDF"命令，并在弹出的"打印为 PDF"对话框中单击"确定"按钮，这样可以将一个视图、一个仪表板、一个故事或者整个工作簿发布为 PDF。

通过"打印为 PDF"对话框可进行以下的选择和设置：

（1）打印范围设置。选择"整个工作簿"将把工作簿中的所有工作表发布为 PDF，选择"当前工作表"选项将仅发布当前显示的工作表，选择"选定工作表"选项将仅发布选定的工作表。

（2）纸张尺寸选择。可以利用"纸张尺寸"下拉菜单选择打印纸张大小。如果"纸张尺寸"选择为"未指定"，则纸张尺寸将扩展至能够在一页上放置整个视图的所需大小。

（3）选项。如果选中"打印后查看 PDF 文件"选项，创建 PDF 后将自动打开文件，但请注意只有在计算机上安装了 Adobe Acrobat Reader 或 Adobe Acrobat 时才会提供此选项。如果选中"显示选定内容"选项，视图中的选定内容将保留在 PDF 中。

打印工作表时，不包含快速筛选器。若要显示快速筛选器，可创建一个包含工作表的仪表板，并将该仪表板打印为 PDF。在将仪表板打印为 PDF 时，不会包含网页对象的内容。在将故事打印为 PDF 时，将把故事中的所有故事点都发布为 PDF。

实验确认：□ 学生　　□ 教师

11.8 保存和发布工作簿

用户可以保存配置好的 Tableau 文件，以及将 Tableau 内容发布到服务器来进行成果共享和发布。

11.8.1 保存工作簿

工作簿是工作表的容器，用于保存创建的工作内容，由一个或多个工作表组成。在打开 Tableau Desktop 应用程序时，Tableau 会自动创建一个新工作簿。单击"文件"→"保存"命令，会弹出"另存为"对话框（首次保存才会弹出），其中要指定工作簿的文件名和保存路径。

默认情况下，Tableau 使用.twbx 扩展名来保存文件，默认位置为 Tableau 存储库中的工作簿文件夹，但也可以选择将 Tableau 工作簿保存到任何其他目录。

若要另外保存已打开工作簿的副本，可单击"文件"→"另存为"命令，然后用新名称保存。

11.8.2 保存打包工作簿

保存成工作簿文件时也将保存指向数据源和其他一些资源（如背景图片文件、自定义地理编码文件）的链接，下次打开该工作簿时将自动使用相关数据和资源来生成视图，这是大多数情况下的工作簿保存方式。但是，如果想要与无法访问所使用数据和资源的其他人共享工作簿，可以把制作好的工作簿以打包工作簿的形式保存。

Tableau 使用.twbx 扩展名来保存打包工作簿文件，文件中包含本地文件数据源（Excel、Access、文本、数据提取等文件）的副本、背景图片文件和自定义地理编码。保存打包工作簿的方式有如下两种。

方式 1：在菜单栏中单击"文件"→"另存为"命令，在弹出的"另存为"对话框中指定打包工作簿的文件名，并在"保存类型"下拉列表中选择"Tableau 打包工作簿（.twbx）"命令，最后单击"保存"按钮。

方式 2：在菜单栏中单击"文件"→"导出打包工作簿"命令，在弹出的"导出打包工作簿"对话框中指定打包工作簿的文件名，最后单击"保存"按钮。

打包工作簿文件（.twbx）类型是一个压缩文件，可以在 Windows 资源管理器中的打包工作簿文件上右击，然后在弹出的快捷菜单中选择"解包"命令将工作簿解包。解包后会看到一个普通工作簿文件和一个文件夹，该文件夹包含与该工作簿一起打包的所有数据源和资源。

11.8.3 发布到服务器

通过发布工作簿可将工作成果发布到 Tableau 服务器上，如 Tableau Server 服务器和 Tableau Online 服务器。工作簿发布到 Tableau Server 和 Tableau Online 的操作是一致的，区别在于发布的目的地不同，以及对数据源的类型要求略有不同。

发布工作簿时可以将其添加到服务器上的指定项目下，隐藏某些工作表，添加标记以增强可搜索性，指定权限以控制对服务器上工作簿的访问，以及选择嵌入数据库密码以便在 Web 上进行自动身份验证。

在"服务器"菜单上选择数据源，然后选择"发布工作簿"命令。如果尚未登录 Tableau 服务器，你会看到"Tableau Server 登录"对话框。请在对话框中输入服务器名称或 URL、用户名和密码，然后单击"登录"按钮。

成功登录 Tableau 服务器后，会看到"将工作簿发布到 Tableau Server"对话框。所发布的工作簿中使用的数据源的类型不同，对话框中的选项也会略有差异。

11.8.4 保存在 Tableau Public

除了可以把工作簿发布到 Tableau Server 和 Tableau Online 服务器，我们还可以把工作簿保存到由 Tableau 托管的免费且公开的服务器 Tableau Public 上。保存到 Tableau Public 的工作簿的数据不得超过 100 万行，且无法把连接到实时数据源的工作簿保存到 Tableau Public。如果尝试把连接到实时数据源的工作簿保存到 Tableau Public 上，Tableau 会自动提取数据。

在菜单栏单击"服务器"→"Tableau Public"→"保存到 Tableau Public"命令。

如未登录到服务器，会看到 Tableau Public 登录对话框，输入 Tableau Public 账号名和密码即可登录。如果未注册过 Tableau Public 账号，在登录对话框中选择"Create one for FREE!"可以免费创建一个。执行本方法也可将工作簿发布到 Tableau Public。保存到 Tableau Public 的工作簿和基础数据是公开可用的。

实验确认：□ 学生　　□ 教师

【实验与思考】熟悉 Tableau 仪表板与发布

以 Tableau 系统提供的 Excel "示例-超市"文件作为数据源，依照本章课文内容：
（1）循序渐进地完成 Tableau 仪表板的各个操作，初步了解 Tableau 仪表板的组织功能。
（2）循序渐进地完成 Tableau 可视化故事的各个操作，了解 Tableau 可视化故事分析功能。
（3）循序渐进地完成 Tableau 数据分享与发布的各个案例。

1. 实验内容与步骤

（1）仪表板操作。

请仔细阅读本章的课文内容，执行其中的 Tableau 仪表板操作，实际体验 Tableau 仪表板的操作方法与步骤。请在执行过程中对操作关键点做好标注，在对应的"实验确认"栏中打勾（√），并请实验指导教师指导和确认（据此作为本【实验与思考】的作业评分依据）。

请记录：你是否完成了上述各个实例的实验操作？如果不能顺利完成，请分析原因。

答：

（2）可视化故事操作。

请仔细阅读本章的课文内容，执行其中的 Tableau 可视化故事操作，实际体验 Tableau 可视化故事的操作方法与步骤。请在执行过程中对操作关键点做好标注，在对应的"实验确认"栏中打勾（√），并请实验指导教师指导和确认（据此作为本【实验与思考】的作业评分依据）。

请记录：你是否完成了上述各个实例的实验操作？如果不能顺利完成，请分析可能的原因是什么？

答：

（3）熟悉 Tableau 共享与发布操作。

请执行 Tableau 分享与发布操作，实际体验 Tableau 数据与可视化分析作品分享和发布的操作方法与步骤。请在执行过程中对操作关键点做好标注,在对应的"实验确认"栏中打勾(√),并请实验指导教师指导和确认(据此作为本【实验与思考】的作业评分依据)。

请记录:你是否完成了上述各个实例的实验操作?如果不能顺利完成,请分析原因。

答:_____

_____

2. 实验总结

_____

3. 实验评价(教师)

_____

第 12 章　Python 可视化基础

【导读案例】数据分析和机器学习的可视化图表 11 例

可视化是一种强大的工具，用于以直观和可理解的方式传达复杂的数据模式与关系（见图 12-1）。它在数据分析中发挥着至关重要的作用，提供了难以从原始数据或传统数字表示中辨别出来的见解。

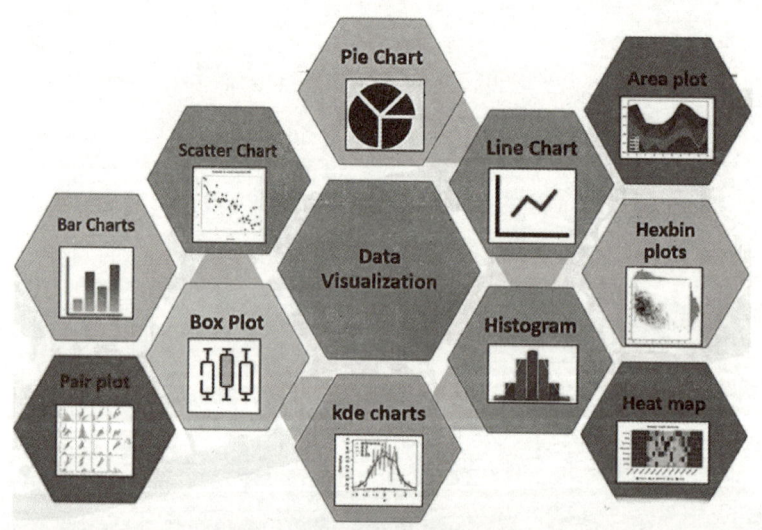

图 12-1　数据分析的可视化

可视化对于理解复杂的数据模式和关系至关重要。下面简单介绍 11 个重要和应该知道的图表，这些图表有助于揭示数据中的信息，使复杂数据更加可理解和有意义。

1. KS 图

KS 图用来评估分布差异（见图 12-2）。其核心思想是测量两个分布的累积分布函数（CDF）之间的最大距离。最大距离越小，它们越有可能属于同一分布。所以，它主要被解释为确定分布差异的"统计检验"，而不是"图"。

2. SHAP 图

SHAP 图通过考虑特征之间的相互作用/依赖关系来总结特征对模型预测的重要性（见图 12-3）。在确定一个特征的不同值（低或高）如何影响总体输出时，SHAP 图很有用。

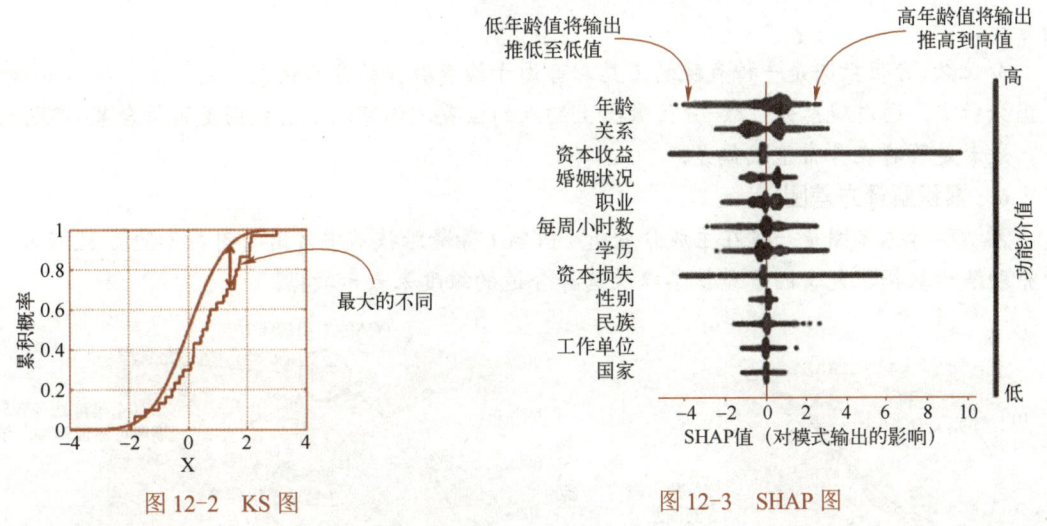

图 12-2　KS 图　　　　　　　图 12-3　SHAP 图

3. ROC 曲线

ROC 曲线描述了跨不同分类阈值的真阳性率（良好的性能）和假阳性率（糟糕的性能）之间的权衡（见图 12-4）。它展示了分类器在不同阈值下的灵敏度和特异度之间的权衡关系。

ROC 曲线是一种常用的工具，特别适用于评估医学诊断测试、机器学习分类器、风险模型等领域的性能。通过分析 ROC 曲线和计算 AUC，可以更好地理解分类器的性能，选择适当的阈值，以及比较不同模型之间的性能。

4. 精确度-召回率图

精确度-召回率图是用于评估分类模型性能的另一种重要工具（见图 12-5），特别适用于不平衡类别分布的问题，其中正类别和负类别样本数量差异较大。它关注模型在正类别的预测准确性和能够找出所有真正正例的能力。它描述了不同分类阈值之间的精确度和召回率之间的权衡。

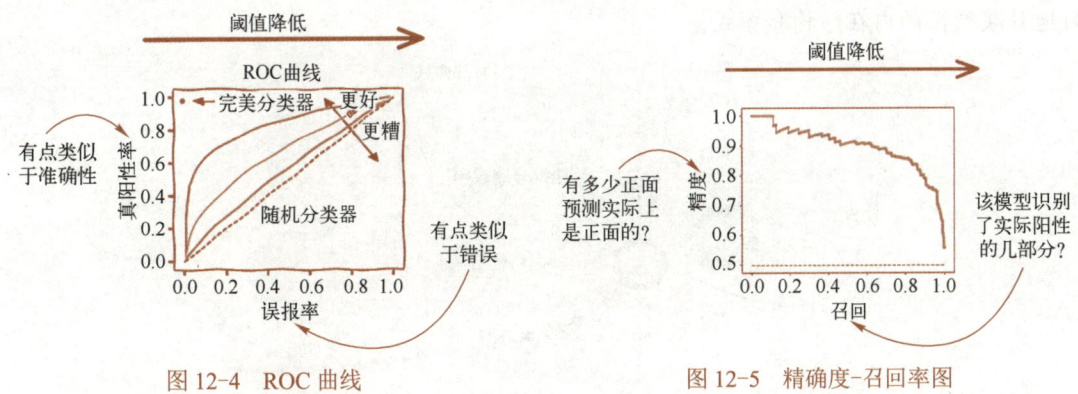

图 12-4　ROC 曲线　　　　　　　图 12-5　精确度-召回率图

5. 分位数-分位数图

分位数-分位数图是一种用于比较两个数据集的分位数分布是否相似的数据可视化工具（见图 12-6）。它通常用于检查一个数据集是否符合某种特定的理论分布，如正态分布。它评估观测数据与理论分布之间的分布相似性，绘制了两个分布的分位数，偏离直线表示偏离假定的分布。

分位数-分位数图是一种直观的工具，可用于检查数据的分布情况，尤其是在统计建模和数据分析中。通过观察分位数-分位数图上的点的位置，你可以了解数据是否符合某种理论分布，或者是否存在异常值或偏差。

6. 累积解释方差图

累积解释方差图是一种在主成分分析（PCA）等降维技术中常用的图表（见图12-7），用于帮助解释数据中包含的方差信息以及选择合适的维度来表示数据。

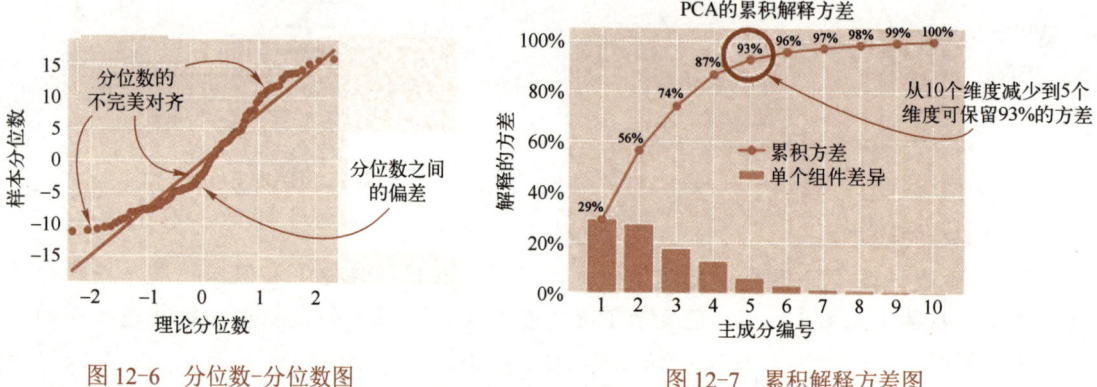

图12-6　分位数-分位数图　　　　　　图12-7　累积解释方差图

数据科学家和分析师会根据累积解释方差图中的信息来选择适当数量的主成分，以便在降维后仍能够有效地表示数据的特征。这有助于减少数据维度，提高模型训练效率，并保留足够的信息来支持任务的成功完成。

7. 肘部曲线图

肘部曲线图是一种用于帮助确定K-均值聚类中最佳簇数（聚类数目）的可视化工具（见图12-8）。K-均值是一种常用的无监督学习算法，用于将数据点分为不同的簇或群组。肘部曲线有助于找到合适的簇数，以最好地表示数据的结构。肘部的点表示理想的簇数。这样可以更好地捕获数据的内在结构和模式。

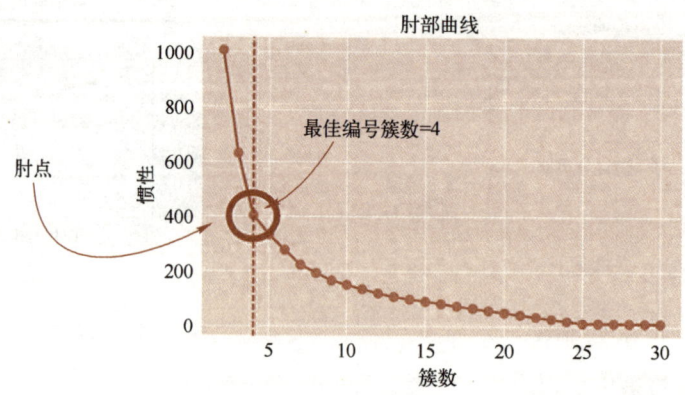

图12-8　肘部曲线图

8. 轮廓系数曲线图

轮廓系数曲线图是一种用于评估聚类质量的可视化工具（见图12-9），通常用于帮助选择最佳聚类数。轮廓系数是一种度量，用于衡量聚类中簇内数据点的相似性和簇间数据点的分离程度。

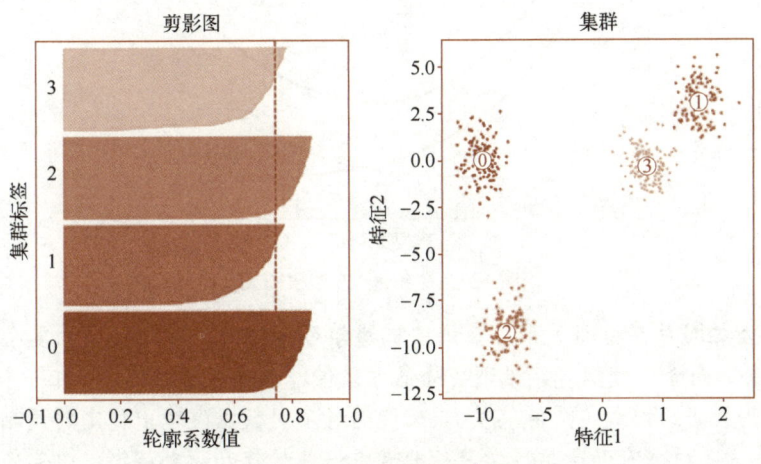

图 12-9　轮廓系数曲线图

轮廓系数曲线是一种有力的工具，可以确保聚类模型能够有效地捕获数据的内在结构和模式。在有很多簇时，肘部曲线通常是无效的，轮廓系数曲线是一个更好的选择。

9. 基尼不纯度和熵图

基尼不纯度和熵是两种常用于决策树、随机森林等机器学习算法中的指标，用于评估数据的不纯度和选择最佳分裂属性（见图12-10）。它们都用于衡量数据集中的混乱度，以帮助决策树选择如何划分数据。它们还用于测量决策树中节点或分裂的杂质或无序。图12-10比较了基尼不纯度和熵在不同位置的分布，以提供对这些度量之间的权衡分析。

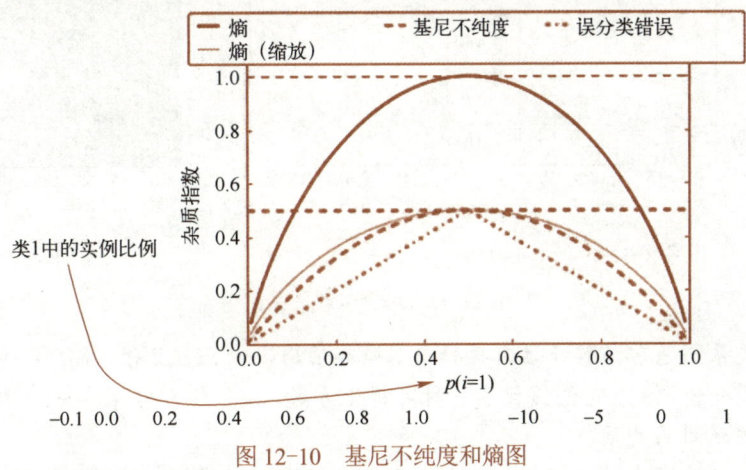

图 12-10　基尼不纯度和熵图

基尼不纯度和熵两者都是有效的指标，用于决策树等机器学习算法中的节点分裂选择，但选择哪个取决于具体的问题和数据特征。

10. 偏差-方差权衡图

偏差-方差权衡是机器学习中一个重要的概念，用于解释模型的预测性能和泛化能力之间的平衡（见图12-11）。

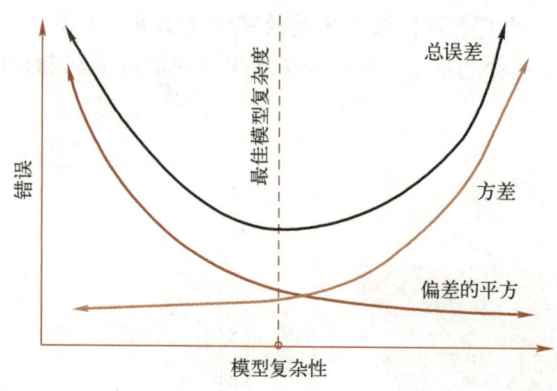

图12-11　偏差-方差权衡图

　　偏差和方差之间存在权衡关系。在训练机器学习模型时，增加模型的复杂性通常会降低偏差但增加方差，而降低模型复杂性则会降低方差但增加偏差。因此，存在一个权衡点，其中模型既能够捕获数据的模式（降低偏差），又能够对不同数据表现出稳定的预测（降低方差）。

　　理解偏差-方差权衡有助于机器学习从业者更好地构建和调整模型，以实现更好的性能和泛化能力。它强调了模型的复杂性和数据集大小之间的关系，以及如何避免欠拟合和过拟合。

11. 部分依赖关系图

　　部分依赖关系图是一种用于可视化和解释机器学习模型的工具，特别适用于了解单个特征对模型预测的影响（见图12-12）。这些图形有助于揭示特征与目标变量之间的关系，以便更好地理解模型的行为和决策。

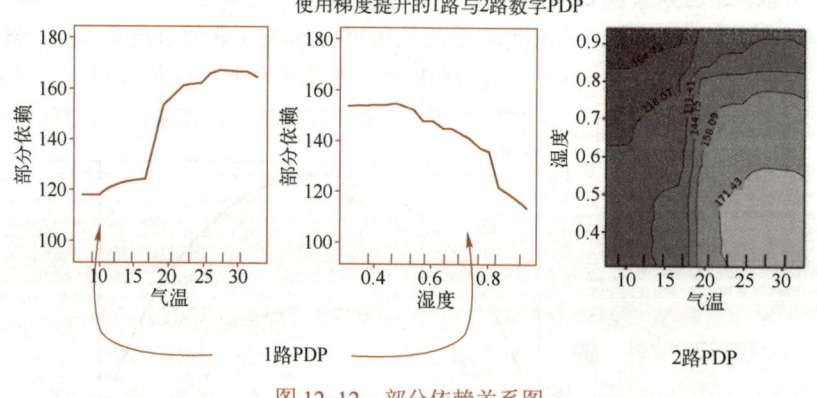

图12-12　部分依赖关系图

　　部分依赖关系图通常与解释性工具和技术一起使用，如SHAP值、LIME等，以帮助解释黑盒机器学习模型的预测。它们提供了一种可视化方式，使数据科学家和分析师更容易理解模型的决策和特征之间的关系。

　　综上所述，这些图表涉及了数据分析和机器学习领域中常用的可视化工具及概念，这些工具及概念有助于评估和解释模型性能、理解数据分布、选择最佳参数和模型复杂性，以及洞察特征对预测的影响。

　　阅读上文，请思考、分析并简单记录：

（1）阅读本文可知，借助于程序设计方式，可以实现强大的数据可视化功能。网上这样的信息资源也很丰富，请简单搜索并记录。

答：_____

（2）通过本文列举的案例，你注意到哪些数据可视化的重要应用领域？

答：_____

_____

（3）了解这些数据可视化应用案例，你是否看到数学知识在其中的重要意义？

答：_____

Python 语言是由荷兰人吉多·范罗苏姆在 20 世纪 80 年代末设计的，于 1994 年 1 月正式发布，经过三十年的发展演进，如今已经成为主流的程序设计语言（见图 12-13）。

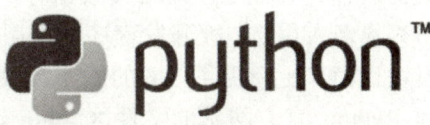

图 12-13　Python 语言 Logo

12.1　Python 编程语言

Python 是一种解释型程序设计语言，即其程序不需要编译，运行时才被翻译成机器执行的语言，每执行一次都要翻译一次。了解 Python 的一个好方法是使用交互式 shell（俗称"壳"，用来区别于"核"）进行操作，shell 是"为使用者提供操作界面"的软件。Python 标准版包括一个 IDLE 程序，它提供了一个 shell 以及编辑 Python 程序的工具。

扫码看视频

12.1.1　Python 语言的特色

Python 支持多种程序设计范式，包括程序式、结构式、面向对象、函数式、脚本式，其语法简洁，易于学习，具备了垃圾收集、动态类型检查、异常处理机制等特色。Python 的程序库模块多得不计其数，游戏、多媒体、数学运算、视频处理、系统程序、网站网页、机器人等领域都可见其运用之处，广受各界采用。

Python 的核心概念不多，语法简洁清晰，程序代码清楚易懂，它强制使用空白符作为语句缩进，开发软件时易于编写功能，之后也易于维护修改，提供了一致的程序设计模型。与 C、C++、Java 等语言相比，Python 的开发速度快，相同功能需要的程序代码行数较少。所以，使用 Python 可以提高程序开发人员与软件工程师的生产力，在较短时间内完成较多功能。

Python 常被昵称为胶水语言，它能够把用其他语言制作的各种模块（尤其是 C/C++）很轻松地联结在一起。常见的一种应用情形是，使用 Python 快速生成程序的原型（有时甚至是程序的最终界面），然后对其中有特别要求的部分，用更合适的语言改写，比如 3D

游戏中的图形渲染模块,性能要求特别高,就可以用C/C++重写,而后封装为Python可以调用的扩展类库。但在使用扩展类库时需要考虑平台问题,某些平台可能不提供跨平台的实现。

12.1.2 Python 语言的版本

Python是纯粹的自由软件,源代码和解释器CPython遵循GNU通用公共许可证许可,为此成立了非营利组织Python软件基金会,开发人员也逐渐演变成Python开发团队,并拥有庞大的社团。Python语言的各项开发工作都记录在Python功能增进建议书之中,规范并定义各种扩充与延伸功能的技术规格,让整个Python社区拥有共同遵循的原则和依据。

目前在用的Python版本分为2.x与3.x(又称为Python 3000或py3k),两个版本不完全兼容。学习与查询相关数据时,应看清楚适用版本。虽然3.x版已推出一段时日,但仍有很多人用2.x版开发程序,使用者众多,很多程序代码只兼容于2.x版,某些程序库模块也尚未更新提供3.x的版本。关于Python各版本之间功能与特色的差异详情,可以到 Python 官方网站的文件区(https://docs.python.org/)查询。本书相关各章在介绍时使用的是Python版本3.12。

12.2 Python 开发环境

为执行 Python 程序,需要搭建好 Python 程序的运行环境。理论上,只要 Python 程序运行环境的每一个具体实现都遵守 Python 语言的规格,而且程序员也按照标准编写 Python 程序,那么所编写的程序代码不管在哪一个程序运行环境里都能正确无误地得到执行。换句话说,在 Windows 上编写的 Python 程序,也可以放到 Linux 上执行,只要两处都安装了相兼容的 Python 运行环境即可,因此 Python 具备良好的可移植性。

常见的 Python 实施有 CPython、Stackless Python、Unladen Swallow、IronPython、Jython、PyPy 等,各有其独特之处,例如 CPython 是 Python 官方团队以 C 语言编写开发的运行环境,其源代码完全开放,可移植性最高。另外有些实施,如 ActivePython、PythonXY、Anaconda Python 等,是把 CPython 重新包装,再加入其他的程序库,专供特定领域使用,如科学计算、数据分析与管理、数据库运用等。

本书的 Python 程序范例都基于 Windows 和 CPython 环境来搭建 Python 3.x 开发环境。

12.2.1 安装 Python 开发环境

请按照下列步骤完成安装并进行简单操作:
步骤1:在计算机中为 Python 语言建立一个文件夹(例如:\Python)。
步骤2:下载 Python 软件。互联网上有很多地方提供了下载服务。这里,我们选择在 Python 的官网下载 Python。打开 Python 官网(https://www.python.org),选择下载 Windows 运行环境下的最新版本,按屏幕提示,将 Python 软件下载到指定的文件夹。
步骤3:下载完成后执行下载的 exe 程序(打开文件),进入安装界面(见图 12-14)。(安装完成后,若再次执行该程序,可进行卸载 Python 的操作。)

第 12 章　Python 可视化基础

在选择安装时，可以把下方的"Add Python.exe to PATH"复选框勾选上，默认把用户变量添加上，后续不用再添加。

安装界面中可以选择默认安装或者自定义安装。由于默认安装路径层次比较深，可以选择自定义安装，例如，将 Python 程序系统安装在前面定义的"\Python"目录中，以方便后续查找。最后界面如图 12-15 所示，单击"Close"按钮完成安装。

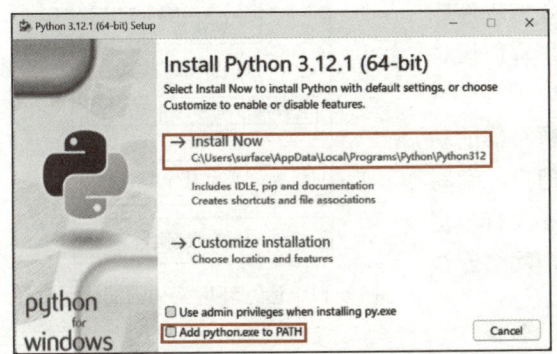
图 12-14　Python 安装界面

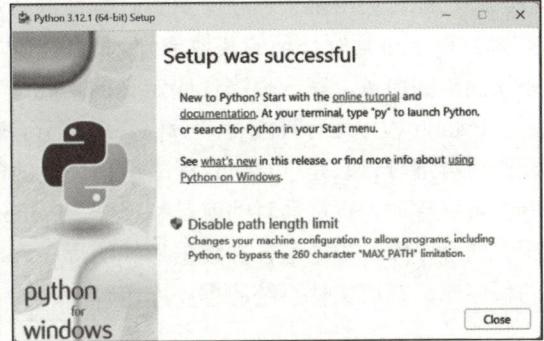
图 12-15　完成安装界面

步骤 4：安装成功后，在安装目录可以看到 Python 安装文件相关信息，在"开始"菜单单击"Python 3.12"→"Python 3.12 (32-bit)"命令，打开 Python 软件（见图 12-16）即可使用。

图 12-16　Python 操作界面

安装后，Python 3.x 版默认的安装路径是 C:\Python。Windows"开始"菜单的"Python 3.12"子菜单中有"IDLE (Python 3.12 32-bit)"命令，这是一款简易的图形化开发编辑器。

请分析并记录：

（1）你选择安装的 Python 软件版本是哪个？

答：_____

（2）你是否完成 Python 软件的安装？若未完成，请简单分析原因是什么？

答：

安装后的 Python 程序运行环境中主要部分是"解释器"（见图 12-17），解释器负责执行程序，把 Python 程序交给它，它解析程序代码、检查语法有无错误、根据程序语义去完成任务（如计算某个数学公式）、把数据存回文件、通过网络请求到某网站等，而这些具体功能都会由某个程序库负责。解释器与众多程序库再加上 Python 运行环境的其他部分，将会往下层存取操作系统提供的服务，完成程序代码定义的功能。

Python 程序运行环境可细分出许多部分，解释器的功能也可再细分，它是 Python 程序运行环境的门户。编写 Python 程序时，直接面对的就是解释器。Python 具有丰富庞大的程序库，如处理各种数据形式的程序库、网络连线的程序库、存取文件系统的程序库等。

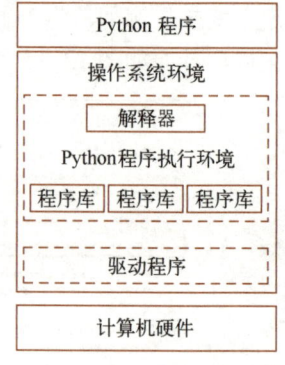

图 12-17 运行环境架构的简化示意图

12.2.2 执行 Python 程序

我们通过向 Python 解释器发出指令来指挥计算机内部的计算过程。可以用交互模式启动 Python 解释器（shell），shell 允许用户在其中输入 Python 命令，然后显示执行结果。启动 shell 的具体细节因不同的 Python 版本安装而异。一般情况下，我们会使用 IDLE 应用程序，它提供的 Python shell 可以帮助我们创建和编辑 Python 程序。

在 Windows "开始"菜单中单击"IDLE（Python 3.12 64-bit）"命令，屏幕显示 IDLE 窗口（见图 12-18）。

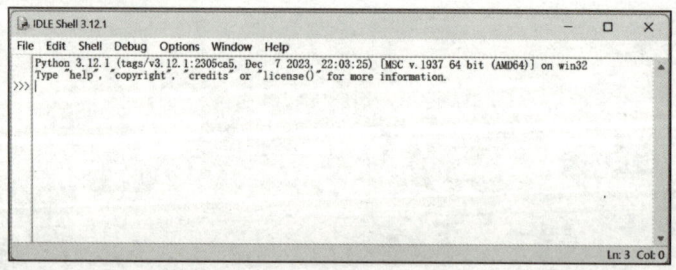

图 12-18 Python IDLE 窗口

第一次启动 IDLE 时所看到的具体的启动消息，取决于当前正在运行的 Python 版本和正在使用的系统。重要的部分是图中最后一行的">>>"，这是 Python 提示符，表示 Python 解释器正在进行展示交互式会话，等待给它的命令。在编程语言中，一个完整的命令称为语句（注意，不要使用中文的句号、引号等符号）。

下面是与 Python shell 交互的例子：

```
>>> print ("Hello, World!")
Hello, World!
>>> print(2+3)
5
>>> print("2+3= ",2+3)
```

```
2+3= 5
```

这里，我们尝试了三个使用 Python print 语句的例子。第一个 print 语句要求 Python 显示文本短语"Hello, World!"，Python 在下一行做出响应，打印出该短语。第二个 print 语句要求 Python 打印 2 与 3 之和。第三个 print 结合了这两个想法。Python 打印出引号中的部分"2 + 3 ="，然后是 2+3 的结果，即 5。建议读者启动自己的 Python shell 并尝试执行这些例子。

Python 允许将一系列语句放在一起，创建一个全新的命令或函数。下面的例子创建了一个名为 hello 的新函数（最后可以按两次〈Enter〉键结束）：

```
>>> def hello( ):
       print("Hello")
       print("计算机很有趣！")

>>>
```

第一行告诉 Python 定义一个新函数，命名为 hello。接下来两行缩进，表明它们是 hello 函数的一部分。最后的空白行（通过按两次〈Enter〉键获得）让 Python 知道定义已完成，并且 shell 用另一个提示符进行响应。注意，输入定义并不会导致 Python 打印任何东西。我们告诉 Python，当 hello 函数用作命令时应该发生什么，但实际上并没有要求 Python 执行它。

输入函数名称并跟上括号，函数就被调用了。下面是使用 hello 命令时发生的事情：

```
>>> hello( )
Hello
计算机很有趣！
>>>
```

这时，hello 函数定义中的两个 print 语句按顺序执行了。

命令可以有可变部分，称为参数，放在括号中。下面看一个使用参数、自定义问候语的例子，先是定义：

```
>>> def greet(person):
       print("Hello", person)
       print("How are you? ")
```

现在可以使用定制的问候。

```
>>> greet("John")
Hello John
How are you?
>>> greet("Emily")
Hello Emily
How are you?
>>>
```

使用 greet 函数时，可以发送不同的名称，从而自定义结果。print 是 Python 中的一个内置函数，当调用 print 函数时，括号中的参数告诉函数要打印什么。

注意到，执行一个函数时，括号必须包含在函数名之后，即使没有给出参数也是如此。例如，可以使用 print 而不使用任何参数，创建一个空白的输出行。

```
>>> print( )

>>>
```

但是如果只输入函数的名称、省略括号，函数将不会真正执行。这时，交互式 Python 会话将显示一些输出，表明名称所引用的函数，如下面的交互所示：

```
>>> greet
<function greet at 0x8393aec>
>>> print
<built-in function print>
```

这里的 0x8393aec 是在计算机存储器中的位置（地址），其中恰好存储了 greet 函数的定义。如果你在自己的计算机上尝试，肯定会看到不同的地址。如果将函数交互输入到 Python shell 中，当退出 shell 时，定义会丢失，下次希望再次使用它们时必须重新输入。

实际上，程序的创建通常是将定义写入独立的文件，称为"模块"或"脚本"。此文件保存在辅助存储器中，可以反复使用。模块文件是一个文本文件，可以用任何应用程序来编辑文本，如记事本或文字处理程序，只要将程序保存为"纯文本"文件即可。有一种特殊类型的应用——集成开发环境（IDE）简化了这个过程，它们专门设计用于帮助程序员编写程序，包括自动缩进、颜色高亮显示和交互式开发等功能。作为 Python shell 的 IDLE 就是一个简单却完整的开发环境。

接下来编写并运行一个完整的程序，以说明模块文件的使用。要将此程序输入 IDLE，应选择 File→New File 菜单选项。这将打开一个空白（非 shell）窗口，可以在其中输入程序。下面是程序的 Python 代码。

【**程序实例 12-1**】 一个简单的示例程序。

```python
# chaos.py
# 一个随意编写的简单程序，没有特定的目的
def main( ):
    print("该程序说明了一个随意的功能。")
    x = eval(input("输入 0 到 1 之间的数字: "))
    for i in range(10):
        x = 3.9 * x * (1 - x)
        print(x)

main( )
```

在 IDLE 中输入该程序之后，从菜单中选择 File→Save 命令,并保存为 chaos.py。扩展名.py 表示这是一个 Python 模块。保存程序时，因为 IDLE 默认在系统的 Python 文件夹中启动，建议将所有 Python 程序都放在一个专用的个人文件夹中。

程序实例 12-1 中包含几行代码，定义了一个新函数 main（程序通常放在一个名为 main 的函数中），文件的最后一行是调用此函数的命令。一旦将一个程序保存在这样的模块文件中，

就可以随时运行它。

程序能以许多不同的方式运行，这取决于你使用的实际操作系统和编程环境。如果使用的是窗口系统，可以通过单击（或双击）模块文件的图标来运行 Python 程序。在命令行情况下，可以输入像 python chaos.py 这样的命令。使用 IDLE 时，只需打开该程序文件，从模块窗口菜单中选择 Run→Run Module 命令即可运行程序。

IDLE 运行程序时，控制将切换到 shell 窗口。下面是显示的样子。

```
>>> ======================= RESTART =======================
该程序说明了一个随意的功能。
输入 0 到 1 之间的数字: .25
0.73125
0.76644140625
0.6981350104385375
0.8218958187902304
0.5708940191969317
0.9553987483642099
0.1661867219544413
0.5404179120617926
0.9686289302998042
0.11850901017563877
>>>
```

第一行是来自 IDLE 的通知，表明 shell 已重新启动。IDLE 在每次运行程序时都会这样做，使程序运行在一个干净的环境中。然后，Python 从上至下逐行运行该模块的各条语句（命令），就像在 Python 提示符下逐行输入它们一样。模块中的 def 会引导 Python 创建 main 函数，模块的最后一行导致 Python 调用 main 函数，从而运行程序。在这个例子中输入了".25"，然后打印出 10 个数字的序列。

注意到，Python 有时会在存储模块文件的（子）文件夹中创建另一个名为 pycache 的文件夹，这是 Python 存储伴随文件的地方，伴随文件的扩展名为.pyc。在本例中，Python 可能会创建一个名为 chaos.pyc 的文件，这是 Python 解释器使用的中间文件。从技术上讲，Python 采用混合编译/解释的过程。模块文件中的 Python 源代码被编译为较原始的指令，称为字节代码，然后解释这个字节代码（.pyc）。如果有.pyc 文件可用，则第二次运行模块就会更快。如果删除字节代码文件，Python 会根据需要自动重新创建它们。

在 IDLE 下运行模块，会将程序加载到 shell 窗口中。只需在 shell 提示符下输入命令 main()，就可以要求 Python 再次运行该程序。

实验确认：□ 学生　　□ 教师

12.3　Python 可视化工具——PyEcharts

数据可视化是提高用户对数据的理解程度，创新架构，增进体验的重要一环。富有表现力的 Python 语言可以发挥很大作用，PyEcharts 第三方库就是在这样的背景下诞生的（见图 12-19）。

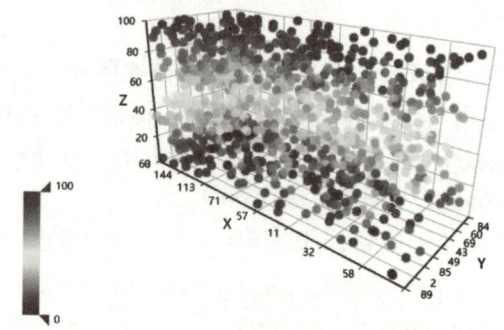

图 12-19　PyEcharts 绘图示例

ECharts 是一个由百度开源的数据可视化工具，它是一个纯 JavaScript 的商业级数据图表库，凭借着良好的交互性、精巧的图表设计，可以为用户提供直观生动、可交互、可高度个性化定制的数据可视化图表，赋予了用户对数据进行挖掘整合的能力。ECharts 的可视化类型很多，但是它需要通过导入 js 库在 Java Web 项目上运行，而 PyEcharts 则可以很好地运行在 Python 环境下。PyEcharts 库是一个用于生成 ECharts 图表的类库，它是一款将 Python 程序设计语言与可视化 js 工具 ECharts 结合起来的强大的开源的数据可视化工具。

　　PyEcharts = Python + ECharts

12.3.1　安装

安装 PyEcharts 的操作步骤如下。

步骤 1：打开命令行（运行）窗口。

步骤 2：在"运行"对话框中输入（注意图 12-14 中提到的路径设置）：

　　pip install pyecharts

步骤 3：当出现如图 12-20 所示的信息时，即代表下载成功，可以继续下一步的操作。

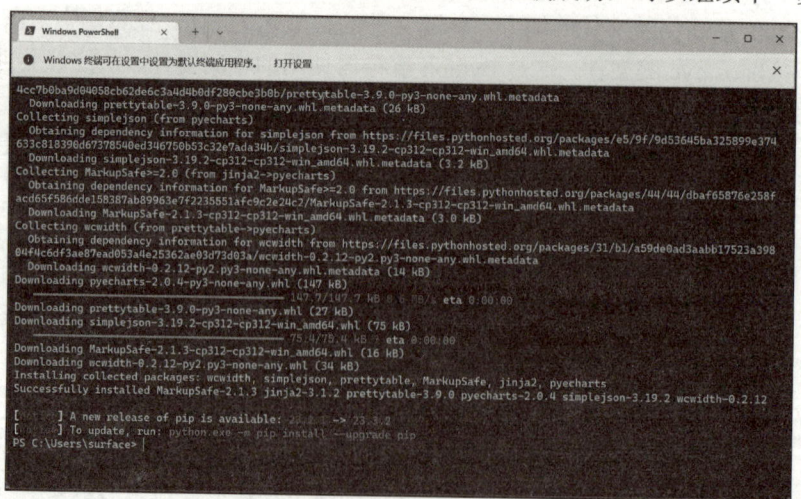

图 12-20　PyEcharts 安装提示

实验确认：□ 学生　　□ 教师

12.3.2 应用实例

PyEcharts 使用 unicode 编码来处理字符串和文件，而 Python 3.x 默认使用 unicode 编码。

【程序实例 12-2】 柱状图-Bar。

```python
#导入柱状图-Bar
from pyecharts.charts import Bar
from pyecharts import options as opts

#设置柱状图的主标题与副标题
#设置行名
columns = ["Jan", "Feb", "Mar", "Apr", "May", "Jun", "Jul", "Aug", "Sep", "Oct", "Nov", "Dec"]
#设置数据
data1 = [2.0, 4.9, 7.0, 23.2, 25.6, 76.7, 135.6, 162.2, 32.6, 20.0, 6.4, 3.3]
data2 = [2.6, 5.9, 9.0, 26.4, 28.7, 70.7, 175.6, 182.2, 48.7, 18.8, 6.0, 2.3]

#创建柱状图对象
bar = Bar()
bar.set_global_opts(title_opts=opts.TitleOpts(title="柱状图",
                    subtitle="一年的降水量与蒸发量"))

#添加柱状图的数据及配置项
bar.add_xaxis(columns)
bar.add_yaxis("降水量",data1)
bar.add_yaxis("蒸发量",data2)

#设置标志线
bar.set_series_opts(label_opts=opts.LabelOpts(is_show=False),
                    markline_opts =opts.MarkLineOpts(data= [opts.
                    MarkLineItem(type_ = "average", name="平均值")]))
#设置标志点
bar.set_series_opts(label_opts=opts.LabelOpts(is_show=False),
                    markpoint_opts=opts.MarkPointOpts(data=[opts.
                    MarkPointItem(type_ = "min", name="最小值"),
                    opts.MarkPointItem(type_="max", name="最大值")]))

#保存图表到 bar.html
bar.render("bar.html")
```

运行该文件，会生成一个 html 结果文件，可在浏览器中打开（见图 12-21）。

简单的几行代码就可以将数据做出好看的可视化效果，而且还是动态的（在浏览器中，将鼠标指针移入图中看效果）。使用 PyEcharts，在 jupyter 上直接调用实例（如直接调用 bar）可以将图表直接表示出来。

后面还会用本例中的这组数据来生成几个常用的图表示例。

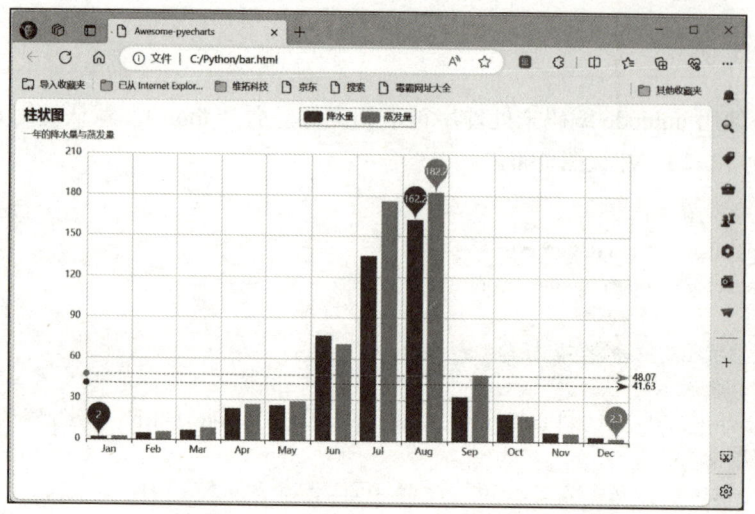

图 12-21　PyEcharts 实例——柱状图

实验确认：□ 学生　　□ 教师

【实验与思考】Python 数据可视化初步

依照本章课文内容，建立 Python 数据可视化开发环境，并建立 Python 可视化应用实例，了解 Python 数据可视化分析方法，提高大数据可视化应用能力。

1. 实验内容与步骤

请仔细阅读本章的课文内容，执行其中的 Python 数据可视化分析操作，实际体验 Python 数据可视化分析图形的制作方法与步骤。请在执行过程中对操作关键点做好标注，在对应的"实验确认"栏中打勾（√），并请实验指导教师指导和确认（据此作为本【实验与思考】的作业评分依据）。

请记录：你是否完成了上述各个实例的实验操作？如果不能顺利完成，请分析可能的原因是什么？

答：_____

_____

2. 实验总结

_____

3. 实验评价（教师）

_____

第 13 章 PyEcharts 可视化分析

【导读案例】信息图表设计的 10 个简单步骤

信息图表是信息的一种视觉化呈现（见图 13-1）。人类是视觉动物，这是因为我们的大脑是视觉化的，也就是说大脑处理的内容的 90%都以各种方式视觉化了，所以我们处理起这样的内容比处理文本要快得多。这一点也适用于网络。社交媒体上分享得最多的，最受欢迎的是图片。当你在网上发布类似于信息图表这样的东西时，流量增加量甚至多达 12%。

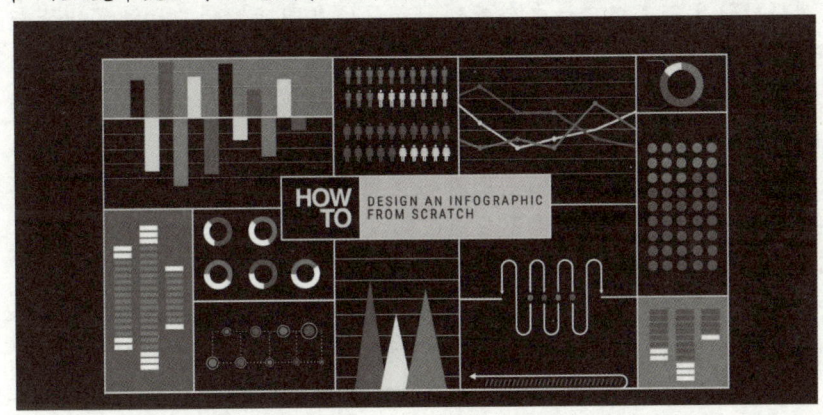

图 13-1 信息图表设计

信息图表设计师安妮·桑德斯这样解释信息图表："务必确保你准确地知道自己想要的是什么，并能够为设计师提供相关内容"。你的信息图表应该具有教育和娱乐意义，而不是一味地去让别人购买你的产品。将自己塑造为本领域的信息资源领头羊，这样顾客们自然会记住你，找到你。利用以下 10 个步骤，你可以很好地设计一些精美的图表。

1. 处理数据

无论这些信息是你负责找到的，还是别人交给你的，你都得自己筛选大量信息。很重要的一点就是不要只是一带而过，因为这些文档里可能隐藏着很多有价值的信息，找到它们是你的职责所在。信息是最重要的部分，所以加工信息也是最重要的一步，毕竟这是你建立信息图表的立足点。

2. 检查信息来源

确保你的信息图表里的所有信息都是真实可靠的。正如我们在学校里必须要写的那些论文一样，其中的信息图表只会和那些信息来源一样可靠，所以千万要重视信息来源，不要因为所呈现的信息不准确而让自己陷入麻烦。

3. 搭建一个框架图，有目的地安排格式

框架图只是将要用到的一个框架。在正式开始设计之前，一定要先把框架图搭建好。提前准备好一切东西（包括文字和图片）不仅可以节省时间，还能减少挫败感。使用框架图可以让你看到自己的一切设计是否流畅合理。

有些信息需要用某种特定的方式来描述。所以不要仅仅为了使用格式而使用格式，你应该做的是尽量发挥创意。因此你可以通过各种不同的方式呈现信息，如图表、饼图、流程图以及地图等。

4. 搭配一个故事

有一个清晰的故事思路必然就有一幅成功的信息图表。在你开始搭建框架图之前，请确保你的故事也已经准备好了。在尚不知道自己应该说些什么的时候，请不要开始设计。因为故事决定设计，而不是恰恰相反。

5. 定好基调

确保你的信息图表的基调与主题相符。如果设计图的风格严肃，那么采用的基调也应该是严肃的；如果设计图的风格轻松活泼，那么采用的基调也可以轻松欢快一些。

如果基调与设计主题不搭，读者会感到困惑。信息图所做的一切就是让读者易于理解。

6. 关于字体的考虑

当你有机会直观地展示一些东西时，不要总是依赖花哨的排版。应该尽量多使用插图、图表、图表以及图形，这会让你的信息图表更加视觉化。

也应该注意字体。排版仍然是信息图表的重要组成部分。要确保字体与字体之间，以及字体与图表之间是相辅相成的。字体不应该削弱设计的视觉效果。

7. 控制颜色

大多数信息图表会从网上进行查看，因此要考虑那些在屏幕上使用效果也很好的颜色。避免使用明亮的霓虹色，因为这种颜色在屏幕上看的时候会对眼睛造成很大压力。大多数社交媒体网站都可以在白色背景上分享你的信息图。选择一种对比色，以确保它不会和背景融为一体从而影响观看。确定一个可用的调色板，坚持使用三种颜色就是一个很好的方法。如果需要更多颜色，那就添加正在使用的明暗色。如果你觉得设计自己的配色方案很难，网上有很多在线网站提供配色方案，你可以参考。

8. 利用空白空间

让信息有呼吸之地很重要。白色的空间越多，读者在看的时候就不会感觉很压抑。不要让整个设计很拥挤，让每个部分都井然有序，你的设计会更加清晰明了，读者在阅读的时候也会觉得很好理解，然后方便一步步往下看。

创建信息图是一项苦差事。有时，项目耗时很长，离开一会儿休息后，再用新的眼光去看待这一切，你也许会更有灵感。

9. 校对与检测

信息超载是很可怕的。试着将其分解为不同的部分，最多六个，当然如果有必要的话，也可以分解成更多的部分。

例如，如果不检查自己的工作，可能会错过很明显的打印错误，那么给客户的印象就会

很差。更糟糕的是，如果客户没有发现这个错字，直接将它公开了，客户会因此受到强烈的批评，而这样的批评又将会落到你自己身上。这可确实是两败俱伤啊。

等到自己的设计完成了才去检测可能会导致你因检测不过关而不得不重新开始。而你边做就边让别人看看做得怎样，这能够确保你做的东西是有意义的。

10．进行修订

信息图表很可能会被发布到网上，这也就意味着发布完以后会有一个在线讨论。当一些错误已经引起你的注意时，你就要对它们做出相应的修改。你需要纠正任何不准确的信息，而且当主题不断变化时，你还得根据需要进行更新。

通常统计数据会随时间而改变，这是一个不断更新营销材料的绝佳机会。一旦出现一组新数字，请将其插入旧数据中并重新发布。请保留旧数据并记录下来，因为这能反映具体形势是如何随着时间的改变而改变的。

阅读上文，请思考、分析并简单记录：

（1）请简述：什么是信息图表？为什么要进行信息的可视化设计？

答：_____

_____

（2）你认为本文关于信息图表设计的10条忠告中，最重要的是哪些？为什么？

答：_____

_____

（3）设计师们在信息图表的可视化工作中已经积累了很丰富的经验。请通过网络搜索，并简单记录阅读体会。

答：_____

_____

画图工具有很多，为什么还要学习使用 PyEcharts？下面举例对比图形绘制的效果。先看用 Matplotlib 绘制的 K 线图（见图 13-2），密密麻麻，区分不了开盘价、最高价、最低价、收盘价。

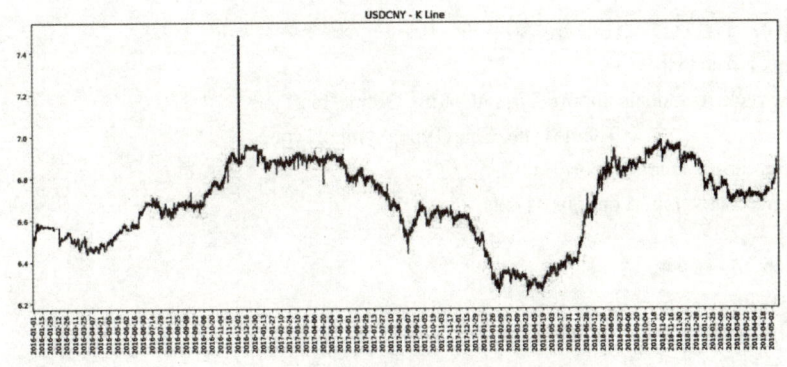

图 13-2　Matplotlib 绘制的 K 线图

再看用 PyEcharts 绘制的 K 线图（见图 13-3），虽然也是密密麻麻的，但下方有个可伸缩的时间轴。通过滑动鼠标可以锁定想看到的数据。

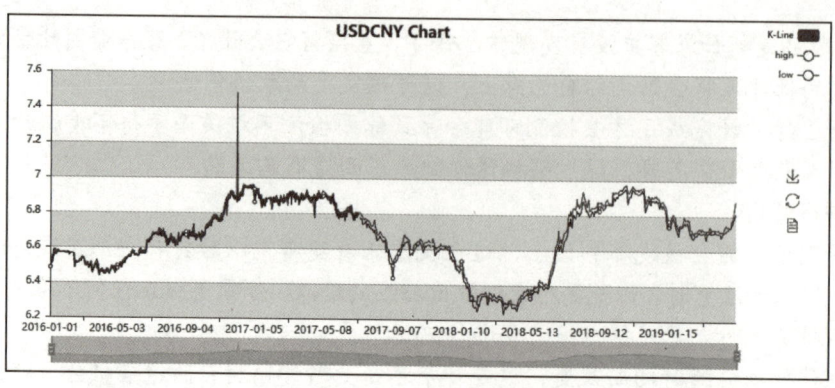

图 13-3　PyEcharts 绘制的 K 线图

在图 13-3 中还可以任意显示或隐藏 K 线图的最高价和最低价，交互式操作给图形增加了额外的维度。而 Matplotlib 绘制的 K 线图则是静态的。PyEcharts 有许多不错的 3D 图表，尤其是地图图表。

前导安装语句如下：

```
pip install pyecharts
from pyecharts import Bar
from pyecharts import Line
```

13.1　柱状图

柱形图是数据分析中常用的图表，主要用于对比、展示趋势、描述等，柱形图虽然简单，但要将其用于不同的场合，对数据的要求、布局、配色、分类间距、主要刻度线以及变形图表的处理技巧，不是那么容易把握的。

13.1.1　简单柱状图

【程序实例 13-1】　柱状图。程序如下，绘制效果如图 13-4 所示。

```
# 画简单的柱状图（使用链式调用）
# 引入 pyecharts 库
from pyecharts.globals import CurrentConfig, OnlineHostType, \
                              ThemeType, ChartType, SymbolType
from pyecharts.charts import Bar
from pyecharts import options as opts

# 创建并设置 bar
bar = (
    Bar(init_opts=opts.InitOpts(theme=ThemeType.WHITE))
    # 设置主题
    .set_global_opts(title_opts=opts.TitleOpts(title="主标题",
                                               subtitle="副标题"))      # 设置标题
    .add_xaxis(["衬衫", "羊毛衫", "雪纺衫", "裤子", "高跟鞋", "袜子"])
                                                                      # 配置列
```

第 13 章　PyEcharts 可视化分析

```
        .add_yaxis("商家 X", [5, 20, 36, 10, 75, 90])           # 添加数据
)

# 输出图表
# 方法一： 将图表渲染输出到 html 页面，需通过浏览器查看
bar.render("bar.html")
        #如果不传入参数，默认保存到当前文件夹下的 render.html 中，否则保存在参数中制定的文件中
# 方法二： 直接在 upyter 中展示
# bar.render_notebook( )
```

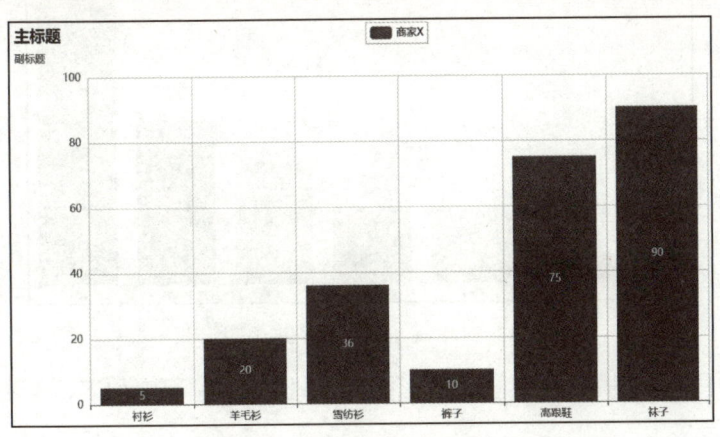

图 13-4　PyEcharts 柱状图示例

实验确认：☐ 学生　　　☐ 教师

13.1.2　柱状-堆叠图

【程序实例 13-2】柱状-堆叠图。程序如下，绘制效果如图 13-5 所示。

```
# 根据柱状图绘制堆叠图

# 引入 pyecharts 库
from pyecharts.globals import CurrentConfig, OnlineHostType,
                ThemeType, ChartType, SymbolType
from pyecharts.charts import Bar
from pyecharts import options as opts
attr = ["衬衫","羊毛衫","雪纺衫","裤子","高跟鞋","袜子"]    # 设置列
v1 = [5, 20, 36, 10, 75, 90]                              # 商家 A 数据
v2 = [10, 25, 8, 60, 20, 80]                              # 商家 B 数据

# 创建并设置 bar
bar = (
        Bar(init_opts=opts.InitOpts(theme=ThemeType.WHITE))
        # 设置主题
        .set_global_opts(title_opts=opts.TitleOpts(title
                ="柱状图数据堆叠示例", subtitle="柱状图"))   # 设置标题
        .add_xaxis(attr)                                    # 配置列
        .add_yaxis(series_name="商家 A",y_axis=v1,stack="stack1")  # 添加数据
```

```
            .add_yaxis(series_name="商家 B",y_axis=v2,stack="stack1")    # 添加数据
            .set_series_opts(label_opts=opts.LabelOpts(is_show=False))   # 不显示标志
)

# 输出图表
bar.render("bar2.html")
```

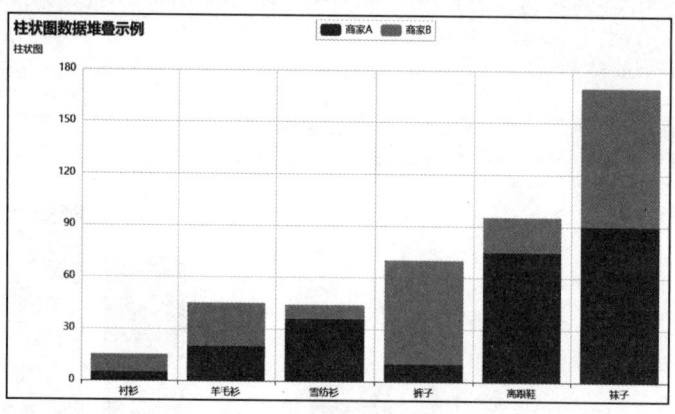

图 13-5   PyEcharts 柱状-堆叠图示例

【**程序实例 13-3**】 横向柱状图（条形图），添加标注。程序如下，绘制效果如图 13-6 所示。

```
# 为横向柱状图添加标注点或者标注线
# 引入 pyecharts 库
from pyecharts.globals import CurrentConfig, OnlineHostType, 
                              ThemeType, ChartType, SymbolType
from pyecharts.charts import Bar
from pyecharts import options as opts
attr = ["衬衫", "羊毛衫", "雪纺衫", "裤子", "高跟鞋", "袜子"]    # 设置列
v1 = [5, 20, 36, 10, 75, 90]                                    # 商家 A 数据
v2 = [10, 25, 8, 60, 20, 80]                                    # 商家 B 数据

# 创建并设置 bar
bar = (
        Bar(init_opts = opts.InitOpts(theme=ThemeType.WHITE,
            animation_opts=opts.AnimationOpts(animation_delay=10)))
        .set_global_opts(title_opts=opts.TitleOpts(title
            ="横向柱状图加标记示例", subtitle="柱状图"))   # 设置标题
        .add_xaxis(attr)                                        # 配置列
        .add_yaxis(series_name="商家 A",y_axis=v1)              # 添加商家 A 数据
        # 设置商家 A 标志点
        .set_series_opts(markpoint_opts=opts.MarkPointOpts(data
            =[opts.MarkPointItem(type_="max", name="最大值")]))
        .add_yaxis(series_name="商家 B",y_axis=v2)              # 添加商家 B 数据
        .reversal_axis()    # 通过 reversal_axis()反转 x, y 轴实现横向柱状图
        # 设置标志线
```

```
            .set_series_opts(markline_opts=opts.MarkLineOpts(data
                =[opts.MarkLineItem(type_="max", name="最大值"),
                  opts.MarkLineItem(type_="min", name="最小值")]))
            .set_series_opts(label_opts=opts.LabelOpts(is_show=False))    # 不显示标志
)

# 输出图表
bar.render("bar3.html")
```

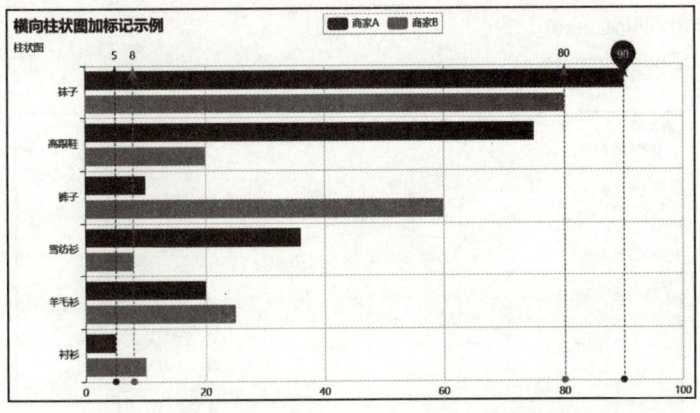

图 13-6　PyEcharts 横向柱状图示例

实验确认：□ 学生　　　□ 教师

13.2　折线图

13.2.1　折线图与平滑折线图

【程序实例 13-4】　折线图。程序如下，绘制效果如图 13-7 所示。

```
# 折线图 Line
# 引入 pyecharts 库
from pyecharts.charts import Line
from pyecharts import options as opts

# 设置列名
columns = ["Jan", "Feb", "Mar", "Apr", "May", "Jun", "Jul",
           "Aug", "Sep", "Oct", "Nov", "Dec"]
# 设置数据
data1 = [2.0, 4.9, 7.0, 23.2, 25.6, 76.7, 135.6, 162.2, 32.6, 20.0, 6.4, 3.3]
data2 = [2.6, 5.9, 9.0, 26.4, 28.7, 70.7, 175.6, 182.2, 48.7, 18.8, 6.0, 2.3]

# 创建折线图对象
line = (
    Line()
```

```
        # 设置折线图的主标题与副标题
        .set_global_opts(title_opts=opts.TitleOpts(title
            ="折线图", subtitle="一年的降水量与蒸发量"))
        # 添加折线图的数据及配置项
        .add_xaxis(columns)
        .add_yaxis("降水量",data1)
        .add_yaxis("蒸发量",data2)
)

# 保存图表到 line1.html
line.render("line1.html")
```

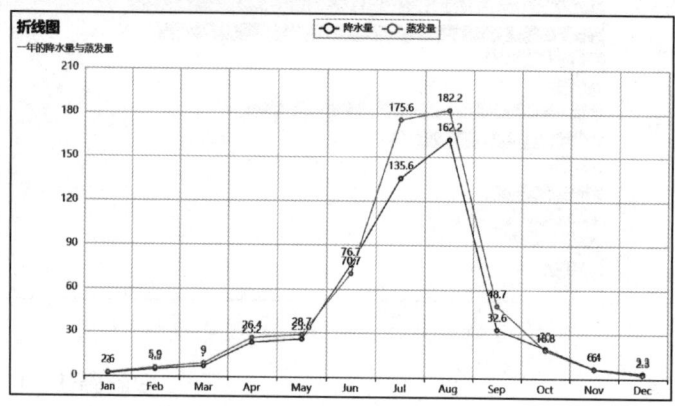

图 13-7　PyEcharts 折线图示例

【程序实例 13-5】 平滑折线图。程序如下，绘制效果如图 13-8 所示。

```
# 平滑折线图
# 引入 pyecharts 库
from pyecharts.charts import Line
from pyecharts import options as opts

# 设置列名
attr = ["衬衫", "羊毛衫", "雪纺衫", "裤子", "高跟鞋","袜子"]
# 设置数据
v1 = [5, 20, 36, 10, 75, 90]
v2 = [10, 25, 8, 60, 20, 80]

# 创建折线图对象
line = (
    Line( )
    # 设置折线图的主标题与副标题
    .set_global_opts(title_opts=opts.TitleOpts(title="折线图"))
    # 添加折线图的数据及配置项
    .add_xaxis(attr)
    .add_yaxis("商家 A",v1,is_smooth=True)
    .set_series_opts(markpoint_opts=opts.MarkPointOpts(data
```

```
                =[opts.MarkPointItem(type_="max", name="最大值")]))
        .add_yaxis("商家 B",v2,is_smooth=True)
)

# 保存图表到 line2.html
line.render("line2.html")
```

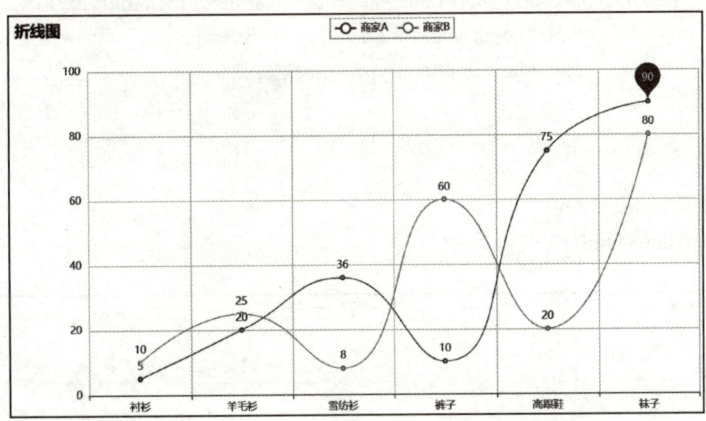

图 13-8　PyEcharts 平滑折线图示例

实验确认：□ 学生　　□ 教师

13.2.2　标注形状和样式

【程序实例 13-6】 折线图，添加标注形状和样式。程序如下，绘制效果如图 13-9 所示。

```
# 添加标注和样式的折线图
# 引入 pyecharts 库
from pyecharts.charts import Line
from pyecharts import options as opts

# 设置列名
attr = ["衬衫","羊毛衫","雪纺衫","裤子","高跟鞋","袜子"]
# 设置数据
v1 = [5, 20, 36, 10, 75, 90]
v2 = [10, 25, 8, 60, 20, 80]

# 创建折线图对象
line = (
    Line()
    # 设置折线图的主标题与副标题
    .set_global_opts(title_opts=opts.TitleOpts(title="折线图"))
    # 添加折线图的数据及配置项
    .add_xaxis(attr)
    .add_yaxis("商家 A", v1, color="red",
            markline_opts=opts.MarkLineOpts(data=[opts.MarkLineItem(type_
                ="min"),opts.MarkLineItem(type_="average"),
```

```
                    opts.MarkLineItem(type_="max")]),
            markpoint_opts=opts.MarkPointOpts(symbol="diamond",data
                =[opts.MarkPointItem(type_="min"),opts.MarkPointItem(type_
                ="average"),opts.MarkPointItem(type_="max")]),
            )
        .add_yaxis("商家 B", v2, color='green',symbol="triangle", symbol_size=20,
            markline_opts=opts.MarkLineOpts(data=[opts.MarkLineItem(type_
                ="min"),opts.MarkLineItem(type_="average"),
                opts.MarkLineItem(type_="max")]),
            )
    )

# 保存图表到 line3.html
line.render("line3.html")
```

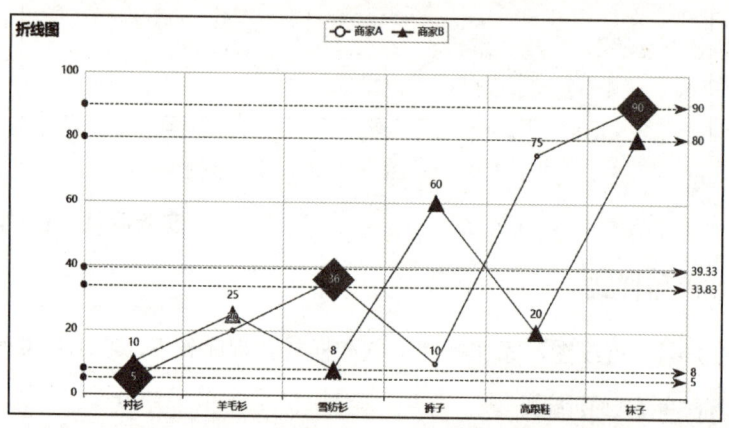

图 13-9　PyEcharts 添加标注形状和样式的折线图示例

实验确认：□ 学生　　□ 教师

13.2.3　折线-面积图

【程序实例 13-7】折线-面积图。程序如下，绘制效果如图 13-10 所示。

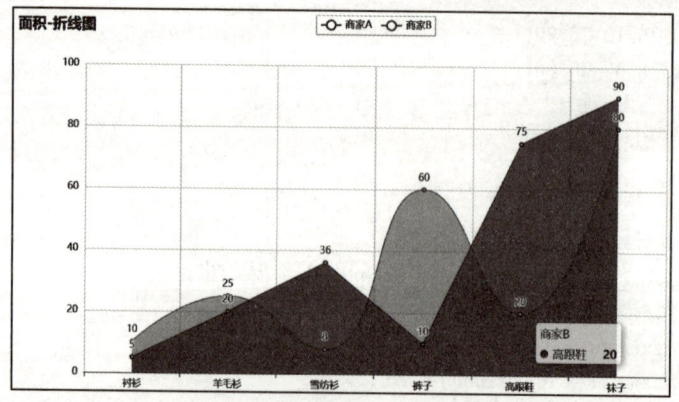

图 13-10　PyEcharts 折线-面积图示例

```python
# 折线-面积图
# 引入 pyecharts 库
from pyecharts.charts import Line
from pyecharts import options as opts

# 设置列名
attr = ["衬衫","羊毛衫","雪纺衫","裤子","高跟鞋","袜子"]
# 设置数据
v1 = [5, 20, 36, 10, 75, 90]
v2 = [10, 25, 8, 60, 20, 80]

# 创建折线图对象
arealineline = (
    Line()
    # 设置折线图的主标题与副标题
    .set_global_opts(title_opts=opts.TitleOpts(title="折线-面积图"))
    # 添加折线图的数据及配置项
    .add_xaxis(attr)
    .add_yaxis("商家 A", v1, color='green',areastyle_opts
               =opts.AreaStyleOpts(opacity=0.5))
    .add_yaxis("商家 B", v2, color='gray',areastyle_opts
               =opts.AreaStyleOpts(opacity=0.3),is_smooth=True)
)

# 保存图表到 line4.html
arealineline.render("line4.html")
```

实验确认：□ 学生　　□ 教师

13.3 饼图

【程序实例 13-8】 饼图。程序如下，绘制效果如图 13-11 所示。

```python
# 饼图
# 引入 pyecharts 库
from pyecharts.charts import Pie
from pyecharts import options as opts

# 设置数据
columns = ["Jan", "Feb", "Mar", "Apr", "May", "Jun", "Jul", "Aug",
           "Sep", "Oct", "Nov", "Dec"]
data1 = [2.0, 4.9, 7.0, 23.2, 25.6, 76.7, 135.6, 162.2, 32.6, 20.0, 6.4, 3.3]

# 创建并配置饼图
pie =(
    # 初始化饼图，设置宽度为 900
```

```
            Pie(init_opts=opts.InitOpts(width="900px"))
            # 设置主标题与副标题，标题设置居左
            .set_global_opts(title_opts=opts.TitleOpts(title
                    ="饼图",subtitle="一年的降水量",pos_left="0%",is_show = True))
            # 加入数据
            .add("降水量",[(i,j)for i,j in zip(columns,data1)] )
)
# 保存图表到 Pie1.html
pie.render(("Pie1.html"))
```

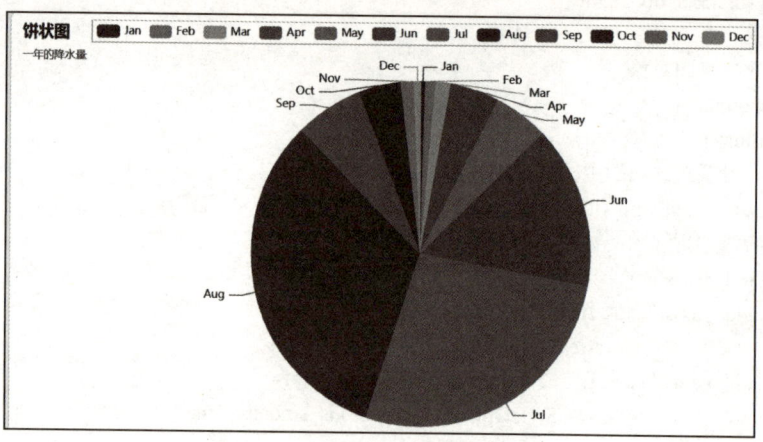

图 13-11　PyEcharts 饼图示例（1）

【程序实例 13-9】 饼图。程序如下，绘制效果如图 13-12 所示。

```
# 饼图
# 引入 pyecharts 库
from pyecharts.charts import Pie
from pyecharts import options as opts

# 设置数据
attr = ["衬衫","羊毛衫","雪纺衫","裤子","高跟鞋","袜子"]
v1 = [5, 20, 36, 10, 75, 90]

# 创建并配置饼图
pie =(
    Pie( )
    #加入数据
    .add("",[list (z) for z in zip(attr,v1)],
        label_opts=opts.LabelOpts(position="outside",formatter="\n{b}: {c}"))
)
# 保存图表到 Pie2.html
pie.render(("Pie2.html"))
```

第13章 PyEcharts 可视化分析

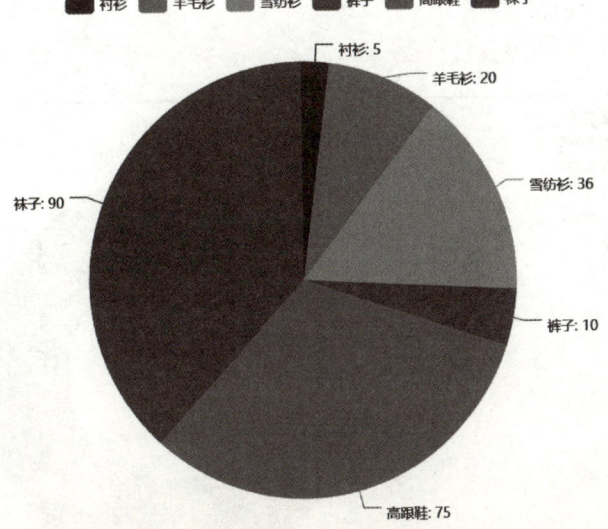

图 13-12　PyEcharts 饼图示例（2）

【程序实例 13-10】饼-圆环图。程序如下，绘制效果如图 13-13 所示。

```
#饼-圆环图
# 引入 pyecharts 库
from pyecharts.charts import Pie
from pyecharts import options as opts

# 设置数据
attr = ["衬衫","羊毛衫","雪纺衫","裤子","高跟鞋","袜子"]
v1 = [11, 12, 13, 10, 10, 10]

# 创建并配置饼图
pie =(
    Pie()
    # 加入数据
    .add(
        series_name="数据来源",
        data_pair=[list(z) for z in zip(attr, v1)],
        radius=["40%", "75%"],
        label_opts=opts.LabelOpts(is_show=False, position="center"),
    )
    # 设置标题、显示位置等
    .set_global_opts(title_opts=opts.TitleOpts(title="饼-圆环图示例",
                                                is_show = True))
    .set_global_opts(legend_opts=opts.LegendOpts(pos_left="legft",
                                                  orient="vertical"))
    .set_series_opts(tooltip_opts=opts.TooltipOpts(trigger="item",
                     formatter="{a} <br/>{b}: {c} ({d}%)"))
)
```

```
# 保存图表到 Pie3.html
pie.render(("Pie3.html"))
```

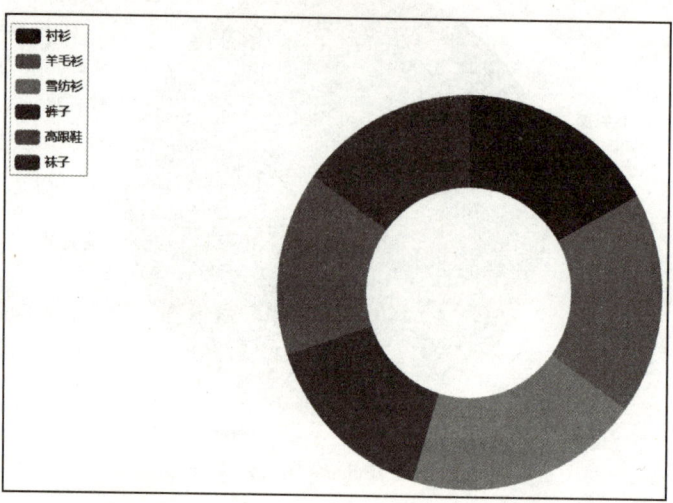

图 13-13　PyEcharts 饼-圆环图示例

实验确认：□ 学生　　□ 教师

13.4　盒须图

【**程序实例 13-11**】盒须图。程序如下，绘制效果如图 13-14 所示。

```
# 盒须图
# 导入盒须图-Boxplot
from pyecharts.charts import Boxplot
from pyecharts import options as opts

# 准备数据
data = [[2.0, 4.9, 7.0, 23.2, 25.6, 76.7, 135.6, 162.2, 32.6, 20.0, 6.4, 3.3],
        [2.6, 5.9, 9.0, 26.4, 28.7, 70.7, 175.6, 182.2, 48.7, 18.8, 6.0, 2.3]]
# 创建并配置盒须图
boxplot = (
    Boxplot( )
    #设置盒须图的主标题与副标题
    .set_global_opts(title_opts=opts.TitleOpts(title="盒须图",
                     subtitle="一年的降水量与蒸发量"))
)

# 添加数据
boxplot.add_xaxis(["降水量", "蒸发量"])
boxplot.add_yaxis("一年的降水量与蒸发量", boxplot.prepare_data(data))

# 保存图表到 boxplot.html
```

boxplot.render("boxplot.html")

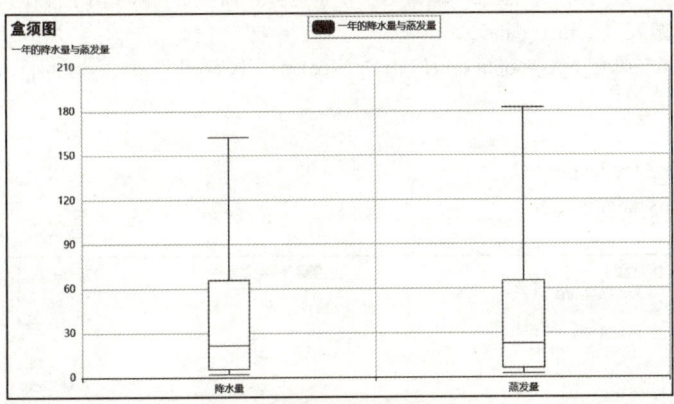

图 13-14　PyEcharts 盒须图示例

实验确认：□ 学生　　　□ 教师

13.5　雷达图

【**程序实例 13-12**】　雷达图。程序如下，绘制效果如图 13-15 所示。

```
# 雷达图
# 导入雷达图-Radar
from pyecharts.charts import Radar
from pyecharts import options as opts

# 由于雷达图传入的数据为多维数据，所以这里做一些处理
radar_data1 = [[2.0, 4.9, 7.0, 23.2, 25.6, 76.7, 135.6, 162.2,
                32.6, 20.0, 6.4, 3.3]]
radar_data2 = [[2.6, 5.9, 9.0, 26.4, 28.7, 70.7, 175.6, 182.2,
                48.7, 18.8, 6.0, 2.3]]
# 设置 column 的最大值，为了雷达图更为直观，这里的月份最大值设置有所不同
schema = [
    ("Jan", 5), ("Feb",10), ("Mar", 10),
    ("Apr", 50), ("May", 50), ("Jun", 200),
    ("Jul", 200), ("Aug", 200), ("Sep", 50),
    ("Oct", 50), ("Nov", 10), ("Dec", 5)]

# 创建并设置雷达图
radar =(
    Radar( )
    # 设置雷达图的主标题与副标题
    .set_global_opts(title_opts=opts.TitleOpts(title="雷达图",
                subtitle="一年的降水量与蒸发量"))
    # 传入坐标与数据
    .add_schema(schema)
```

```
        .add("降水量",radar_data1)
    # 一般默认为同一种颜色，这里为了便于区分，需要设置样式中的颜色
        .add("蒸发量",radar_data2,
             linestyle_opts = opts.LineStyleOpts(color="#1C86EE",opacity=0.6))
)

# 保存图表到 radar.html
radar.render("radar.html")
```

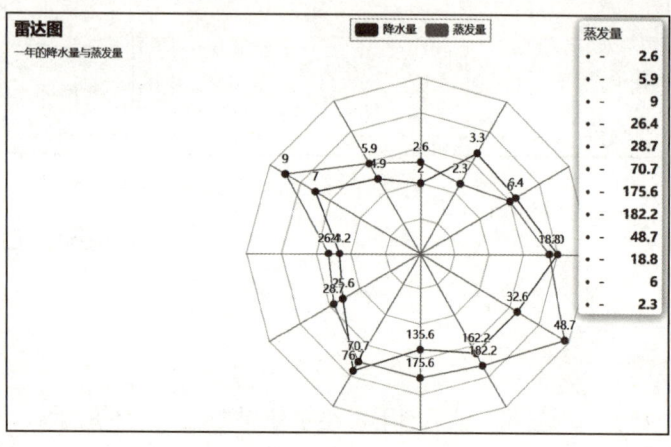

图 13-15　PyEcharts 雷达图

实验确认：□ 学生　　□ 教师

13.6　散点图

【程序实例 13-13】散点图。程序如下，绘制效果如图 13-16 所示。

```
# 散点图
# 导入散点图 Scatter
from pyecharts.charts import Scatter
from pyecharts import options as opts

# 设置数据
data = [[2.0,2.6], [4.9,5.9], [7.0, 9.0], [23.2,26.4], [25.6,28.7],
        [76.7, 70.7], [135.6,175.6], [162.2,182.2], [32.6,48.7],
        [20.0,18.8], [6.4,6.0], [3.3,2.3]]
data.sort(key=lambda x: x[0])
x_data = [d[0] for d in data]
y_data = [d[1] for d in data]

# 创建并设置散点图
scatter = (
    Scatter()
```

```python
    # 设置散点图的主标题与副标题
    .set_global_opts(title_opts=opts.TitleOpts(title="散点图",
        subtitle="一年的降水量与蒸发量"))

    # 由于显示问题，需要将y轴名与y轴距离进行设置
    .add_xaxis(xaxis_data=x_data)
    .add_yaxis(series_name="一年的降水量与蒸发量散点图", y_axis=y_data,
            symbol_size=20,label_opts=opts.LabelOpts(is_show=False),)
    .set_series_opts( )
    .set_global_opts(
        xaxis_opts=opts.AxisOpts(type_="value", splitline_opts=opts.
            SplitLineOpts(is_show=True) ),
        yaxis_opts=opts.AxisOpts(type_="value",axistick_opts=
            opts.AxisTickOpts(is_show=True),
            splitline_opts=opts.SplitLineOpts(is_show=True),),
                tooltip_opts=opts.TooltipOpts(is_show=True), )
)

#保存图表到 scatter1.html
scatter.render("scatter1.html")
```

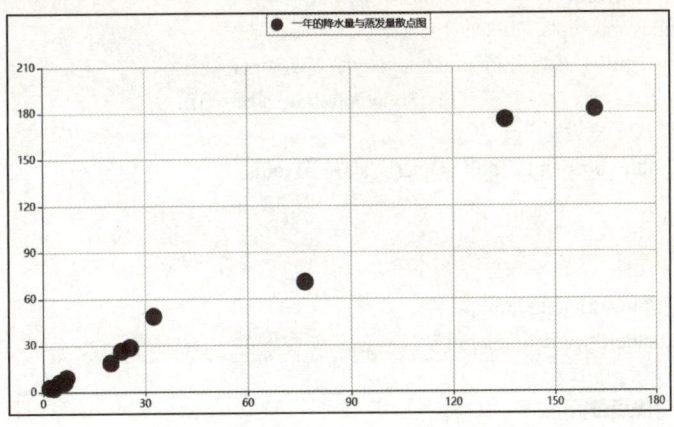

图 13-16　PyEcharts 散点图

实验确认：□ 学生　　□ 教师

13.7　词云图

【程序实例 13-14】词云图。程序如下，绘制效果如图 13-17 所示。

```python
# 词云图
from pyecharts import options as opts
from pyecharts.charts import WordCloud
data = [
    ("生活资源", "999"), ("供气质量", "777"), ("生活用水管理", "688"),
```

```
        ("一次供水问题", "588"), ("交通运输", "516"), ("城市交通", "515"),
        ("环境保护", "483"), ("房地产管理", "462"), ("城乡建设", "449"),
        ("社会保障与福利", "429"), ("社会保障", "407"), ("文体与教育管理", "406"),
        ("公共安全", "406"), ("公交运输管理", "386"), ("出租车运营管理", "385"),
        ("供热管理", "375"), ("市容环卫", "355"), ("农村土地规划管理", "254"),
        ("生活噪音", "253"), ("供热单位影响", "253"), ("城市供电", "223"),
        ("房屋质量与安全", "223"), ("大气污染", "223"),
]

wordcloud = (
    WordCloud( )
    .add(
        # 系列名称，用于 tooltip 的显示，legend 的图例筛选
        series_name="热点分析",
        # 系列数据项，[(word1, count1), (word2, count2)]
        data_pair=data,
        # 单词字体大小范围
        word_size_range=[6, 66])
        # 全局配置项
    .set_global_opts(
        # 标题设置
        title_opts=opts.TitleOpts(
            title="热点分析", title_textstyle_opts=opts.
                        TextStyleOpts(font_size=23)),
        # 提示框设置
        tooltip_opts=opts.TooltipOpts(is_show=True),
    )
)

# 保存图表到 wordcloud.html
wordcloud.render("wordcloud.html")
```

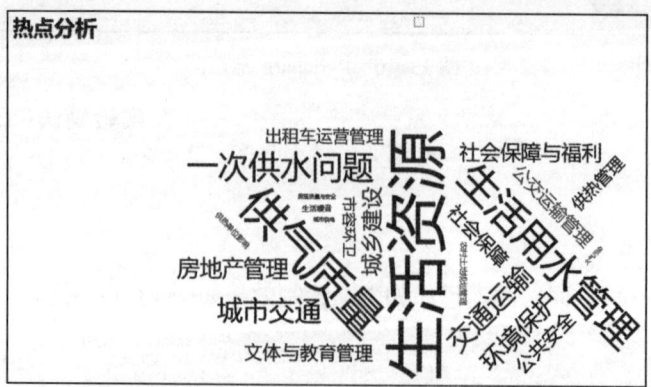

图 13-17　PyEcharts 词云图

【实验与思考】PyEcharts 数据可视化实践

依照本章课文内容,建立 Python 数据可视化开发环境,循序渐进地完成 Python 可视化应用的各个实例,尝试建立 Python 程序下的柱状图、饼图、折线图、雷达图、散点图等,熟悉 Python 数据可视化分析的方法,提高大数据可视化应用能力。

1. 实验内容与步骤

这一章中,我们以 Python 及其开源可视化工具 PyEcharts 为基础,介绍了 Python 各种数据可视化分析图形的制作方法与过程。

请仔细阅读本章的课文内容,执行其中的 Python 数据可视化分析操作,体验 Python 数据可视化分析图形的制作方法与步骤。请在执行过程中对操作关键点做好标注,在对应的"实验确认"栏中打勾(√),并请实验指导教师指导和确认(据此作为本【实验与思考】的作业评分依据)。

请记录:你是否完成了上述各个实例的实验操作?如果不能顺利完成,请分析可能的原因是什么?

答:_____
_____

2. 实验总结

_____
_____

3. 实验评价(教师)

_____
_____

第14章 数据可视化评测

【导读案例】2021年的中国人口分析

国家统计局发布2021年人口数据后,各省份也陆续发布当地的数据。广东、山东两省人口过亿,在全国排前两位。河南人口总量9883万人居于第三位,江苏8505.4万人超过四川的8372万人,分别居于第四、五位。

另外,多个省份发布了2021年出生人口相关数据,其中广东连续多年坐稳第一生育大省位置。河南、山东两省全年出生人口分别为79.3万人和75.04万人,居于第二、三位。国家统计局的数据显示,2021年末全国人口141260万人。

1. 珠三角、长三角缓慢增长

从2021年常住人口变化来看,浙江、广东、湖北、江苏和福建人口增量位列前五。其中四个省份均位于东南沿海,净增人口之和达到186.1万人。浙江增加72万人,人口增量位居全国第一;广东增量为60万人,江苏和福建增量分别为28.1万人和26万人。

广东省人口发展研究院院长董玉整指出,虽然总人口已经快达到负增长的警戒线,但从总体情况看,珠三角地区、长三角地区等地,总人口仍在缓慢增长。

以广东为例,2021年全年出生人口为118.31万人,是唯一超过100万人的省份,占全国出生人口的比重达到了11%。

中国社科院城市发展与环境研究中心研究员牛凤瑞向《中国新闻周刊》表示,一个原因是广东流入人口是全国最多的,由于流入人口以青壮年为主,处于生育年龄段的比重很大,所以出生人口多。同时,也跟当地受传统宗族文化影响,生育文化较浓、生育意愿较高有关。

值得注意的是,近年来广东出生人口数量也有所下降。不过,降幅较山东、河南等传统人口大省更小。

从常住人口的增量来看,占据第一的是浙江。数据显示,浙江2021年末全省常住人口为6540万人,增加72万人,超过了广东60万人的增量。浙江2021年出生人口为44.9万人,死亡人口为38.4万人,自然增加人口仅为6.5万人。因此,浙江人口的增长主要受益于人口流入。

长期以来,浙江民营经济非常有活力,近些年的平台经济也发展迅猛,这些产生了大量的就业机会,吸引人才流入,这被认为是浙江人口实现增长的关键因素。

此外,浙江近些年包括户籍在内的制度改革力度也很大,公共服务水平较高,地区发展比较均衡,并且除杭州市区外全面放开专科以上学历毕业生的落户限制(杭州的落户条件为本科以上学历),对人口的吸引力愈发增强。

2. 二线城市跑赢一线城市

从城市角度来看,过去一年,二线城市常住人口增量跑赢一线城市。"这属于一个新趋势。"王广州对《中国新闻周刊》说。

以深圳和广州为例,2021 年之前,深圳、广州长期位居城市常住人口增量榜前两位,但现在广州的人口增量位居第 16 位,深圳位居第 21 位。

数据显示,2021 年末深圳常住人口数为 1768.16 万人,比 2020 年仅增加 4.78 万人,广州 2021 年新增常住人口 7.03 万人。

而七普数据显示,深圳过去十年(2010—2020 年)常住人口增加了 713.6 万人,位居全国第一,平均每年增加 70 多万人;广州过去十年常住人口增加了 597.7 万人,位居全国第二,平均每年增加约 60 万人。

相较而言,二线城市尤其是武汉、成都、杭州、西安、南昌、长沙等省会城市,2021 年仍有相当的人口增量。分析认为,这意味着中国的人口流向,正在发生变化。

其中,武汉 2021 年常住人口增长 120 万,成都增长 24.5 万,杭州增长 23.9 万,而西安、南昌、长沙则分别增长 20.3 万、18 万和 17.8 万。

牛凤瑞向《中国新闻周刊》表示,一个城市的人口不可能永远高速增长下去,一线城市现在已经进入人口相对平衡的发展阶段,人口增速自然就会放缓。他举例说,像北京和上海就处于低增长或者负增长的阶段。

相对来说,二线城市或者新一线城市,正处于人口高速聚集的发展阶段,特别是杭州、武汉、长沙、成都等城市。牛凤瑞预计,未来几年这些城市都会处于人口高速聚集期,在全国人口中所占的比重也会持续上升。"这是经济社会发展的一个必然现象,也是中国生产力布局的一个必然现象。"

虽然二线城市的经济实力、就业机会等较一线城市仍有较大差距,但随着二线城市的不断崛起,结合房价、生活成本等方面的因素,二线省会城市正成为当下不少年轻人的选择。

阅读上文,请思考、分析并简单记录:

(1)从国家统计局发布的 2021 年人口数据中,你还发现了哪些趋势?

答:_____

_____

(2)请通过网络搜索阅读,了解 SAS 系统,并回答它对大数据分析和可视化有什么作用?

答:_____

_____

(3)据你了解,哪些国内院校在大数据分析、运用与可视化领域开展了大量工作,如果你所在的学校也有相关研究,请给你所在的院校这方面的工作打分。

答:_____

_____

随着可视化研究、技术和应用的发展,对可视化技术和系统进行有效的评测变得越来越有必要。如果可视化方法及结果缺乏严谨的评测实验,就很难对该方法和相关技术的进一步应用提供有说服力的证据。另一方面,用于进行评测的用户实验对于可视化研究至关重要。研究者需要比较技术的优劣,了解新技术优缺点的具体体现等。但是,这类评测在可视化研究中一直没有引起足够的重视。研究者们更专注于研发新的可视化技术,而进行严格的评测不但难度大,而且很费时间。通常,可视化评测所涉及的手段属于人机交互(HCI)领域的专业技能,一些可视化研究者并不具备这方面的专业训练,这也是造成评测被忽略的重要原因之一。

可视化方法、技术和系统的用户实验面临诸多挑战与难题,这些挑战也是实证性研究所共有的。例如,如何定义研究目的和问题并选择适当的方法,如何设计实验,如何保证严谨的数据采集和分析过程。可视化技术的目标是帮助用户分析和解读数据,因此其用户实验最终需要回答的问题是:可视化技术是否能够更好地帮助用户解读某些数据。某些时候,由于用于评测的数据集太小、参与用户不是目标人群、实验任务设计不当等因素,用户实验并不能有效地回答研究所要解决的问题。可视化研究者需要具备良好的实证性研究的相关技能,以便更好地设计和执行可视化技术的用户实验。

14.1　评测流程

根据不同的研究对象和目标,评测所采用的具体方法会发生改变,但是这些方法大体都遵循一个基本流程,其中包含了实证性研究通常需要的几个环节。

扫码看视频

(1)明确研究目的并定义研究问题。在进行评测之前,研究者首先需要明确评测的目的;其次,需要围绕研究目的进一步清晰地定义研究所要解决的具体问题。研究目的通常是概括性的。例如,某研究是为了从用户角度了解某种可视化技术是否比以前的方法更有优势。研究问题是具体和清晰的,是对于研究目的的进一步细化和可操作化的定义。一项研究可能包含多个不同的问题:对比以往的代表性方法,新技术是否能帮助目标用户更高效地完成代表任务,原因是什么?用户对新技术的满意度是否更高,为什么?定义具体和明确的研究问题有助于研究者形成好的研究方案。

(2)提出研究假设。针对所要解决的问题,在执行实验方案之前,应该结合相关的理论或者以往的研究结果给出研究假设。研究假设应尽量避免使用宽泛的命题,因为太宽泛的命题难以验证。对于可视化技术来说,相对更好的命题是"用户在使用可视化系统 A 时,能比使用可视化系统 B 时更高效地对某类特定数据进行聚类分析"。这个假设事实上对很多评测因素进行了限定:用户所要完成的任务是聚类分析;要评测的指标是效率,即用户完成聚类分析所花的时间和正确率。如果能建立具体的研究假设,接下来研究方案的设计和实施就会更具有针对性。

(3)设计研究方案和具体方法。在研究假设的基础上,可以着手设计研究的具体方案并且选择合适的方法。研究方案中应对比几种已有的技术,它们代表哪些用户、用户的代表性任务是什么、衡量不同技术的指标有哪些、如何采集数据等,这些都是研究方案应该逐步明确的。

(4)收集和分析数据。在实验执行的过程中,需要避免潜在的问题,保证结果的可靠性。这其中有很多细节值得注意。例如,对参与的用户进行必要的指导,安排必要的练习以及提供适当的反馈。此外,现有技术已经能够很好地保证某些用户数据采集的实时性和客观性,如任务的完成时间和正确率等,应当充分利用这些技术,保证数据采集的有效性,确保针对不同类型的数据可以选择正确的方法。

（5）验证研究假设并得出结论。得到实验结果之后，需要判断研究假设是否成立，或者是否有足够的证据来支持或推翻研究假设，进而得到研究的主要结论。

14.2 评测方法

在与可视化相近的人机交互领域，已经发展出很多成熟的评测方法，其中大多数方法已经被应用到数据可视化系统的评测中。最常见的方法包括用户实验、专家评估、案例研究、指标评估、众包和数据标注等。

14.2.1 专家评估

专家评估通常需要领域内专家级用户的参与，这些专家对所使用的数据和需要完成的目标任务非常了解，能够对可视化技术在多大程度上适用于这样的数据和任务做出比较准确的判断。可视化技术评测的参与者也包含可视化专家，他们对可视化设计有丰富的知识，并具有可视化工具开发经验。专家对可视化的有效性有自己的评判标准，并依据这些标准做出自己的判断。

14.2.2 案例研究

很多可视化研究者也试图通过描述可视化技术和系统以帮助解决一个现实问题并完成目标任务来证明其有效性。案例研究的关键在于，案例必须是真实的和有实际需求的，这样才能对用户具有说服力，使他们有信心尝试使用该技术去解决实际问题。

案例中的共享数据可能会带来隐私泄露，而单纯的隐私保护又会破坏数据的实用性，降低其分析价值。为此，一些研究者通过可视分析方法来实现兼顾实用性的隐私保护方法。

14.2.3 指标评估

对于可视化的子模块，如布局和交互等，可以通过一些指标来对它们的部分特性进行评估。以图的布局算法为例，算法的时间复杂度、生成结果的易读性或美观程度都可以被用来检验生成的结果，但这些指标只能客观地从某个角度进行量化评估。实际上，人的主观认知十分复杂且具有多样性。对于喜好程度等依赖认知的评估来说，根据经验得出的一个或一组指标无法全面地模拟出主观认知的过程，因此也不能完全取代用户实验得出的真实结果。为了提高指标评估的效果，可以通过交互地调节指标计算函数中的参数来定制精确的评估指标。

14.2.4 众包

众包指的是一个公司或机构把过去由员工执行的工作任务，外包给非特定的（通常是大量的）大众志愿者的做法。众包就是通过网络，以用户的真实使用感受为出发点，来做产品的开发需求调研。众包的任务通常由个人来承担，也可能需要多人协作完成。

当评测者需要完成的任务比较简单，需要的样本量又比较大时，就可以采用众包的方式在平台上招募大量参与者。可以设置一些条件来筛选参与者。众包的实验过程必须考虑到参与者使用的设备、实验环境的差异，以顺利地得到评测数据。

14.2.5 数据标注

数据标注是大部分算法得以有效运行的关键环节，是对未经处理过的语音、图片、文本、视频等数据进行加工处理，从而转变成机器可识别的信息的过程。评估结果的准确性需要基于标准答案。在一些情况下，标准答案来自人工标注的结果。

目前，主流的机器学习方式以有监督的深度学习为主，这对标注数据有着强依赖性需求。未经标注处理过的原始数据多以非结构化数据为主，这些数据难以被机器识别和学习。只有经过标注处理后的结构化数据才能被算法模型训练使用。

数据标注的类型主要有图像标注、语音标注、3D 点云标注和文本标注。

（1）图像标注。图像标注是对未经处理的图片数据进行加工处理，转换为机器可识别的信息，然后输送到算法和模型里完成调用。常见的图像标注方法有语义分割、矩形框标注、多边形标注、关键点标注、点云标注、3D 立方体标注、2D/3D 融合标注、目标追踪等（见图 14-1）。

图 14-1　图像标注

（2）语音标注。语音标注是标注员把语音中包含的文字信息、各种声音先"提取"出来，再进行转写或者合成，标注后的数据主要用于机器学习，使计算机可以拥有语音识别能力。常见的语音标注类型有语音转写、语音切割、语音清洗、情绪判断、声纹识别、音素标注、韵律标注、发音校对等（见图 14-2）。

图 14-2　语音标注

（3）3D 点云标注。3D 点云数据一般是通过激光雷达等 3D 扫描设备获取的空间若干点的信息，包括 XYZ 位置信息、RGB 颜色信息和强度信息等，是一种多维度的复杂数据集合。3D 点云数据可以提供丰富的几何、形状和尺度信息，并且不容易受到光照强度变化和其他物体遮挡等影响，可以很好地了解机器的周围环境。常见的 3D 点云标注类型有 3D 点云目标检测标注、3D 点云语义分割标注、2D/3D 融合标注、点云连续帧标注等（见图 14-3）。

图 14-3　3D 点云标注

（4）文本标注。文本标注是对文本进行特征标记的过程，它是可视化评测得以有效运营的关键环节之一。通过人工贴标方式，把需要机器识别的文本（数据）打上具体的语义、构成、语境、目的、情感等数据标签，为系统提供大量学习样本，让其不断地学习这些数据的特征，最终实现计算机自主识别。通过标注训练数据，可以教会机器识别文本中所隐含的意图或者情感，使其可以更好地理解语言。常见的文本标注类型有光学字符识别（OCR）转写、词性标注、命名实体标注、语句泛化、情感分析、句子编写、槽位提取、意图匹配、文本判断、文本匹配、文本信息抽取、文本清洗、机器翻译等。

14.3　用户实验

通过收集用户使用数据来进行评估的方法被称为用户实验，这是常见的数据可视化系统的评审方法之一，它提供了一种科学可靠的方法来评估可视化的效果。实现一个可视化系统的目的是辅助用户完成数据的理解、分析等任务。最终实现的系统能否满足用户的需求？用户在使用时是否容易上手？完成任务的过程是否有了效率或准确率的提升？这一系列问题的答案就是评估一个可视化系统优劣的标准。

用户实验流程主要有 4 个步骤：确定实验目标、准备实验、开展实验和分析结果。

14.3.1　确定实验目标

用户实验的目标是探索未知内容、验证猜想、评估对象或者对一组对象进行比较。

（1）探索未知内容。由于人在感知、经验等方面的差异，研究者满意的内容不一定能被大部分用户所接受。比如一套符合设计师审美的配色方案，可能在色盲用户看来是完全无法区分并使用的；再比如同样的数据和可视化系统，有经验的专家可能会发现更多有用的信息。在用户使用的过程中暴露缺点、发现亮点，是用户实验的重要作用。

（2）验证猜想。凭借经验，研究者能提出一些论断，比如两个变量之间存在相关性等。然而，其正确与否需要实践，也就是需要用户实验的结果来检验。

（3）评估对象。用户实验可以从用户的角度证明实验对象的优劣。

（4）对比多个对象。当研究者希望从多种方案中选出最合适的方案时，可以依据用户实验的结果对它们进行比较。

1. 实验研究对象

无论基于哪个目标，在实验的最开始，研究者都需要明确实验的研究对象。这里的研究对象可以是系统，也可以是具体的可视化方法或交互设计。如果实验目标为对比多个对象，那么研究者需要对相关工作进行调研，考虑不同的特点，尽可能全面地选择具有代表性的对象进行实验。注意，实验对象不是越多越好。每个对象的样本数据不应过少，这就意味着对象数量的增加会增大对样本的需求，造成一定的负担。

2. 实验任务规划

接下来，研究者需要根据目标进行实验规划：用户需要完成什么任务，以及如何评估任务的完成效果。定义合适的测试任务的前提是了解可视化技术所支持的用户任务，对测试任务的选择也决定了用户实验及其结论所适用的范围。很多研究从不同的角度提出了可视化任务的分类。例如，可以有下列 9 个任务：

（1）鉴定：基于可视化中显示出来的特性鉴别特定物体。如从 CT 医学影像中找到肿瘤。

（2）定位：确定物体的位置。如在气象数据中找到风暴的中心和移动的路线。

（3）区别：区分一个物体。如区分高度超过某个阈值的物体和其余物体。

（4）分类：对物体分类。如按照物体不同的材料质地或形状进行分类。

（5）聚类：将相似的物体按照彼此关系归类。例如，在社交网络中按照朋友关系将人群分成不同的社区。一个相似的操作是分割，也就是区分不同的物体。

（6）排名：将一组物体按照一定的规则排序。如按照数值或时间顺序排列。

（7）比较：查看两个或更多物体之间的相似之处和不同之处。

（8）联系：表现两个或更多物体之间的关系。例如，通过气象数据可视化，将温度与地理位置联系起来。

（9）关联：找到两个或更多物体之间的因果或互动关系。例如，发现贷款利率与经济增长之间的关系。

可视化技术可帮助用户在不同的程度上完成上述 9 大任务。由于新的数据和分析手段不断出现，通过可视化技术可完成的任务类型也会越来越多。在实践过程中，可以按照实际情况定义适合的测试任务。

研究者还需要对各类任务的难度进行斟酌。如果测试任务的难度过大，大部分参与者无法完成，将会造成所得到的数据量过少；反之，如果测试任务的难度太小，则往往无法展示出研究成果的优势。在一些研究中，评测会通过调整一些实验变量，在不同的难度下对参与者进行测试，如控制数据集的大小和信息量等。

3. 实验任务指标

在定义任务时，也需要确定判断任务完成的效率和准确率的指标。例如，是否需要准确地鉴定某个物体每一次的出现？在聚类或排序时，多大的误差是可以接受的？当定位地图上的一个物体时，需要精确到国家、城市还是经纬度坐标？所选择的测试任务和测量指标会影响研究结果的内部效度与外部效度。

内部效度和外部效度是判断实证性研究有效性的基本指标。内部效度指研究者实际测量的和想要测量的指标之间的贴切程度，二者越接近，研究的内部效度越高；二者差异越大，研究的内部效度越低。内部效度越低，研究的有效性也就越低。外部效度指研究结论有效范围的大小。研究结论的适用范围越大，研究的外部效度越高；反之，外部效度越低。研究者应当在保证研究的内部效度的前提下，找到内部效度和外部效度之间的平衡点。在设计评测方案时，必须全面、严谨地考虑到各种可能影响评测效度的因素，如自变量和因变量的定义、目标用户与任务的选择、可视化技术所指向的数据及其特性和测量指标的选择。对这些因素的选择，决定了评测的内部效度和外部效度。参与用户、目标任务、数据和评测指标4个方面是设计可视化评测方案必须考虑的重要因素。

14.3.2 准备实验

为了保证实验的顺利进行，研究者在实验前需要做好一系列准备工作，包括实验用数据的准备、参与用户募集与实验流程设计。

1. 数据

可视化技术通常是针对某一类或者某些类数据而设计和实现的。数据类型和用于用户测试的数据大小往往会影响可视化技术的效果。例如，对于网络数据，网络的大小和密度会影响可视化的有效性。在理想情况下，可视化技术的用户测试中使用的数据应该首先适用于测试的可视化技术；其次，数据应该具有代表性并且包含不同属性的数据集。在测试中包含不同属性的数据集可以帮助研究者充分了解某种可视化技术的适用范围和有效性。

数据的属性通常包括下列几个方面。

（1）数据类型。一种可视化技术通常适用于一种类型的数据，如点线图技术适用于网络数据。在评测中也可能需要包含某种类型不同属性的数据，以便了解数据属性对于特定的可视化技术的效果是否有影响。

（2）数据量。数据量大小会影响技术的有效性。一种可视化技术能有效地展示几百个数据点并不代表它也能可视化上百万个数据点。实际上，很多现有的可视化技术都不具备可扩展性。因此，如果必要，评测中使用的数据集应当包括常见大小的数据集以及某些极端尺寸的数据集。

（3）数据维度。有些可视化技术通常适用于具有固定维度的目标数据，但是对于某些可视化技术，如多维数据可视化技术，评测中非常重要的一项是对高维度数据的可扩展性。因此，可视化评测需要考虑包括不同维度的数据集。

（4）数据多元性。数据中变量的数目也对可视化技术的有效性提出了要求，应根据实际应用选择对一元或多元数据进行评测。有时也需要通过评测，了解可视化技术能有效处理的最大变量数。例如，对用于显示多变量时变趋势的流图，它能有效显示的变量数目是一个非常重要的评测指标。

（5）数据结构。数据结构可以是简单列表，也可以是复杂网络结构。可视化技术通常为某一种特定结构的数据而设计,但也存在为多种结构数据所设计的可视化技术。另一方面,数据集可能存在次级结构。例如,网络数据中存在层次结构,此时,评测需要包括所适用的各种结构的数据。

(6)数据范围。数据集中的对象可能跨越很大的范围,评测中不但需要包括所有可能的数值范围,更要重点测试极值情况下可视化的性能。

(7)数据分布。数据分布具有两个含义:数据值和数据属性(如时间和空间属性)。某种可视化技术也许能有效处理均匀分布的数据,但却无法处理其他分布的数据。地理数据可视化方法可以克服地理数据的分布不平衡。在评测中,不但需要包括适用领域中常见的数据分布,也需要测试极端分布的情况。

数据的特性很多,在评测中全面地测试各种情况需要收集或生成大量的测试数据。幸运的是,大多数可视化技术针对的目标数据在大部分特性上都有所限制,也就是说,一种可视化技术仅适用于某种或者某几种特性的数据,从而极大地减少了需要测试的情况。在一些领域,研究人员对特定的数据进行了归类和整理,以方便于评测。

2. 用户

除数据以外,参与用户同样需要精挑细选。可视化技术对用户的有效性往往是因人而异的,因此需要通过评测了解某种可视化方法或技术能否为目标用户带来更多好处。在设计一个可视化评测时,能准确地描述并选择目标用户是至关重要的。

在选择参与用户时需要考虑的主要因素如下:

(1)对应用领域的熟悉程度。这是指用户对于可视化技术所面向的数据和专业领域的熟悉程度。经验丰富的专家和新手用户对于可视化工具会有不同的要求和期望。例如,对于医学影像数据可视化,新手用户需要系统提供更多的注释信息和提示。

(2)对测试任务的熟悉程度。这是指用户对于所要完成的任务的熟悉程度。对于任务的熟悉与对领域的熟悉是相互独立的概念。一个对应用领域非常熟悉的用户有可能对要完成的任务却毫无经验。

(3)对数据的熟悉程度。这主要指数据类型,如网络型、层次型、高维型、时变型等的熟悉程度。用户是否曾经接触过同类型或者相似的数据?用户是否已经对这样的数据有一个合理的认知模型?

(4)对可视化技术的熟悉程度。用户是首次使用被评测的可视化技术吗?用户对这个技术的熟悉程度如何?用户是否使用过相关的可视化技术?对可视化技术的熟悉程度决定了评测中用户是否需要一个学习的过程。

(5)对可视化环境的熟悉程度。用户是否曾经用过评测的可视化系统?这直接关系到用户对测试任务的实现程度。同样的技术在不同环境下的实现将对用户造成不同的体验。例如,离线的可视化系统和通过浏览器打开的在线系统在操作方式上具有很大的区别。

在理想状态下,研究者应当选择与所测试技术的目标用户相似的参与者参加评测。另外,参与者群体应尽可能覆盖实际目标用户的年龄范围、背景差异等,以给出全面的评测结果。在此基础上,研究者可以选择尽量多的群体参与评测,从而更好地了解可视化技术对哪些用户更有效,以及背后的人因学上的原因。

3. 实验设计

实验设计指的是对整个实验流程进行规划。在设计时需要注意三条原则:

(1) 重复：实验通常会受到不确定性的影响，重复实验有利于降低不确定性。

(2) 随机：通过随机数表、抽签等方式，将参与用户分配到不同的组中，以随机顺序实验。这样可以降低实验之外的因素带来的影响。

(3) 局部控制：将可能影响实验的因素分开讨论。例如，如果对原有的可视化方法分别做了交互和布局上的改进，那么为了具体观察这两部分改进带来的影响，应当分别实验原有方法、只做交互改进的方法、只做布局改进的方法和做这两种改进的方法。

此外，当实验的对象不止一个时，为了保证每个对象的参与用户群体相同，每个参与用户需要对不同的对象分别实验。然而，在多次实验中，参与用户可能会累积经验或产生疲劳感。为了降低类似因素带来的影响，研究者需要对每个参与用户使用对象的顺序进行规划。例如，拉丁方是一种常见的解决方法（见表 14-1），它是一个 $n×n$ 的表格，内部有 n 个元素，分别在表格的每行每列只出现一次，这就保证了实验的均衡。假设有 n 个实验对象，具体的实验步骤是：将参与用户分为 n 个一组，组内随机排序，按照表 14-1 中的内容，依次对每个实验对象完成实验。

表 14-1 使用拉丁方安排一组（n 个）参与用户对 n 个实验对象分别完成实验

实验顺序	第 1 次	第 2 次	…	第 n 次
参与用户 1	实验对象 1	实验对象 2	…	实验对象 n
参与用户 2	实验对象 2	实验对象 3	…	实验对象 1
…	…	…	…	…
参与用户 n	实验对象 n	实验对象 1	…	实验对象 $n-1$

14.3.3 开展实验

在正式实验开始之前，通过预先进行的小规模试点来检查实验设计、环境是否存在缺陷，了解用户在实际操作时可能会遇到的问题，及时进行实验优化，避免浪费时间和金钱。如果在试点实验中涉及干扰实际实验的内容，比如试点实验会向参与用户透露实际实验中要用到的信息，那么在实际实验时，研究者应招募没有参与过试点实验的新用户。

为了帮助参与用户专注于任务，需要提供一个良好的实验环境。在正式实验中，需要先向参与用户全面地介绍整个实验，包括实验目的、实验流程、实验中可能用到的设备或系统的使用方法、需要完成的任务和评价标准等。在做任务之前，参与用户可以通过完成一些类似的练习来熟悉实验。在任务过程中，研究者应尽可能提供自动化的辅助，包括流程指示、数据收集（用时、操作记录）等，避免失误造成样本数据浪费。同时，在整个过程中，需要在参与用户遇到问题的时候能及时做出解答。当实验不能在短时间内完成时，应将整个实验过程分段，在每段之间为参与用户留出休息的时间。

在实验的最后，对参与用户进行采访，具体问题可以从以下两个角度来设计。

(1) 参与实验的感受：有助于改进实验。

(2) 完成任务时的思考：在讨论实验结果时，解释某些现象需要对这部分信息进行总结。

14.3.4 分析结果

用户实验的最后一步是对收集到的数据进行分析和讨论。在实验中，收集到的数据包括用户的个人信息、完成任务过程中的行为数据、评价数据，以及最后的采访记录等。

对于可被量化的数据，可以利用统计方法进行假设检验，其具体步骤如下：

（1）建立假设。给出一个命题，即零假设，记为 H_0。与 H_0 对立的另一个命题，被称为备择假设，记为 H_1。当确认 H_0 为假时，研究者将接受 H_1（H_0 与 H_1 不一定互补）。一般 H_1 反映了研究者的假设。

（2）构造检验统计量。假设 H_0 为真，基于样本数据，通过构造统计量来判断是否正确。

（3）确定拒绝域和接受域。将样本空间分成两部分，分别对应接受 H_0 和接受 H_1（拒绝 H_0）。这里需要计算两个域的临界点。

（4）计算临界点。在判断 H_0 是否为真时，有一定概率会出现错误。在分析数据时，往往会指定出现错误的概率不超过 a（显著性水平），可以根据 a 计算临界点 c。

（5）给出判断。在 H_0 为真的前提下，观察样本数据是落在拒绝域还是接受域。

在可视化的用户实验中，常用到的统计检验方法有以下三种。

（1）卡方检验：用于确定在一个或多个类别中观察到的频率和期望频率之间是否有显著性差异。常被用于独立性检验。

（2）P 值：检验假设 H_0 成立或表现更为严重的可能性。

（3）F 检验：也被称为联合假设检验，可以在 H_0 下检验是否具有 F 分布。常被用于分析多个相关因素对因变量的影响。

在数据分析之后，研究者需要综合采访结果等数据，对实验中发生的现象和数据分析的结论进行讨论。

【习题】

1. 随着可视化研究、技术和应用的发展，对可视化技术和系统进行（　　）变得越来越有必要。缺乏严谨的评测实验，很难对该方法和相关技术的进一步应用提供有说服力的证据。

　　A. 集约管理　　　B. 功能集成　　　C. 有效评测　　　D. 发展追溯

2. 用于进行评测的（　　）对于可视化研究至关重要。研究者需要比较技术的优劣，了解新技术的优缺点的具体体现等。目前，这类评测还没有得到足够的重视。

　　A. 用户实验　　　B. 算法集成　　　C. 行业标准　　　D. 执行规范

3. 可视化方法、技术和系统的用户实验面临诸多挑战与难题。某些时候，由于（　　）等因素，用户实验并不能有效地回答研究所要解决的问题。

　　① 用于评测的数据集太小　　　② 实验物质不够充分和优质
　　③ 参与用户不是目标人群　　　④ 实验任务设计不当

　　A. ②③④　　　B. ①②③　　　C. ①②④　　　D. ①③④

4. 虽然根据不同的研究对象和目标，评测所采用的具体方法会发生改变，但是这些方法大体都遵循一个基本流程，其中包含（　　）以及验证研究假设并得出结论等环节。

　　① 设计研究方案和具体方法　　　② 提出研究假设
　　③ 收集和分析数据　　　④ 明确研究目的并定义研究问题

　　A. ①②④③　　　B. ④②①③　　　C. ③④①②　　　D. ①④②③

5. 在与可视化相近的人机交互领域，已经发展出很多成熟的评测方法。其中最常见的方法包括：用户实验、（　　）、众包和数据标注等。
① 工程策划　　② 指标评估　　③ 案例研究　　④ 专家评估
A. ①③④　　B. ①②④　　C. ①②③　　D. ②③④

6. （　　）的关键在于，案例必须是真实的和有实际需求的。这样才能对有类似需求的用户具有说服力，使他们有信心尝试使用该技术去解决实际问题。
A. 案例研究　　B. 众包　　C. 指标评估　　D. 数据标注

7. 为了提高（　　）的效果，在评估时，可以通过允许用户交互地调节指标计算函数中的参数来定制精确的评估指标。
A. 案例研究　　B. 众包　　C. 指标评估　　D. 数据标注

8. （　　）指的是一个公司或机构把过去由员工执行的工作任务，以自由自愿的形式交给非特定的（通常是大量的）大众志愿者来执行的做法。
A. 案例研究　　B. 众包　　C. 指标评估　　D. 数据标注

9. （　　）是大部分算法得以有效运行的关键环节，是对未经处理过的语音、图片、文本、视频等数据进行加工处理，从而转变成机器可识别的信息的过程。
A. 案例研究　　B. 众包　　C. 指标评估　　D. 数据标注

10. 评估结果的准确性需要基于标准答案。在一些情况下，标准答案来自人工标注的结果，其标注的类型主要是（　　）和文本标注。
① 随机标注　　② 3D点云标注　　③ 语音标注　　④ 图像标注
A. ②③④　　B. ①②③　　C. ①③④　　D. ①③④

11. 目前主流的机器学习方式是以有监督的（　　）方式为主，对于标注数据有着强依赖性需求。只有经过标注处理后的结构化数据才能被算法模型训练使用。
A. 增强学习　　B. 在线学习　　C. 深度学习　　D. 自主学习

12. 用户实验通过记录并分析用户在完成任务过程中的行为和感受等信息来给出有说服力的评估结果，其流程主要涵盖4个步骤：（　　）和分析结果。
① 进行实验　　② 机会判断　　③ 准备实验　　④ 确定实验目标
A. ②③④　　B. ④③①　　C. ①②③　　D. ②③①

13. 研究者需要根据目标进行（　　），如用户需要完成什么任务，以及如何评估任务的完成效果。从不同的角度提出了可视化任务的分类，例如可以有9大任务。
A. 实验规划　　B. 项目设计　　C. 测试机会　　D. 用户选择

14. 在设计评测方案时，必须全面、严谨地考虑到各种可能影响评测效度的因素，如（　　）和测量指标的选择。
① 自变量和因变量的定义　　② 目标用户和任务的选择
③ 算法和应用程序的采购　　④ 可视化技术所指向的数据及其特性
A. ①③④　　B. ①②④　　C. ①②③　　D. ②③④

15. 通过收集用户使用数据来进行评估的方法被称为（　　），这是常见的数据可视化系统的评审方法之一，它提供了一种科学可靠的方法来评估可视化的效果。
A. 项目试点　　B. 机会试算　　C. 随机测试　　D. 用户实验

16. 为了保证用户实验的顺利进行，研究者在实验前需要做好一系列准备工作，包括（　　）。

① 实验用数据的准备　　　② 参与用户募集
③ 实验流程设计　　　　　④ 实验结果的预判
　　A．①③④　　B．①②④　　C．①②③　　D．②③④

17. 在设计一个可视化评测时，能准确地描述并选择目标用户是至关重要的。选择参与用户时需要考虑的主要因素包括（　　）以及对可视化环境的熟悉程度等。
① 对应用领域的熟悉程度　　② 对测试任务的熟悉程度
③ 对数据的熟悉程度　　　　④ 对可视化技术专业化水平
　　A．①②③　　B．②③④　　C．①②④　　D．①③④

18. 实验设计是指对整个实验流程进行规划。在设计时需要注意（　　）三条原则。
① 全局安排　　② 局部控制　　③ 重复　　④ 随机
　　A．①②③　　B．②③④　　C．①③④　　D．①②④

19. 在用户实验开始之前，通过预先进行的（　　）来检查实验设计、环境是否存在缺陷，了解用户在实际操作时可能会遇到的问题，及时进行实验优化，避免浪费时间和金钱。
　　A．小规模试点　　B．大规模试算　　C．随机组织　　D．虚拟预测

20. 用户实验的最后一步是对收集到的数据进行分析和讨论。在数据分析之后，研究者需要综合（　　）等数据，对实验中发生的现象和分析结论进行讨论。
　　A．随机采样　　B．定性评价　　C．计算数据　　D．采访结果

【课程学习与实验总结】

至此，我们顺利完成了"大数据可视化"课程的学习及其相关的全部实验。为巩固通过实验所了解和掌握的相关知识与技术，请就所学的课程内容做一个复习回顾，并就本课程的学习和实验做一个系统总结。

由于篇幅有限，如果书中预留的空白不够，请另外附纸张粘贴在边上。

1. 课程的基本内容

（1）本学期学习的大数据可视化知识和完成的相关实验主要有（根据实际完成情况填写）：

第 1 章：主要内容是：_____

第 2 章：主要内容是：_____

第 3 章：主要内容是：_____

第 4 章：主要内容是：_____

第 5 章：主要内容是：_____

第 6 章：主要内容是：_____

第 7 章：主要内容是：_____

第 8 章：主要内容是：_____

第 9 章：主要内容是：_____

第 10 章：主要内容是：_____

第 11 章：主要内容是：_____

第 12 章：主要内容是：_____

第 13 章：主要内容是：_____

第 14 章：主要内容是：_____

（2）请回顾并简述：通过实验，初步了解了哪些有关大数据可视化的重要概念（至少 3 项）：

① 名称：_____
　　简述：_____
　　_____

② 名称：_____
　　简述：_____
　　_____

③ 名称：_____
　　简述：_____
　　_____

④ 名称：_____
　　简述：_____
　　_____

⑤ 名称：_____
　　简述：_____
　　_____

2. 实验的基本评价

（1）在全部实验中，你印象最深，或者相比较而言你认为最有价值的实验是：

① _____
你的理由是：_____
_____

② _____

你的理由是：_____
_____

（2）在所有实验中，你认为应该得到加强的实验是：
① _____
你的理由是：_____
_____
② _____
你的理由是：_____
_____

（3）对于本课程和本书的实验内容，你认为应该改进的其他意见和建议是：
_____

3. 课程学习能力测评

请根据你在本课程中的学习情况，客观地对自己在大数据可视化知识方面做一个能力测评。请在下表的"测评结果"栏中合适的项下打"✓"。

课程学习能力测评表

关键能力	评价指标	测评结果					备注
		很好	较好	一般	勉强	较差	
数据可视化基础	1. 理解课文【导读案例】						
	2. 了解大数据和数字文明时代						
	3. 熟悉数据可视化基础概念						
	4. 理解数据可视化之美						
	5. 工具与数据资源						
数据可视化设计方法	6. 数据引导可视化设计						
	7. 数据可视化过程						
	8. 面向用户的交互设计						
Excel数据可视化	9. 掌握 Excel 电子表格						
	10. 熟悉 Excel 数据图表设计						
	11. 熟悉 Excel 数据可视化方法						
Tableau数据可视化	12. 了解可视化应用软件开发						
	13. 熟悉 Tableau 数据可视化基础						
	14. 熟悉 Tableau 可视化设计						
	15. 熟悉 Tableau 可视化分析						
Python可视化设计	16. 掌握 Python 数据可视化基础						
	17. 掌握 Python 可视化设计方法						
创新解决问题	18. 熟悉并实施数据可视化评测						
	19. 掌握通过网络提高专业能力、丰富专业知识的学习方法						
	20. 能根据现有的知识与技能创新地提出有价值的观点						

说明："很好"5分，"较好"4分，其余类推。全表满分为100分，你的测评总分为：_____分。

4. 大数据可视化学习与实验总结

5. 学习与实验总结评价（教师）

附录 习题参考答案

第1章
1. C 2. B 3. D 4. A 5. D 6. B
7. A 8. C 9. D 10. A 11. D 12. B
13. D 14. A 15. C 16. B 17. A 18. D
19. B 20. C

第2章
1. C 2. B 3. A 4. D 5. C 6. D
7. A 8. B 9. D 10. C 11. A 12. B
13. D 14. C 15. A 16. A 17. B 18. D
19. D 20. C

第3章
1. A 2. C 3. B 4. D 5. A 6. B
7. C 8. D 9. A 10. C 11. B 12. C
13. A 14. D 15. A 16. B 17. C 18. A
19. B 20. D

第4章
1. A 2. D 3. C 4. B 5. C 6. D
7. A 8. B 9. D 10. C 11. A 12. B
13. D 14. A 15. C 16. B 17. D 18. A
19. C 20. A

第5章
1. B 2. A 3. D 4. C 5. B 6. A
7. D 8. B 9. A 10. D 11. C 12. B
13. C 14. D 15. A 16. B 17. C 18. D
19. B 20. A

第6章
1. D 2. A 3. C 4. B 5. D 6. C
7. A 8. B 9. C 10. D 11. A 12. B
13. A 14. C 15. D 16. A 17. B 18. D
19. A 20. B

第 7 章

1. D	2. B	3. A	4. C	5. D	6. B
7. D	8. C	9. A	10. B	11. C	12. D
13. A	14. B	15. D	16. C	17. A	18. D
19. B	20. C				

第 8 章

1. B	2. A	3. D	4. C	5. A	6. B
7. D	8. C	9. A	10. B	11. D	12. B
13. D	14. A	15. C	16. A	17. B	18. D
19. C	20. A				

第 14 章

1. C	2. A	3. D	4. B	5. D	6. A
7. C	8. B	9. D	10. A	11. C	12. B
13. A	14. B	15. D	16. C	17. A	18. B
19. A	20. D				

参 考 文 献

[1] 陈为，等. 数据可视化[M]. 3 版. 北京：电子工业出版社，2023.
[2] 王文，周苏. 大数据可视化[M]. 北京：机械工业出版社，2019.
[3] 周苏. 大数据导论[M]. 2 版. 北京：清华大学出版社，2022.
[4] 周苏，王文. 大数据可视化[M]. 北京：清华大学出版社，2016.
[5] 周苏，张丽娜，王文. 大数据可视化技术[M]. 北京：清华大学出版社，2016.
[6] 周苏，等. 人机交互技术[M]. 2 版. 北京：清华大学出版社，2021.
[7] 周苏，等. 大数据技术与应用[M]. 北京：机械工业出版社，2016.
[8] 汪婵婵，周苏. Python 程序设计[M]. 北京：中国铁道出版社，2020.

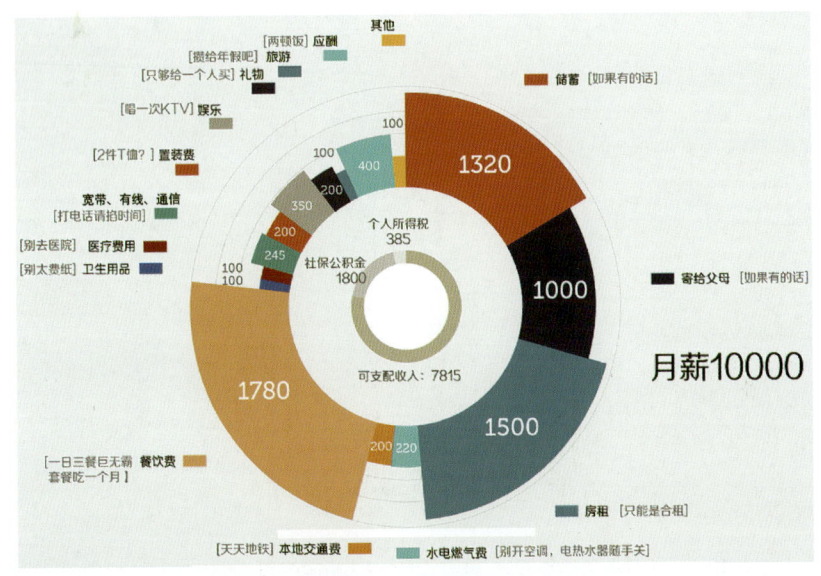

图 2-4　信息图示例

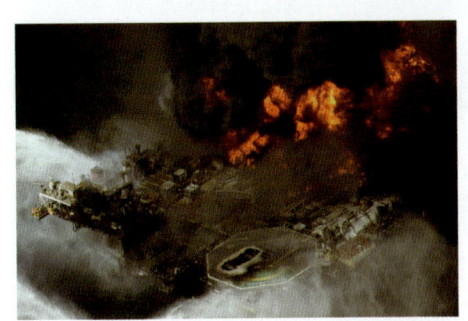 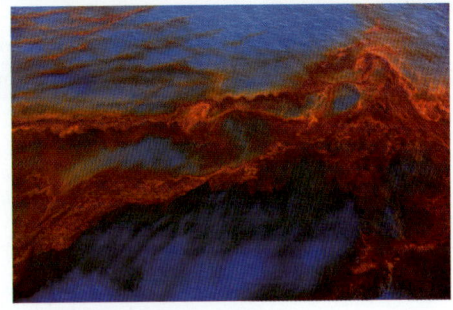

图 2-14　墨西哥湾"深水地平线"石油钻井平台爆炸

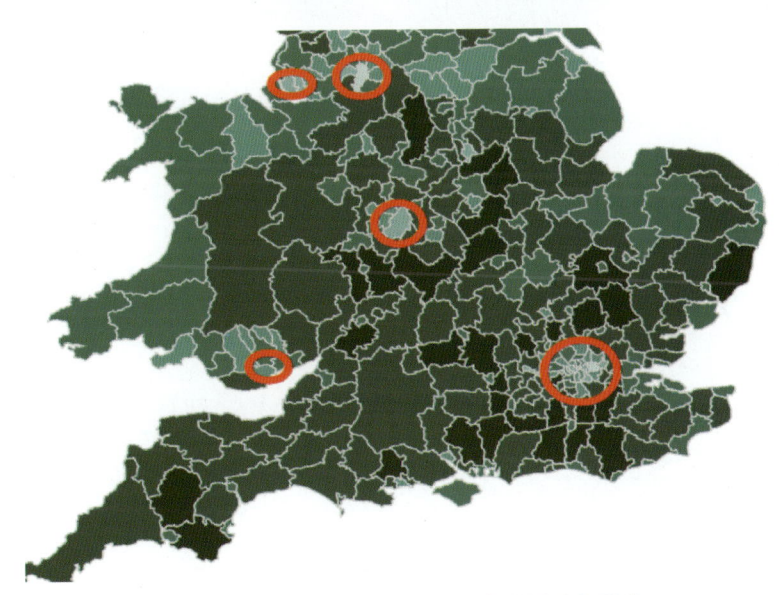

图 4-7　可视化技术呈现的 2016 年英国公投脱欧

图 4-8　三维世界的信息可视化

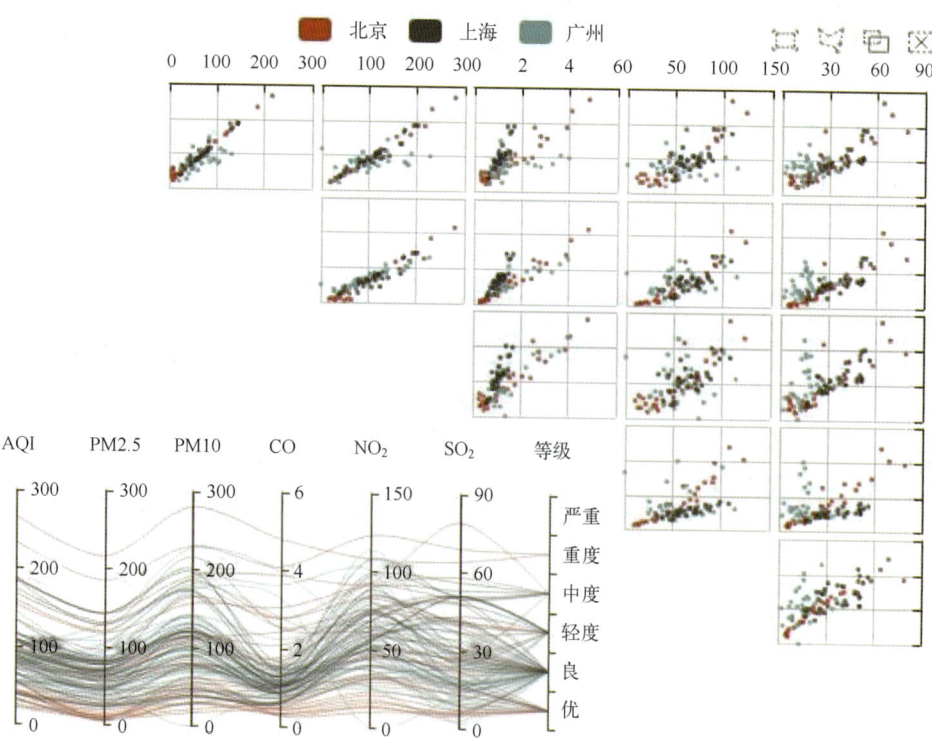

图 4-10　对数据的两种可视化方法：散点图和平行坐标